全国一级造价工程师职业资格考试红宝书

建设工程技术与计量（土木建筑工程）

经典真题解析及预测

2025版

主　编　左红军
副主编　丁　雷

机械工业出版社

本书以全国一级造价工程师职业资格考试大纲及教材为抓手，以现行标准、规范为依据，以历年真题为载体，在突出考点分布和答题技巧的同时，兼顾本科目知识体系框架的建立，并与各专业实务中的专业管理内容呼应，提供工程造价的依据和方法。

本书通过对经典真题与考点的筛选、解析，便于考生抓住应试要点，并通过经典题目将考点激活，从而解决了死记硬背的问题，真正做到"三度"。

"广度"——考试范围的锁定。本书通过对考试大纲及命题考查范围的把控，确保覆盖90%以上的考点。

"深度"——考试要求的把握。本书通过对历年真题及命题考查要求的解析，确保内容的难易程度适宜，与考试要求契合。

"速度"——学习效率的提高。本书通过对历年真题及命题考查热点的筛选，确保重点突出60%的常考、必考内容，精准锁定55%的2025年考试要求掌握的内容，剔除10%的偏僻内容和老套过时的题，做到有的放矢，提高学习效率。

本书适用于2025年参加全国一级造价工程师职业资格考试的考生，同时可作为建造工程师和监理工程师考试的重要参考资料。

图书在版编目（CIP）数据

建设工程技术与计量（土木建筑工程）经典真题解析及预测：2025版／左红军主编. -- 5版. -- 北京：机械工业出版社，2025.4. -- （全国一级造价工程师职业资格考试红宝书）. -- ISBN 978-7-111-78275-9

Ⅰ. TU723.3-44

中国国家版本馆CIP数据核字第2025WZ8391号

机械工业出版社（北京市百万庄大街22号　邮政编码100037）
策划编辑：王春雨　　　　　责任编辑：王春雨　卜旭东
责任校对：张爱妮　陈越　　封面设计：马精明
责任印制：常天培
河北虎彩印刷有限公司印刷
2025年5月第5版第1次印刷
184mm×260mm・20.25印张・499千字
标准书号：ISBN 978-7-111-78275-9
定价：59.00元

电话服务　　　　　　　　　网络服务
客服电话：010-88361066　　机　工　官　网：www.cmpbook.com
　　　　　010-88379833　　机　工　官　博：weibo.com/cmp1952
　　　　　010-68326294　　金　书　网：www.golden-book.com
封底无防伪标均为盗版　机工教育服务网：www.cmpedu.com

本书编写人员

主　　编　左红军
副 主 编　丁　雷
编写人员　左红军　丁　雷　张　棣　王　钧　李　聪

前 言
——65分须知

本书严格按照现行的法律、法规和计量计价规范的要求，对经典真题进行了体系性的解析，从根源上解决了"知识繁杂难掌握、范围太大难锁定"的应试通病。

经典真题是本考试科目命题的风向标，也是考生顺利通过全国一级造价工程师职业资格考试的生命线，在掌握搭建框架、锁定题型、实操细节三部曲之后，对本书中的经典真题反复精练3遍，65分（60分及格，另外5分为保险分）指日可待。所以，经典真题解析是考生应试的必备法宝。

一、框架纲领

1. 第一章

本章知识的典型特点是"会者不难"，要求考生通过老师深入浅出、高度概括的讲解，迅速掌握工程地质的基本理论，结合生活及工作的实际进行理解，然后通过相应的习题练习加以巩固。

2. 第二章

本章的难点在于专业性较强，专业术语和理论知识较多，且晦涩难懂，其他专业的考生很难在短时间内全面掌握。

3. 第三章

本章内容以三大主材为重点，功能材料是难点，涉及工程造价的源头，应把握材料的性能和适用范围。

4. 第四章

本章内容以施工顺序为主线，从土建主体、土建装饰到交通工程，重点在于基础工程。

5. 第五章

这是全书的重点之所在，分值为30分±2分，既是工程造价的实操基础，也是案例分析第五题的主干，要求考生必须精益求精。

二、考试题型

1. 单项选择题（60分）

（1）规则。4个备选项中，只有1个最符合题意。

（2）要求。在考场上，题干读3遍，细想3秒钟，看全备选项。

（3）例外。没有复习到的考点先放行，可能多项选择题部分对其有提示。

（4）技巧。设置计算题的目的在于考查数字概念；综合单项选择题在于考核专业语感；

有正反选项的单项选择题,其正确答案必是其中一个;选项 A、B、C、D 概率均等。

2. 多项选择题(40 分)

(1)规则:①至少有两个备选项是正确的;②至少有一个备选项是错误的;③错选,不得分;④少选,所选的每个正确选项得 0.5 分。

(2)依据①。如果用排除法已经排除三个备选项,剩下的两个备选项必须全选!

(3)依据②。如果每个备选项均不能排除,说明该考点基本上已经掌握,但没有掌握到位,怎么办?在考场上你必须按照规则②执行!

(4)依据③。如果已经选定了两个正确的备选项,第三个不能确定,在考场上你必须按照规则③执行!

(5)依据④。如果该考点根本就是没有复习到的极偏的专业知识,在考场上你必须按照规则④执行!

请考生参照经典真题解析中的应试技巧,不同章节有不同的选定方法,但总的原则是"胆大心细规则定,无法排除 AE 并,两个确定不选三,完全不知 C 上挺"。

三、基本题型

根据问题的设问方法和考查角度,把本科目考试题型划分为四大类:综合论述题、细节填空题、判断应用题、计算题。

1. 综合论述题

这是近年来全国一级造价工程师考试公共课命题的热点及趋势,也是目前考试的主打题型。此类题的最大特点是考查的知识点多,涉及面广,要求考生能够系统而全面地掌握相关知识,进而提高考试通过的概率。

在复习备考的过程中,考生需要对每科知识进行系统而全面的复习,通过知识体系框架的建立及习题练习,来保障对考试范围内知识点的覆盖。注意,一级造价工程师考试最重要的是对知识面的考查。

2. 细节填空题

细节填空题分为两类:一类是重要的知识点细节,即重要的期限、数字、组成、主体等;另一类是对一些易混淆、易忽视、含义深的知识点的考查,题中会根据考生平时的惯性思维、复习盲区等制造干扰选项来扰乱思维。

由于这类题具有比较强的规律性,在复习备考的过程中,考生应当通过经典真题的练习和老师的讲解,对这些知识点进行重点标注、归纳总结。

3. 判断应用题

这类题型是考试的难点题型,需要考生对工程经济的专业概念、理论、规范有着深入而清醒的认识和理解,能够站在工程经济的角度,运用有关知识和工具对项目建设过程中出现的实际问题进行分析判断,并进行合理有效的处理。

这部分知识点需要考生借助专业人士或辅导老师深入浅出的讲解,在理解的基础上系统掌握,而不是机械地背诵或记忆。这类题也是考试改革的趋势,同时对考生实际的建设工程项目管理工作有很强的规范和指导意义。

4. 计算题

历年"建设工程技术与计量"科目考试计算题的分值都在 6 分左右，很多考生认为是难点，但其实本科目考试的计算题并不复杂。考点基本集中在第二章和第四章，重点在于数字间对比记忆的技巧，通过总结，可以在短时间内掌握。这部分内容的特点在于一旦掌握，短时间内不会忘记，因此这部分内容应当是所有考生必须掌握的。

四、考生注意事项

1. 只背书肯定考不过

在应试学习过程中，只靠背书是肯定考不过的。切记：体系框架是基础、细节理解是前提、归纳总结是核心、重复记忆是辅助，特别是非专业考生，必须借助经典真题解析中的大量图表去理解每一个模块的知识体系。

2. 只勾画教材考不过

从 2014 年开始，通过勾画教材押题通过考试已经成为"历史上的传说"。造价工程师考题的显著特点是以知识体系为基础的"海阔天空"，试题本身的难度并不大，但涉及的面太广。考生必须首先搭建起自己的知识体系框架，然后通过真题的反复演练，在知识体系框架中填充题型。

3. 只听不练难通过

听课不是考试过关的唯一条件，但听一个好老师的讲课对搭建知识体系框架和突破难点会有很大帮助，特别是非专业考生。听完课后，要配合经典真题进行精练，反复校正答题模板，形成题型定式。

4. 先案例课后公共课，统一部署、区别对待

"赢在格局，输在细节。""格局"即为一级造价工程师职业资格考试的四科应统一部署，整个知识体系化，主次分明、分而治之，穿插迂回、各个击破。"细节"为日常的时间安排及投入，每个板块知识点最终聚焦为一个个考点，一道道真题，日积月累，滴水穿石。

在对经典真题总结归纳的基础上，区别对待不同的知识体系。例如，"建设工程造价管理"侧重的是合同管理的理论和工具，"建设工程计价"侧重的是法定程序和计算依据。

"建设工程造价案例分析"是历年考试的重中之重，也是能否通过一级造价工程师考试的关键所在，同时"建设工程造价案例分析"又融合了三门公共课的主要知识内容，这就需要以建设工程造价案例分析为龙头形成体系框架，在此基础上跟进公共课的选择题，从而达到"案例带动公共课，公共课助攻案例"的目的。

5. 三遍成活

上述绝大部分内容在本书中都有体现，因此要求考生对本书的内容做到三遍成活。

第一遍：重体系框架、重知识理解，本书通篇内容都要练习。

第二遍：重细节填充、重归纳辨析，对书中的考点、难点、重点要反复练习，归纳总结，举一反三。

第三遍：重查漏补缺、重错题难题，在考前最好的复习资料就是错题，错题是查漏补缺的重点。

五、超值服务

扫描下面二维码加入微信群可以获得：

（1）一对一伴学顾问。

（2）2025全章节高频考点习题精讲课。

（3）2025全章节高频考点习题精讲课配套讲义（电子版）。

（4）2025造价全阶段备考白皮书（电子版）。

（5）红宝书备考交流群：群内定期更新不同备考阶段精品资料、课程、指导。

本书编写过程中得到了业内多位专家的启发和帮助，在此深表感谢！由于时间和水平有限，书中难免有疏漏和不当之处，敬请广大读者批评指正。

愿我们的努力能够帮助广大考生一次性通关取证！

编　者

目　　录

前言
第一章　工程地质　/ 1
　　一、本章思维导图　/ 1
　　二、本章历年平均分值分布　/ 1
　第一节　岩体的特征　/ 2
　　一、经典真题及解析　/ 2
　　二、参考答案　/ 9
　　三、2025 年考点预测　/ 9
　第二节　地下水的类型与特征　/ 9
　　一、经典真题及解析　/ 9
　　二、参考答案　/ 12
　　三、2025 年考点预测　/ 12
　第三节　常见工程地质问题及其处理
　　　　　方法　/ 12
　　一、经典真题及解析　/ 12
　　二、参考答案　/ 20
　　三、2025 年考点预测　/ 21
　第四节　工程地质对工程建设的
　　　　　影响　/ 21
　　一、经典真题及解析　/ 21
　　二、参考答案　/ 24
　　三、2025 年考点预测　/ 24
第二章　工程构造　/ 25
　　一、本章思维导图　/ 25
　　二、本章历年平均分值分布　/ 26
　第一节　工业与民用建筑工程的分类、
　　　　　组成及构造　/ 26
　　一、经典真题及解析　/ 26
　　二、参考答案　/ 48

　　三、2025 年考点预测　/ 49
　第二节　道路、桥梁、涵洞工程的分类、
　　　　　组成及构造　/ 49
　　一、经典真题及解析　/ 49
　　二、参考答案　/ 66
　　三、2025 年考点预测　/ 67
　第三节　地下工程的分类、组成及
　　　　　构造　/ 67
　　一、经典真题及解析　/ 67
　　二、参考答案　/ 73
　　三、2025 年考点预测　/ 73
第三章　工程材料　/ 74
　　一、本章思维导图　/ 74
　　二、本章历年平均分值分布　/ 75
　第一节　建筑结构材料　/ 75
　　一、经典真题及解析　/ 75
　　二、参考答案　/ 95
　　三、2025 年考点预测　/ 96
　第二节　建筑装饰材料　/ 96
　　一、经典真题及解析　/ 96
　　二、参考答案　/ 103
　　三、2025 年考点预测　/ 104
　第三节　建筑功能材料　/ 104
　　一、经典真题及解析　/ 104
　　二、参考答案　/ 110
　　三、2025 年考点预测　/ 110
第四章　工程施工技术　/ 111
　　一、本章思维导图　/ 111
　　二、本章历年平均分值分布　/ 112

第一节　建筑工程施工技术　/ 112
　　一、经典真题及解析　/ 112
　　二、参考答案　/ 149
　　三、2025年考点预测　/ 150
第二节　道路、桥梁与涵洞工程施工技术　/ 150
　　一、经典真题及解析　/ 150
　　二、参考答案　/ 163
　　三、2025年考点预测　/ 163
第三节　地下工程施工技术　/ 163
　　一、经典真题及解析　/ 163
　　二、参考答案　/ 175
　　三、2025年考点预测　/ 175

第五章　工程计量　/ 176
　　一、本章思维导图　/ 176
　　二、本章历年平均分值分布　/ 177
第一节　工程计量的基本原理与方法　/ 177

　　一、经典真题及解析　/ 177
　　二、参考答案　/ 186
　　三、2025年考点预测　/ 186
第二节　建筑面积计算　/ 187
　　一、经典真题及解析　/ 187
　　二、参考答案　/ 209
　　三、2025年考点预测　/ 210
第三节　工程量计算规则与方法　/ 210
　　一、经典真题及解析　/ 210
　　二、参考答案　/ 288
　　三、2025年考点预测　/ 290

附录　2025年全国一级造价工程师职业资格考试"建设工程技术与计量（土木建筑工程）"预测模拟试卷　/ 292

　　附录A　预测模拟试卷（一）　/ 292
　　附录B　预测模拟试卷（二）　/ 303

第一章 工程地质

一、本章思维导图

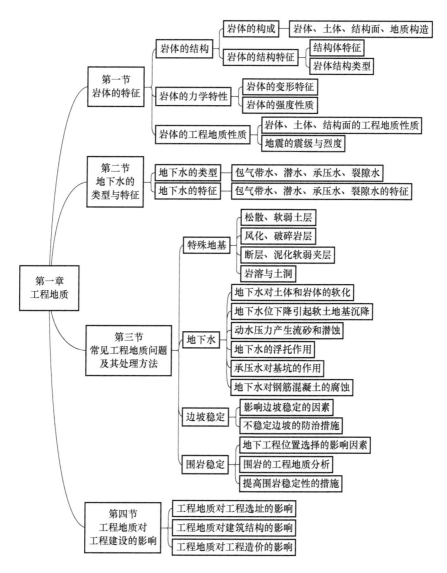

二、本章历年平均分值分布

节名	单选题	多选题	合计
第一节 岩体的特征	1分	2分	3分
第二节 地下水的类型与特征	1分		1分

1

节名		单选题	多选题	合计
第三节	常见工程地质问题及其处理方法	3分	2分	5分
第四节	工程地质对工程建设的影响	1分		1分
	合计			10分

第一节　岩体的特征

一、经典真题及解析

1.【2024年真题】关于安山岩特征描述，下列选项正确的是（　　）。
A. 岩性均匀
B. 透水性弱
C. 致密坚硬
D. 产状不规则

【解析】　喷出岩是指喷出地表形成的岩浆岩，如流纹岩、粗面岩、安山岩、玄武岩、火山碎屑岩，一般呈原生孔隙和节理发育，产状不规则，厚度变化大，岩性很不均匀，比侵入岩强度低，透水性强，抗风化能力差。

2.【2024年真题】下列关于土的结构和构造的说法，正确的是（　　）。
A. 团聚结构是黏性土所特有的结构
B. 不同成因的土体，其结构基本相同
C. 土的结构是指整个土层构成不均匀性特征的总和
D. 一般土体的构造在水平或竖直方向变化较大，不受成因控制

【解析】　选项B：对于不同成因的土体，其构造并不完全相同。

选项C：土的构造是指整个土层（土体）构成上的不均匀性特征的总和，并不特指整个土层结构的不均性特征。

选项D：一般土体的构造在水平方向或竖直方向变化往往较大，但这种变化是受成因控制的。

3.【2024年真题】下列关于建设工程选址的说法，正确的是（　　）。
A. 地下工程选址应避免工程走向与岩层走向角度太大
B. 特殊重要的国防项目应避免在低烈度地区建设
C. 道路选线应尽量使路线与岩层走向平行
D. 道路选址应避免路线与主要裂隙发育方向平行

【解析】　对于地下工程的选址，工程地质的影响要考虑区域稳定性的问题。对区域性深大断裂交汇、近期活动断层和现代构造运动较为强烈的地段，要给予足够的注意，同时也要注意避免工程走向与岩层走向交角太小，甚至近乎平行。

对于特殊重要的工业、能源、国防、科技和教育等方面新建项目的工程选址，需要高度重视地区的地震烈度，尽量避免在高烈度地区建设。

对于道路选线，应尽量使路线与主要裂隙发育方向斜交，以减少对地质环境的影响。

4.【2024年真题】下列关于岩石物理力学性质的说法，正确的有（　　）。

A. 岩石的重度是岩石单位体积的重量
B. 岩石的软化性主要取决于岩石的矿物成分、结构和构造特征
C. 岩石软化系数的数值越大，表示岩石的强度和稳定性受水作用的影响越大
D. 岩石软化系数是岩石饱和与风干状态的极限抗剪强度之比
E. 岩石容重是岩石试件的总重量（扣除孔隙中的水重）与其总体积（扣除孔隙体积）之比

【解析】 参见教材第9、10页。

选项C：其值越小，表示岩石的强度和稳定性受水作用的影响越大。

选项D：作为岩石软化性的指标，岩石软化系数是岩石饱和状态下的极限抗压强度与风干状态下极限抗压强度之比。

选项E：岩石重度也称容重，是岩石单位体积的重量，在数值上等于岩石试件的总重量（包括孔隙中的水重）与其总体积（包括孔隙体积）之比。

5.【2023年真题】在鉴定矿物类别时，作为主要依据的物理性质是（   ）。
A. 自色　　　　　　B. 他色　　　　　　C. 光泽　　　　　　D. 硬度

【解析】 物理性质是鉴别矿物的主要依据。鉴别矿物的主要物理性质依据包括颜色、光泽和硬度。依据颜色鉴定矿物的成分和结构，依据光泽鉴定风化程度，依据硬度鉴定矿物类别。

6.【2023年真题】下列关于岩石的成因类型及特征的说法，正确的是（   ）。
A. 流纹岩、安山岩、脉岩均为喷出岩
B. 石灰岩、白云岩和大理岩均为化学岩及生物化学岩
C. 沉积岩生物成因构造包括生物礁体、虫迹、虫孔、叠层构造等
D. 石英岩矿物均匀分布，呈定向排列

【解析】

岩浆岩	喷出岩		流纹岩、粗面岩、安山岩、玄武岩、火山碎屑岩
	侵入岩	深成岩	花岗岩、正长岩、闪长岩、辉长岩
		浅成岩	花岗斑岩、闪长玢岩、辉绿岩、脉岩
沉积岩	构造	层理构造	
		层面构造	
		结核	
		生物成因构造	如生物礁体、叠层构造、虫迹、虫孔
	分类	碎屑岩	砾岩、砂岩、粉砂岩
		黏土类岩	泥岩、页岩
		化学岩及生物化学岩	石灰岩、白云岩、泥灰岩
变质岩		板状构造	
		千枚状构造	岩石呈薄板状
		片状构造	含大量呈平行定向排列的片状矿物
		片麻状构造	
		块状构造	矿物均匀分布、结构统一、无定向排列，如大理岩、石英岩等

7. 【2013 年真题】常见的沉积岩有（　　）。
   A. 辉绿岩　　　　　　　B. 泥岩　　　　　　　C. 石灰岩
   D. 白云岩　　　　　　　E. 大理岩
   【解析】　参见第 6 题解析。

8. 【2022 年补考真题】判断地震烈度，应考虑的因素有（　　）。
   A. 震级　　　　　　　　B. 震源所在地　　　　C. 震源深度
   D. 距震中距离　　　　　E. 介质条件
   【解析】　地震烈度是指某一地区的地面和建筑物遭受一次地震破坏的程度。它不仅与震级有关，还与震源深度、距震中距离以及地震波通过介质条件（岩石性质、地质构造、地下水埋深）等多种因素有关。

9. 【2022 年补考真题】下列矿物在岩石中含量越多，钻孔难度越大的是（　　）。
   A. 方解石　　　　B. 滑石　　　　C. 石英　　　　D. 萤石
   【解析】　岩石中的石英含量越多，钻孔的难度就越大，钻头、钻机等消耗量也就越多。

10. 【2022 年真题】粒径大于 2mm 的颗粒含量超过全重 50% 的土，称为（　　）。
    A. 碎石土　　　B. 砂土　　　C. 黏性土　　　D. 粉土
    【解析】

碎石土	粒径>2mm 的颗粒含量超过全重 50% 的土
	按颗粒级配和颗粒形状分为漂石、块石、卵石、碎石、圆砾、角砾
砂土	粒径>2mm 的颗粒含量不超过全重 50%，且粒径>0.075mm 的颗粒含量超过全重 50% 的土
黏性土	塑性指数>10 的土，分为粉质黏土和黏土
粉土	粒径>0.075mm 的颗粒不超过全重 50%，且塑性指数≤10 的土

11. 【2022 年真题】地震的建筑场地烈度相对于基本烈度进行调整的原因有场地内的（　　）。
    A. 地质条件　　　　　　B. 地貌地形条件　　　　C. 植被条件
    D. 水文地质条件　　　　E. 建筑物结构
    【解析】　地震烈度分类见下表。

地震烈度分类	基本烈度	代表一个地区的最大地震烈度
	建筑场地烈度	也称小区域烈度，是建筑场地内因地质条件、地形地貌条件和水文地质条件的不同而引起的相对基本烈度有所降低或提高的烈度，一般降低或提高半度至一度
	设计烈度	抗震设计所采用的烈度，是根据建筑物的重要性、永久性、抗震性能和工程的经济性等条件对基本烈度的调整

12. 【2021 年真题】岩石稳定性定量分析的主要依据是（　　）。
    A. 抗压强度和抗拉强度　　　　　　B. 抗压强度和抗剪强度
    C. 抗拉强度和抗剪强度　　　　　　D. 抗拉强度和抗折强度
    【解析】　岩石的抗压强度和抗剪强度，是评价岩石（岩体）稳定性的指标，是对岩石

（岩体）的稳定性进行定量分析的依据。

13.【2021年真题】 现实岩体在形成过程中，经受的主要地质破坏和改造类型有（　　）。
A. 人类破坏　　　　　　B. 构造变动　　　　　　C. 植被破坏
D. 风化作用　　　　　　E. 卸荷作用

【解析】岩体和岩石的概念不同，岩石是矿物的集合体，其特征可以用岩块来表征。岩体可能由一种或多种岩石组合，且在形成现实岩体的过程中经受了构造变动、风化作用、卸荷作用等各种内力和外力地质作用的破坏及改造。

14.【2020年真题】 下列造岩矿物中硬度最高的是（　　）。
A. 方解石　　　　B. 长石　　　　C. 萤石　　　　D. 磷灰石

【解析】化学上用莫氏硬度表将矿物的硬度分为十个等级，最大的是金刚石，莫氏硬度为10；最小的是滑石，莫氏硬度为1，见下表。

莫氏硬度	1	2	3	4	5	6	7	8	9	10
矿物	滑石	石膏	方解石	萤石	磷灰石	长石	石英	黄玉	刚玉	金刚石

15.【2020年真题】 经变质作用产生的矿物有（　　）。
A. 绿泥石　　　　　　B. 石英　　　　　　C. 蛇纹石
D. 白云母　　　　　　E. 滑石

【解析】变质岩除具有变质前原来岩石的矿物，如石英、长石、云母、角闪石、辉石、方解石、白云石、高岭石等，还有经变质作用产生的矿物，如石榴子石、滑石、绿泥石、蛇纹石等。

16.【2019年真题】 方解石作为主要矿物成分常出现于（　　）。
A. 岩浆岩与沉积岩中　　　　　　B. 岩浆岩与变质岩中
C. 沉积岩与变质岩中　　　　　　D. 火成岩与水成岩中

【解析】沉积岩的主要矿物成分常见的有石英、长石、白云母、方解石、白云石、高岭石等。变质岩的主要矿物成分除具有变质前原来岩石的矿物，如石英、长石、云母、角闪石、辉石、方解石、白云石、高岭石等，还有经变质作用产生的矿物，如石榴子石、滑石、绿泥石、蛇纹石等。

17.【2019年真题】 结构面的物理力学性质中，对岩体物理力学性质影响较大的有（　　）。
A. 抗压强度　　　　　　B. 产状　　　　　　C. 平整度
D. 延续性　　　　　　E. 抗剪强度

【解析】对岩体影响较大的结构面的物理力学性质主要有结构面的产状、延续性和抗剪强度。

18.【2018年真题】 正常情况下，岩浆中的侵入岩与喷出岩相比，其显著特性为（　　）。
A. 强度低　　　　　　　　　　B. 强度高
C. 抗风化能力差　　　　　　　D. 岩性不均匀

【解析】喷出岩是指喷出地表形成的岩浆岩，如流纹岩、粗面岩、安山岩、玄武岩、火山碎屑岩，一般呈原生孔隙和节理发育，产状不规则，厚度变化大，岩性很不均匀，比侵入岩强度低，透水性强，抗风化能力差。选项A、C、D均为喷出岩的特点。

19.【2018年真题】以下矿物可用玻璃刻划的有（　　）。
　　A. 方解石　　　　　　　B. 滑石　　　　　　　C. 刚玉
　　D. 石英　　　　　　　　E. 石膏
【解析】 可以用玻璃刻划，即比玻璃软。矿物的莫氏硬度：玻璃为5.5~6度，方解石为3度，滑石为1度，刚玉为9度，石膏为2度。

20.【2017年真题】构造裂隙可分为张性裂隙和扭性裂隙，张性裂隙主要发育在背斜和向斜的（　　）。
　　A. 横向　　　　　　B. 纵向　　　　　　C. 轴部　　　　　　D. 底部
【解析】 构造裂隙的种类与形成见下表。

张性裂隙	主要发育在背斜和向斜的轴部，裂隙张开较宽，裂隙间距较大且分布不均
扭性裂隙	一般出现在褶曲的翼部和断层附近

21.【2017年真题】整个土体构成上的不均匀性包括（　　）。
　　A. 层理　　　　　　　　B. 松散　　　　　　　　C. 团聚
　　D. 絮凝　　　　　　　　E. 结核
【解析】 整个土体构成上的不均匀性包括层理、夹层、透镜体、结核、组成颗粒大小悬殊及裂隙特征与发育程度等。

22.【2016年真题】黏性土的塑性指数（　　）。
　　A. >2　　　　　B. <2　　　　　C. >10　　　　　D. <10
【解析】 黏性土是塑性指数>10的土，分为粉质黏土和黏土。

23.【2016年真题】工程岩体分类有（　　）。
　　A. 稳定岩体　　　　　　B. 不稳定岩体　　　　　　C. 地基岩体
　　D. 边坡岩体　　　　　　E. 地下工程围岩
【解析】 工程岩体分为地基岩体、边坡岩体、地下工程围岩。

24.【2015年真题】对岩石钻孔作业难度和定额影响较大的矿物成分是（　　）。
　　A. 云母　　　　　　B. 长石　　　　　　C. 石英　　　　　　D. 方解石
【解析】 岩石中的石英含量越多，钻孔的难度就越大，钻头、钻机等消耗量也就越多。

25.【2015年真题】岩体中的张性裂隙主要发生在（　　）。
　　A. 向斜褶皱的轴部　　　　B. 向斜褶皱的翼部　　　　C. 背斜褶皱的轴部
　　D. 背斜褶皱的翼部　　　　E. 软弱夹层中
【解析】 张性裂隙主要发育在背斜和向斜的轴部，扭性裂隙一般出现在褶曲的翼部和断层附近。

26.【2014年真题】某基岩被3组较规则的X形裂隙切割成大块状，多数为构造裂隙，间距0.5~1.0m，裂隙多为密闭，少有填充物，此基岩的裂隙对基础工程（　　）。
　　A. 无影响　　　　　　B. 影响不大　　　　　　C. 影响很大　　　　　　D. 影响很严重
【解析】 裂隙发育程度等级、基本特征及其对工程的影响见下表。

发育程度等级	基本特征	对工程的影响
裂隙不发育	裂隙1~2组,规则,构造型,间距在1m以上,多为密闭裂隙。岩体被切割成巨块状	对基础工程无影响,在不含水且无其他不良因素时,对岩体稳定性影响不大
裂隙较发育	裂隙2~3组,呈X形,较规则,以构造型为主,多数间距大于0.4m,多为密闭裂隙,少有填充物。岩体被切割成大块状	对基础工程影响不大,对其他工程可能产生相当影响
裂隙发育	裂隙3组以上,不规则,以构造型或风化型为主,多数间距小于0.4m,大部分为张开裂隙,部分有填充物。岩体被切割成小块状	对工程建筑物可能产生很大影响
裂隙很发育	裂隙3组以上,杂乱,以风化型和构造型为主,多数间距小于0.2m,以张开裂隙为主,一般均有填充物。岩体被切割成碎石状	对工程建筑物产生严重影响

27.【2013年真题】褶皱构造是（　　）。
A. 岩层受构造力作用形成一系列波状弯曲且未丧失连续性的构造
B. 岩层受构造力作用形成一系列波状弯曲且丧失连续性的构造
C. 岩层受水平挤压力作用形成一系列波状弯曲而丧失连续性的构造
D. 岩层受垂直力作用形成一系列波状弯曲而丧失连续性的构造

【解析】 褶皱构造是组成地壳的岩层,受构造力的强烈作用,使岩层形成一系列波状弯曲而未丧失其连续性的构造,它是岩层产生的塑性变形。绝大多数褶皱是在水平挤压力作用下形成的,但也有少数在垂直力或力偶作用下形成的。褶皱构造在层状岩层中常见,在块状岩体中则很难见到。

28.【2013年真题】在有褶皱构造的地区进行隧道工程设计,选线的基本原则是（　　）。
A. 尽可能沿褶曲构造的轴部
B. 尽可能沿褶曲构造的翼部
C. 尽可能沿褶曲构造的向斜轴部
D. 尽可能沿褶曲构造的背斜核部

【解析】 对于隧道工程来说,褶曲构造的轴部是岩层倾向发生显著变化的地方,是岩层应力最集中的地方,容易遇到工程地质问题,如由于岩层破碎而产生的岩体稳定问题和向斜轴部地下水的问题。因此,隧道一般从褶曲的翼部通过是比较有利的。

29.【2012年真题】不宜作为建筑物地基填土的是（　　）。
A. 堆填时间较长的砂土
B. 经处理后的建筑垃圾
C. 经压实后的生活垃圾
D. 经处理后的一般工业废料

【解析】 素填土:经分层压实者,称为压实填土。未经人工压实者,一般密实度较差,但堆积时间较长,由于土的自重压密作用,也能达到一定密实度,可以作为一般建筑物的天然地基。

杂填土:杂填土是含有大量杂物的填土,按其组成物质成分和特征分为建筑垃圾土、工业废料土、生活垃圾等。试验证明,以生活垃圾和腐蚀性及易变性工业废料为主要成分的杂填土,一般不宜作为建筑物地基;对主要以建筑垃圾或一般工业废料组成的杂填土,采用适当（简单、易行、收效好）的措施进行处理后可作为一般建筑物地基。

30.【2011年真题】结构面结合力较差的工程地基岩体的工程特性是（　　）。
A. 沿层面方向的抗剪强度高于垂直层面方向
B. 沿层面方向有错动比有软弱夹层的工程地质性质差

C. 结构面倾向坡外比倾向坡里的工程地质性质好

D. 沿层面方向的抗剪强度低于垂直层面方向

【解析】 岩体的结构类型：层状结构是其中一类。层状结构结合力不强，作为工程建筑地基时，其变形模量和承载能力一般均能满足要求。

但是，当结构面结合力不强，有时又有层间错动面或软弱夹层存在时，则其强度和变形特性均具各向异性特点，一般沿层面方向的抗剪强度明显低于垂直层面方向，特别是当有软弱结构面存在时更为明显。这类岩体作为边坡岩体时，一般来说，当结构面倾向坡外时要比倾向坡里时的工程地质性质差得多。

31. 【2011年真题】工程岩体沿某一结构面产生整体滑动时，其岩体强度完全受控于（　　）。

A. 结构面强度 B. 节理的密集性
C. 母岩的岩性 D. 层间错动幅度

【解析】 岩体由岩石块和结构面组成，一般岩体的强度既不等于岩石块的强度，也不等于结构面的强度，而是二者共同影响表现出来的强度，但在某些情况下，可以用岩石块或结构面的强度来代替。例如，当岩体结构面不发育，呈完整结构时，岩石块的强度可视为岩体强度；如果岩体沿某一结构面产生整体滑动时（即结构面强度很弱），则岩体强度完全受结构面强度控制。

32. 【2011年真题】关于地震震级和烈度的说法，正确的是（　　）。

A. 建筑抗震设计的依据是国际通用震级划分标准

B. 震级高、震源浅的地震烈度不一定高

C. 一次地震一般会形成多个烈度区

D. 建筑抗震措施应根据震级大小确定

【解析】 一般情况下，震级越高、震源越浅，距震中越近，地震烈度就越高。一次地震只有一个震级，但震中周围地区的破坏程度随距震中距离的加大而逐渐减小，形成多个不同的地震烈度区，它们由大到小依次分布。

标准设防类：应按本地区抗震设防烈度确定其抗震措施。

重点设防类：应按本地区抗震设防烈度提高一度的要求加强其抗震措施。

特殊设防类：应按本地区抗震设防烈度提高一度的要求加强其抗震措施。

适度设防类：允许比本地区抗震设防烈度的要求适当降低其抗震措施，但抗震设防烈度为6度时不应降低。

33. 【2010年真题】某断层下盘沿断层面相对下降，这类断层大多是（　　）。

A. 岩体受到水平方向强烈张应力形成的

B. 岩体受到水平方向强烈挤压力形成的

C. 断层线与褶皱轴方向基本一致

D. 断层线与拉应力作用方向基本垂直

E. 断层线与压应力作用方向基本平行

【解析】 逆断层是上盘沿断层面相对上升，下盘相对下降的断层。它一般是由于岩体受到水平方向强烈挤压力的作用，使上盘沿断层面向上错动而成。断层线的方向常和岩层走向或褶皱轴的方向近于一致，与压应力作用的方向垂直。断层面从陡倾角至缓倾角都有。

34.【2010 年真题】建筑物结构设计对岩石地基主要关心的是（   ）。
A. 岩体的弹性模量   B. 岩体的结构
C. 岩石的抗拉强度   D. 岩石的抗剪强度

【解析】 就大多数岩体而言，一般建筑物的荷载远达不到岩体的极限强度值。因此，设计人员所关心的主要是岩体的变形特性。岩体变形特性是由变形模量或弹性模量来表征的。

35.【2009 年真题】某岩石的抗压强度为 200MPa，其抗剪强度和抗拉强度可能约为（   ）。
A. 100MPa 和 40MPa   B. 60MPa 和 20MPa
C. 10MPa 和 2MPa   D. 5MPa 和 1MPa

【解析】 抗剪强度为抗压强度的 10%~40%，即 20~80MPa；抗拉强度仅是抗压强度的 2%~16%，即 4~32MPa。

36.【2009 年真题】某竣工验收合格的引水渠工程，初期通水后两岸坡体出现了很长的纵向裂缝，并有局部地面下沉，该地区土质可能为（   ）。
A. 红黏土   B. 软岩   C. 砂土   D. 湿陷性黄土

【解析】 湿陷性黄土一般分为自重湿陷性黄土和非自重湿陷性黄土，在自重湿陷性黄土地区修筑渠道，初次放水时就可能产生地面下沉，两岸出现与渠道平行的裂缝。

二、参考答案

题号	1	2	3	4	5	6	7	8	9	10
答案	D	A	D	AB	D	C	BCD	ACDE	C	A
题号	11	12	13	14	15	16	17	18	19	20
答案	ABD	B	BDE	B	ACE	C	BDE	B	ABE	C
题号	21	22	23	24	25	26	27	28	29	30
答案	AE	C	CDE	C	AC	B	A	B	C	D
题号	31	32	33	34	35	36				
答案	A	C	BC	A	B	D				

三、2025 年考点预测

考点一：矿物硬度。
考点二：特殊土的特征。
考点三：地震烈度。

第二节　地下水的类型与特征

一、经典真题及解析

1.【2024 年真题】下列关于潜水特性的说法，正确的是（   ）。
A. 水质不易受到污染

B. 潜水面以上存在稳定的隔水层

C. 通常潜水面坡度大于当地地面坡度

D. 基本上由渗入形成，局部因凝结形成

【解析】 潜水有两个特征：一个是潜水面以上无稳定的隔水层存在，大气降水和地表水可直接渗入，成为潜水的主要补给来源，潜水的水质也易于受到污染；另一个是潜水自水位较高处向水位较低处渗流。

在山脊地带潜水位的最高处可形成潜水分水岭，自此处潜水流向不同的方向。潜水面的形状是因时因地而异的，它受地形、地质、气象、水文等自然因素控制，并常与地形有一定程度的一致性。一般地面坡度越大，潜水面的坡度也越大，但潜水面坡度经常小于当地的地面坡度。

2. 【2023年真题】下列关于潜水特征的说法，正确的有（　　）。
   A. 多数存在于第四纪松散岩层中
   B. 常为无压水，大部分由渗入形成
   C. 充满于两个隔水层之间，无自由水面
   D. 基岩风化壳裂隙中季节性存在的水
   E. 补给区与分布区一致

【解析】 潜水是埋藏在地表以下第一层较稳定的隔水层以上具有自由水面的重力水，其自由表面承受大气压力，受气候条件影响，季节性变化明显。潜水常为无压水，补给区与分布区一致。潜水主要分布在地表各种岩土里，多数存在于第四纪松散岩层中，坚硬的沉积岩、岩浆岩和变质岩的裂隙及洞穴中也有潜水分布。

3. 【2022年真题】受气象水文要素影响，季节性变化比较明显的地下水是（　　）。
   A. 潜水　　　　　　　　　　　B. 自流盆地中的水
   C. 岩溶承压水　　　　　　　　D. 自流斜地中的水

【解析】 参见第2题解析。

4. 【2021年真题】地下水中，补给区和分布区不一致的是（　　）。
   A. 包气带水　　B. 潜水　　C. 承压水　　D. 裂隙水

【解析】 包气带水、潜水和裂隙水的补给区和分布区一致，只有承压水补给区与分布区不一致。

5. 【2021年真题】下列地下水中，属于无压水的有（　　）。
   A. 包气带水　　　　　　　　　B. 潜水　　　　　　　　　C. 承压水
   D. 裂隙水　　　　　　　　　　E. 岩溶水

【解析】 地下水的分类见下表。

按埋藏条件		包气带水	无压水
		潜水	常为无压水
		承压水	承压水
根据含水层的空隙性质	裂隙水	风化裂隙水	多属潜水，常为无压水
		成岩裂隙水	可以是潜水，也可以是承压水 当成岩裂隙的岩层露出地表时，常赋存成岩裂隙潜水

(续)

根据含水层的空隙性质	裂隙水	构造裂隙水	当构造应力分布比较均匀且强度足够时，则在岩体中形成比较密集均匀且相互连通的张开性构造裂隙，这种裂隙常赋存层状构造裂隙水。当构造应力分布不均匀时，岩体中张开性构造裂隙分布不连续、不沟通，则赋存脉状构造裂隙水
	岩溶水		可以是潜水，也可以是承压水

6.【2020年真题】岩层以上裂隙水中的潜水常为（　　）。
A. 包气带水　　　　B. 承压水　　　　C. 无压水　　　　D. 岩溶水
【解析】　参见第5题解析。

7.【2019年真题】地下水在自流盆地易形成（　　）。
A. 包气带水　　　　B. 承压水　　　　C. 潜水　　　　D. 裂隙水
【解析】　承压水：松散沉积物构成的向斜和盆地——自流盆地中的水；松散沉积物构成的单斜和山前平原——自流斜地中的水

8.【2017年真题】当构造应力分布较均匀且强度足够时，在岩体中形成张开裂隙，这种裂隙常赋存（　　）。
A. 成岩裂隙水
B. 风化裂隙水
C. 脉状构造裂隙水
D. 层状构造裂隙水
【解析】　参见第5题解析。

9.【2016年真题】常处于第一层隔水层以上的重力水为（　　）。
A. 包气带水　　　　B. 潜水　　　　C. 承压水　　　　D. 裂隙水
【解析】　潜水是埋藏在地表以下第一层较稳定的隔水层以上具有自由水面的重力水。

10.【2015年真题】地下水补给区与分布区不一致的是（　　）。
A. 基岩上部裂隙中的潜水
B. 单斜岩融化岩层中的承压水
C. 黏土裂隙中季节性存在的无压水
D. 裸露岩层中的无压水
【解析】　包气带水、潜水为无压水，补给区与分布区一致；承压水有压力，补给区与分布区不一致。

11.【2013年真题】不受气候影响的地下水是（　　）。
A. 包气带水　　　　B. 潜水　　　　C. 承压水　　　　D. 裂隙水
【解析】　包气带水、潜水受气候影响，裂隙水有潜水的特点，也受气候影响。

12.【2018年真题】以下岩石形成的溶隙或溶洞中，常赋存岩溶水的是（　　）。
A. 安山岩　　　　B. 玄武岩　　　　C. 流纹岩　　　　D. 石灰岩
【解析】　岩溶水赋存和运移于可溶岩的溶隙、溶洞（洞穴、管道、暗河）中。
选项A、B、C均为岩浆岩中的喷出岩；选项D为沉积岩，是可溶性岩石，容易被含有CO_2的水溶解，从而形成岩溶水。

13.【2014年真题】有明显季节性交替的裂隙水为（　　）。
A. 风化裂隙水
B. 成岩裂隙水
C. 层状构造裂隙水
D. 脉状构造裂隙水
【解析】　风化裂隙水主要靠大气降水的补给，有明显季节性循环交替，常以泉水的形式排泄于河流中。

二、参考答案

题号	1	2	3	4	5	6	7	8	9	10
答案	D	ABE	A	C	AB	C	B	D	B	B
题号	11	12	13							
答案	C	D	A							

三、2025年考点预测

考点一：地下水分类。
考点二：岩溶水的特征。

第三节 常见工程地质问题及其处理方法

一、经典真题及解析

1.【2024年真题】关于不稳定边坡的防治措施，以下做法正确的是（ ）。
A. 抗滑桩适用于浅层、中厚层滑坡体
B. 支挡建筑物的基础应设置在滑坡体的范围以内
C. 削坡削减下来的土石可填在坡脚，起反压作用
D. 为了防止大气降水向岩体中渗透，可以在滑坡体下部布置截水沟槽
E. 通常采用地下排水廊道将已渗入滑坡体中的积水排出
【解析】 参见教材第24、25页。
选项B：支挡建筑物的基础要砌置在滑动面以下。
选项D：为了防止大气降水向岩体中渗透，一般是在滑坡体外围布置截水沟槽，以截断流至滑坡体上的水流。

2.【2024年真题】下列影响边坡稳定的因素中，属于内在因素的是（ ）。
A. 地应力   B. 地震作用   C. 地下水   D. 地表水
【解析】 参见教材23、24页。影响边坡稳定性的因素有内在因素与外在因素两个方面。内在因素有边坡的岩土性质、地质构造、岩体结构、地应力等，它们常常起着主要的控制作用。

3.【2024年真题】下列关于隧道选址及相关要求的说法，正确的是（ ）。
A. 洞口边坡岩层最好倾向山里
B. 洞口应选择坡积层厚的岩石
C. 隧道进出口地段的边坡应下缓上陡
D. 在地形陡的高边坡开完洞口时，应尽量将上部的岩体挖除
【解析】 选项B：洞口应选择直接出露或坡积层薄的岩石，边坡岩层最好倾向山里，以保证洞口边坡安全。

选项 C：隧洞进出口地段的边坡应下陡上缓，以便于排水和保持边坡稳定。

选项 D：在地形陡的高边坡开挖洞口时，应尽量不削坡或少削坡即进洞，必要时可做人工洞口先行进洞，以保证边坡的稳定性。

4.【2023 年真题】由于动水压力造成的潜蚀，适宜采用的处理方式是（　　）。
A. 打板桩　　　　　B. 设置反滤层　　　　　C. 人工降水　　　　　D. 化学加固

【解析】 对潜蚀的处理可以采用堵截地表水流入土层、阻止地下水在土层中流动、设置反滤层、改良土的性质、减小地下水流速及水力坡度等措施。

5.【2023 年真题】关于用抗滑桩进行边坡处理的有关规定和要求，正确的是（　　）。
A. 适用于中厚层或厚层滑坡体　　　　　B. 桩径通常为 1~6m
C. 平行于滑动方向布置一排或两排　　　D. 滑动面以下桩长占全桩长的 1/4~1/3

【解析】 锚固桩（或称抗滑桩）适用于浅层或中厚层的滑坡体，它是在滑坡体的中、下部开挖竖井或大口径钻孔，然后浇灌钢筋混凝土而成。锚固桩一般垂直于滑动方向布置一排或两排，桩径通常为 1~3m，深度一般要求滑动面以下桩长占全桩长的 1/4~1/3。

6.【2023 年真题】在岩溶地区进行地基处理施工时，对深埋溶（土）洞宜采用的处理方法有（　　）。
A. 桩基法　　　　　B. 注浆法　　　　　C. 跨越法
D. 夯实法　　　　　E. 充填法

【解析】 对塌陷或浅埋溶（土）洞宜采用挖填夯实法、跨越法、充填法、垫层法进行处理；对深埋溶（土）洞，宜采用注浆法、桩基法、充填法进行处理。

对落水洞及浅埋的溶沟、溶蚀（裂隙、漏斗）等，宜采用跨越法、充填法进行处理。

7.【2022 年补考真题】下列影响边坡稳定的因素中，属于内在因素的是（　　）。
A. 地应力　　　　　B. 地表水　　　　　C. 地下水　　　　　D. 风化作用

【解析】 本题考查的是影响边坡稳定性的因素。影响边坡稳定性的因素有内在因素与外在因素两个方面。内在因素有边坡的岩土性质、地质构造、岩体结构、地应力等，它们常常起着主要的控制作用；外在因素有地表水和地下水的作用、地震、风化作用、人工挖掘、爆破及工程荷载等。

8.【2022 年补考真题】削坡对于防治不稳定边坡的作用是（　　）。
A. 防止渗透到滑坡体内　　　　　B. 排出滑坡体内的积水
C. 减轻滑坡体重量　　　　　　　D. 改变滑坡体走向

【解析】 本题考查的是边坡稳定。削坡是将陡倾的边坡上部的岩体挖除一部分，使边坡变缓，同时也减轻滑体重量，以达到稳定的目的。削减下来的土石，可填在坡脚，起反压作用，更有利于稳定。采用这种方法时，要注意滑动面的位置，否则不仅效果不显著，甚至更会促使岩体不稳。

9.【2022 年补考真题】在地下工程开挖之后，为阻止围岩向洞内变形采用喷锚支护时，混凝土附着厚度一般为（　　）cm。
A. 1~5　　　　　B. 5~20　　　　　C. 20~35　　　　　D. 35~50

【解析】 本题考查的是围岩稳定。喷锚支护是在地下工程开挖后，及时地向围岩表面喷一薄层混凝土（一般厚度为 5~20cm），有时再增加一些锚杆，从而部分地阻止围岩向洞内变形，以达到支护的目的。

10.【2022年真题】对于深层的淤泥及淤泥质土，技术可行、经济合理的处理方式是（　　）。

A. 挖除　　　　　　　　　　　　B. 水泥灌浆加固
C. 振冲置换　　　　　　　　　　D. 预制桩或灌注桩

【解析】　对不满足承载力的软弱土层，如淤泥及淤泥质土，浅层的可以挖除，深层的可以采用振冲等方法用砂、砂砾、碎石或块石等置换。

11.【2022年真题】大型滑坡体上做截水沟的作用是（　　）。

A. 截断流向滑坡体的水　　　　　B. 排除滑坡体内的水
C. 使滑坡体内的水流向下部透水岩层　　D. 防止上部积水

【解析】　防渗和排水是整治滑坡的一种重要手段。一般是在滑坡体外围布置截水沟槽，以截断流至滑坡体上的水流；大的滑坡体还应在其上布置一些排水沟，排水沟的作用是排水。

12.【2022年真题】为了防止坚硬整体围岩开挖后表面风化，喷混凝土护壁的厚度一般为（　　）cm。

A. 1~3　　　　　B. 3~5　　　　　C. 5~7　　　　　D. 6~7

【解析】　对于坚硬的整体围岩，岩块强度高，整体性好，在地下工程开挖后自身稳定性好，基本上不存在支护问题。这种情况下喷混凝土的作用主要是防止围岩表面风化，消除开挖后表面的凹凸不平，防止个别岩块掉落，其喷层厚度一般为3~5cm。当地下工程围岩中出现拉应力区时，应采用锚杆稳定围岩。

13.【2021年真题】对埋深1m左右的松散砂砾石地层地基进行处理，应优先考虑的方法为（　　）。

A. 挖除　　　　　　　　　　　　B. 预制桩加固
C. 沉井加固　　　　　　　　　　D. 地下连续墙加固

【解析】　本题考查的是特殊地基。松散软弱土层的强度、刚度低，承载力低，抗渗性差。对不满足承载力要求的松散土层，如砂和砂砾石地层等，可挖除，也可采用固结灌浆、预制桩或灌注桩、地下连续墙或沉井等加固。

14.【2021年真题】对于埋藏较深的断层破碎带，提高其承载力和抗渗力的处理方法，优先考虑（　　）。

A. 打土钉　　　　B. 打抗滑桩　　　　C. 打锚杆　　　　D. 水泥浆灌浆

【解析】　本题考查的是特殊地基。风化、破碎岩层，岩体松散，强度低，整体性差，抗渗性差，有的不能满足建筑物对地基的要求。风化一般在地基表层，可以挖除。破碎岩层有的较浅，也可以挖除。有的埋藏较深，如断层破碎带，可以用水泥浆灌浆加固或防渗。

15.【2021年真题】处置流沙优先采用的施工方法为（　　）。

A. 灌浆　　　　B. 降低地下水位　　　　C. 打桩　　　　D. 化学加固

【解析】　流沙常用的处置方法有人工降低地下水位和打板桩等，特殊情况下也可采取化学加固法、爆炸法及加重法等。在基槽开挖的过程中，当局部地段突然出现严重流沙时，可立即抛入大块石等阻止流沙。

16.【2020年真题】对建筑地基中深埋的水平状泥化夹层，通常（　　）。

A. 不必处理　　　　　　　　　　B. 采用抗滑桩处理

C. 采用锚杆处理　　　　　　　　　　D. 采用预应力锚索处理

【解析】 本题考查的是特殊地基。对充填胶结差、影响承载力或抗渗要求的断层，浅埋的尽可能清除回填，深埋的灌水泥浆处理；泥化夹层，浅埋的影响承载能力，尽可能清除回填，深埋的一般不影响承载能力，所以不需要进行处理。

17.【2020年真题】建筑物基础位于黏性土地基上的，其地下水的浮托力（　　）。

A. 按地下水位100%计算　　　　　　B. 按地下水位50%计算

C. 结合地区的实际经验考虑　　　　　D. 无须考虑和计算

【解析】 本题考查的是地下水。当建筑物基础底面位于地下水位以下时，地下水对基础底面产生静水压力，即产生浮托力。如果基础位于粉土、砂土、碎石土和节理裂隙发育的岩石地基上，则按地下水位100%计算浮托力；如果基础位于节理裂隙不发育的岩石地基上，则按地下水位50%计算浮托力；如果基础位于黏性土地基上，其浮托力较难确切地确定，应结合地区的实际经验考虑。

18.【2020年真题】爆破后对地下工程围岩面及时喷混凝土，对围岩的稳定起首要和内在本质作用的是（　　）。

A. 阻止碎块松动脱落引起应力恶化

B. 充填裂隙增加岩体的整体性

C. 与围岩紧密结合提高围岩的抗剪强度

D. 与围岩紧密结合提高围岩的抗拉强度

【解析】 在爆破后对地下工程围岩面的处理中，喷混凝土的首要和内在本质的作用是通过充填裂隙来增加岩体的整体性。喷混凝土能紧跟工作面，速度快，因而缩短了开挖与支护的间隔时间，及时地填补了围岩表面的裂缝和缺损，阻止裂隙切割的碎块脱落松动，使围岩的应力状态得到改善；同时，由于有较高的喷射速度和压力，浆液能充填张开的裂隙，起着加固岩体的作用，提高了岩体整体性。另外，喷层与围岩紧密结合，有较高的黏结力和抗剪强度，能在结合面上传递各种应力，可以起到承载拱的作用。

19.【2020年真题】地下水对地基、土体的影响有（　　）。

A. 风化作用　　　　　B. 软化作用　　　　　C. 引起沉降

D. 引起流沙　　　　　E. 引起潜蚀

【解析】 本题考查的是地下水。地下水最常见的问题主要是对土体和岩体的软化、侵蚀，以及静水压力、动水压力作用及其渗透破坏等。

（1）地下水对土体和岩体的软化。

（2）地下水位下降引起软土地基沉降。

（3）动水压力产生流沙和潜蚀。

（4）地下水的浮托作用。

（5）承压水对基坑的作用。

（6）地下水对钢筋混凝土的锈蚀。

20.【2019年、2016年真题】对影响建筑物地基的深埋岩体断层破碎带，采用较多的加固处理方式是（　　）。

A. 开挖清除　　　　B. 桩基加固　　　　C. 锚杆加固　　　　D. 水泥浆灌浆

【解析】 本题考查的是特殊地基。风化、破碎岩层的岩体松散、强度低、整体性差、抗渗性差，有的不能满足建筑物对地基的要求。风化一般在地基表层，可以挖除。破碎岩层有的较浅，也可以挖除；有的埋藏较深，如断层破碎带，可以用水泥浆灌浆加固或防渗。

21.【2019年真题】隧道选线尤其应该注意避开褶皱构造（　　）。
　　A. 向斜核部　　　　　B. 背斜核部　　　　　C. 向斜翼部　　　　　D. 背斜翼部
　　【解析】　本题考查的是围岩稳定。在隧道选线过程中，特别需要避开褶皱构造的特定部位，以确保工程的安全和稳定。在背斜核部，岩层呈上拱形，虽岩层破碎，然犹如石砌的拱形结构，能将上覆岩层的荷重传递至两侧岩体中，有利于洞顶的稳定，可以作为隧道选线的优先部位。在向斜核部，岩层呈倒拱形，顶部被张裂隙切割的岩块上窄下宽，易塌落，因此隧道选线时应尽可能避开这一区域。另外，向斜核部往往是承压水储存的场所，地下工程开挖时地下水会突然涌入洞室。因此，在向斜核部不宜修建地下工程。
　　向斜翼部和背斜翼部，虽然岩层较为破碎，但由于结构相对稳定，可以作为辅助选线的参考部位。

22.【2019年真题】开挖基槽局部突然出现严重流沙时，可立即采取的处理方式是（　　）。
　　A. 抛入大块石　　　　　　　　　　　　B. 迅速降低地下水位
　　C. 打板桩　　　　　　　　　　　　　　D. 化学加固
　　【解析】　本题考查的是地下水。严重流沙，流沙冒出速度加快，甚至像开水初沸翻泡。常用的流沙处置方法有人工降低地下水位法和打板桩法等，特殊情况下也可采取化学加固法、爆炸法及加重法等。当基槽开挖过程中局部地段突然出现严重流沙时，可立即抛入大块石等阻止流沙。

23.【2018年真题】风化、破碎岩层边坡加固，常用的结构形式有（　　）。
　　A. 木挡板　　　　　　　B. 喷混凝土　　　　　　C. 挂网喷混凝土
　　D. 钢筋混凝土格构　　　E. 混凝土格构
　　【解析】　风化、破碎处于边坡影响稳定的，可根据情况采用喷混凝土或挂网喷混凝土护面，必要时配合灌浆和锚杆加固，甚至采用砌体、混凝土和钢筋混凝土等格构方式的结构护坡；对于裂隙发育影响地基承载能力和抗渗要求的，可以用水泥浆灌浆加固或防渗。

24.【2018年真题】地下工程开挖后，对于软弱围岩优先选用的支护方式为（　　）。
　　A. 锚索支护　　　　B. 锚杆支护　　　　C. 喷射混凝土支护　　　　D. 喷锚支护
　　【解析】　本题考查的是边坡稳定。喷锚支护是在地下工程开挖后，及时向围岩表面喷一薄层混凝土，有时再增加一些锚杆，从而部分地阻止围岩向洞内变形，以达到支护的目的。对于软弱围岩，在地下工程开挖后一般都不能自稳，所以必须立即喷射混凝土，有时还要加锚杆和钢筋网才能稳定围岩。

25.【2016年真题】加固不满足承载力要求的砂砾石地层，常用的措施有（　　）。
　　A. 喷混凝土　　　　　　B. 沉井　　　　　　　C. 黏土灌浆
　　D. 灌注桩　　　　　　　E. 碎石置换
　　【解析】　本题考查的是特殊地基。松散、软弱土层的强度、刚度低，承载力低，抗渗性差。对不满足承载力要求的松散土层，如砂和砂砾石地层等，可挖除，也可采用固结灌

16

浆、预制桩或灌注桩、地下连续墙或沉井等加固；对不满足抗渗要求的，可灌水泥浆或水泥黏土浆，或地下连续墙防渗；对于影响边坡稳定的，可喷混凝土护面和打土钉支护。

26.【2013年真题】提高深层淤泥质土的承载力可采取（　　）。
A. 固结灌浆　　　　B. 喷混凝土护面　　　　C. 打土钉　　　　D. 振冲置换
【解析】 对不满足承载力的软弱土层，如淤泥及淤泥质土，浅层的挖除，深层的可以采用振冲等方法用砂、砂砾、碎石或块石等置换。

27.【2010年真题】在不满足边坡防渗和稳定要求的砂砾地层开挖基坑，为综合利用地下空间，宜采用的边坡支护方式是（　　）。
A. 地下连续墙　　　B. 地下沉井　　　　C. 固结灌浆　　　　D. 锚杆加固
【解析】 对不满足抗渗要求的，可灌水泥浆或水泥黏土浆，或采用地下连续墙防渗。

28.【2019年真题】工程地基防止地下水机械潜蚀常用的方法有（　　）。
A. 取消反滤层　　　　　　B. 设置反滤层　　　　　　C. 提高渗流水力坡度
D. 降低渗流水力坡度　　　E. 改良土的性质
【解析】 对潜蚀的处理，可以采用堵截地表水流入土层、阻止地下水在土层中流动、设置反滤层、改良土的性质、降低地下水流速及水力坡度等措施。

29.【2017年真题】仅发生机械潜蚀的原因是（　　）。
A. 渗流水力坡度小于临界水力坡度
B. 地下水渗流产生的水力压力大于土颗粒的有效重度
C. 地下连续墙接头的质量不佳
D. 基坑围护桩间隙处隔水措施不当
【解析】 本题考查的是地下水。如果地下水渗流产生的动水压力小于土颗粒的有效重度，即渗流水力坡度小于临界水力坡度，虽然不会发生流沙现象，但土中细小颗粒仍有可能穿过粗颗粒之间的孔隙被渗流携带而走。时间长了，在土层中将形成管状空洞，使土体结构破坏，强度降低，压缩性增加，这种现象称之为机械潜蚀。

30.【2016年真题】隧道选线应尽可能使（　　）。
A. 隧道轴向与岩层走向平行　　　　B. 隧道轴向与岩层走向夹角较小
C. 隧道位于地下水位以上　　　　　D. 隧道位于地下水位以下
【解析】 本题考查的是工程地质对工程选址的影响。
选项A：应当是隧道轴向与岩层走向垂直。
选项B：应当是隧道轴向与岩层走向夹角较大。
选项D：隧道横穿断层时，虽然只是个别段落受断层影响，但因地质及水文地质条件不良，必须预先考虑措施，保证施工安全。特别是当岩层破碎带规模很大，或者穿越断层带时，会使施工十分困难，因此在确定隧道平面位置时，应尽量设法避开。

31.【2015年真题】基础设计时，必须以地下水位100%计算浮托力的地层有（　　）。
A. 节理不发育的岩石　　　B. 节理发育的岩石　　　C. 碎石土
D. 粉土　　　　　　　　　E. 黏土
【解析】 本题考查的是地下水。当建筑物基础底面位于地下水位以下时，地下水对基础底面产生静水压力，即产生浮托力。如果基础位于粉土、砂土、碎石土和节理裂隙发育的岩石地基上，则按地下水位100%计算浮托力；如果基础位于节理裂隙不发育的岩石地基上，则按地下水位50%计算浮托力；如果基础位于黏性土地基上，其浮托力较难确切地确定，应结合地区的实际经验考虑。

32.【2015年真题】边坡易直接发生崩塌的岩层是（　　）。
A. 泥灰岩　　　　B. 凝灰岩　　　　C. 泥岩　　　　D. 页岩
【解析】 本题考查的是边坡稳定。对于喷出岩，如玄武岩、凝灰岩、火山角砾岩、安山岩等，其原生的节理，尤其是柱状节理发育时，易形成直立边坡并易发生崩塌。

33.【2017年真题】地层岩性对边坡稳定性的影响很大，稳定程度较高的边坡岩体一般是（　　）。
A. 片麻岩　　　　B. 玄武岩　　　　C. 安山岩　　　　D. 角砾岩
【解析】 本题考查的是边坡稳定。对于深成侵入岩、厚层坚硬的沉积岩，以及片麻岩、石英岩等构成的边坡，一般稳定程度是较高的。只有在节理发育、有软弱结构面穿插且边坡高陡时，才易发生崩塌或滑坡现象。

34.【2016年真题】下列导致滑坡的因素中最普遍、最活跃的因素是（　　）。
A. 地层岩性　　　B. 地质构造　　　C. 岩体结构　　　D. 地下水
【解析】 本题考查的是影响边坡稳定的因素。地下水是影响边坡稳定最普遍、最活跃的外在因素，绝大多数滑坡都与地下水的活动有关。

35.【2014年真题】在渗流水力坡度小于临界水力坡度的土层中施工建筑物基础时，可能出现（　　）。
A. 轻微流沙　　　B. 中等流沙　　　C. 严重流沙　　　D. 机械潜蚀
【解析】 如果地下水渗流产生的动水压力小于土颗粒的有效重度，即渗流水力坡度小于临界水力坡度，虽然不会发生流沙现象，但土中小颗粒仍有可能穿过粗颗粒之间的孔隙被渗流携带流失，在土层中将形成管状空洞，使土体结构破坏，强度降低，压缩性增加，这种现象称为机械潜蚀。

36.【2013年真题】影响岩石边坡稳定的主要地质因素有（　　）。
A. 地质构造　　　　　　B. 岩石的成因　　　　　C. 岩石的成分
D. 岩体结构　　　　　　E. 地下水
【解析】 影响边坡稳定性的因素有地貌条件、地层岩性、地质构造与岩体结构、地下水。

37.【2012年、2011年真题】关于地下水对边坡稳定性影响的说法，正确的是（　　）。
A. 地下水产生动水压力，增强了岩体的稳定性
B. 地下水增加了岩体质量，减小了边坡下滑力
C. 地下水产生浮托力，减轻了岩体自重，增加了边坡稳定
D. 地下水产生的静水压力，容易导致岩体崩塌
【解析】 （1）地下水会使岩石软化或溶蚀，导致上覆岩体塌陷，进而发生崩塌或滑坡。
（2）地下水产生静水压力或动水压力，会促使岩体下滑或崩倒。
（3）地下水增加了岩体重量，可使下滑力增大。
（4）在寒冷地区，渗入裂隙中的水结冰，产生膨胀压力，促使岩体破坏、倾倒。
（5）地下水产生浮托力，使岩体有效重量减轻，稳定性下降。

38.【2011年真题】地层岩性对边坡稳定性影响较大，能构成稳定性相对较好的边坡岩

体是（　　）。

A. 沉积岩　　　　B. 页岩　　　　C. 泥灰岩　　　　D. 板岩

【解析】 对于深成侵入岩、厚层坚硬的沉积岩，以及片麻岩、石英岩等构成的边坡，一般稳定程度是较高的。

39.【2010 年、2009 年真题】地层岩性对边坡稳定影响较大，使边坡最易发生顺层滑动和上部崩塌的岩层是（　　）。

A. 玄武岩　　　B. 火山角砾岩　　　C. 黏土质页岩　　　D. 片麻岩

【解析】 对于含有黏土质页岩、泥岩、煤层、泥灰岩、石膏等夹层的沉积岩边坡，最易发生顺层滑动，或因下部蠕滑而造成上部岩体的崩塌。

40.【2018 年真题】隧道选线时，应优先布置在（　　）。

A. 褶皱两侧　　　B. 向斜核部　　　C. 背斜核部　　　D. 断层带

【解析】 在布置地下工程时，原则上应避开褶皱核部。若必须在褶皱岩层地段修建地下工程，可以将地下工程放在褶皱的两侧。

41.【2017 年真题】为提高围岩本身的承载力和稳定性，最有效的措施是（　　）。

A. 锚杆支护　　　　　　　　　　B. 钢筋混凝土衬砌
C. 喷层+钢丝网　　　　　　　　D. 喷层+锚杆

【解析】 如果喷混凝土再配合锚杆加固围岩，则会更有效地提高围岩自身的承载力和稳定性。

42.【2017 年真题】围岩变形与破坏的形式多种多样，主要形式及其状况有（　　）。

A. 脆性破裂，常在储存有很大塑性应变能的岩体开挖后发生
B. 块体滑移，常以结构面交汇切割组合成不同形状的块体滑移形式出现
C. 岩层的弯曲折断，是层状围岩应力重分布的主要形式
D. 碎裂结构岩体在洞顶产生崩落，是由于张力和振动力的作用
E. 风化、构造破碎，在重力、围岩应力作用下产生冒落及塑性变形

【解析】 （1）脆性破裂，经常产生于高地应力地区，其形成的机理是复杂的，它是由储存有很大弹性应变能的岩体，在开挖卸荷后，能量突然释放形成的，与岩石性质、地应力积聚水平及地下工程断面形状等因素有关。

（2）块体滑移，是块状结构围岩常见的破坏形式，常以结构面交汇切割组合成不同形状的块体滑移、塌落等形式出现。

（3）岩层的弯曲折断，是层状围岩变形失稳的主要形式。

（4）碎裂结构岩体在张力和振动力作用下容易松动、解脱，在洞顶则产生崩落，在边墙上则表现为滑塌或碎块的坍塌。

（5）一般强烈风化、强烈构造破碎或新近堆积的土体，在重力、围岩应力和地下水作用下常产生冒落及塑性变形。常见的塑性变形和破坏形式有边墙挤入、底鼓及洞径收缩等。

43.【2024 年真题】下列关于隧道选址及相关要求的说法，正确的是（　　）。

A. 洞口边坡岩层最好倾向山里
B. 洞口应选择坡积层厚的岩石
C. 隧道进出口地段的边坡应下缓上陡

D. 在地形陡的高边坡开挖洞口，应尽量将上部岩体挖除

【解析】 参见教材第25、26页。

选项B：洞口岩石应直接出露或坡积层薄，岩层最好倾向山里以保证洞口坡的安全。

选项C：隧洞进出口地段的边坡应下陡上缓。

选项D：在地形陡的高边坡开挖洞口时，应不削坡或少削坡即进洞，必要时可做人工洞口先行进洞，以保证边坡的稳定性。

44.【2014年真题】隧道选线应尽可能避开（　　）。
A. 褶皱核部
B. 褶皱两侧
C. 与岩层走向垂直
D. 与裂隙垂直

【解析】 在布置地下工程时，原则上应避开褶皱核部。若必须在褶皱岩层地段修建地下工程，可以将地下工程放在褶皱的两侧。

45.【2014年真题】对地下工程围岩出现的拉应力区多采用的加固措施是（　　）。
A. 混凝土支撑
B. 锚杆支护
C. 喷混凝土
D. 挂网喷混凝土

【解析】 对于坚硬的整体围岩，岩块强度高，整体性好，在地下工程开挖后自身稳定性好，基本上不存在支护问题。在这种情况下，喷混凝土的作用主要是防止围岩表面风化，消除开挖后表面的凹凸不平及防止个别岩块掉落，其喷层厚度一般为3～5cm。当地下工程围岩中出现拉应力区时，应采用锚杆稳定围岩。

46.【2013年真题】当隧道顶部围岩中有缓倾夹泥结构面存在时，要特别警惕（　　）。
A. 碎块崩落
B. 碎块坍塌
C. 墙体滑塌
D. 岩体塌方

【解析】 碎裂结构岩体在张力和振动力作用下容易松动、解脱，在洞顶则产生崩落，在边墙上则表现为滑塌或碎块的坍塌。当结构面间夹泥时，往往会产生大规模的岩体塌方，如不及时支护，将愈演愈烈，直至冒顶。

二、参考答案

题号	1	2	3	4	5	6	7	8	9	10
答案	ACE	A	A	B	D	ABE	A	C	B	C
题号	11	12	13	14	15	16	17	18	19	20
答案	A	B	A	D	B	A	C	B	BCDE	D
题号	21	22	23	24	25	26	27	28	29	30
答案	A	A	BCDE	C	BD	D	A	BDE	A	C
题号	31	32	33	34	35	36	37	38	39	40
答案	BCD	B	A	D	D	ADE	D	A	C	A
题号	41	42	43	44	45	46				
答案	D	BDE	A	A	B	D				

三、2025 年考点预测

考点一：四类特殊地基综合考核。
考点二：五类影响因素。
考点三：地层岩性。
考点四：围岩的处理方法。

第四节　工程地质对工程建设的影响

一、经典真题及解析

1.【2023 年真题】工程选址时，最容易发生建筑边坡坍塌的地质情况是（　　）。
   A. 裂隙的主要发育方向与边坡走向平行，裂隙密度小
   B. 裂隙的主要发育方向与边坡走向平行，裂隙间距小
   C. 裂隙的主要发育方向与边坡走向垂直，裂隙密度大
   D. 裂隙的主要发育方向与边坡走向垂直，裂隙间距大

【解析】　裂隙（裂缝）对工程建设的影响主要表现在破坏岩体的整体性。裂隙（裂缝）的主要发育方向与建筑边坡走向平行，边坡易发生坍塌。裂隙（裂缝）的间距越小，密度越大，对岩体质量的影响越大。

2.【2022 年真题】以下对造价起决定性作用的是（　　）。
   A. 准确的勘察资料　　　　　　　　B. 过程中对不良地质的处理
   C. 选择有利的路线　　　　　　　　D. 工程设计资料的正确性

【解析】　本题考查的是工程地质对工程造价的影响。工程地质对工程造价的影响可归结为三个方面：①选择工程地质条件有利的路线，对工程造价起着决定性作用；②勘察资料的准确性直接影响工程造价；③由于对特殊不良工程地质问题认识不足导致的工程造价增加。

3.【2021 年真题】在地下工程选址时，应考虑较多的地质问题为（　　）。
   A. 区域稳定性　　　　　　　　　　B. 边坡稳定性
   C. 泥石流　　　　　　　　　　　　D. 斜坡滑动

【解析】　本题考查的是工程地质对工程选址的影响。对于地下工程的选址，工程地质的影响要考虑区域稳定性的问题。

4.【2020 年真题】隧道通过岩层，选线应优先考虑避开（　　）。
   A. 裂隙带　　　　　　　　　　　　B. 断层带
   C. 横穿断层带　　　　　　　　　　D. 横穿张性裂隙带

【解析】　本题考查的是工程地质对工程建设的影响。当隧道轴线与断层走向平行时，应尽量避免与断层破碎带接触。当隧道横穿断层时，虽然只是个别段落受断层影响，但因地质及水文地质条件不良，必须预先考虑措施，保证施工安全。特别是当岩层破碎带规模很大，或者穿越断层带时，会使施工十分困难，因此在确定隧道平面位置时，应尽量设法避开。

5.【2018 年真题】隧道选线与断层走向平行时，应优先考虑（　　）。
　　A. 避开与其破碎带接触　　　　　　　B. 横穿其破碎带
　　C. 灌浆加固断层破碎带　　　　　　　D. 清除断层破碎带
　　【解析】　本题考查的是工程地质对工程选址的影响。对于在断层发育地带修建隧道来说，由于岩层的整体性遭到破坏，加之地面水或地下水的侵入，其强度和稳定性都是很差的，容易产生洞顶塌落，影响施工安全。因此，当隧道轴线与断层走向平行时，应尽量避免与断层破碎带接触。

6.【2017 年真题】大型建设工程的选址，对工程地质的影响还要特别注意考查（　　）。
　　A. 区域性深大断裂交汇　　　　　　　B. 区域地质构造形成的整体滑坡
　　C. 区域的地震烈度　　　　　　　　　D. 区域内潜在的陡坡崩塌
　　【解析】　本题考查的是工程地质对工程选址的影响。对于大型建设工程的选址，工程地质的影响还要考虑区域地质构造和地质岩性形成的整体滑坡，地下水的性质、状态和活动对地基的危害。

7.【2016 年真题】道路选线应特别注意避开（　　）。
　　A. 岩层倾角大于坡面倾角的顺向坡
　　B. 岩层倾角小于坡面倾角的顺向坡
　　C. 岩层倾角大于坡面倾角的逆向坡
　　D. 岩层倾角小于坡面倾角的逆向坡
　　【解析】　本题考查的是工程地质对工程选址的影响。道路选线应尽量避开岩层倾向与坡面倾向一致的顺向坡，尤其是岩层倾角小于坡面倾角的顺向坡。

8.【2016 年真题】工程地质对建设工程选址的影响主要在于（　　）。
　　A. 地质岩性对工程造价的影响
　　B. 地质缺陷对工程安全的影响
　　C. 地质缺陷对工程技术经济的影响
　　D. 地质结构对工程造价的影响
　　E. 地质缺陷对工程造价的影响
　　【解析】　本题考查的是工程地质对工程选址的影响。工程地质对建设工程选址的影响主要是各种地质缺陷对工程安全和工程技术经济的影响。

9.【2015 年真题】隧道选线无法避开断层时，应尽可能使隧道轴向与断层走向（　　）。
　　A. 方向一致　　　　B. 方向相反　　　　C. 交角大些　　　　D. 交角小些
　　【解析】　本题考查的是工程地质对工程选址的影响。道路选线应尽量避开断层裂谷边坡，尤其是不稳定边坡；避开岩层倾向与坡面倾向一致的顺向坡，尤其是岩层倾角小于坡面倾角的；避免路线与主要裂隙发育方向平行，尤其是裂隙倾向与边坡倾向一致的。

10.【2015 年真题】裂隙或裂缝对工程地基的影响主要在于破坏地基的（　　）。
　　A. 整体性　　　　　B. 抗渗性　　　　　C. 稳定性　　　　　D. 抗冻性
　　【解析】　本题考查的是工程地质对工程选址的影响。裂隙（裂缝）对工程建设的影响主要表现在破坏岩体的整体性，促使岩体风化加快增强岩体的透水性，使岩体的强度和稳定性降低。

11.【2014年真题】与大型建筑工程的选址相比，一般中小型建设工程选址不太注重的工程地质问题是（　　）。

A. 土地松软　　　　　　B. 岩石风化　　　　　　C. 区域地质构造

D. 边坡稳定　　　　　　E. 区域地质岩性

【解析】（1）对于大型建设工程的选址，工程地质的影响除要考虑一般中小型建设工程的地质问题，还要考虑区域地质构造和地质岩性形成的整体滑坡，地下水的性质、状态和活动对地基的危害。

（2）对于一般中小型建设工程的选址，工程地质的影响主要是在工程建设一定影响范围内，区域地质构造和区域地质岩性形成的土体松软、湿陷、湿胀、岩体破碎、岩石风化和潜在的斜坡滑动、陡坡崩塌、泥石流等地质问题对工程建设的影响和威胁。

12.【2013年真题】对地下隧道的选线应特别注意避免（　　）。

A. 穿过岩层裂缝　　　　　　　　B. 穿过软弱夹层

C. 平行靠近断层破碎带　　　　　D. 交叉靠近断层破碎带

【解析】对于在断层发育地带修建隧道来说，由于岩层的整体性遭到破坏，加之地面水或地下水的侵入，其强度和稳定性都是很差的，容易产生洞顶塌落，影响施工安全。因此，当隧道轴线与断层走向平行时，应尽量避免与断层破碎带接触。

13.【2013年真题】工程地质对工程建设的直接影响主要体现在（　　）。

A. 对工程项目全寿命的影响　　　B. 对工程选址的影响

C. 对建筑物结构的影响　　　　　D. 对工程项目生产或服务功能的影响

E. 对工程造价的影响

【解析】考核本节的三个大标题，即工程地质对工程选址的影响、工程地质对建筑物结构的影响、工程地质对工程造价的影响。

14.【2019年真题】工程地质情况影响建筑结构的基础选型，在多层住宅基础选型中，出现较多的情况是（　　）。

A. 按上部荷载本可选片筏基础的，因地质缺陷而选用条形基础

B. 按上部荷载本可选条形基础的，因地质缺陷而选用片筏基础

C. 按上部荷载本可选箱形基础的，因地质缺陷而选用片筏基础

D. 按上部荷载本可选桩基础的，因地质缺陷而选用条形基础

【解析】本题考查的是工程地质对建筑结构的影响。由于地基土层松散软弱或岩层破碎等工程地质原因，不能采用条形基础，而要采用片筏基础甚至箱形基础。对较深松散地层，有的要采用桩基础加固。还要根据地质缺陷的不同程度，加大基础的结构尺寸。

15.【2015年真题】地层岩性和地质构造主要影响房屋建筑的（　　）。

A. 结构选型　　　　　　B. 建筑造型　　　　　　C. 结构尺寸

D. 构造柱的布置　　　　E. 圈梁的布置

【解析】本题考查的是工程地质对建筑结构的影响。工程地质对建筑结构的影响包括对建筑结构选型和建筑材料选择的影响，对基础选型和结构尺寸的影响，对结构尺寸和钢筋配置的影响。工程所在区域的地震烈度越高，构造柱和圈梁等抗震结构的布置密度、断面尺寸和配筋率要相应增大，但不属于地层岩性和地质构造影响的主要因素。

二、参考答案

题号	1	2	3	4	5	6	7	8	9	10
答案	B	C	A	B	A	B	B	BC	C	A
题号	11	12	13	14	15					
答案	CE	C	BCE	B	AC					

三、2025年考点预测

考点一：五种选址对地质的要求。

考点二：基础选型因地质影响的变动。

考点三：地质勘察资料的风险范围。

第二章 工程构造

一、本章思维导图

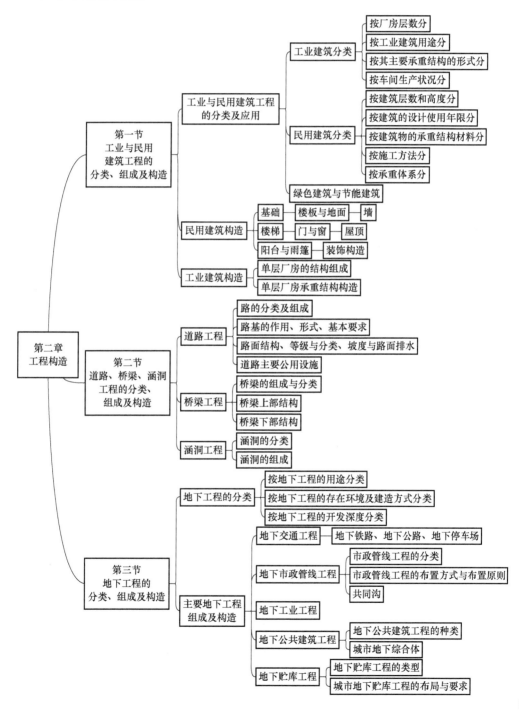

二、本章历年平均分值分布

节名	单选题	多选题	合计
第一节　工业与民用建筑工程的分类、组成及构造	5分	6分	11分
第二节　道路、桥梁、涵洞工程的分类、组成及构造	4分	2分	6分
第三节　地下工程的分类、组成及构造	2分		2分
合计			19分

第一节　工业与民用建筑工程的分类、组成及构造

一、经典真题及解析

1. 【2023年真题】下列关于全预制装配式混凝土结构特点的说法，正确的是（　　）。
   A. 通常采用刚性连接技术　　　　　　B. 少部分构件在工厂生产
   C. 连接部位抗弯能力强　　　　　　　D. 震后恢复性能好

   【解析】　全预制装配式混凝土结构是指所有结构构件均在工厂内生产，运至现场进行装配；全预制装配式混凝土结构通常采用柔性连接技术，即连接部位抗弯能力比预制构件弱，地震作用下的弹塑性变形通常发生在连接处，而梁柱构件本身不会被破坏，或者变形在弹性范围内。因此，全预制装配式混凝土结构的恢复性能好，震后只需对连接部位进行修复即可继续使用，具有较好的经济效益。

2. 【2023年真题】锥形或阶梯形墩基垂直面最小宽度应为（　　）。
   A. 100mm　　　　B. 120mm　　　　C. 150mm　　　　D. 200mm

   【解析】　对于锥形或阶梯形基础断面，应保证两侧有不小于200mm的垂直面。

3. 【2023年真题】荷载较大、地基的软弱土层厚度为6.5m的民用建筑，当人工处理软弱土层难度大且工期较紧时，宜采用的基础形式为（　　）。
   A. 独立基础　　　B. 井格基础　　　C. 箱形基础　　　D. 桩基础

   【解析】　当建筑物荷载较大，地基的软弱土层厚度在5m以上，基础不能埋在软弱土层内，或者对软弱土层进行人工处理困难和不经济时，常采用桩基础。

4. 【2023年真题】跨度为9m，净空高要求较大，平面为正方形的会议厅，宜优先采用的现浇钢筋混凝土楼板类型为（　　）。
   A. 板式楼板　　　　　　　　　　　B. 无梁楼板
   C. 井字形肋楼板　　　　　　　　　D. 梁板式肋形楼板

   【解析】　井字形密肋楼板没有主梁，都是次梁（肋），且肋与肋间的距离较小，通常只有1.5~3.0m，肋高也只有180~250mm，肋宽为120~200mm。当房间的平面形状近似正方形，跨度在10m以内时，常采用这种楼板。井字形密肋楼板具有天棚整齐美观，有利于提

高房屋的净空高度等优点，常用于门厅、会议厅等处。

5.【2023年真题】与现浇钢筋混凝土板式楼梯相比，梁式楼梯的主要特点是（　　）。
   A. 便于支撑施工   B. 梯段底面平整，外形简洁
   C. 当梯段跨度较大时，不经济   D. 当荷载较大时，较为经济

【解析】 当荷载或梯段跨度较大时，采用梁式楼梯比较经济。
板式楼梯的梯段底面平整，外形简洁，便于支撑施工。当梯段跨度不大时，可采用板式楼梯；当梯段跨度较大时，梯段板厚度增加，自重较大，不经济。

6.【2023年真题】下列关于各种民用建筑结构体系特点的说法，正确的有（　　）。
   A. 框架结构体系层数较多时，会产生较大侧移，易引起结构性构件破坏
   B. 框架-剪力墙结构侧向刚度较大，平面布置灵活
   C. 框架-剪力墙结构中，剪力墙主要承受水平荷载，其变形为弯曲型变形
   D. 筒体结构抵抗水平荷载最为有效，不适用于高层建筑
   E. 桁架结构的优点是可利用截面较小的杆件组成截面较大的构件

【解析】 民用建筑结构体系的优点和缺点见下表。

结构体系	优点	缺点
混合结构	大多用在住宅、办公楼、教学楼建筑中	住宅建筑最适合采用混合结构，一般在六层以下
框架结构	建筑平面布置灵活，可形成较大的建筑空间，建筑立面处理也比较方便	侧向刚度较小，当层数较多时，会产生较大的侧移，易引起非结构性构件（如隔墙、装饰等）破坏而影响使用
剪力墙体系	侧向刚度大，水平荷载作用下侧移小	间距小，建筑平面布置不灵活，不适用于大空间的公共建筑，结构自重较大
框架-剪力墙结构体系	框架结构平面布置灵活，具有较大空间且侧向刚度较大。剪力墙主要承受水平荷载，竖向荷载主要由框架承担	一般适用于不超过170m高的建筑 一般情况下，整个建筑的剪力墙至少承受80%的水平荷载
筒体结构体系	抵抗水平荷载最有效的结构体系	适用于高度不超过300m的建筑
桁架结构体系	可利用截面较小的杆件组成截面较大的构件	单层厂房的屋架常选用桁架结构
网架结构体系	平板网架采用较多，其优点是空间受力体系，杆件主要承受轴向力，受力合理，节约材料，整体性能好，刚度大，抗震性能好	平板网架可分为交叉桁架体系和角锥体系两类。角锥体系受力更为合理，刚度更大

7.【2016年真题】空间较大的170m民用建筑的承重体系可优先考虑（　　）。
   A. 混合结构体系   B. 框架结构体系
   C. 剪力墙体系   D. 框架-剪力墙体系

【解析】 参见第6题解析。

8.【2016年真题】空间较大的260m民用建筑的承重体系可优先考虑（　　）。
   A. 混合结构体系   B. 框架结构体系

C. 剪力墙体系 D. 筒体体系

【解析】 参见第 6 题解析。

9.【2014 年真题】高层建筑抵抗水平荷载最有效的结构是（ ）。
A. 剪力墙结构 B. 框架结构
C. 筒体结构 D. 混合结构

【解析】 参见第 6 题解析。

10.【2023 年真题】影响建筑物基础埋深的因素有（ ）。
A. 地下水位的高低 B. 建筑面积的大小
C. 地基土质的好坏 D. 散水宽度与坡度
E. 新旧建筑物的相邻交接

【解析】 从室外设计地面至基础底面的垂直距离称为基础的埋深。建筑物上部荷载的大小、地基土质的好坏、地下水位的高低、土壤冰冻的深度及新旧建筑物的相邻交接等，都影响基础的埋深。

11.【2022 年补考真题】与外墙外保温相比，外墙内保温的优点是（ ）。
A. 减少夏季晚上闷热感 B. 热桥保温处理方便
C. 便于安装空调 D. 保温层不易出现裂缝

【解析】 本题考查的是民用建筑构造。外墙内保温的优点如下：

（1）外墙内保温的保温材料在楼板处被分割，施工时仅在一个层高内进行保温施工，施工时不用脚手架或高空吊篮，施工比较安全方便，不损害建筑物原有的立面造型，施工造价相对较低。

（2）由于绝热层在内侧，在夏季的晚上，墙的内表面温度随空气温度的下降而迅速下降，减少闷热感。

（3）耐久性好于外墙外保温，延长了保温材料的使用寿命。

（4）有利于安全防火。

（5）施工方便，受风、雨天影响小。

12.【2022 年补考真题】严寒地区保温构造方法中，将直接与土壤接触的节能保温地面设置在（ ）。
A. 与外墙接触的地面 B. 房屋中间地面
C. 起居室地面 D. 外墙 2m 范围内地面

【解析】 对于直接与土壤接触的地面，由于建筑室内地面下部土壤温度的变化情况与地面的位置有关，对建筑室内中部地面下的土壤层、温度的变化范围不太大。在严寒地区的冬季，靠近外墙周边地区下土壤层的温度很低。因此，对这部分地面必须进行保温处理，否则大量的热能会由这部分地面损失掉，同时使这部分地面出现冷凝现象。常见的保温构造方法是在距离外墙周边 2m 的范围内设保温层。

13.【2022 年补考真题】可以防止太阳辐射影响防水屋的平屋面（ ）。
A. 高效保温材料 B. 正置型屋面保温
C. 保温找坡结合型 D. 倒置型屋面保温

【解析】 本题考查的是屋顶。倒置型保温屋顶可以减轻太阳辐射和室外高温对屋顶防水层的不利影响，从而延长防水层的使用年限。

14.【2022年补考真题】下列关于设置平屋顶卷材防水找平层的说法,正确的有（　　）。
A. 整体现浇混凝土板上用水泥砂浆找平,厚度15~20mm
B. 装配式混凝土板上用混凝土找平,厚度20~25mm
C. 整体材料保温层上用水泥砂浆找平,厚度20~25mm
D. 装配式混凝土板上用混凝土找平,厚度10~15mm
E. 板状材料保温板上用混凝土找平,厚度30~35mm
【解析】 找平层的分类、适用的基层、厚度和技术要求见下表。

找平层分类	适用的基层	厚度/mm	技术要求
水泥砂浆	整体现浇混凝土板	15~20	1∶2.5水泥砂浆
	整体材料保温层	20~25	
细石混凝土	装配式混凝土板	30~35	C20混凝土,宜加钢筋网片
	板状材料保温层		C20混凝土

15.【2022年补考真题】为提高建筑物的使用功能,下列管线及其装置需安装在天棚上的有（　　）。
A. 空调管　　　　　B. 给排水管　　　　　C. 灭火喷淋
D. 广播设备　　　　E. 燃气管
【解析】 本题考查的是装饰构造。在现代建筑中,为提高建筑物的使用功能,除照明、给排水管道、煤气管需安装在楼板层中外,空调管、灭火喷淋、感知器、广播设备等管线及其装置,均需安装在天棚上。为处理好这些设施,往往必须借助吊天棚来解决。

16.【2022年补考真题】属于工业厂房承重结构的有（　　）。
A. 柱　　　　　　　B. 屋架　　　　　　　C. 吊车梁
D. 柱间支撑　　　　E. 外墙
【解析】 本题考查的是工业建筑构造。外墙属于围护结构。

17.【2022年真题】下列装配式建筑中,适用于软弱地基,经济环保的是（　　）。
A. 全预制装配式混凝土结构　　　　B. 预制装配整体式混凝土结构
C. 装配式钢结构建筑　　　　　　　D. 装配式木结构建筑
【解析】 本题考查的是民用建筑分类。装配式钢结构建筑适用于构件的工厂化生产,可以将设计、生产、施工、安装一体化,具有自重轻、基础造价低、安装容易、施工快、施工污染环境少、抗震性能好、可回收利用、经济环保等特点,适用于软弱地基。

18.【2022年真题】下列结构体系中,适用于超高层民用居住建筑的是（　　）。
A. 混合结构体系　　　　　　　　　B. 框架结构体系
C. 剪力墙结构体系　　　　　　　　D. 筒体结构体系
【解析】 参见第6题解析。

19.【2024年真题】下列关于砖砌体防潮层的说法,正确的是（　　）。
A. 细石钢筋混凝土防潮层抗裂性能较好
B. 油毡防潮层适宜用于下端按固定端考虑的砖砌体
C. 油毡防潮层可提高砖砌体的整体性,对抗震有利
D. 防水砂浆防潮层不适用于地基可能产生微小变形的建筑

E. 当室内地面采用架空木地板时，外墙防潮层应设在室外地坪以上

【解析】 参见教材第42、43页。

选项B、C：油毡防潮层具有一定的韧性、延伸性和良好的防潮性能，但降低了上下砖砌体之间的黏结力，且降低了砖砌体的整体性，对抗震不利，故油毡防潮层不宜用于下端按固定端考虑的砖砌体。

20.【2024年真题】关于圈梁的说法，正确的是（　　）。

A. 配筋不应少于4Φ12

B. 箍筋间距不应大于250mm，且不小于200mm

C. 宽度不小于190mm，高度不小于120mm

D. 檐口标高为4.8m的料石砌体结构单层厂房，应在檐口标高处设置一道圈梁

E. 4层的砌体民用房屋，除应在底层设置圈梁外，还应在纵横墙上设置圈梁

【解析】 参见教材第43、44页。

选项B：箍筋间距不应大于200mm。

选项E：宿舍、办公楼等多层砌体民用房屋，且层数为3~4层时，应在底层和檐口标高处各设置一道圈梁。当层数超过4层时，除应在底层和檐口标高处各设置一道圈梁外，至少应在所有纵横墙上隔层设置圈梁。

21.【2022年真题】在外墙内保温结构中，为防止冬季采暖房间形成水蒸气渗入保温层，通常采用的做法为（　　）。

A. 在保温层靠近室内一侧加防潮层　　　B. 在保温层与主体结构之间加防潮层

C. 在保温层靠室内一侧设隔汽层　　　　D. 在保温层与主体结构之间设隔汽层

【解析】 本题考查的是民用建筑构造。在外墙内保温结构中，为防止冬季采暖房间形成水蒸气渗入保温层，通常的处理方法是在保温层靠室内的一侧加设隔汽层，让水蒸气不要进入保温层内部。

22.【2022年、2019年真题】下列结构体系中，构件主要承受轴向力的有（　　）。

A. 砖混结构　　　　　B. 框架结构　　　　　C. 桁架结构

D. 网架结构　　　　　E. 拱式结构

【解析】 桁架结构、网架结构应用较多，其优点是空间受力体系，杆件主要承受轴向力；拱式结构体系中的拱是一种有推力的结构，其主要内力是轴向压力。

23.【2022年真题】保持被动式节能建筑舒适温度的热能来源有（　　）。

A. 燃煤　　　　　　　B. 供暖　　　　　　　C. 人体

D. 家电　　　　　　　E. 热回收装置

【解析】 本题考查的是工业与民用建筑工程的分类及应用。被动式节能建筑不需要主动加热，基本上是依靠被动收集来的热量来使房屋本身保持一个舒适的温度。使用太阳、人体、家电及热回收装置等带来的热能，不需要主动热源供给。

24.【2022年真题】楼梯踏步防滑条常用的材料有（　　）。

A. 金刚砂　　　　　　B. 马赛克　　　　　　C. 橡胶条

D. 金属材料　　　　　E. 玻璃

【解析】 本题考查的是民用建筑构造。为防止行人使用楼梯时滑倒，踏步表面应有防滑措施。对表面光滑的楼梯，必须对踏步表面进行处理，通常是在接近踏口处设置防滑条。

防滑条的材料主要有金刚砂、马赛克、橡胶条和金属材料等。

25.【2021年真题】与建筑物相比，构筑物的主要特征为（　　）。
A. 供生产使用
B. 供非生产性使用
C. 满足功能要求
D. 占地面积小

【解析】 本题考查的是工程构造。仅满足功能要求的建筑称为构筑物，如水塔、纪念碑等。

26.【2021年真题】关于多层砌体工程工业房屋的圈梁设置位置，正确的为（　　）。
A. 在底层设置一道
B. 在檐沟标高处设置一道
C. 在纵横墙上隔层设置
D. 在每层和檐口标高处设置

【解析】 宿舍、办公楼等多层砌体民用房屋，且层数为3~4层时，应在底层和檐口标高处各设置一道圈梁。当层数超过4层时，除应在底层和檐口标高处各设置一道圈梁外，至少应在所有纵、横墙上隔层设置圈梁。对多层砌体工业房屋，应每层设置现浇混凝土圈梁。设置墙梁的多层砌体结构房屋，应在托梁、墙梁顶面和檐口标高处设置现浇钢筋混凝土圈梁。

27.【2021年真题】外墙外保温层采用厚壁面层结构时正确的做法为（　　）。
A. 在保温层外表面抹水泥砂浆
B. 在保温层外表面涂抹聚合物水泥胶浆
C. 在底涂层和面层抹聚合物水泥砂浆
D. 在底涂层中设置玻璃纤维网格

【解析】 本题考查的是墙。保温层的面层具有保护和装饰作用，其做法各不相同，薄面层一般为聚合物水泥胶浆抹面，厚面层则采用普通水泥砂浆抹面，有的则用在龙骨上吊挂板材或在水泥砂浆层上贴瓷砖覆面。

28.【2021年真题】在以下工程结构中，适用采用现浇钢筋混凝土井字形密肋楼板的为（　　）。
A. 厨房
B. 会议厅
C. 储藏室
D. 仓库

【解析】 本题考查的是楼板与地面。井字形密肋楼板具有天棚整齐美观，有利于提高房屋的净空高度等优点，常用于门厅、会议厅等处。

29.【2021年真题】某单层厂房设计柱距6m，跨度30m，最大起重量12t，其钢筋混凝土吊车梁的形式应优先选用（　　）。
A. 非预应力工字型
B. 预应力工字型
C. 非预应力鱼腹式
D. 预应力空腹鱼腹式

【解析】 本题考查的是工业建筑构造。预应力工字型吊车梁适用于厂房柱距为6m，厂房跨度为12~33m，吊车起重量为5~25t的厂房。预应力混凝土鱼腹式吊车梁适用于厂房柱距不大于12m，厂房跨度为12~33m，吊车起重量为15~150t的厂房。

30.【2024年真题】某单层厂房柱距为12m，跨度30m，吊车重量80t，吊车梁应为（　　）。
A. 预应力钢筋混凝土T型吊车梁
B. 非预应力钢筋混凝土T型吊车梁
C. 预应力钢筋混凝土工字型吊车梁
D. 预应力钢筋混凝土鱼腹式吊车梁

【解析】 参见教材第73、74页。预应力混凝土鱼腹式吊车梁适用于厂房柱距不大于12m，厂房跨度为12~33m，吊车起重量为15~150t的厂房。

31.【2021年真题】下列房屋结构中,抗震性能好的是( )。
A. 砖木结构 B. 砖混结构 C. 现代木结构
D. 钢结构 E. 型钢混凝土组合结构

【解析】 抗震性能好,理解为地震以后受到的伤害较小,一定是比较轻的结构,而砖木、砖混属于比较重的结构。

32.【2024年真题】按照预制踏步的支撑方式,小型构件装配式楼梯可分为( )。
A. 挑梁式、墙承式、挑板式 B. 挑板式、梁承式、梁板式
C. 悬挑式、墙承式、梁承式 D. 悬挑式、墙承式、梁板式

【解析】 参见教材第52~54页。小型构件装配式楼梯是将梯段、平台分割成若干部分,分别预制成小构件装配而成。按照预制踏步的支承方式分为悬挑式、墙承式、梁承式三种。

33.【2024年真题】年降水量为1350mm,对渗漏不敏感的工业建筑屋面防水等级要求是( )。
A. 一级,防水设防不少于3道 B. 一级,防水设防不少于1道
C. 二级,防水设防不少于2道 D. 三级,防水设防不少于1道

【解析】 参见教材第58页。工程防水类别和工程防水使用环境类别见下表。

工程防水类别		工程防水使用环境类别		
		Ⅰ类	Ⅱ类	Ⅲ类
甲类	民用建筑和对渗漏敏感的工业建筑	年降水量 $P \geq$ 1300mm	400mm $\leq$ 年降水量 $P<$ 1300mm	年降水量 $P<$ 400mm
乙类	除甲类和丙类以外的建筑屋面			
丙类	对渗漏不敏感的工业建筑屋面			

平屋面工程防水做法见下表。

工程防水等级	防水做法	防水层	
		防水卷材	防水涂料
一级	不应少于3道	卷材防水层不应少于1道	
二级	不应少于2道	卷材防水层不应少于1道	
三级	不应少于1道	任选	

对于平屋面工程,工程防水等级与工程防水类别和工程防水使用环境类别应遵循下列规定:
(1)一级防水:Ⅰ类、Ⅱ类防水使用环境下的甲类工程;Ⅰ类防水使用环境下的乙类工程。
(2)二级防水:Ⅲ类防水使用环境下的甲类工程;Ⅱ类防水使用环境下的乙类工程;Ⅰ类防水使用环境下的丙类工程。
(3)三级防水:Ⅲ类防水使用环境下的乙类工程;Ⅱ类、Ⅲ类防水使用环境下的丙类工程。

34.【2021年真题】按楼梯段传力的特点区分,预制装配式钢筋混凝土中型楼梯的主要类型包括( )。
A. 墙承式 B. 梁板式 C. 梁承式
D. 板式 E. 悬挑式

【解析】 预制装配式钢筋混凝土楼梯段与现浇钢筋混凝土楼梯类似，有梁板式和板式两种。

35.【2021年真题】通常情况下，坡屋顶可以采用的承重结构类型有（　　）。
A. 钢筋混凝土梁板　　　　B. 屋架承重　　　　C. 柱
D. 硬山搁檩　　　　　　　E. 梁架结构

【解析】 坡屋顶的承重结构：
（1）砖墙承重，又称硬山搁檩。
（2）屋架承重。
（3）梁架结构。
（4）钢筋混凝土梁板承重。

36.【2020年真题】目前多层住宅楼房多采用（　　）。
A. 砖木结构　　　B. 砖混结构　　　C. 钢筋混凝土结构　　　D. 木结构

【解析】 本题考查的是民用建筑分类。砖混结构是以小部分钢筋混凝土及大部分砖墙承重的结构，适合开间进深较小、房间面积小、多层或低层的建筑。

37.【2020年真题】相对刚性基础而言，柔性基础的本质在于（　　）。
A. 基础材料的柔性　　　　　　　　B. 不受刚性角的影响
C. 不受混凝土强度的影响　　　　　D. 利用钢筋抗拉承受弯矩

【解析】 柔性基础：在混凝土基础底部配置受力钢筋，利用钢筋抗拉，这样基础可以承受弯矩，也就不受刚性角的限制，所以钢筋混凝土基础也称为柔性基础。

38.【2020年真题】将房间楼板直接悬挑形成阳台板，该阳台承重支承方式为（　　）。
A. 墙板式　　　B. 挑梁式　　　C. 挑板式　　　D. 板承式

【解析】 本题考查的是阳台与雨篷。挑板式是将阳台板悬挑，一般有两种做法：一种是将阳台板和墙梁现浇在一起，利用梁上部的墙体或楼板来平衡阳台板，以防止阳台倾覆。这种阳台底部平整，外形轻巧，阳台宽度不受房间开间限制，但梁受力复杂，阳台悬挑长度受限，一般不宜超过1.2m；另一种是将房间楼板直接向外悬挑形成阳台板。

39.【2020年真题】单层工业厂房柱间支撑的作用（　　）。
A. 提高厂房局部承载能力　　　　　B. 方便检修维护吊车梁
C. 提升厂房内部美观效果　　　　　D. 加强厂房纵向刚度和稳定性

【解析】 本题考查的是工业建筑构造。柱间支撑的作用是加强厂房纵向刚度和稳定性，将吊车纵向制动力和山墙抗风柱经屋盖系统传来的风力通过柱间支撑传至基础。

40.【2020年真题】在满足一定功能的前提下，与钢筋混凝土结构相比，型钢混凝土结构的优点在于（　　）。
A. 造价低　　　　　　B. 承载力大　　　　　C. 节省钢材
D. 刚度大　　　　　　E. 抗震性能好

【解析】 本题考查的是民用建筑分类。型钢混凝土结构具备了比传统钢筋混凝土结构承载力大、刚度大、抗震性能好的优点。

41.【2020年真题】设置圈梁的主要意义在于（　　）。
A. 提高建筑物空间刚度　　　　　B. 提高建筑物的整体性
C. 传递墙体荷载　　　　　　　　D. 提高建筑物的抗震性
E. 增加墙体的稳定性

【解析】 本题考查的是墙。圈梁可以提高建筑物的空间刚度和整体性，增加墙体稳定，减少由于地基不均匀沉降而引起的墙体开裂，并防止较大振动荷载对建筑物的不良影响。在抗震设防地区，设置圈梁是减轻震害的重要构造措施。不建议选 D，因为减轻震害和提高抗震性能的含义不同。

42.【2020 年真题】现浇钢筋混凝土楼板主要分为（　　）。
A. 板式楼板
B. 梁式楼板
C. 梁板式肋形楼板
D. 井字形肋楼板
E. 无梁式楼板

【解析】 现浇钢筋混凝土楼板主要分为板式楼板、梁板式肋形楼板、井字形肋楼板、无梁式楼板。

43.【2019 年真题】柱与屋架铰接连接的工业建筑结构是（　　）。
A. 网架结构
B. 排架结构
C. 钢架结构
D. 空间结构

【解析】 本题考查的是工业建筑分类。排架结构型工业建筑是将厂房承重柱的柱顶与屋架或屋面梁进行铰接连接，而柱下端则嵌固于基础中，构成平面排架，各平面排架再经纵向结构构件连接组成为一个空间结构。

44.【2018 年真题】某房间多为开间 3m、进深 6m 的四层办公楼常用的结构形式为（　　）。
A. 木结构
B. 砖木结构
C. 砖混结构
D. 钢结构

【解析】 本题考查的是工业与民用建筑工程的分类及应用。砖混结构是以小部分钢筋混凝土及大部分砖墙承重的结构，适合开间进深较小，房间面积小，多层或低层的建筑。

45.【2017 年真题】建飞机库应优先考虑的承重体系是（　　）。
A. 薄壁空间结构体系
B. 悬索结构体系
C. 拱式结构体系
D. 网架结构体系

【解析】 薄壳常用于大跨度的屋盖结构，如展览馆、俱乐部、飞机库等。

46.【2016 年真题】建筑物与构筑物的主要区别在于（　　）。
A. 占地面积
B. 体量大小
C. 满足功能要求
D. 提供活动空间

【解析】 本题考查的是工业建筑分类。建筑一般包括建筑物和构筑物，满足功能要求并提供活动空间和场所的建筑称为建筑物；仅满足功能要求的建筑称为构筑物。

47.【2016 年真题】型钢混凝土组合结构比钢结构（　　）。
A. 防火性能好
B. 节约空间
C. 抗震性能好
D. 变形能力强

【解析】 本题考查的是民用建筑分类。型钢混凝土组合结构与钢结构相比，具有防火性能好，结构局部和整体稳定性好，节省钢材的优点。

48.【2014 年真题】力求节省钢材且截面最小的大型结构应采用（　　）。
A. 钢结构
B. 型钢混凝土组合结构
C. 钢筋混凝土结构
D. 混合结构

【解析】 型钢混凝土组合结构是把型钢埋入钢筋混凝土中的一种独立的结构形式。型钢、钢筋、混凝土三者结合，使型钢混凝土组合结构具备比传统的钢筋混凝土结构承载力大、刚度大、抗震性能好的优点。与钢结构相比，型钢混凝土组合结构具有防火性能好，结构局部和整体稳定性好，节省钢材的优点。型钢混凝土组合结构主要应用于大型结构中，力求截面最小化，承载力最大，节约空间，但造价比较高。

49.【2014年真题】 网架结构体系的特点是（　　）。
A. 空间受力体系，整体性好
B. 杆件轴向受力合理，节约材料
C. 高次超静定，稳定性差
D. 杆件适于工业化生产
E. 结构刚度小，抗震性能差

【解析】 网架结构体系：网架是由许多杆件按照一定规律组成的网状结构，是高次超静定的空间结构。网架结构可分为平板网架和曲面网架。其中，平板网架采用较多，其优点是空间受力体系，杆件主要承受轴向力，受力合理，节约材料，整体性能好，刚度大，抗震性能好。网架结构体系杆件类型较少，适用于工业化生产。

50.【2013年、2008年真题】 热处理车间属于（　　）。
A. 动力车间　　B. 其他建筑　　C. 生产辅助用房　　D. 生产厂房

【解析】 参见教材第31页。工业建筑按工业建筑用途的分类见下表。

按工业建筑用途分	生产厂房	如机械制造厂中的铸工车间、电镀车间、热处理车间、机械加工车间和装配车间等
	生产辅助厂房	如机械制造厂房的修理车间、工具车间等
	动力用厂房	如金属材料库、木材库、油料库、半成品库、成品库
	储存用建筑	为生产提供储备各种原材料、半成品、成品的房屋
	运输用建筑	如汽车库、机车库、起重车库、消防车库等
	其他建筑	水泵房、污水处理站

51.【2024年真题】 按车间生产状况分类，精密仪器生产车间属于（　　）。
A. 洁净车间　　B. 冷加工车间　　C. 热加工车间　　D. 恒温恒湿车间

【解析】 参见教材第32页。工业建筑按车间生产状况分类见下表。

冷加工车间	如机械制造类的金工车间、修理车间等
热加工车间	如机械制造类的铸造、锻压、热处理等车间
恒温恒湿车间	如精密仪器、纺织等车间
洁净车间	如药品生产车间、集成电路车间等
其他特种状况的车间	如防放射性物质、防电磁波干扰等车间

52.【2024年真题】 下列关于现代木结构建筑的说法正确的是（　　）。
A. 其构件连接节点采用榫卯进行连接和固定
B. 从结构形式上一般分为重型桁架结构和轻型梁柱木结构
C. 其主要结构部分为木方、集成材、木质板材所构成的结构系统
D. 绿色环保、节能保温，但建造周期长，抗震性能较差

【解析】 参见教材第33页。现代木结构建筑是指建筑的主要结构部分由木方、集成材、木质板材所构成的结构系统。

53.【2013年真题】 与钢筋混凝土结构相比，型钢混凝土组合结构的优点在于（　　）。

A. 承载力大　　　　　　B. 防火性能好　　　　　　C. 抗震性能好
D. 刚度大　　　　　　　E. 节约钢材

【解析】 本题考查的是民用建筑分类。与钢筋混凝土结构相比，型钢混凝土组合结构具有承载力大、刚度大、抗震性能好的优点。

54.【2012 年真题】根据有关设计规范要求，城市标志性建筑主体结构的耐久年限应为（　　）。

A. 15~25 年　　　　B. 25~50 年　　　　C. 50~100 年　　　　D. 100 年以上

【解析】 民用建筑的设计使用年限分类见下表。

类　别	设计使用年限/年	示　例
1	5	临时性建筑
2	25	易于替换结构构件的建筑
3	50	普通建筑和构筑物
4	100	纪念性建筑和特别重要的建筑

55.【2011 年真题】通常情况下，特别重要的建筑主体结构的耐久年限应在（　　）。

A. 25 年以上　　　B. 50 年以上　　　C. 100 年以上　　　D. 150 年以上

【解析】 参见第 54 题解析。

56.【2010 年真题】某跨度为 39m 的重型起重设备厂房，宜采用（　　）。

A. 砌体结构　　　B. 混凝土结构　　　C. 钢筋混凝土结构　　　D. 钢结构

【解析】 钢结构指主要承重构件均用钢材构成的结构。钢结构的特点是强度高、自重轻、整体刚性好、变形能力强，抗震性能好，适用于建造大跨度和超高、超重型的建筑物。

57.【2010 年真题】有二层楼板的影剧院，建筑高度为 26m，该建筑属于（　　）。

A. 低层建筑　　　B. 多层建筑　　　C. 中高层建筑　　　D. 高层建筑

【解析】（1）建筑高度不大于 27.0m 的住宅建筑、建筑高度不大于 24.0m 的公共建筑及建筑高度大于 24.0m 的单层公共建筑为低层或多层民用建筑。

（2）建筑高度大于 27.0m 的住宅建筑和建筑高度大于 24.0m 的非单层公共建筑，且高度不大于 100.0m 的，为高层民用建筑。

（3）建筑高度大于 100.0m 的为超高层建筑。

58.【2007 年真题】适用于大型机器设备或重型起重运输设备制造的厂房是（　　）。

A. 单层厂房　　　B. 2 层厂房　　　C. 3 层厂房　　　D. 多层厂房

【解析】 单层厂房指层数仅为一层，适用于大型机器设备或重型起重运输设备制造的工业厂房。

59.【2019 年真题】采用箱形基础较多的建筑是（　　）。

A. 单层建筑　　　B. 多层建筑　　　C. 高层建筑　　　D. 超高层建筑

【解析】 本题考查的是基础。箱形基础一般由钢筋混凝土建造，减少了基础底面的附加应力，因而适用于地基软弱土层厚、荷载大和建筑面积不太大的一些重要建筑物。目前，高层建筑中多采用箱形基础。

60.【2019 年真题】对荷载较大、管线较多的商场，比较适合采用的现浇钢筋混凝土楼板是（　　）。

A. 板式楼板　　　　　　　　　　B. 梁板式肋形楼板
C. 井字形肋楼板　　　　　　　　D. 无梁式楼板

【解析】　本题考查的是楼板与地面。无梁式楼板的底面平整，增加了室内的净空高度，有利于采光和通风，但楼板厚度较大。这种楼板比较适用于荷载较大、管线较多的商场和仓库等。

61. 【2019年真题】高层建筑的屋面排水应优先选择（　　）。

A. 内排水　　　B. 外排水　　　C. 无组织排水　　　D. 天沟排水

【解析】　本题考查的是屋顶。高层建筑屋面宜采用内排水；多层建筑屋面宜采用有组织外排水；低层建筑及檐高小于10m的屋面，可采用无组织排水。

62. 【2019年真题】所谓倒置式保温屋顶指的是（　　）。

A. 先做保温层，后做找平层　　　　　B. 先做保温层，后做防水层
C. 先做找平层，后做保温层　　　　　D. 先做防水层，后做保温层

【解析】　本题考查的是屋顶。平屋顶保温层的构造方式有正置式和倒置式两种，在可能条件下，平屋顶应优先选用倒置式保温。倒置式保温屋顶是将传统屋顶构造中保温隔热层与防水层的位置"颠倒"，即将保温隔热层设置在防水层之上。

63. 【2019年真题】提高墙体抗震性能的细部构造主要有（　　）。

A. 圈梁　　　　　　　B. 过梁　　　　　　　C. 构造柱
D. 沉降缝　　　　　　E. 防震缝

【解析】　本题考查民用建筑构造。提高抗震性能的构造包括圈梁、构造柱和防震缝。

64. 【2019年真题】单层工业厂房屋盖常见的承重构件有（　　）。

A. 钢筋混凝土屋面板　　　　　　B. 钢筋混凝土屋架
C. 钢筋混凝土屋面梁　　　　　　D. 钢屋架
E. 钢木屋架

【解析】　屋盖的承重构件包括钢筋混凝土屋架或屋面梁、钢屋架、木屋架、钢木屋架。

65. 【2018年真题】墙下肋条式条形基础与无肋式相比，其优点在于（　　）。

A. 减少基础材料　　　　　　　　B. 减少不均匀沉降
C. 减少基础占地　　　　　　　　D. 增加外观美感

【解析】　本题考查的是民用建筑构造。当上部结构荷载较大而土质较差时，可采用钢筋混凝土建造，墙下钢筋混凝土条形基础一般做成无肋式；如地基在水平方向上压缩性不均匀，为了增加基础的整体性，减少不均匀沉降，也可做成肋条式条形基础。

66. 【2018年真题】地下室底板和四周墙体需做防水处理的基本条件是：地下室地坪位于（　　）。

A. 最高设计地下水位以下　　　　B. 常年地下水位以下
C. 当年地下水位以上　　　　　　D. 最高设计地下水位以上

【解析】　本题考查的是民用建筑构造。当地下室地坪位于最高设计地下水位以下时，地下室四周墙体及底板均受水压影响，应有防水功能。

67. 【2018年真题】建筑物的伸缩缝、沉降缝、防震缝的根本区别在于（　　）。

A. 伸缩缝和沉降缝比防震缝宽度小

B. 伸缩缝和沉降缝比防震震缝宽度大

C. 伸缩缝不断开基础，沉降缝和防震缝断开基础

D. 伸缩缝和防震缝不断开基础，沉降缝断开基础

【解析】 本题考查的是墙体细部构造。

（1）伸缩缝：基础因受温度变化影响较小，不必断开。伸缩缝的宽度一般为20~30mm。

（2）沉降缝：与伸缩缝不同之处是除屋顶、楼梯、墙身都要断开外，基础部分也要断开，即使相邻部分也可自由沉降、互不牵制。沉降缝宽度要根据房屋的层数定：2~3层时可取50~80mm；4~5层时可取80~120mm；5层以上时不应小于120mm。

（3）防震缝：一般从基础顶面开始，沿房屋全高设置。防震缝的宽度按建筑物高度和所在地区的地震烈度来确定。一般多层砌体建筑的缝宽取50~100mm；多层钢筋混凝土结构建筑，高度15m及以下时，缝宽为100mm；当建筑高度超过15m时，按烈度增大缝宽。

68.【2018年真题】建筑物楼梯段跨度较大时，为了经济合理，通常不宜采用（ ）。

A. 预制装配墙承式楼梯　　　　　　B. 预制装配梁承式楼梯

C. 现浇钢筋混凝土梁式楼梯　　　　D. 现浇钢筋混凝土板式楼梯

【解析】 本题考查的是民用建筑构造。板式楼梯的梯段底面平整，外形简洁，便于支撑施工，当梯段跨度不大时采用。

69.【2018年真题】与外墙内保温相比，外墙外保温的优点是（ ）。

A. 有良好的建筑节能效果　　　　　B. 有利于提高室内温度的稳定性

C. 有利于降低建筑物造价　　　　　D. 有利于减少温度波动对墙体的损坏

E. 有利于延长建筑物的使用寿命

【解析】 与外墙内保温墙体比较，外墙外保温墙体有下列优点：

（1）不会产生热桥，因此具有良好的建筑节能效果。

（2）对提高室内温度的稳定性有利。

（3）能有效地减少温度波动对墙体的破坏，保护建筑物的主体结构，延长建筑物的使用寿命。

（4）可用于新建的建筑物墙体，也可以用于旧建筑外墙的节能改造。在旧房的节能改造中，外保温结构对居住者影响较小。

（5）有利于加快施工进度，室内装修不致破坏保温层。

70.【2024年真题】与外墙内保温相比，外墙外保温的优点是（ ）。

A. 施工方便，工艺简单　　　　　　B. 耐久性好

C. 减少闷热感　　　　　　　　　　D. 不会产生热桥

【解析】 参见第69题解析。

71.【2024年真题】下列关于阳台的说法，正确的有（ ）。

A. 凹阳台的阳台板常为简支板

B. 六层住宅楼的阳台栏板或栏杆净高不应低于1.0m

C. 悬挑式支承方式结构简单，施工方便，多用于凹阳台

D. 挑板式阳台底部平整，外形轻巧

E. 阳台地面应低于室内地面30~50mm，并沿排水方向设置排水坡度

【解析】 参见教材第51、52页。

选项 B：阳台栏板或栏杆净高，六层及以下不应低于 1.05m，七层及以上不应低于 1.10m。

选项 C：悬挑式适用于挑阳台或半凹半挑阳台。

72.【2018年真题】 预制装配式钢筋混凝土楼板与现浇钢筋混凝土楼板相比，其主要优点在于（ ）。
　　A. 工业化水平高　　　　B. 节约工期　　　　C. 整体性能好
　　D. 劳动强度低　　　　E. 节约模板

【解析】 预制装配式钢筋混凝土楼板可节省模板，改善劳动条件，提高效率，缩短工期，促进工业化水平。但预制楼板的整体性不好，灵活性也不如现浇板，且不宜在楼板上穿洞。

73.【2018年真题】 关于平屋顶排水方式的说法，正确的有（ ）。
　　A. 高层建筑屋面采用外排水　　　　B. 多层建筑屋面采用有组织排水
　　C. 低层建筑屋面采用无组织排水　　D. 汇水面积较大屋面采用天沟排水
　　E. 多跨屋面采用天沟排水

【解析】 本题考查的是平屋顶的构造。
(1) 高层建筑屋面宜采用内排水。
(2) 多层建筑屋面宜采用有组织外排水。
(3) 低层建筑及檐高小于10m的屋面，可采用无组织排水。
(4) 多跨及汇水面积较大的屋面宜采用天沟排水；天沟找坡较长时，宜采用中间内排水和两端外排水。

74.【2017年真题】 对于地基软弱土层厚、荷载大和建筑面积不太大的一些重要高层建筑物，最常采用的基础构造形式为（ ）。
　　A. 独立基础　　　　　　　　B. 柱下十字交叉基础
　　C. 片筏基础　　　　　　　　D. 箱形基础

【解析】 本题考查的是基础。箱形基础一般由钢筋混凝土建造，减少了基础底面的附加应力，因而适用于地基软弱土层厚、荷载大和建筑面积不太大的一些重要建筑物。目前，高层建筑中多采用箱形基础。

75.【2017年真题】 叠合楼板是由预制板和现浇钢筋混凝土层叠合而成的装配整体式楼板，现浇叠合层内设置的钢筋主要是（ ）。
　　A. 构造钢筋　　　B. 正弯矩钢筋　　　C. 负弯矩钢筋　　　D. 下部受力钢筋

【解析】 本题考查的是楼板与地面。叠合楼板是由预制板和现浇钢筋混凝土层叠合而成的装配整体式钢筋混凝土楼板。预制板既是楼板结构的组成部分，又是现浇钢筋混凝土叠合层的永久性模板，现浇叠合层内应设置负弯矩钢筋，并可在其中敷设水平设备管线。

76.【2017年真题】 坡屋面的檐口形式主要有两种，其一是挑出檐口，其二是女儿墙檐口，以下说法正确的有（ ）。
　　A. 砖挑檐的砖可平挑出，也可把砖斜放，挑檐砖上方瓦伸出 80mm
　　B. 砖挑檐一般不超过墙体厚度的 1/2，且不大于 240mm
　　C. 当屋面有椽木时，可以用椽木出挑，支撑挑出部分屋面
　　D. 当屋面集水面积大，降雨量大时，檐口可设钢筋混凝土天沟
　　E. 对于不设置屋架的房屋，可以在其纵向承重墙内压砌挑椽木并外挑

【解析】 选项A：每层砖挑长为60mm，砖可平挑出，也可把砖斜放，用砖角挑出，挑檐砖上方瓦伸出50mm。

选项B：砖挑檐一般不超过墙体厚度的1/2，且不大于240mm。

选项C：当屋面有椽木时，可以用椽木出挑，以支承挑出部分的屋面。

选项D：当房屋屋面集水面积大、檐口高度高、降雨量大时，坡屋面的檐口可设钢筋混凝土天沟，并采用有组织排水。

选项E：对于不设屋架的房屋，可以在其横向承重墙内压砌挑檐木并外挑，用挑檐木支承挑出的檐口。

77. **【2017年真题】** 关于单层厂房屋架布置原则的说法，正确的有（　　）。
A. 天窗上弦水平支撑一般设置于天窗两端开间和中部屋架上弦横向水平支撑的开间处
B. 天窗两侧的垂直支撑一般与天窗上弦水平支撑位置一致
C. 有檩体系的屋架必须设置上弦横向水平支撑
D. 屋架垂直支撑一般应设置于屋架跨中和支座的水平平面内
E. 纵向系杆应设在有天窗的屋架上弦节点位置

【解析】 本题考查的是工业建筑构造。

选项D：屋架垂直支撑一般应设置于屋架跨中和支座的垂直平面内。

选项E：纵向系杆通常设在有天窗架的屋架上下弦中部节点设置。

78. **【2016年真题】** 现浇钢筋混凝土楼梯按楼梯段传力特点划分为（　　）。
A. 墙承式楼梯　　　　B. 梁式楼梯　　　　C. 梁板式楼梯
D. 板式楼梯　　　　　E. 悬挑式楼梯

【解析】 现浇钢筋混凝土楼梯按楼梯段传力的特点可以分为板式楼梯和梁式楼梯两种。

79. **【2016年真题】** 坡屋顶承重结构划分为（　　）。
A. 硬山搁檩　　　　　B. 屋架承重　　　　C. 钢架结构
D. 梁架结构　　　　　E. 钢筋混凝土梁板承重

【解析】 坡屋顶的承重结构包括砖墙承重（硬山搁檩）、屋架承重、梁架结构、钢筋混凝土梁板承重。

80. **【2016年真题】** 墙体为构造柱砌成的马牙槎，其凹凸尺寸和高度可约为（　　）。
A. 60mm 和 345mm　　　　　　　B. 60mm 和 260mm
C. 70mm 和 385mm　　　　　　　D. 90mm 和 385mm

【解析】 本题考查的是砌筑工程施工。墙体应砌成马牙槎，马牙槎凹凸尺寸不宜小于60mm，高度不应超过300mm，马牙槎应先退后进，对称砌筑。

81. **【2016年真题】** 平屋顶装配式混凝土板上的细石混凝土找平层厚度一般是（　　）。
A. 15~20mm　　B. 20~25mm　　C. 25~30mm　　D. 30~35mm

【解析】 找平层的分类、适用的基层、厚度和技术要求见下表。

找平层分类	适用的基层	厚度/mm	技术要求
水泥砂浆	整体现浇混凝土板	15~20	1:2.5 水泥砂浆
	整体材料保温层	20~25	

(续)

找平层分类	适用的基层	厚度/mm	技术要求
细石混凝土	装配式混凝土板	30~35	C20混凝土，宜加钢筋网片
	板状材料保温层		C20混凝土

82.【2016年真题】空间较大的18层民用建筑的承重体系可优先考虑（　　）。
　　A. 混合结构体系　　　　　　　　　　B. 框架结构体系
　　C. 剪力墙体系　　　　　　　　　　　D. 框架-剪力墙体系
【解析】　框架-剪力墙结构是在框架结构中设置适当剪力墙的结构，具有框架结构平面布置灵活、空间较大的优点，又具有侧向刚度较大的优点。框架-剪力墙结构一般适用于不超过170m高的建筑。

83.【2015年真题】三层砌体办公室的墙体一般设置圈梁（　　）。
　　A. 一道　　　　　B. 二道　　　　　C. 三道　　　　　D. 四道
【解析】　宿舍、办公楼等多层砌体民用房屋，且层数为3~4层时，应在底层和檐口标高处各设置一道圈梁。当层数超过4层时，除应在底层和檐口标高处各设置一道圈梁外，至少应在所有纵、横墙上隔层设置圈梁。

84.【2015年真题】井字形密肋楼板的肋高一般为（　　）。
　　A. 90~120mm　　　B. 120~150mm　　　C. 150~180mm　　　D. 180~250mm
【解析】　本题考查的是民用建筑构造。井字形密肋楼板没有主梁，都是次梁（肋），且肋与肋间的距离较小，通常只有1.5~3m，肋高也只有180~250mm，肋宽120~200mm。

85.【2015年真题】将楼板段与休息平台组成一个构件组合的预制钢筋混凝土楼梯是（　　）。
　　A. 大型构件装配式楼梯　　　　　　　B. 中型构件装配式楼梯
　　C. 小型构件装配式楼梯　　　　　　　D. 悬挑装配式楼梯
【解析】　大型构件装配式楼梯是将楼梯段与休息平台一起组成一个构件，每层由第一跑及中间休息平台和第二跑及楼层休息平台板两大构件组成。

86.【2015年真题】坡屋顶承重屋架常见的形式有（　　）。
　　A. 三角形　　　　　B. 梯形　　　　　C. 矩形
　　D. 多边形　　　　　E. 弧形
【解析】　本题考查的是民用建筑构造。屋顶上搁置屋架，用来搁置檩条以支承屋面荷载。通常屋架搁置在房屋的纵向外墙或柱上，使房屋有一个较大的使用空间。屋架的形式较多，有三角形、梯形、矩形、多边形等。

87.【2015年真题】设计跨度为120m的展览馆，应优先采用（　　）。
　　A. 桁架结构　　　B. 筒体结构　　　C. 网架结构　　　D. 悬索结构
【解析】　悬索结构是比较理想的大跨度结构形式之一。目前，悬索屋盖结构的跨度已达160m，主要用于体育馆、展览馆中。

88.【2014年真题】平屋面的涂膜防水构造有正置式和倒置式之分，所谓正置式是指（　　）。
　　A. 隔热保温层在涂膜防水层之上　　　B. 隔热保温层在找平层之上

C. 隔热保温层在涂膜防水层之下　　　　D. 隔热保温层在找平层之下

【解析】　正置式涂膜防水构造一般为隔热保温层在涂膜防水层之下，倒置式涂膜防水构造是隔热保温层在涂膜防水层之上。

89.【2014年真题】坡屋顶的钢筋混凝土折板结构一般是（　　）。
A. 有屋架支承的
B. 有檩条支承的
C. 整体现浇的
D. 由托架支承的

【解析】　对于空间跨度不大的民用建筑，钢筋混凝土折板结构是目前坡屋顶建筑使用较为普遍的一种结构形式。这种结构形式无须采用屋架、檩条等结构构件，而且整个结构层整体现浇，提高了坡屋顶建筑的防水、防渗性能。

90.【2014年真题】承受相同荷载条件下，相对刚性基础而言，柔性基础的特点是（　　）。
A. 节约基础挖方量
B. 节约基础钢筋用量
C. 增加基础钢筋用量
D. 减小基础埋深
E. 增加基础埋深

【解析】　刚性基础：受其刚性角的限制，要想获得较大的基底宽度，相应的基础埋深也应加大，这显然会增加材料消耗和挖方量，也会影响施工工期。

柔性基础：在混凝土基础底部配置受力钢筋，利用钢筋抗拉，这样基础可以承受弯矩，也就不受刚性角的限制，所以钢筋混凝土基础也称为柔性基础。在相同条件下，采用钢筋混凝土基础比混凝土基础（刚性基础）可节省大量的混凝土材料和挖土工程量。

91.【2013年真题】关于刚性基础的说法正确的是（　　）。
A. 基础大放脚应超过基础材料刚性角范围
B. 基础大放脚与基础材料刚性角一致
C. 基础宽度应超过基础材料刚性角范围
D. 基础深度应超过基础材料刚性角范围

【解析】　在设计中，应尽力使基础大放脚与基础材料的刚性角相一致，以确保基础底面不产生拉应力，最大限度地节约基础材料。

92.【2013年真题】单扇门的宽度一般不超过（　　）。
A. 900mm　　　　B. 1000mm　　　　C. 1100mm　　　　D. 1200mm

【解析】　门的最小宽度一般为700mm，常用于住宅中的厕所、浴室。住宅中卧室、厨房、阳台的门应考虑一人携带物品通行，卧室常取900mm，厨房可取800mm。住宅入户门考虑家具尺寸增大的趋势，常取1000mm。普通教室、办公室等的门应考虑一人正在通行，另一人侧身通行，常采用1000mm。

当房间面积较大，使用人数较多时，单扇门宽度小，不能满足通行要求。为了开启方便和少占使用面积，当门宽大于1000mm时，应根据使用要求采用双扇门、四扇门或增加门的数量。双扇门的宽度可为1200~1800mm，四门的宽度可为2400~3600mm。

93.【2013年真题】预制装配式钢筋混凝土楼梯踏步的支承方式有（　　）。
A. 梁承式
B. 板承式
C. 墙承式
D. 板肋式
E. 悬挑式

【解析】　预制装配式钢筋混凝土楼梯大致可分为小型构件装配式、中型构件装配式和大型构件装配式。

小型构件装配式楼梯是将梯段、平台分割成若干部分，分别预制成小构件装配而成。按照预制踏步的支承方式分为悬挑式、墙承式、梁承式三种。

94.【2012年真题】柔性基础的主要优点在于（　　）。
A. 取材方便　　　　B. 造价较低　　　　C. 挖土深度小　　　　D. 施工便捷

【解析】　柔性基础：在混凝土基础底部配置受力钢筋，利用钢筋抗拉，这样基础可以承受弯矩，也就不受刚性角的限制，所以钢筋混凝土基础也称为柔性基础。在相同条件下，采用钢筋混凝土基础比混凝土基础可节省大量的混凝土材料和挖土工程量。

95.【2012年真题】关于砖墙墙体防潮层设置位置的说法，正确的是（　　）。
A. 室内地面均为实铺时，外墙防潮层设在室内地坪处
B. 墙体两侧地坪不等高时，应在较低一侧的地坪处设置
C. 室内采用架空木地板时，外墙防潮层设在室外地坪以上、地板木搁栅垫木之下
D. 钢筋混凝土基础的砖墙墙体不需设置水平和垂直防潮层

【解析】　当室内地面均为实铺时，外墙墙身防潮层应设在室内地坪以下60mm处；当建筑物墙体两侧地坪不等高时，在每侧地表下60mm处，应分别设置防潮层，并在两个防潮层间的墙上加设垂直防潮层；当室内地面采用架空木地板时，外墙防潮层应设在室外地坪以上，地板木搁栅垫木之下。

96.【2012年真题】坚硬耐磨、装饰效果好、造价偏高，一般适用于用水的房间和有腐蚀房间楼地面的装饰构造为（　　）。
A. 水泥砂浆地面　　　　　　　　B. 水磨石地面
C. 陶瓷板块地面　　　　　　　　D. 人造石板地面

【解析】　陶瓷板块地面的特点是坚硬耐磨、色泽稳定，易于保持清洁，而且具有较好的耐水和耐酸碱腐蚀性能，但造价偏高，一般适用于用水的房间及有腐蚀的房间。

97.【2012年真题】为了防止地表水对建筑物基础的侵蚀，在降水量大于900mm的地区，建筑物的四周地面上应设置（　　）。
A. 沟底纵坡坡度为0.5%~1%的明沟
B. 沟底横坡坡度为3%~5%的明沟
C. 宽度为600~1000mm的散水
D. 坡度为0.5%~1%的现浇混凝土散水
E. 外墙与明沟之间坡度为3%~5%的散水

【解析】　散水和暗沟（明沟）：为了防止地表水对建筑基础的侵蚀，应在建筑物的四周地面上设置暗沟（明沟）或散水。降水量大于900mm的地区应同时设置暗沟（明沟）和散水。暗沟（明沟）沟底应做纵坡，坡度为0.5%~1%，坡向窨井。外墙与暗沟（明沟）之间应做散水，散水宽度一般为600~1000mm，坡度为3%~5%。降水量小于900mm的地区可只设置散水。暗沟（明沟）和散水可用混凝土现浇，也可用有弹性的防水材料嵌缝，以防渗水。

98.【2011年真题】关于刚性基础的说法，正确的是（　　）。
A. 刚性基础基底主要承受拉应力
B. 通常使基础大放脚与基础材料的刚性角一致

C. 刚性角受工程地质性质影响，与基础宽高比无关

D. 刚性角受设计尺寸影响，与基础材质无关

【解析】 刚性基础：所用的材料，如砖、石、混凝土等，抗压强度较高，但抗拉强度及抗剪强度偏低。用此类材料建造的基础，应保证其基底只受压，不受拉。根据材料受力的特点，不同材料构成的基础，其传递压力的角度也不相同。在设计中，应尽力使基础大放脚与基础材料的刚性角一致，以确保基础底面不产生拉应力，最大限度地节约基础材料。刚性基础受刚性角的限制，构造上通过限制刚性基础宽高比来满足刚性角的要求。

99.【2011年真题】关于钢筋混凝土基础的说法，正确的是（　　）。

A. 钢筋混凝土条形基础底宽不宜大于600mm

B. 锥形基础断面最薄处高度不小于200mm

C. 通常宜在基础下面设300mm左右厚的素混凝土垫层

D. 阶梯形基础断面每踏步高120mm左右

【解析】 钢筋混凝土基础断面可做成锥形，最薄处高度不小于200mm；也可做成阶梯形，每踏步高300~500mm。通常情况下，钢筋混凝土基础下面设有素混凝土垫层，厚度为100mm左右；无垫层时，钢筋保护层不宜小于70mm，以保护受力钢筋不受锈蚀。

100.【2011年真题】关于墙体构造的说法，正确的是（　　）。

A. 室内地面均为实铺时，外墙墙身防潮层应设在室外地坪以下60mm处

B. 外墙两侧地坪不等高时，墙身防潮层应设在较低一侧地坪以下60mm处

C. 年降水量小于900mm的地区只需设置明沟

D. 散水宽度一般为600~1000mm

【解析】 当室内地面均为实铺时，外墙墙身防潮层应设在室内地坪以下60mm处；当建筑物墙体两侧地坪不等高时，在每侧地表下60mm处，应分别设置防潮层，并在两个防潮层间的墙上加设垂直防潮层；当室内地面采用架空木地板时，外墙防潮层应设在室外地坪以上，地板木搁栅垫木之下。

散水和暗沟（明沟）：为了防止地表水对建筑基础的侵蚀，应在建筑物的四周地面上设置暗沟（明沟）或散水。降水量大于900mm的地区应同时设置暗沟（明沟）和散水。暗沟（明沟）沟底应做纵坡，坡度为0.5%~1%，坡向窨井。外墙与暗沟（明沟）之间应做散水，散水宽度一般为600~1000mm，坡度为3%~5%。降水量小于900mm的地区可只设置散水。暗沟（明沟）和散水可用混凝土现浇，也可用有弹性的防水材料嵌缝，以防渗水。

101.【2011年真题】某建筑物的屋顶集水面积为1800m²，当地气象记录每小时最大降雨量为160mm，拟采用落水管直径为120mm，该建筑物需设置落水管的数量至少为（　　）。

A. 4根　　　　　B. 5根　　　　　C. 8根　　　　　D. 10根

【解析】 $F = 438D^2/H$

式中　F——单根落水管允许集水面积（水平投影面积，m²）；

D——落水管管径（采用方管时面积可换算，cm）；

H——每小时最大降雨量（由当地气象部门提供，mm/h）。

因此，$F = 438D^2/H = 438 \times 12^2/160 = 394.2$（m²），则

落水管的数量 = 1800/394.2 = 4.57（根），取整为5根。

102.【2010年真题】同一工程地质条件区域内,在承受相同的上部荷载时,选用埋深最浅的基础是( )。
   A. 毛石基础   B. 柔性基础
   C. 毛石混凝土基础   D. 混凝土基础
【解析】 在相同条件下,采用钢筋混凝土基础(即柔性基础)比混凝土基础(刚性基础)可节省大量的混凝土材料和挖土工程量。选项A、C、D均没有配筋,属于刚性基础。

103.【2010年真题】普通民用建筑楼梯梯段的踏步数一般( )。
   A. 不宜超过15级,不少于2级   B. 不宜超过15级,不少于3级
   C. 不宜超过18级,不少于2级   D. 不宜超过18级,不少于3级
【解析】 楼梯一般由梯段、平台、栏杆与扶手三部分组成,楼梯梯段是联系两个不同标高平台的倾斜构件。梯段的踏步步数一般不宜超过18级,且一般不宜少于2级,以防行走时踩空。

104.【2010年真题】平面尺寸较大的建筑物门厅常采用( )。
   A. 板式现浇钢筋混凝土楼板   B. 预制钢筋混凝土实心楼板
   C. 预制钢筋混凝土空心楼板   D. 井字形肋楼板
   E. 无梁楼板
【解析】 井字形密肋楼板:具有天棚整齐美观,有利于提高房屋的净空高度等优点,常用于门厅、会议厅等处。当房间的平面形状近似正方形,跨度在10m以内时,常采用这种楼板。
无梁楼板:对于平面尺寸较大的房间或门厅,也可以不设梁,直接将板支承于柱,这种楼板称为无梁楼板。

105.【2009年真题】地下室垂直卷材防水层的顶端,应高出地下最高水位( )。
   A. 0.10~0.20m   B. 0.20~0.30m
   C. 0.30~0.50m   D. 0.50~1.00m
【解析】 地下室垂直卷材防水层的顶端,应高出地下最高水位500~1000mm。

106.【2009年真题】某宾馆门厅9m×9m,为了提高净空高度,宜优先选用( )。
   A. 普通板式楼板   B. 梁板式肋形楼板
   C. 井字形密肋楼板   D. 普通无梁楼板
【解析】 井字形密肋楼板具有天棚整齐美观,有利于提高房屋的净空高度等优点,常用于门厅、会议厅等处。当房间的平面形状近似正方形,跨度在10m以内时,常采用这种楼板。

107.【2008年真题】关于钢筋混凝土基础,说法正确的是( )。
   A. 钢筋混凝土基础的抗压和抗拉强度均较高,属于刚性基础
   B. 钢筋混凝土基础受刚性角限制
   C. 钢筋混凝土基础宽高比的数值越小越合理
   D. 钢筋混凝土基础断面可做成锥形,其最薄处高度不小于200mm
【解析】 选项A:钢筋混凝土基础属于柔性基础。
选项B:柔性基础不受刚性角限制,只有刚性基础才受刚性角限制。
选项C:钢筋混凝土基础是柔性基础,可以做得宽而薄,因此宽高比可以很大。

108. 【2008年真题】钢筋混凝土圈梁的宽度通常与墙的厚度相同,但高度不小于( )。
   A. 115mm B. 120mm C. 180mm D. 240mm
【解析】 圈梁宽度不应小于190mm,高度不应小于120mm,配筋不应少于4Φ12。箍筋间距不应大于200mm。

109. 【2008年真题】房屋中跨度较小的房间,通常采用现浇钢筋混凝土( )。
   A. 井字形肋楼板   B. 梁板式肋形楼板
   C. 板式楼板   D. 无梁楼板
【解析】 房屋中跨度较小的房间(如厨房、厕所、储藏室、走廊)及雨篷、遮阳等,通常采用现浇钢筋混凝土板式楼板。

110. 【2008年真题】建筑物的基础,按构造方式可分为( )。
   A. 刚性基础   B. 条形基础   C. 独立基础
   D. 柔性基础   E. 箱形基础
【解析】 建筑物基础分类有两种方式,一种是按材料和受力特点分为刚性基础、柔性基础,另一种是按基础的构造方式分为独立基础、条形基础、筏基础和箱形基础。

111. 【2007年真题】窗台根据窗户的安装位置可形成内窗台和外窗台,内窗台的作用主要是( )。
   A. 排除窗上的凝结水   B. 室内美观、卫生需要
   C. 与外窗台对应   D. 满足建筑节点的设计需要
【解析】 外窗台是防止在窗洞底部积水,并流向室内;内窗台则是为了排除窗上的凝结水,以保护室内墙面。

112. 【2006年真题】基础刚性角的大小主要取决于( )。
   A. 大放脚的尺寸   B. 基础材料的力学性质
   C. 地基的力学性质   D. 基础承受荷载大小
【解析】 根据材料受力的特点,不同材料构成的基础,其传递压力的角度(刚性角)也不相同。

113. 【2006年真题】设置伸缩缝的建筑物,其基础部分仍连在一起的原因是( )。
   A. 基础受温度变化影响小   B. 伸缩缝比沉降缝窄
   C. 基础受房屋构件伸缩影响小 D. 沉降缝已将基础断开
【解析】 伸缩缝:沿建筑物长度方向每隔一定距离预留缝隙,将建造物从屋顶、墙体、楼层等地面以上构件全部断开,基础因受温度变化影响较小,不必断开。伸缩缝的宽度一般为20~30mm,缝内应填保温材料。

114. 【2006年真题】若挑梁式阳台的悬挑长度为1.5m,则挑梁压入墙内的长度约为( )。
   A. 1.0m B. 1.5m C. 1.8m D. 2.4m
【解析】 挑梁压入墙内的长度一般为悬挑长度的1.5倍左右,则挑梁压入墙内的长度约为1.5×1.5=2.25(m)。

115. 【2005年真题】建筑物基础的埋深,指的是( )。
   A. 从±0.00到基础底面的垂直距离
   B. 从室外设计地面到基础底面的垂直距离

C. 从室外设计地面到垫层底面的距离

D. 从室外设计地面到基础底面的距离

【解析】 从室外设计地面至基础底面的垂直距离称为基础的埋深。

116. 【2005年真题】为了防止卷材屋面防水层出现龟裂，应采取的措施是（　　）。

A. 设置分仓缝　　　　　　　　　　B. 设置隔汽层或排汽通道

C. 铺绿豆砂保护层　　　　　　　　D. 铺设钢筋网片

【解析】 为了防止屋面防水层出现龟裂现象，一是阻断来自室内的水蒸气，构造上常采取在屋面结构层上的找平层表面做隔汽层，阻断水蒸气向上渗透；二是在屋面防水层下保温层内设排汽通道，并使通道开口露出屋面防水层，使防水层下水蒸气能直接从透气孔排出。

117. 【2004年真题】需要做防潮处理的地下室砖墙，砌筑时应选用（　　）。

A. 水泥砂浆　　　B. 石灰砂浆　　　C. 混合砂浆　　　D. 石灰膏

【解析】 地下室防潮：当地下室地坪位于常年地下水位以上时，地下室须做防潮处理。对于砖墙，其构造要求是：墙体必须采用水泥砂浆砌筑，灰缝要饱满；在墙外侧设垂直防潮层。

118. 【2004年真题】圈梁是沿外墙、内纵墙和主要横墙在同一水平面设置的连续封闭梁，所以圈梁（　　）。

A. 不能被门窗洞口或其他洞口截断

B. 必须设在门窗洞口或其他洞口上部

C. 必须设在楼板标高处与楼板结合成整体

D. 如果被门窗洞口或其他洞口截断，应在洞口上部设置附加梁

【解析】 当圈梁遇到洞口不能封闭时，应在洞口上部设置截面不小于圈梁截面尺寸的附加梁，其搭接长度不小于1m，且应大于两梁高差的2倍，但对有抗震要求的建筑物，圈梁不宜被洞口截断。

119. 【2004年真题】厨房、厕所等小跨度房间多采用的楼板形式是（　　）。

A. 现浇钢筋混凝土板式楼板　　　　B. 预制钢筋混凝土楼板

C. 装配整体式钢筋混凝土楼板　　　D. 现浇钢筋混凝土梁板式肋形楼板

【解析】 房屋中跨度较小的房间（如厨房、厕所、储藏室、走廊）及雨篷、遮阳等，通常采用现浇钢筋混凝土板式楼板。

120. 【2004年真题】为使阳台悬挑长度大些，建筑物的挑阳台承重结构通常采用的支承方式是（　　）。

A. 墙承式　　　B. 简支式　　　C. 挑梁式　　　D. 挑板式

【解析】 挑梁式的阳台悬挑长度可适当大些，而阳台宽度应与横墙间距（即房间开间）一致。挑梁式阳台应用较为广泛。

121. 【2004年真题】坡屋面常见的细部构造有（　　）。

A. 挑出檐口　　　B. 女儿墙檐口　　　C. 山墙

D. 刚性防水层　　E. 水泥砂浆找平层

【解析】 坡屋面的细部构造包括：①檐口，一种是挑出檐口，另一种是女儿墙檐口；②山墙；③斜天沟；④烟囱泛水构造；⑤檐沟和落水管。

122.【2004年真题】梁式楼梯梯段的传力结构主要组成有（　　）。
   A. 悬臂板　　　　　　　　B. 梯段板　　　　　　　　C. 斜梁
   D. 平台梁　　　　　　　　E. 踏步板

【解析】 梁式楼梯的梯段由斜梁和踏步板组成。当楼梯踏步受到荷载作用时，踏步为一水平受力构造，踏步板把荷载传递给左右斜梁，斜梁把荷载传递给与之相连的上下休息平台梁，平台梁则将荷载传给墙体或柱子。

123.【2009年真题】单层工业厂房屋盖支撑的主要作用是（　　）。
   A. 传递屋面板荷载　　　　　　　　B. 传递吊车制动时产生的冲剪力
   C. 传递水平风荷载　　　　　　　　D. 传递天窗及托架荷载

【解析】 单层工业厂房支撑系统包括柱间支撑和屋盖支撑两部分，其主要作用如下：
（1）可以使厂房形成整体的空间骨架，保证厂房的空间刚度。
（2）在施工和正常使用时保证构件的稳定和安全。
（3）承受和传递吊车纵向制动力、山墙风荷载、纵向地震力等水平荷载。
屋盖支撑的主要作用是传递水平风荷载和吊车纵向制动力。

124.【2007年真题】将骨架结构厂房山墙承受的风荷载传给基础的是（　　）。
   A. 支撑系统　　　B. 墙体　　　　C. 柱子　　　　D. 圈梁

【解析】 单层工业厂房骨架承重结构的柱子承受屋盖、吊车梁、墙体上的荷载，以及山墙传来的风荷载，并把这些荷载传给基础。

125.【2006年真题】单层工业厂房的柱间支撑和屋盖支撑主要传递（　　）。
   A. 水平风荷载　　　　　B. 吊车纵向制动力　　　　C. 屋盖自重
   D. 抗风柱重量　　　　　E. 墙梁自重

【解析】 柱间支撑和屋面支撑的作用是加强厂房结构的空间整体刚度和稳定性，它主要是传递水平风荷载和吊车纵向制动力。

126.【2004年真题】单层工业厂房骨架承重结构通常选用的基础类型是（　　）。
   A. 条形基础　　　B. 柱下独立基础　　　C. 片筏基础　　　D. 箱形基础

【解析】 单层工业厂房一般是采用预制装配式钢筋混凝土排架结构，厂房的柱距与跨度较大，所以厂房的基础一般多采用独立式基础。

二、参考答案

题号	1	2	3	4	5	6	7	8	9	10
答案	D	D	D	C	D	BCE	D	D	C	ACE
题号	11	12	13	14	15	16	17	18	19	20
答案	A	D	D	ACE	ACD	ABCD	C	D	ADE	ACD
题号	21	22	23	24	25	26	27	28	29	30
答案	C	CD	CDE	ABCD	C	D	A	B	B	D
题号	31	32	33	34	35	36	37	38	39	40
答案	CDE	C	C	BD	ABDE	B	B	C	D	BDE

(续)

题号	41	42	43	44	45	46	47	48	49	50
答案	ABE	ACDE	B	C	A	D	A	B	ABD	D
题号	51	52	53	54	55	56	57	58	59	60
答案	D	C	ACD	D	C	D	D	A	C	D
题号	61	62	63	64	65	66	67	68	69	70
答案	A	D	ACE	BCDE	B	A	D	D	ABDE	D
题号	71	72	73	74	75	76	77	78	79	80
答案	ADE	ABE	BCDE	D	C	BCD	ABC	BD	ABDE	B
题号	81	82	83	84	85	86	87	88	89	90
答案	D	D	B	D	A	ABCD	D	C	C	ACD
题号	91	92	93	94	95	96	97	98	99	100
答案	B	B	ACE	C	C	C	ACE	B	B	D
题号	101	102	103	104	105	106	107	108	109	110
答案	B	B	C	DE	D	C	D	B	C	BCE
题号	111	112	113	114	115	116	117	118	119	120
答案	A	B	A	D	B	B	A	D	A	C
题号	121	122	123	124	125	126				
答案	ABC	CE	C	C	AB	B				

三、2025 年考点预测

考点一：建筑分类。
考点二：基础、墙体、散水及保温防水工程的细部构造。
考点三：厂房的承重结构。

第二节　道路、桥梁、涵洞工程的分类、组成及构造

一、经典真题及解析

1.【2024 年真题】下列关于我国城镇道路主要技术要求的说法，正确的是（　　）。
A. 次干路应设分隔带　　　　　　　　B. 主干路设计车速为 40~80km/h
C. 快速路横断面形式为两、四幅路　　D. 支路机动车道的宽度为 3.25~3.50m
E. 每条主干路双向机动车道应为 2~4 个
【解析】　参见教材第 76 页。
选项 A：次干路可设分隔带。
选项 B：主干路设计车速为 40~60km/h。

选项 E：每条主干路双向机动车道数≥4 条。

2.【2020 年真题】单向机动车道数不小于三条的城市道路横断面必须设置（　　）。
A. 机动车道　　　　　　B. 非机动车道　　　　　　C. 人行道
D. 应急车道　　　　　　E. 分车带

【解析】 参见教材第 76 页。城市道路横断面可分为单幅路、两幅路、三幅路、四幅路及特殊形式的断面。城市道路横断面宜由机动车道、非机动车道、人行道、分车带、设施带、绿化带等组成，特殊断面还可包括应急车道、路肩和排水沟等。

3.【2015 年真题】设计速度小于等于 60km/h，每条大型车道的宽度宜为（　　）。
A. 3.25m　　　　B. 3.30m　　　　C. 3.50m　　　　D. 3.75m

【解析】 参见教材第 76 页。本题考查的是道路工程，城市道路的分类及组成见下表。

等级	设计速度/(km/h)	双向机动车道数/条	机动车道宽度/m	分隔带设置	横断面形式
快速路	60~100	≥4	3.50~3.75	必须设	两、四幅路
主干路	40~60	≥4	3.25~3.50	应设	三、四幅路
次干路	30~50	2~4	3.25~3.50	可设	单、两幅路
支路	20~40	2	3.25~3.50	不设	单幅路

大型车道或混合车道对于设计速度≤60km/h 的车道宽度为 3.50m。

4.【2006 年真题】沥青路面结构的基本层次一般包括（　　）。
A. 面层　　　　　　　　B. 基层　　　　　　　　C. 磨耗层
D. 底基层　　　　　　　E. 垫层

【解析】 路面是由各种不同的材料，按一定的厚度和宽度分别铺筑在路基顶面上的层状结构物，其基本层次一般包括面层、基层和垫层。

5.【2014 年真题】土基上的高级路面相对中级路面而言，道路的结构层中增设了（　　）。
A. 加强层　　　　　　　B. 底基层　　　　　　　C. 垫层
D. 联结层　　　　　　　E. 过渡层

【解析】 参见教材第 76 页。道路工程结构组成一般分为路基、垫层、基层和面层 4 个部分（见图 a）。高级道路的结构由路基、垫层、底基层、基层、联结层和面层 6 个部分组成（见图 b）。

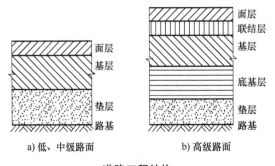

a) 低、中级路面　　　b) 高级路面

道路工程结构

6.【2019年真题】相对中级路面而言，高级路面的结构组成增加了（　　）。
A. 磨耗层　　　　　　　　B. 底基层　　　　　　　　C. 保护层
D. 联结层　　　　　　　　E. 垫层
【解析】　参见第5题解析。

7.【2023年真题】支路采用混凝土预制块路面，其设计使用年限为（　　）。
A. 30年　　　　　B. 20年　　　　　C. 15年　　　　　D. 10年
【解析】　参见教材第77页。路面结构的设计使用年限见下表。

路面等级	路面结构类型		
	沥青路面	水泥混凝土路面	砌块路面
	设计使用年限/年		
快速路	15	30	—
主干路	15	30	—
次干路	15	20	—
支路	10	20	混凝土预制块路面：10 石材路面：20

8.【2024年真题】作为次干路，沥青路面比水泥混凝土路面的结构设计年限（　　）。
A. 短5年　　　　　B. 长5年　　　　　C. 短10年　　　　　D. 长10年
【解析】　参见第7题解析。

9.【2015年真题】护肩路基的护肩高度一般应为（　　）。
A. 不小于1.0m　　　　　　　　B. 不大于1.0m
C. 不小于2.0m　　　　　　　　D. 不大于2.0m
【解析】　参见教材第78页。护肩路基中的护肩应采用当地不易风化的片石砌筑，高度一般不超过2.0m。

10.【2016年真题】砌石路基的砌石高度最高可达（　　）。
A. 5m　　　　　B. 10m　　　　　C. 15m　　　　　D. 20m
【解析】　参见教材第78页。本题考查的是路基。砌石路基是指用不易风化的开山石料外砌内填而成的路堤，砌石高度为2~15m。

11.【2020年真题】砌石路基沿线遇到基础地质条件明显变化时，应（　　）。
A. 设置挡土墙　　　　　　　　B. 将地基做成台阶
C. 设置伸缩缝　　　　　　　　D. 设置沉降缝
【解析】　参见教材第78页。本题考查的是路基。当基础地质条件变化时，砌石路基应分段砌筑，并设沉降缝。当地基为整体岩石时，可将地基做成台阶形。

12.【2013年真题】当山坡上的填方路基有斜坡下滑倾向时，应采用（　　）。
A. 护肩路基　　　　B. 填石路基　　　　C. 护脚路基　　　　D. 填土路基
【解析】　参见教材第78页。
护肩路基：坚硬岩石地段陡山坡上的半填半挖路基，当填方不大，但边坡伸出较远不易修筑时，可修筑护肩。
护脚路基：当山坡上的填方路基有沿斜坡下滑的倾向或为加固、收回填方坡脚时，可采用护脚路基。

13.【2021年真题】在半填半挖土质路基填挖衔接处应采用的施工措施为（　　）。
A. 防止超挖　　　　B. 台阶开挖　　　　C. 倾斜开挖　　　　D. 超挖回填
【解析】 参见教材第78、79页。本题考查的是路基。在土质路基填挖衔接处应采取超挖回填措施。

14.【2022年真题】下列路基形式中，每隔15~20m应设置一道伸缩缝的是（　　）。
A. 填土路基　　　　B. 填石路基　　　　C. 砌石路基　　　　D. 挖方路基
【解析】 参见教材第78、79页。本题考查的是路基。砌石路基应每隔15~20m设伸缩缝一道。当基础地质条件变化时，应分段砌筑，并设沉降缝。当地基为整体岩石时，可将地基做成台阶形。

15.【2012年真题】关于道路工程填方路基的说法，正确的是（　　）。
A. 砌石路基，为保证其整体性不宜设置变形缝
B. 护肩路基，其护肩的内外侧均应直立
C. 护脚路基，其护脚内外侧坡坡度宜为1∶5
D. 用粗粒土作路基填料时，不同填料应混合填筑
【解析】 参见教材第78、79页。填方路基的分类及填筑要求见下表。

填方路基	填土路基	用不同填料填筑路基时，应分层填筑，每一水平层均应采用同类填料
	填石路基	—
	砌石路基	砌石顶宽采用0.8m，基底面以1∶5向内倾斜，砌石高度为2~15m。砌石路基应每隔15~20m设伸缩缝一道。当基础地质条件变化时，应分段砌筑，并设沉降缝
	护肩路基	坚硬岩石地段陡山坡上的半填半挖路基，当填方不大，但边坡伸出较远不易修筑时，可修筑护肩。护肩应采用当地不易风化的片石砌筑，高度一般不超过2m，其内外坡均直立，基底面以1∶5坡度向内倾斜
	护脚路基	护脚由干砌片石砌筑，断面为梯形，顶宽不小于1m，内外侧坡坡度可采用1∶0.5~1∶0.75，其高度不宜超过5m

16.【2006年真题】基础地质条件变化不大的地段，砌石路基的伸缩缝间距一般应为（　　）。
A. 6~10m　　　　B. 10~15m　　　　C. 15~20m　　　　D. 20~30m
【解析】 参见第15题解析。

17.【2007年真题】坚硬岩石陡坡上半挖半填且填方量较小的路基，可修筑成（　　）。
A. 填石路基　　　　B. 砌石路基　　　　C. 护肩路基　　　　D. 护脚路基
【解析】 参见第15题解析。

18.【2012年真题】在地面自然横坡陡于1∶5的斜坡上修筑半填半挖路堤时，其基底应开挖台阶，具体要求是（　　）。
A. 台阶宽度不小于0.8m　　　　　　B. 台阶宽度不大于1.0m
C. 台阶底应保持水平　　　　　　　D. 台阶底应设2%~4%的内倾坡
【解析】 参见教材第78、79页。半填半挖路基：在地面自然横坡陡于1∶5的斜坡上修

筑路堤时，路堤基底应挖台阶，台阶宽度不得小于1m，台阶底应有2%~4%向内倾斜的坡度。分期修建和改建公路加宽时，新旧路基填方边坡的衔接处应开挖台阶；对高速公路、一级公路，台阶宽度一般为2m。土质路基填挖衔接处应采取超挖回填措施。

19.【2012年真题】道路工程中，常见的路基形式一般有（　　）。
  A. 填方路基 B. 天然路基 C. 挖方路基
  D. 半填半挖路基 E. 结构物路基
【解析】 参见教材第78、79页。路基形式：填方路基、挖方路基、半填半挖路基。

20.【2012年真题】一般公路，其路肩横坡应满足的要求是（　　）。
  A. 路肩横坡应小于路面横坡 B. 路肩横坡应采用内倾横坡
  C. 路肩横坡与路面横坡坡度应一致 D. 路肩横坡应大于路面横坡
【解析】 参见教材第79页。道路横坡应根据路面宽度、路面类型、纵坡及气候条件确定，宜采用1.0%~2.0%。快速路及降雨量大的地区宜采用1.5%~2.0%；严寒积雪地区、透水路面宜采用1.0%~1.5%。保护性路肩横坡度可比路面横坡度加大1.0%。路肩横向坡度一般应较路面横向坡度大1%。

21.【2021年真题】下列路面结构层中，主要保证扩散荷载和水稳定性的有（　　）。
  A. 底基层 B. 基层 C. 中间面层
  D. 表面层 E. 垫层
【解析】 参见教材第79页。本题考查的是路面。基层应满足强度、扩散荷载的能力，以及水稳定性和抗冻性的要求。当路基土质较差、水温状况不好时，宜在基层（或底基层）之下设置垫层。垫层应满足强度和水稳定性的要求。

22.【2008年真题】面层宽度14m的混凝土道路，其垫层宽度应为（　　）。
  A. 14m B. 15m C. 15.5m D. 16m
【解析】 参见教材第79页。面层、基层和垫层是路面结构的基本层次，为了保证车轮荷载的向下扩散和传递，较下一层应比其上一层的每边宽出0.25m。

23.【2024年真题】一般情况下，一级公路路面排水系统包括（　　）。
  A. 路拱坡度和中央分隔带排水 B. 路肩排水和中央分隔带排水
  C. 路拱坡度，路肩排水和边沟排水 D. 路拱坡度、路肩横坡和边沟排水
【解析】 参见教材第79、80页。高速公路、一级公路的路面排水，一般由路肩排水与中央分隔带排水组成；二级及二级以下公路的路面排水，一般由路拱坡度、路肩横坡和边沟排水组成。

24.【2005年真题】路面结构中的基层材料必须具有（　　）。
  A. 足够的强度、刚度和水稳性
  B. 足够的刚度、良好的耐磨性和不透水性
  C. 足够的强度、良好的水稳性和扩散荷载的能力
  D. 良好的抗冻性、耐污染性和水稳性
【解析】 参见教材第79页。基层材料应满足强度、扩散荷载的能力，以及水稳定性和抗冻性的要求。

25.【2005年真题】道路工程中的路面等级可划分为高级路面、次高级路面、中级路面和低级路面等，其划分的依据有（　　）。

A. 道路系统的定位　　　　　　　　　　B. 面层材料的组成
C. 路面所能承担的交通任务　　　　　　D. 结构强度
E. 使用的品质

【解析】 参见教材第80页。路面等级按面层材料的组成、结构强度、路面所能承担的交通任务和使用的品质划分为高级路面、次高级路面、中级路面和低级路面四个等级。

26.【2015年真题】填隙碎石可用于（　　）。
A. 一级公路底基层　　　B. 一级公路基层　　　C. 二级公路底基层
D. 三级公路基层　　　　E. 四级公路基层

【解析】 参见教材第80页。填隙碎石基层用单一尺寸的粗碎石作主骨料，形成嵌锁作用，用石屑填满碎石间的空隙，增加密实度和稳定性。这种结构称为填隙碎石，可用于各级公路路面的底基层和二级以下公路路面的基层。

27.【2014年真题】级配砾石可用于（　　）。
A. 高级公路沥青混凝土路面的基层　　B. 高速公路水泥混凝土路面的基层
C. 一级公路沥青混凝土路面的基层　　D. 各级沥青碎石路面的基层

【解析】 参见教材第80页。级配碎石可用于各级公路的基层和底基层，也可用作较薄沥青面层与半刚性基层之间的中间层。级配砾石可用于二级和二级下公路路面的基层及各级公路路面的底基层。沥青碎石适用于次高级路面，次高级路面属于三四级公路。

28.【2013、2007年真题】可用于二级公路路面基层的有（　　）。
A. 级配碎石基层　　　　B. 级配砾石基层　　　C. 填隙碎石基层
D. 二灰土基层　　　　　E. 石灰稳定土基层

【解析】 参见教材第80页。常见二级公路路面基层见下表。

水泥稳定土基层	水泥稳定粗粒土、水泥稳定中粒土适用于各种交通类别的路面基层和底基层，但水泥稳定细粒土（水泥土）不能用作二级以上公路高级路面的基层
石灰稳定土基层	适用于各级公路路面的底基层，可用作二级和二级以下公路路面的基层，但不应用作高级路面的基层
石灰工业废渣稳定土基层	石灰工业废渣稳定土适用于各级公路路面的基层与底基层，但其中的石灰工业废渣稳定细粒土（二灰土）不应用作高级沥青路面及高速公路和一级公路路面的基层
级配碎（砾）石基层	级配碎石可用于各级公路路面的基层和底基层，也可用作较薄沥青面层与半刚性基层之间的中间层 级配砾石可用于二级和二级下公路路面的基层及各级公路路面的底基层
填隙碎石基层	可用于各级公路路面的底基层和二级以下公路路面的基层

29.【2012年、2009年真题】适宜于高速公路路面基层是（　　）。
A. 水泥稳定土基层　　　　　　　　B. 石灰稳定土基层
C. 二灰工业废渣稳定土基层　　　　D. 级配碎石基层

【解析】 参见第28题解析。

30.【2011年真题】在道路工程中，可用于高速公路及一级公路的基层是（　　）。
A. 级配碎石基层　　　　　　　　　B. 石灰稳定土基层
C. 级配砾石基层　　　　　　　　　D. 填隙碎石基层

【解析】 参见第 28 题解析。

31.【2004 年真题】高速公路的路面基层宜选用（   ）。
A. 石灰稳定土基层   B. 级配碎石基层
C. 级配砾石基层   D. 填隙碎石基层
【解析】 参见第 28 题解析。

32.【2023 年真题】适用于三级公路路基面层的有（   ）。
A. 级配碎石面层   B. 水泥混凝土面层
C. 沥青灌入式面层   D. 沥青表面处治面层
E. 粒石加固土面层
【解析】 参见教材第 81 页。各级路面所具有的面层类型及其适用的公路等级见下表。

公路等级	采用的路面等级	面层类型
高速公路，一、二级公路	高级路面	沥青混凝土
		水泥混凝土
三、四级公路	次高级路面	沥青灌入式
		沥青碎石
		沥青表面处治
四级公路	中级路面	碎（砾）石（泥结或级配）
		半整齐石块
		其他粒料
四级公路	低级路面	粒料加固土
		其他当地材料加固或改善土

33.【2011 年真题】通常情况下，高速公路采用的面层类型是（   ）。
A. 沥青碎石面层   B. 沥青混凝土面层
C. 粒料加固土面层   D. 沥青表面处治面层
【解析】 参见第 32 题解析。

34.【2022 年补考、2005 年真题】下列材料中，可用于高速公路及一级公路路面的是（   ）。
A. 沥青混凝土混合料   B. 乳化沥青碎石
C. 乳化沥青混合料   D. 沥青碎石混合料
【解析】 参见第 32 题解析。沥青混凝土混合料简称沥青混凝土。

35.【2020 年、2018 年真题】三级公路应采用的面层类型是（   ）。
A. 沥青混凝土   B. 水泥混凝土   C. 沥青碎石   D. 半整齐石块
【解析】 参见第 32 题解析。

36.【2007 年真题】高速公路沥青路面的面层应采用（   ）。
A. 沥青混凝土   B. 沥青碎石
C. 乳化沥青碎石   D. 沥青表面处治
【解析】 参见第 32 题解析。

37.【2017年真题】在少雨干燥地区，四级公路适宜使用的沥青路面面层是（　　）。
A. 沥青碎石混合料　　　　　　　　B. 双层式乳化沥青碎石混合料
C. 单层式乳化沥青碎石混合料　　　　D. 沥青混凝土混合料

【解析】 沥青路面面层分为沥青混合料、乳化沥青碎石、沥青贯入式和沥青表面处治四种。当沥青碎石混合料采用乳化沥青作结合料时，即为乳化沥青碎石混合料。乳化沥青碎石混合料适用于三、四级公路的沥青面层、二级公路的罩面层施工，以及各级公路的联结层或整平层。乳化沥青碎石混合料路面的沥青面层宜采用双层式，单层式只宜在少而干燥地区或半刚性基层上使用。

38.【2013年真题】中级路面的面层宜采用（　　）。
A. 沥青混凝土面层　　　　　　　　B. 水泥混凝土面层
C. 级配碎石　　　　　　　　　　　D. 沥青混凝土混合料

【解析】 参见教材第81、82页。
选项A：沥青混凝土面层一般是高级路面采用。
选项B：水泥混凝土面层一般是高级路面采用。
选项C：级配碎石是中级路面采用。
选项D：沥青混凝土混合料简称沥青混凝土，一般是高级路面采用。

39.【2022年真题】为保证车辆在停车场内不因自重引起滑溜，要求停车场与通道垂直方向的最大纵坡为（　　）。
A. 1%　　　　　B. 1.5%　　　　　C. 2%　　　　　D. 3%

【解析】 参见教材第82页。本题考查的是道路主要公用设施。为了保证车辆在停放区内停入时不致发生自重分力引起滑溜，导致交通事故，因而要求停放场最大纵坡与通道平行方向为1%，与通道垂直为3%。

40.【2009年真题】停车场与通道平行方向的纵坡坡度应（　　）。
A. 不超过3%　　　B. 不小于1%　　　C. 不小于3%　　　D. 不超过1%

【解析】 参见第40题解析。

41.【2010年真题】在城市道路上，人行天桥宜设置在（　　）。
A. 重要建筑物附近　　　　　　　　B. 重要城市风景区附近
C. 商业网点集中的地段　　　　　　D. 旧城区商业街道

【解析】 参见教材第83页。人行天桥宜建在交通量大、行人或自行车需要横过行车带的地段或交叉口上。在城市商业网点集中的地段建造人行天桥，既方便群众，也易于诱导人们自觉上桥过街。

42.【2024年真题】人行道路照明的评价指标包括（　　）。
A. 路面连续照度、眩光限制和诱导性
B. 路面平均照度、路面最小照度和垂直照度
C. 路面平均照度、路面亮度均匀和诱导性
D. 路面平均照度、路面亮度均匀和横向均匀度

【解析】 参见教材第83页。机动车交通道路照明应以路面平均亮度（或路面平均照度）、路面亮度均匀度和纵向均匀度（或路面照度均匀度）、眩光限制、环境比和诱导性为评价指标。人行道路照明应以路面平均照度、路面最小照度和垂直照度为评价指标。曲线路

段、平面交叉、立体交叉、铁路道口、广场、停车场、桥梁、坡道等特殊地点，应比平直路段连续照明的亮度（照度）高、眩光限制严、诱导性好。

43.【2017年真题】两个以上交通标志在一根支柱上并设时，其从左到右排列正确的顺序是（　　）。
　　A. 禁令、警告、指示　　　　　　　　　B. 指示、警告、禁令
　　C. 警告、指示、禁令　　　　　　　　　D. 警告、禁令、指示
【解析】 参见教材第84页。本题考查的是道路主要公用设施。标志板在一根支柱上并设时，应按警告、禁令、指示的顺序，先上后下、先左后右地排列。

44.【2011年真题】关于道路交通标志的说法，正确的有（　　）。
　　A. 主标志应包括警告、禁令、指示及指路标志等
　　B. 辅助标志不得单独设置
　　C. 通常设在车辆行进方向道路的左侧醒目位置
　　D. 设置高度应保证其下沿至地面高度有1.8~2.5m
　　E. 交通标志包括交通标线和信号灯等设施
【解析】 参见教材第83、84页。道路交通管理设施通常包括交通标志、交通标线和交通信号灯等，见下表。

道路交通管理设施	交通标志	主标志	按其功能可分为警告标志、禁令标志、指示标志、指路标志、旅游区标志、作业区标志、告示标志等
		辅助标志	附设在主标志下面，对主标志起补充说明的标志，不得单独使用
		应设置在驾驶人员和行人易于见到，并能准确判断的醒目位置。一般安设在车辆行进方向道路的右侧或车行道上方。为保证视认性，同一地点需要设置两个以上标志时，可安装在一根立柱上，但最多不应超过四个；标志板在一根支柱上并设时，应按警告、禁令、指示的顺序，先上后下、先左后右排列	
	交通标线		以文字、图形、画线等在路面上漆绘
	交通信号灯		普通交通信号灯按红、黄、绿或绿、黄、红自上而下，或自左向右排列。竖向排列常用于路幅较窄的旧城路口，横向排列则可用于路幅较宽的城镇道路。信号灯设在进口端右侧人行道边

45.【2022年真题】以下属于桥梁下部结构的是（　　）。
　　A. 桥墩　　　　　　　　B. 桥台　　　　　　　　C. 桥梁支座
　　D. 墩台基础　　　　　　E. 桥面结构
【解析】 参见教材第84页。下部结构一般包括桥墩、桥台及墩台基础，上部结构（也称桥跨结构）一般包括桥面构造（行车道、人行道、栏杆等）、桥梁跨越部分的承载结构和桥梁支座。

46.【2020年真题】桥面采用防水混凝土铺装的（　　）。
　　A. 要另设面层承受车轮　　　　　　　B. 可不另设面层而直接承受车轮荷载
　　C. 不宜在混凝土中铺设钢筋　　　　　D. 不宜在其上再筑沥青表面磨耗层
【解析】 参见教材第85页。本题考查的是桥梁上部结构。在需要防水的桥梁上，当不设防水层时，可在桥面板上以厚80~100mm且带有横坡的防水混凝土做铺装层，其强度不

低于行车道板混凝土强度等级,其上一般可不另设面层而直接承受车轮荷载。

47.【2013年真题】桥面横坡一般采用（　　）。
  A. 0.3%~0.5%　　B. 0.5%~1.0%　　C. 1.5%~3%　　D. 3%~4%
【解析】 参见教材第86页。桥面的横坡,一般采用1.5%~3.0%。
桥上纵坡机动车道不宜大于4%,非机动车道不宜大于2.5%;桥头引道机动车道纵坡不宜大于5%。高架桥桥面应设不小于0.3%的纵坡。

48.【2009年真题】对较宽的桥梁,可直接将其行车道板做成双向倾斜的横坡,与设置三角垫层的做法相比,这种做法会（　　）。
  A. 增加混凝土用量　　　　　　　　　B. 增加施工的复杂性
  C. 增加桥面恒载　　　　　　　　　　D. 简化主梁构造
【解析】 参见教材第86页。桥面的横坡,一般采用1.5%~3.0%。通常是在桥面板顶面铺设混凝土三角垫层来构成;对于板梁或就地浇筑的肋梁桥,为了节省铺装材料,并减轻重力,可将横坡直接设在墩台顶部而做成倾斜的桥面板,此时不需要设置混凝土三角垫层;在比较宽的桥梁中,用三角垫层设置横坡将使混凝土用量与恒载重量增加过多,在此情况下,可直接将行车道板做成双向倾斜的横坡,但这样会使主梁的构造和施工稍趋复杂。

49.【2008年真题】为满足桥面变形要求,伸缩缝通常设置在（　　）。
  A. 两梁端之间　　　　B. 每隔50m处　　　　C. 梁端与桥台之间
  D. 桥梁的铰接处　　　E. 每隔70m处
【解析】 参见教材第86页。为满足桥面变形的要求,通常在两梁端之间、梁端与桥台之间或桥梁的铰接位置上设置伸缩缝。在设置伸缩缝处,栏杆与桥面铺装都要断开。

50.【2007年真题】温差较大的地区且跨径较大的桥梁上应选用（　　）。
  A. 镀锌薄钢板伸缩缝　　　　　　　　B. U形钢板伸缩缝
  C. 梳形钢板伸缩缝　　　　　　　　　D. 橡胶伸缩缝
【解析】 参见教材第86、87页。
镀锌薄钢板伸缩缝:这是一种简易的伸缩缝,目前在中小跨径的装配式简支梁桥上,当梁的变形量在20~40mm范围时常选用。
钢板伸缩缝:也宜在斜桥上使用。它的构造比较复杂,只有在温差较大的地区或跨径较大的桥梁上才采用。当路径很大时,一方面要加厚钢板,另一方面需要采用更完善的梳形钢板伸缩缝。
橡胶伸缩缝:构造简单,使用方便,效果好。在变形量较大的大跨度桥上,可以采用橡胶和钢板组合的伸缩缝。

51.【2006年真题】不设人行道的桥面上,其两边所设安全带的宽度应（　　）。
  A. 不小于2.0m　　　　　　　　　　　B. 不小于1.0m
  C. 不小于0.75m　　　　　　　　　　D. 不小于0.25m
【解析】 参见教材第87页。不设人行道的桥上,两边应设宽度不小于0.25m,高度为0.25~0.35m的护轮安全带。安全带可以做成预制件或与桥面铺装层一起现浇。

52.【2024年真题】下列关于梁式桥的说法,正确的是（　　）。
  A. 梁式桥桥跨的承载结构由梁和板组成
  B. 简支梁式桥是静定结构,其各跨独立受力

C. 按施工方式的不同，简支板桥可分为正交简支板桥和斜交简支板桥

D. 在垂直荷载作用下，梁式桥支座处不仅产生垂直反力，还产生水平推力

【解析】 参见教材第87、88页。

选项A：梁式桥的特点是其桥跨的承载结构由梁组成。

选项C：简支板桥按其施工方式的不同分为整体式简支板桥和装配式简支板桥，按桥梁跨越河流和障碍的方式可分为正交简支板桥和斜交简支板桥。

选项D：在垂直荷载作用下，梁式桥其支座仅产生垂直反力，而无水平推力。

53.【2016年真题】桥梁按承重结构划分有（　　）。

A. 格构桥　　　　　　　　B. 梁式桥　　　　　　　　C. 拱式桥

D. 刚架桥　　　　　　　　E. 悬索桥

【解析】 参见教材第87~90页。桥梁按承重结构划分为梁式桥、拱式桥、刚架桥、悬索桥、组合式桥。

54.【2012年真题】桥梁上栏杆间距通常应为（　　）。

A. 1.0m　　　　　　　　B. 1.2m　　　　　　　　C. 1.6m

D. 2.5m　　　　　　　　E. 2.7m

【解析】 参见教材第87页。栏杆是桥上的安全防护设备，要求坚固；栏杆又是桥梁的表面建筑，又要求有一个美好的艺术造型。栏杆的高度一般为0.8~1.2m，标准设计为1.0m；栏杆间距一般为1.6~2.7m，标准设计为2.5m。照明用灯一般高出车道5m左右。

55.【2005年真题】桥面较宽、跨度较大的斜交桥和弯桥宜选用的桥型是（　　）。

A. 钢筋混凝土实心板桥　　　　　　B. 钢筋混凝土箱形简支梁桥

C. 钢筋混凝土肋梁式简支梁桥　　　D. 钢筋混凝土拱式桥

【解析】 参见教材第88页。箱形简支梁桥主要用于预应力混凝土梁桥，尤其适用于桥面较宽的预应力混凝土桥梁结构和跨度较大的斜交桥和弯桥。

56.【2011年真题】当桥梁跨径在8~16m时，简支板桥一般采用（　　）。

A. 钢筋混凝土实心板桥　　　　　　B. 钢筋混凝土空心倾斜预制板桥

C. 预应力混凝土空心预制板桥　　　D. 预应力混凝土实心预制板桥

【解析】 参见教材第88页。简支板桥主要用于小跨度桥梁。跨径在4~8m时，采用钢筋混凝土实心板桥；跨径在6~13m时，采用钢筋混凝土空心倾斜预制板桥；跨径在8~16m时，采用预应力混凝土空心预制板桥。

57.【2020年真题】悬臂梁桥的结构特点是（　　）。

A. 悬臂跨与挂孔跨交替布置　　　　B. 通常为偶数跨布置

C. 多跨在中间支座处连接　　　　　D. 悬臂跨与挂孔跨分左右岸布置

【解析】 参见教材第88页。本题考查的是桥梁上部结构。悬臂梁桥的结构特点是悬臂跨与挂孔跨交替布置，通常为奇数跨布置。

58.【2022年真题】在设计桥面较宽的预应力混凝土梁桥和跨度较大的斜交桥和弯桥时，宜采用的桥梁结构为（　　）。

A. 简支板桥　　　　　　　　B. 肋梁式简支梁桥

C. 箱形简支梁桥　　　　　　D. 悬索桥

【解析】 参见教材第 88 页。本题考查的是桥梁上部结构。箱形简支梁桥主要用于预应力混凝土梁桥，尤其适用于桥面较宽的预应力混凝土桥梁结构和跨度较大的斜交桥和弯桥。

（1）上部结构（也称桥跨结构）：一般包括桥面构造（行车道、人行道、栏杆等）、桥梁跨越部分的承载结构和桥梁支座。

（2）下部结构：一般包括桥墩、桥台及墩台基础。

59.【2021 年真题】桥面较宽、跨度较大的预应力混凝土梁桥，应优先选用的桥梁形式为（　　）。
A. 箱型简支梁桥　　　　　　　　　B. 肋梁式简支梁桥
C. 装配式简支梁桥　　　　　　　　D. 整体式简支梁桥

【解析】 参见教材第 88 页。本题考查的是桥梁上部结构。箱形简支梁桥主要用于预应力混凝土梁桥，尤其适用于桥面较宽的预应力混凝土桥梁结构和跨度较大的斜交桥和弯桥。

60.【2023 年真题】悬索桥最重要的构件是（　　）。
A. 锚锭　　　　B. 桥塔　　　　C. 主缆索　　　　D. 加劲梁

【解析】 参见教材第 89 页。桥塔是悬索桥最重要的构件。

61.【2023 年真题】大跨度吊桥的主缆索多采用（　　）。
A. 钢绞线束钢缆　　　　　　　　B. 钢丝绳钢缆
C. 封闭性钢索　　　　　　　　　D. 平行钢丝束钢缆

【解析】 参见教材第 89 页。主缆索是悬索桥的主要承重构件，可采用钢丝绳钢缆或平行钢丝束钢缆，大跨度吊桥的主缆索多采用平行钢丝束钢缆。

62.【2016 年真题】大跨径悬索桥一般优先考虑采用（　　）。
A. 平行钢丝束钢缆索和预应力混凝土加劲梁
B. 平行钢丝束钢缆主缆索和钢结构加劲梁
C. 钢丝绳钢缆主缆索和预应力混凝土加劲梁
D. 钢丝绳钢缆索和钢结构加劲梁

【解析】 参见教材第 89 页。本题考查的是桥梁上部结构。主缆索是悬索桥的主要承重构件，可采用钢丝绳钢缆或平行丝束钢缆，大跨度吊桥的主缆索多采用后者。大跨度悬索桥的加劲梁均为钢结构，通常采用桁架梁和箱形梁。

63.【2017 年真题】大跨度悬索桥的加劲梁主要用于承受（　　）。
A. 桥面荷载　　　B. 横向水平力　　　C. 纵向水平力　　　D. 主缆索荷载

【解析】 参见教材第 89、90 页。本题考查的是桥梁上部结构。加劲梁是承受风载和其他横向水平力的主要构件。

64.【2010 年真题】桥梁中的组合体系拱桥，按构造方式和受力特点可以分为（　　）。
A. 梁拱组合桥　　　B. 桁架拱桥　　　C. 钢架拱桥
D. 桁式组合拱桥　　E. 拱式组合体系桥

【解析】 参见教材第 89 页。根据构造方式及受力特点，组合体系拱桥可分为桁架拱桥、钢架拱桥、桁式组合拱桥和拱式组合体系桥四大类。

65.【2008 年真题】拱式桥在竖向荷载作用下，两拱脚处不仅产生竖向反力，还产生（　　）。

A. 水平推力　　　B. 水平拉力　　　C. 剪力　　　D. 扭矩

【解析】　参见教材第89页。拱式桥在竖向荷载作用下，两拱脚处不仅产生竖向反力，还产生水平反力（推力）。由于水平推力的作用使拱中的弯矩和剪力大幅地降低。拱式桥是推力结构，其墩台基础必须承受强大的拱脚推力。因此，拱式桥对地基要求很高，适建于地质和地基条件良好的桥址。

66.【2018年真题】关于斜拉桥的方法，正确的有（　　）。
A. 是典型的悬索结构
B. 是典型的梁式结构
C. 是悬索结构和梁式结构的组合
D. 由主梁、拉索和索塔组成的组合结构体系
E. 由主梁和索塔受力，拉索起装饰作用

【解析】　参见教材第90页。斜拉桥是典型的悬索结构和梁式结构的组合，由主梁、拉索及索塔组成的组合结构体系。

67.【2014年真题】大跨度悬索桥的刚架式桥塔通常采用（　　）。
A. T形截面　　　B. 箱形截面　　　C. I形截面　　　D. Ⅱ形截面

【解析】　参见教材第90页。大跨度悬索桥的桥塔主要采用钢结构和钢筋混凝土结构。其结构形式可分为桁架式、刚架式和混合式三种。刚架式桥塔通常采用箱形截面。常用的索塔形式沿桥纵向布置有单柱形、A形和倒Y形，沿桥横向布置有单柱形、双柱形、门式、斜腿门式、倒V形、倒Y形、A形等。索塔横截面根据设计要求可采用实心截面，当截面尺寸较大时，采用工形或箱形截面；对于大跨度斜拉桥，采用箱形截面更为合理。索塔的高度通常与桥梁主跨有关。

68.【2019年真题】混凝土斜拉桥属于典型的（　　）。
A. 梁式桥　　　B. 悬索桥　　　C. 刚架桥　　　D. 组合式桥

【解析】　参见教材第90页。本题考查的是桥梁上部结构。组合式桥是由几个不同的基本类型结构所组成的桥。各种各样的组合式桥根据其所组合的基本类型不同，其受力特点也不同，往往是所组合的基本类型结构的受力特点的综合表现。常见的这类桥型有梁与拱组合式桥，如系杆拱、桁架拱及多跨拱梁结构等；悬索结构与梁式结构的组合式桥，如斜拉桥等。

69.【2021年真题】为使桥墩轻型化，除在多跨桥两端放置刚性较大的桥台外，中墩应采用的桥墩类型为（　　）。

A. 拼装式桥墩　　　B. 柔性桥墩　　　C. 柱式桥墩　　　D. 框架桥墩

【解析】　参见教材第91页。本题考查的是桥梁下部结构。柔性桥墩是桥墩轻型化的途径之一，它是在多跨桥的两端设置刚性较大的桥台，中墩均为柔性桥墩。同时，全桥除在一个中墩上设置活动支座外，其余墩台均采用固定支座。

70.【2019年真题】适用柔性排架桥墩的桥梁是（　　）。
A. 墩台高度9m的桥梁　　　　　　　B. 墩台高度12m的桥梁
C. 跨径10m的桥梁　　　　　　　　D. 跨径15m的桥梁

【解析】　参见教材第91页。本题考查的是桥梁下部结构。典型的柔性桥墩为柔性排架桩墩，是由成排的预制钢筋混凝土沉入桩或钻孔灌注桩顶端连以钢筋混凝土盖梁组成，多用

在墩台高度5~7m，跨径一般不宜超过13m的中、小型桥梁上。

71.【2022年补考真题】墩台高度5~7m，跨径10m左右的多跨桥梁，中墩应优先考虑采用（　　）。
  A. 实体桥墩　　　B. 空心桥墩　　　C. 柱式桥墩　　　D. 柔性桥墩
【解析】 参见教材91页。本题考查的是桥梁下部结构。典型的柔性桥墩为柔性排架桩墩，是由成排的预制钢筋混凝土沉入桩或钻孔灌注桩顶端连以钢筋混凝土盖梁组成，多用在墩台高度5~7m，跨径一般不宜超过13m的中、小型桥梁上。

72.【2018年真题】柔性桥墩的主要技术特点在于（　　）。
  A. 桥台和桥墩柔性化　　　　　　B. 桥墩支座固定化
  C. 平面框架代替墩身　　　　　　D. 桥墩轻型化
【解析】 参见教材第91页。本题考查的是桥梁下部结构。柔性桥墩是桥墩轻型化的途径之一，它是在多跨桥的两端设置刚性较大的桥台，中墩均为柔性桥墩。同时，全桥除在一个中墩上设置活动支座外，其余墩台均采用固定支座。

73.【2013年真题】中小跨桥梁实体桥墩的墩帽厚度，不应小于（　　）。
  A. 0.2m　　　B. 0.3m　　　C. 0.4m　　　D. 0.5m
【解析】 参见教材第91页。实体桥墩由墩帽、墩身和基础组成。大跨径的墩帽厚度一般不小于0.4m，中小跨梁桥也不应小于0.3m，并设有50~100mm的檐口。墩帽采用强度等级为C20以上的混凝土，加配构造钢筋，小跨径桥的墩帽除严寒地区外，可不设构造钢筋。

74.【2011年真题】关于空心桥墩构造的说法，正确的是（　　）。
  A. 钢筋混凝土墩身壁厚不小于300mm　　　B. 墩身泄水孔直径不宜大于200mm
  C. 薄壁空心墩应按构造要求配筋　　　　　D. 高墩沿墩身每600mm设置一横隔板
【解析】 参见教材第91页。空心桥墩在构造尺寸上应符合下列规定：

（1）墩身最小壁厚，对于钢筋混凝土不宜小于300mm，对于素混凝土不宜小于500mm。

（2）墩身内应设横隔板或纵、横隔板，通常的做法：对40m以上的高墩，无论壁厚如何，均按6~10m的间距设置横隔板。

（3）墩身周围应设置适当的通风孔与泄水孔，孔的直径不宜小于200mm；墩顶实体段以下应设置带门的进入洞或相应的检查设备。薄壁空心墩按计算配筋，一般配筋率在0.5%左右，也有只按构造要求配筋的。

75.【2010年真题】钢筋混凝土空心桥墩墩身的壁厚宜为（　　）。
  A. 100~120mm　　　B. 120~200mm　　　C. 200~300mm　　　D. 300~500mm
【解析】 参见第68题。

76.【2015年真题】可不设翼墙的桥台是（　　）。
  A. U形桥台　　　B. 耳墙式桥台　　　C. 八字式桥台　　　D. 埋置式桥台
【解析】 参见教材第92页。埋置式桥台将台身埋置于台前溜坡内，不需要另设翼墙，仅由台帽两端耳墙与路堤衔接。

77.【2014年真题】地基承载力较低、台身较高、跨径较大的桥梁，应优先采用（　　）。
  A. 重力式桥台　　　B. 轻型桥台　　　C. 埋置式桥台　　　D. 框架式桥台

【解析】 参见教材第92页。常见桥台的形式及其特点见下表。

重力式桥台	常用的类型有U形桥台、埋置式桥台、八字式桥台和耳墙式桥台等 埋置式桥台将台身埋置于台前溜坡内，不需要另设翼墙
轻型桥台	适用于小跨径桥梁
框架式桥台	它所承受的土压力较小，适用于地基承载力较低、台身较高、跨径较大的梁桥。其构造形式有柱式、肋墙式、半重力式、双排架式、板凳式等
组合式桥台	常见的有锚定板式、过梁式、框架式以及桥台与挡土墙的组合等形式

78. 【2022年补考真题】浅层土层软弱，深层土层坚硬，采用桩基础加固是为了解决地基的（ ）问题。

A. 稳定性差　　　　B. 承载力不足　　　　C. 抗渗性差　　　　D. 不均匀沉降

【解析】 参见教材93页。本题考查的是桥梁工程。当地基浅层地质较差，持力土层埋藏较深，需要采用深基础才能满足结构物对地基强度、变形和稳定性要求时，可采用桩基础进行加固。

79. 【2022年补考真题】当桥梁墩台处表层地基土承载力不足，一定深度内有好的持力层，但基础挖量大，支撑及围堰困难时，基础优先考虑（ ）。

A. 钢管柱　　　　　　　　　　　　　B. 连续墙基础
C. 钢筋混凝土管柱　　　　　　　　　D. 沉井基础

【解析】 参见教材93页。本题考查的是桥梁下部结构。当桥梁结构上部荷载较大，而表层地基土的容许承载力不足，但在一定深度下有好的持力层，扩大基础开挖工作量大，施工围堰支撑有困难，或采用桩基础受水文地质条件限制时、此时采用沉井基础（与其他深基础相比）经济上较为合理。

80. 【2019年真题】关于桥梁工程中的管柱基础，下列说法正确的是（ ）。

A. 可用于深水或海中的大型基础　　　B. 所需机械设备较少
C. 适用于有严重地质缺陷地区　　　　D. 施工方法和工艺比较简单

【解析】 参见教材第93页。本题考查的是桥梁下部结构。

选项B、D：管柱基础因其施工方法和工艺较为复杂，所需机械设备较多，所以较少采用。

选项C：管柱基础主要适用于岩层、紧密黏土等各类紧密土质的基底，并能穿过溶洞、孤石支承在紧密的土层或新鲜岩层上，不适用于有严重地质缺陷的地区，如断层挤压破碎带或严重的松散区域。

81. 【2004年真题】当水文地质条件复杂，特别是深水岩面不平且无覆盖层时，桥梁墩台基础宜选用（ ）。

A. 沉井基础　　　　B. 桩基础　　　　C. 管柱基础　　　　D. 扩大基础

【解析】 参见教材第93页。管柱基础因其施工方法和工艺较为复杂，所需机械设备较多，所以较少采用。但当桥址处的地质水文条件十分复杂，如大型的深水或海中基础，特别是深水岩面不平、流速大或有潮汐影响等自然条件下，不宜修建其他类型基础时，可采用管柱基础。管柱基础主要适用于岩层、紧密黏土等各类紧密土质的基底，并能穿过溶洞、孤石支承在紧密的土层或新鲜岩层上，不适用于有严重地质缺陷的地区，如断层挤压破碎带或严重的松散区域。管柱按材料分类有钢筋混凝土管柱、预应力混凝土管柱和钢管柱三种。

82.【2023年真题】承载潜力较大，砌筑技术容易掌握，适用于跨越深沟或高路堤的涵洞形式是（　　）。
　　A. 箱涵　　　　　　　B. 拱涵　　　　　　　C. 盖板涵　　　　　　　D. 圆管涵
【解析】　参见教材第94页。
选项A：钢筋混凝土箱涵适用于软土地基，但施工困难且造价较高，故较少采用。
选项B：拱涵适用于跨越深沟或高路堤。一般超载潜力较大，砌筑技术容易掌握，是一种普遍采用的涵洞形式。
选项C：盖板涵在结构形式方面有利于在低路堤上使用，当填土较小时可做成明涵。
选项D：圆管涵的受力情况和适应基础的性能较好，两端仅需设置端墙，不需设置墩台，故圬工数量少，造价低，但低路堤使用受到限制。

83.【2005年真题】涵洞的组成主要包括（　　）。
　　A. 洞身　　　　　　　B. 端墙　　　　　　　C. 洞口建筑
　　D. 基础　　　　　　　E. 附属工程
【解析】　参见教材第94页。涵洞由洞身、洞口、基础和附属工程组成。

84.【2021年真题】路基顶面高程低于横穿沟渠水面高程时，可优先考虑设置的涵洞形式为（　　）。
　　A. 无压式涵洞　　　B. 压力式涵洞　　　C. 倒虹吸管涵　　　D. 半压力式涵洞
【解析】　参见教材第94页。涵洞按构造形式不同分类见下表。

按构造形式不同分类	圆管涵		两端仅需设置端墙，不需设置墩台，故圬工数量少，造价低，但低路堤使用受到限制
		钢筋混凝土管涵	适用于缺少石料地区有足够填土高度的小跨径暗涵
		倒虹吸管涵	适用于路堑挖方高度不能满足设置渡槽的净空要求时的灌溉渠道，不适用于排洪河沟
		钢波纹管涵	适用于地基承载力较低，或有较大沉降与变形的路基
	盖板涵		在结构形式方面有利于在低路堤上使用，当填土较小时可做成明涵
		钢筋混凝土盖板涵	适用于无石料地区且过水面积较大的明涵或暗涵
		石盖板涵	适用于石料丰富且过水流量较小的小型涵洞
	拱涵		适用于跨越深沟或高路堤
	箱涵		钢筋混凝土箱涵适用于软土地基，但施工困难且造价较高，故较少采用

85.【2017年真题】涵洞工程，以下说法正确的有（　　）。
　　A. 圆管涵不需设置墩台　　　　　　　B. 箱涵适用于高路堤河堤
　　C. 圆管涵适用于低路堤　　　　　　　D. 拱涵适用于跨越深沟
　　E. 盖板涵在结构形式方面有利于低路堤使用
【解析】　参见第84题解析。

86.【2018年真题】跨越深沟的高路堤公路涵洞，适用的形式是（　　）。
　　A. 圆管涵　　　　　　　B. 盖板涵　　　　　　　C. 拱涵　　　　　　　D. 箱涵

【解析】 参见第84题解析。

87.【2011年真题】通常情况下，造价不高且适宜在低路堤上使用的涵洞形式有（　　）。
A. 刚性管涵　　　　　　　B. 盖板涵　　　　　　　C. 明涵
D. 箱涵　　　　　　　　　E. 四铰式管涵
【解析】 参见第84题解析。

88.【2007年真题】在有较大排洪量、地质条件较差、路堤高度较小的设涵处，宜采用（　　）。
A. 圆管涵　　　　B. 盖板涵　　　　C. 拱涵　　　　D. 箱涵
【解析】 参见第84题解析。

89.【2004年真题】山区公路跨过山谷的路堤较高，泄洪涵洞埋置较深，根据泄洪流量可选用的泄洪涵洞形式有（　　）。
A. 明涵　　　　　　　　B. 圆管涵　　　　　　　C. 盖板涵
D. 拱涵　　　　　　　　E. 箱涵
【解析】 参见第84题解析。

90.【2022年补考真题】下列属于涵洞附属工程的有（　　）。
A. 锥体护坡　　　　　　B. 沟床铺砌　　　　　　C. 路基边坡铺砌
D. 人工水道　　　　　　E. 沉降缝
【解析】 参见教材97页。本题考查的是涵洞的构造。涵洞的附属工程包括锥体护坡、河床铺砌、路基边坡铺砌及人工水道等。

91.【2019年真题】关于涵洞，下列说法正确的是（　　）。
A. 涵洞的截面形式仅有圆形和矩形两类　　B. 涵洞的孔径根据地质条确定
C. 圆形管涵不采用提高节　　　　　　　　D. 圆管涵的过水能力比盖板涵大
【解析】 参见教材第95页。本题考查的是涵洞的构造。
选项A：洞身是涵洞的主要部分，它的截面形式有圆形、拱形、矩形（箱形）三大类。
选项B：涵洞的孔径，应根据设计洪水流量、河沟断面形态、地质和进出水口沟床加固形式等条件，经水力验算确定。
选项D：盖板涵的过水能力较圆管涵大。

92.【2014年真题】根据地形和水流条件，涵洞的洞底纵坡应为12%，此涵洞的基础应（　　）。
A. 做成连续纵坡　　　　　　　　B. 在底部每隔3~5m设防滑横墙
C. 做成阶梯形状　　　　　　　　D. 分段做成阶梯形
【解析】 参见教材第95页。涵洞的洞底应有适当的纵坡，其最小值为0.4%，一般不宜大于5%，特别是圆管涵的纵坡不宜过大，以免管壁受急流冲刷。当洞底纵坡大于5%~10%时，其基础底部宜每隔3~5m设防滑横墙，或将基础做成阶梯形；当洞底纵坡大于10%时，涵洞洞身及基础应分段做成阶梯形，而且前后两段涵洞盖板或拱圈的搭接高度不得小于其厚度的1/4。

93.【2016年真题】一般圆管涵的纵坡不超过（　　）。
A. 0.4%　　　　　B. 2%　　　　　C. 5%　　　　　D. 10%
【解析】 参见第92题解析。

94.【2006年真题】当涵洞洞底纵坡为6%时,通常采用的设计方案是(   )。
   A. 洞底顺直,基础底部不设防滑横墙   B. 洞底顺直,基础底部加设防滑横墙
   C. 基础做成连续阶梯形   D. 基础分段做成阶梯形
   E. 设置跌水井
【解析】 参见第93题解析。

95.【2010年真题】非整体式拱涵基础的适用条件是(   )。
   A. 拱涵地基为较密实的砂土   B. 拱涵地基为较松散的砂土
   C. 孔径小于2m的涵洞   D. 允许承载力为200~300kPa的地基
【解析】 参见教材第96页。拱涵基础有整体式基础与非整体式基础两种。整体式基础适用于小孔径涵洞;非整体式基础适用于涵洞孔径在2m以上、地基土壤的允许承载力在300kPa及以上、压缩性小的良好土壤(包括密实中砂、粗砂、砾石、坚硬状态的黏土、坚硬砂黏土等)。不能满足要求时,可采用整体式基础,以便分布压力,也可加深基础或采用桩基。

96.【2009年真题】拱涵轴线与路线斜交时,采用斜洞口比采用正洞口(   )。
   A. 洞口端部工程量大   B. 水流条件差
   C. 洞口端部施工难度大   D. 路基稳定性好
【解析】 参见教材第96页。常见洞口建筑见下表。

涵洞与路线正交	端墙式	为垂直涵洞轴线的矮墙,用于挡住路堤边坡填土。墙前洞口两侧砌筑片石锥体护坡,构造简单,但泄水能力较小,适用于流量较小的孔径涵洞或人工渠道及不受冲刷影响的岩石河沟上
	八字式	洞口除有端墙外,端墙前洞口两侧还有张开成八字形的翼墙 八字式翼墙泄水能力较端墙式洞口好,多用于较大孔径的洞
	井口式	当洞身底低于路基边沟(河沟)底时,进口可采用井口式洞口
涵洞与路线斜交	洞口建筑仍可采用正交涵洞的洞口形式	
	斜洞口	能适应水流条件且外形较美观,虽建筑费工较多,但常被采用
	正洞口	涵洞端部与涵洞轴线互相垂直 正洞口只在管涵或斜度较大的拱涵为避免涵洞端部施工困难才采用

97.【2008年真题】在常用的涵洞洞口建筑形式中,泄水能力较强的是(   )。
   A. 端墙式   B. 八字式   C. 井口式   D. 正洞口式
【解析】 参见第96题解析。

二、参考答案

题号	1	2	3	4	5	6	7	8	9	10
答案	CD	ABCE	C	ABE	BD	BD	D	A	D	C
题号	11	12	13	14	15	16	17	18	19	20
答案	D	C	D	C	B	C	C	D	ACD	D

（续）

题号	21	22	23	24	25	26	27	28	29	30
答案	BE	B	B	C	BCDE	ACDE	D	ABDE	D	A
题号	31	32	33	34	35	36	37	38	39	40
答案	B	CD	B	A	C	A	C	C	D	D
题号	41	42	43	44	45	46	47	48	49	50
答案	C	B	D	AB	ABD	B	C	B	ACD	C
题号	51	52	53	54	55	56	57	58	59	60
答案	D	B	BCDE	CDE	B	C	A	C	A	B
题号	61	62	63	64	65	66	67	68	69	70
答案	D	B	B	BCDE	A	CD	B	D	B	C
题号	71	72	73	74	75	76	77	78	79	80
答案	D	D	B	A	D	D	D	B	D	A
题号	81	82	83	84	85	86	87	88	89	90
答案	C	B	ACDE	C	ADE	C	BC	B	BDE	ABCD
题号	91	92	93	94	95	96	97			
答案	C	D	C	BC	A	C	B			

三、2025年考点预测

考点一：道路的组成。

考点二：承载结构的细部划分。

考点三：涵洞基础。

第三节　地下工程的分类、组成及构造

一、经典真题及解析

1.【2023年真题】以下属于地下道路的建筑限界指标的为（　　）。
A. 富余量　　　　　　　　　　　B. 人行道净高
C. 施工允许误差　　　　　　　　D. 照明设备所需空间

【解析】　参见教材第100页。地下道路的建筑限界指标包括车道路肩、路缘带、人行道等的宽度，以及车道、人行道的净高。道路隧道的横断面净空，除了包括建筑限界之外，还包括通过管道照明、防灾、监控、运行管理等附属设备所需的空间，以及富余量和施工允许误差等。

2.【2023年真题】按照其功能定位，浅埋在人行道下、空间断面较小，不设通风、监控等设备的共同沟是（　　）。

A. 干线共同沟　　　B. 支线共同沟　　　C. 缆线共同沟　　　D. 主线共同沟

【解析】　参见教材第102页。按照功能定位，共同沟可以分为干线共同沟、支线共同沟、缆线共同沟等。

（1）干线共同沟。主要收容城市中的各种供给主干线，但不直接为周边用户提供服务。设置于道路中央下方，向支线共同沟提供配送服务，管线为通信、有线电视、电力、燃气、自来水等。特点为结构断面尺寸大、覆土深、系统稳定且输送量大，具有高度的安全性，维修及检测要求高。

（2）支线共同沟。主要收容城市中的各种供给支线，为干线共同沟和终端用户之间联系的通道，设于人行道下，管线为通信、有线电视、电力、燃气、自来水等。结构断面以矩形居多，特点为有效断面较小、施工费用较少、系统稳定性和安全性较高。

（3）缆线共同沟。埋设在人行道下，管线有电力、通信、有线电视等，直接供应各终端用户。其特点为空间断面较小，埋深浅，建设施工费用较少，不设通风、监控等设备，在维护及管理上较为简单。

3.【2022年补考、2018年真题】下列城市管线中，进入共同沟将增加共同沟工程造价的是（　　）。

A. 煤气管道　　　B. 电信管线　　　C. 空调管线　　　D. 雨水管道

【解析】　参见教材102页。本题考查的是地下市政管线工程。

对于雨水管道、污水管道等名种重力流管线，进入共同沟将增加共同沟的造价，应慎重对待。

4.【2022年真题】在设计城市地下管网时，常规做法是在人行道下方设置（　　）。

A. 热力管网　　　B. 自来水管道　　　C. 污水管道　　　D. 煤气管道

【解析】　参见教材第101页。本题考查的是主要地下工程组成及构造。一些常规做法如下：

（1）建筑物与红线之间的地带用于敷设电缆。
（2）人行道用于敷设热力管网或通行式综合管道。
（3）分车带用于敷设自来水管道、污水管道、煤气管道及照明电缆。
（4）街道宽度超过60m时，自来水管道和污水管道都应设在街道内两侧。
（5）在小区范围内，地下工程管网多数应走专门的地方。

5.【2022年、2019年真题】市政的缆线共同沟应埋设在街道的（　　）。

A. 建筑物与红线之间地带下方　　　B. 分车带下方
C. 中心线下方　　　　　　　　　　D. 人行道下方

【解析】　参见第2题解析。

6.【2019年真题】市政支线共同沟应设置于（　　）。

A. 道路中央下方　　B. 人行道下方　　C. 非机动车道下方　　D. 分隔带下方

【解析】　参见第2题解析。

7.【2014年真题】街道宽度大于60m时，自来水和污水管道应埋设于（　　）。

A. 分车带　　　B. 街道内两侧　　　C. 人行道　　　D. 行车道

【解析】　参见第4题解析。

8.【2009年真题】市政管线布置，一般选择在分车带铺设（　　）。

A. 电力电缆 B. 自来水管道 C. 污水管道
D. 热力管道 E. 煤气管道

【解析】 参见第4题解析。

9.【2008年真题】地下市政管线工程的布置，正确的做法是（ ）。

A. 建筑线与红线之间的地带，用于敷设热力管网
B. 建筑线与红线之间的地带，用于敷设电缆
C. 街道宽度超过60m时，自来水管应敷设在街道中央
D. 人行道用于敷设通信电缆

【解析】 参见第4题解析。

10.【2004年真题】地下市政管线沿道路布置时，以下管线由路边向路中排列合理的是（ ）。

A. 污水管、热力管网、电缆 B. 热力管网、污水管、电缆
C. 电缆、热力管网、污水管 D. 污水管、电缆、热力管网

【解析】 参见第4题解析。

11.【2016年、2006年真题】地下油库的埋深一般不少于（ ）。

A. 10m B. 15m C. 25m D. 30m

【解析】 参见教材第97页。本题考查的是地下工程的分类。深层地下工程主要是指在-30m以下建设的地下工程，如高速地下交通轨道、危险品仓库、冷库、油库等。

12.【2024年真题】关于地下工程分类的说法，正确的是（ ）。

A. 附建式地下工程是指各种建筑物的地下室部分
B. 深层地下工程是指在-20m以下建设的地下工程
C. 单建式地下工程地面上部应有独立的建筑物
D. 中层地下工程主要用于地下交通、地下污水处理场、冷库等

【解析】 参见教材第97页。

选项B：深层地下工程是指在-30m以下建设的地下工程，如高速地下交通轨道、危险品仓库、冷库、油库等。

选项C、A：单建式地下工程是指地下工程独立建在土中，在地面以上没有其他建筑物；附建式地下工程是指各种建筑物的地下室部分。

选项D：中层地下工程是指-30～-10m深度空间内建设的地下工程，主要用于地下交通、地下污水处理场及城市水、电、气、通信等公用设施。

13.【2021年真题】地铁车站的主体除站台、站厅外，还应包括的内容为（ ）。

A. 设备用房 B. 通风道
C. 地面通风亭 D. 出入口及通道

【解析】 参见教材第98页。地铁车站通常由车站主体（站台、站厅、设备用房、生活用房），出入口及通道，通风道及地面通风亭三大部分组成。

14.【2021年真题】将地面交通枢纽与地下交通枢纽有机组合，联合开发建设的大型地下综合体，其类型属于（ ）。

A. 道路交叉口型 B. 站前广场型
C. 副都心型 D. 中心广场型

【解析】 参见教材第103页。站前广场型，即在大城市的大型交通枢纽地带，结合该区域的改造、更新，进行整体设计、联合开发建设的大中型地下综合体。在综合体内，可将地面交通枢纽与地下交通枢纽有机组合，适当增设商业设施，充分利用商业赢利来补贴其他市政公用设施；通过加设一些供乘客休息、娱乐、观赏、小型防灾广场等，以满足地下活动人员的各种需要。

15.【2020年真题】地铁车站中不宜分期建成的是（　　）。
A. 地面车站的土建工程　　　　　　B. 高架车站的土建工程
C. 车站地面建筑物　　　　　　　　D. 地下车站的土建工程
【解析】 参见教材第98页。本题考查的是地下交通工程。地下车站的土建工程宜一次建成，地面车站、高架车站及地面建筑可分期建设。

16.【2018年真题】地铁的土建工程可一次建成，也可分期建设，但以下设施中，宜一次建成的是（　　）。
A. 地面车站　　　B. 地下车站　　　C. 高架车站　　　D. 地面建筑
【解析】 参见第15题解析。

17.【2019年、2015年真题】城市交通建设地下铁路根本决策依据是（　　）。
A. 地形与地质条件　　　　　　　　B. 城市交通现状
C. 公共财政预算收入　　　　　　　D. 市民的广泛诉求
【解析】 参见教材第98页。本题考查的是地下交通工程。地铁建设投资巨大，真正制约地下铁路建设的因素是经济性问题。

18.【2017年真题】优先发展道交叉口型地下综合体，其主要目的是考虑（　　）。
A. 商业设施布点与发展　　　　　　B. 民防因素
C. 市政道路改造　　　　　　　　　D. 解决人行过街交通
【解析】 参见教材第103页。本题考查的是地下公共建筑工程。在城市中心区路面交通繁忙的道路交叉地带，以解决人行过街交通为主，适当设置一些商业设施，考虑民防因素，综合市政道路的改造，建设中小型初级的地下综合体。

19.【2017年真题】地铁车站的通过能力应按该站远期超高峰设计客流量确定。超高峰设计客流量为该站预测远期高峰小时客流量的（　　）。
A. 1.1~1.4倍　　　　　　　　　　B. 1.1~1.5倍
C. 1.2~1.4倍　　　　　　　　　　D. 1.2~1.5倍
【解析】 参见教材第99页。本题考查的是地下交通工程。超高峰设计客流量为该站预测远期高峰小时客流量（或客流控制时期的高峰小时客流量）的1.1~1.4倍。

20.【2011年真题】地下市政管线按覆土深度分为深埋和浅埋两类，其分界线为（　　）。
A. 0.8m　　　B. 1.2m　　　C. 1.4m　　　D. 1.5m
【解析】 参见教材第101页。一般以管线覆土深度超过1.5m作为划分深埋和浅埋的分界线。

21.【2016年真题】在我国，无论是南方还是北方，市政管线埋深均超过1.5m的是（　　）。
A. 给水管道　　　B. 排水管道　　　C. 热力管道　　　D. 电力管道

【解析】 参见教材第 101 页。在北方寒冷地区，由于冰冻线较深，给水、排水，以及含有水分的煤气管道，需深埋敷设；而热力管道、电力、电信线路不受冰冻的影响，可以采用浅埋敷设。在南方地区，由于冰冻线不存在或较浅，给水等管道也可以浅埋，而排水管道需要有一定的坡度要求，排水管道往往处于深埋状况。

22. 【2014 年、2012 年真题】综合考虑排水与通风，公路隧道的纵坡 i 应是（　　）。

   A. $0.1\% \leq i \leq 1\%$ 　　　　　　　　B. $0.3\% \leq i \leq 3\%$
   C. $0.4\% \leq i \leq 4\%$ 　　　　　　　　D. $0.5\% \leq i \leq 5\%$

【解析】 参见教材第 100 页。综合排水、通风等各方面要求，地下道路隧道的纵坡通常应不小于 0.3%，并不大于 3%。

23. 【2009 年真题】具有相同运送能力而使旅客换乘次数最少的地铁路网布置方式是（　　）。

   A. 单环式　　　　B. 多线式　　　　C. 棋盘式　　　　D. 蛛网式

【解析】 参见教材第 99 页。地铁路网布置方式见下表。

单线式	仅在客运最繁忙的地段重点地修一、二条线路
单环式	在客流量集中的道路下面设置地铁线路，并闭合成环，便于车辆运行，减少折返设备
多线式	城市具有几条方向各异或客流量大的街道，可设置多线式路网，这几条线路往往在市中心区交汇，这样便于乘客自一条线路换乘另一条线路，也有利于线路的延长扩建
蛛网式	由多条辐射状线路与环形线路组合，其运送能力很大，可减少旅客的换乘次数，又能避免客流集中堵塞，还能减轻多线式存在的市中心区换乘的负担
棋盘式	地铁线路沿城市棋盘式的道路系统建设而成，线路网密度大，客流量分散，但乘客换乘次数增多，增加了车站设备的复杂性

24. 【2008 年真题】地下公路隧道的横断面净空，除了包括建筑限界外，还应包括（　　）。

   A. 管道所占空间　　　　　　　　B. 监控设备所占空间
   C. 车道所占空间　　　　　　　　D. 人行道所占空间
   E. 路缘带所占空间

【解析】 参见教材第 100 页。地下道路隧道净空是隧道衬砌内廓线所包围的空间，它包括道路的建筑限界、通风及其他需要的断面积。

地下道路的建筑限界包括车道、路肩、路缘带、人行道等的宽度，以及车道、人行道的净高。道路隧道的横断面净空除了包括建筑限界，还包括通过管道、照明、防灾、监控、运行管理等附属设备所需的空间，以及富余量和施工允许误差等。

25. 【2007 年真题】公路隧道的建筑限界包括（　　）。

   A. 车道、人行道所占宽度　　　　B. 管道、照明、防灾等设备所占空间
   C. 车道、人行道的净高　　　　　D. 路肩、路缘带所占宽度
   E. 监控、运行管理等设备所占空间

【解析】 参见第 24 题解析。

26. 【2006 年真题】地下贮库的建设，从技术和经济角度应考虑的主要因素包括（　　）。

A. 地形条件 B. 出入口的建筑形式
C. 所在区域的气候条件 D. 地质条件
E. 与流经城区江河的距离

【解析】 参见教材第 104 页。
选项 A、D：地下贮库应设置在地质条件较好的地区，注意不是地形条件；
选项 B：靠近市中心的一般性地下贮库，应做好出入口的设置。
选项 E：有条件的城市，应沿江河多布置一些贮库。

27.【2005 年真题】城市地下贮库的布置应处理好与交通的关系，对小城市的地下贮库布置起决定作用的是（ ）。

A. 市内供应线的长短 B. 对外运输的车站、码头等位置
C. 市内运输设备的类型 D. 贮库的类型和重要程度

【解析】 参见教材第 104 页。贮库布置与交通的关系：贮库最好布置在居住用地之外，离车站不远，以便把铁路支线引至贮库所在地。对小城市的贮库布置，起决定作用的是对外运输设备（如车站、码头）的位置；大城市除了要考虑对外交通，还要考虑市内供应线的长短问题。大库区以及批发和燃料总贮库，必须要考虑铁路运输。贮库不应直接沿铁路干线两侧布置，尤其是地下部分，最好布置在生活居住区的边缘地带，同铁路干线有一定的距离。

28.【2022 年补考真题】下列地下贮库中，大多设在郊区或码头附近的是（ ）。

A. 地下冷库 B. 一般食品库
C. 一般性综合贮库 D. 危险品库

【解析】 参见教材第 104 页。
（1）一般食品库应布置在城市交通干道上，不要在居住区内设置。
（2）地下贮库洞口（或出入口）的周围不能设置对环境有污染的各种贮库。
（3）性质类似的食品贮库，尽量集中布置在一起。
（4）地下冷库的设备多、容积大，需要铁路运输，一般多设在郊区或码头附近。

29.【2012 年真题】城市地下贮库建设应满足的要求有（ ）。

A. 应选择岩性比较稳定的岩层结构
B. 一般性转运贮库应设置在城市上游区域
C. 有条件时尽量设置在港口附近
D. 非军事性贮能库尽量设置在城市中心区域
E. 出入口的设置应满足交通和环境需求

【解析】 参见教材第 104 页。地下贮库的建设应遵循如下技术要求：
（1）地下贮库应设置在地质条件较好的地区。
（2）靠近市中心的一般性地下贮库，出入口的设置，除满足货物的进出方便外，在建筑形式上应与周围环境相协调。
（3）布置在郊区的大型贮能库、军事用地下贮存库等，应注意对洞口的隐蔽性，多布置一些绿化用地。
（4）与城市无多大关系的转运贮库，应布置在城市的下游，以免干扰城市居民的生活。
（5）由于水运是一种最经济的运输方式，因此有条件的城市应沿江河多布置一些贮库，

但应保证堤岸的工程稳定性。

30.【2015年真题】一般地下食品贮库应布置在（　　）。
  A. 距离城区10km以外　　　　　　B. 距离城区10km以内
  C. 居住区内的城市交通干道　　　　D. 居住区外的城市交通干道上
  【解析】　参见教材第104页。本题考查的是主要地下工程组成及构造。一般食品库布置的基本要求是：应布置在城市交通干道上，不要设置在居住区。

31.【2020年真题】地下批发总贮库的布置应优先考虑（　　）。
  A. 尽可能靠近铁路干线　　　　　　B. 与铁路干线有一定距离
  C. 尽可能接近生活居住区中心　　　D. 尽可能接近地面销售分布密集区域
  【解析】　参见教材第104页。本题考查的是地下贮库工程。贮库最好布置在居住用地之外，离车站不远，以便把铁路支线引至贮库所在地。大库区以及批发和燃料总库，必须要考虑铁路运输。贮库不应直接沿铁路干线两侧布置，尤其是地下部分，最好布置在生活居住区的边缘地带，同铁路干线有一定的距离。

32.【2013年真题】城市地下冷库一般都设在（　　）。
  A. 城市中心　　　B. 郊区　　　C. 地铁站附近　　　D. 汽车站附近
  【解析】　参见教材第104页。地下冷库的设备多、容积大，需要铁路运输，一般多设在郊区或码头附近。

二、参考答案

题号	1	2	3	4	5	6	7	8	9	10
答案	B	C	D	A	D	B	B	BCE	B	C
题号	11	12	13	14	15	16	17	18	19	20
答案	D	A	A	B	D	B	C	D	A	D
题号	21	22	23	24	25	26	27	28	29	30
答案	B	B	D	AB	ACD	BDE	B	A	ACE	D
题号	31	32								
答案	B	B								

三、2025年考点预测

考点一：地下工程建造方式的划分。
考点二：地下综合管廊。

第三章 工程材料

一、本章思维导图

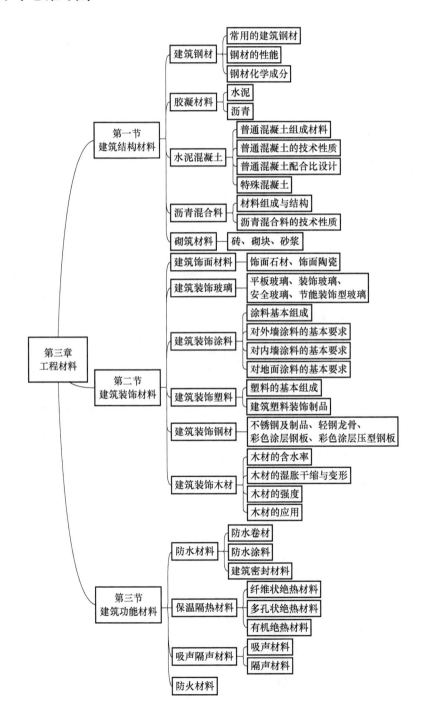

二、本章历年平均分值分布

节名	单选题	多选题	合计
第一节 建筑结构材料	5分	6分	11分
第二节 建筑装饰材料	4分	2分	6分
第三节 建筑功能材料	2分		2分
合计			19分

第一节 建筑结构材料

一、经典真题及解析

（一）建筑钢材

1.【2023年真题】下列热轧钢筋中，抗拉强度最高的是（　　）。

A. HPB300　　B. HRB400　　C. HRB600　　D. HRBF500E

【解析】参见教材第105、106页。热轧钢筋的牌号和力学性能见下表。

表面形状	牌号	公称直径/mm	下屈服强度 R_{eL}/MPa	抗拉强度 R_m/MPa	断后伸长率 A（%）	最大总伸长率 A_{gt}（%）	冷弯试验 180°
			≥				
光圆	HPB300	6.0~22	300	420	25	10	$d=a$
带肋	HRB400 HRBF400	6~25 28~40 >40~50	400	540	16	7.5	$d=4a$ $d=5a$ $d=6a$
	HRB400E HRBF400E				—	9.0	
带肋	HRB500 HRBF500	6~25 28~40 >40~50	500	630	15	7.5	$d=6a$ $d=7a$ $d=8a$
	HRB500E HRBF500E				—	9.0	
	HRB600	6~25 28~40 >40~50	600	730	14	7.5	$d=6a$ $d=7a$ $d=8a$

注：a代表试样直径，d代表弯心直径。

2.【2022年真题】冷轧带肋钢筋中，既可用于普通钢筋混凝土，也可用于预应力混凝土的是（　　）。

A. CRB650　　B. CRB880　　C. CRB680H　　D. CRB880H

【解析】参见教材第106页。冷轧带肋钢筋分为CRB550、CRB650、CRB800、CRB600H、

CRB680H、CRB800H 六个牌号，见下表。

CRB550、CRB600H	为普通钢筋混凝土用钢筋
CRB650、CRB800、CRB800H	为预应力混凝土用钢筋
CRB680H	既可作为普通钢筋凝土用钢筋，也可作为预应力混凝土用钢筋

3.【2021 年真题】下列钢筋牌号中，可用于预应力钢筋混凝土的有（　　）。
A. CRB600H B. CRB680H C. CRB800H
D. CRB650 E. CRB800
【解析】　参见第 2 题解析。

4.【2019 年真题】常用于普通钢筋混凝土的冷轧带肋钢筋有（　　）。
A. CRB650 B. CRB800 C. CRB550
D. CRB600H E. CRB680H
【解析】　参见第 2 题解析。

5.【2007 年真题】与热轧钢筋相比，冷拉热轧钢筋的特点是（　　）。
A. 屈服强度提高，结构安全性降低　　B. 抗拉强度提高，结构安全性提高
C. 屈服强度降低，伸长率降低　　　　D. 抗拉强度降低，伸长率提高
【解析】　参见教材第 106 页。冷拉可使屈服点提高，材料变脆，屈服阶段缩短，塑性、韧性降低。若卸荷后不立即重新拉伸，而是保持一定时间后重新拉伸，钢筋的屈服强度、抗拉强度进一步提高，而塑性、韧性继续降低，这种现象称为冷拉时效。

6.【2014 年真题】热轧钢筋的级别提高，则其（　　）。
A. 屈服强度提高，极限强度下降　　B. 极限强度提高，塑性提高
C. 屈服强度提高，塑性下降　　　　D. 屈服强度提高，塑性提高
【解析】　参见第 5 题解析。热轧钢筋的级别提高，则其屈服强度提高，塑性下降。

7.【2022 年补考真题】适用于大跨度屋架、薄腹梁、吊车梁等大型构件的钢材是（　　）。
A. 冷轧带肋钢筋　　　　　　　　　B. 冷拔低碳钢筋
C. 预应力混凝土热处理钢筋　　　　D. 预应力钢丝与钢绞线
【解析】　参见教材第 107 页。本题考查的是常用的建筑钢材。
预应力钢丝与钢绞线均属于冷加工强化及热处理钢材，拉伸试验时无屈服点，但抗拉强度远远超过热轧钢筋和冷轧钢筋，并具有很好的柔韧性，应力松弛率低，适用于大荷载、大跨度及需要曲线配筋的预应力混凝土结构，如大跨度屋架、薄腹梁、吊车梁等大型构件的预应力结构。

8.【2018 年真题】大型屋架、大跨度桥梁等大负荷预应力混凝土结构中应优先选用（　　）。
A. 冷轧带肋钢筋　　　　　　　　　B. 预应力混凝土钢绞线
C. 冷拉热轧钢筋　　　　　　　　　D. 冷拔低碳钢丝
【解析】　参见第 7 题解析。

9.【2020 年真题】制作预应力混凝土轨枕采用的预应力混凝土钢材应为（　　）。

A. 钢丝 B. 钢绞线 C. 热处理钢筋 D. 冷轧带肋钢筋

【解析】 参见教材第 107 页。本题考查的是常用的建筑钢材。热处理钢筋主要用作预应力钢筋混凝土轨枕，也可用于预应力混凝土板、吊车梁等构件。

10.【2013 年真题】可用于预应力混凝土板的钢材是（　　）。
A. 乙级冷拔低碳钢丝 B. CRB550 冷拔带肋钢筋
C. HPB335 D. 热处理钢筋

【解析】 参见第 9 题解析。

11.【2019 年真题】钢材 CDW550 主要用于（　　）。
A. 地铁钢轨 B. 预应力钢筋 C. 吊车梁主筋 D. 构造钢筋

【解析】 参见教材第 107 页。本题考查的是常用的建筑钢材。冷拔低碳钢丝只有 CDW550 一个牌号。冷拔低碳钢丝宜作为构造钢筋使用，作为结构构件中纵向受力钢筋使用时应采用钢丝焊接网。冷拔低碳钢丝不得作为预应力钢筋使用。

12.【2015 年真题】预应力混凝土结构构件中，可使用的钢材包括各种（　　）。
A. 冷轧带肋钢筋 B. 冷拔碳钢丝 C. 热处理钢筋
D. 冷拉钢丝 E. 消除应力钢丝

【解析】 参见教材第 107 页。本题考查的是钢筋。

热处理钢筋：强度高，用材省，锚固性好，预应力稳定。主要用作预应力钢筋混凝土轨枕，也可用于预应力混凝土板、吊车梁等构件。

预应力混凝土钢丝：按照加工状态分为冷拉钢丝和消除应力钢丝两类。

13.【2016 年真题】压型钢板多用于（　　）。
A. 屋面板 B. 墙板 C. 平台板
D. 楼板 E. 装饰板

【解析】 参见教材第 108 页。结构用钢的种类见下表。

结构用钢	型钢	热轧型钢	工字钢、H 型钢、T 型钢槽钢、等边角钢、不等边角钢等
		冷弯薄壁型钢	可分为角钢、槽钢等开口薄壁型钢及方形、矩形等空心薄壁型钢
	钢板和压型钢板		按轧制温度的不同，钢板又可分为热轧和冷轧两类，冷轧钢板只有薄板
			厚板可用于型钢的连接与焊接，组成结构承力构件；薄板可用作屋面或墙面等围护结构，或作为薄壁型钢的原料
			薄钢板经压或冷弯可制成截面呈 V 形、U 形、梯形或类似形状的波纹，并可采用有机涂层、镀锌等表面保护层的钢板（称压型钢板），在建筑上常用作屋面板、楼板、墙板及装饰板等，还可将其与保温材料等复合，制成复合墙板等，用途十分广泛

14.【2022 年补考真题】下列技术指标影响钢材塑性变形能力的是（　　）。
A. 伸长率 B. 抗拉强度 C. 屈服强度 D. 布氏硬度值

【解析】参见教材第 109 页。伸长率表征了钢材的塑性变形能力。

15.【2023 年、2020 年、2010 年真题】下列钢材性能技术指标中，表示抗拉性能的有（　　）。
A. 伸长率 B. 硬度值 C. 屈服强度
D. 抗拉强度 E. 冲击韧性值

【解析】 参见教材第 108 页。抗拉性能是钢材的最主要性能，表征其性能的技术指标主要是屈服强度、抗拉强度和伸长率。

16.【2024 年真题】下列关于钢材性能的说法，正确的是（　　）。
A. 屈强比可反映钢材的结构安全可靠程度
B. 影响钢材焊接性能的主要因素是内部组织的均匀性
C. 脆性临界温度越高，说明钢材的低温冲击韧性越好
D. 钢材在冷弯时的弯曲角度越大，弯心直径越大，冷弯性能越好

【解析】 参见教材第 108~110 页。
选项 B：影响钢材焊接性的主要因素是化学成分及含量。
选项 C：发生冷脆时的温度称为脆性临界温度，其数值越低，说明钢材的低温冲击韧性越好。
选项 D：冷弯时的弯曲角度越大、弯心直径越小，则表示其冷弯性能越好。

17.【2021 年真题】钢材的强屈比越大，其性能特点正确的为（　　）。
A. 结构安全性越高　　　　　　　　B. 结构安全性越低
C. 有效利用率越高　　　　　　　　D. 冲击韧性越低

【解析】 参见教材第 109 页。本题考查的是钢材的性能。强屈比越大，反映钢材受力超过屈服点工作时的可靠性越大，因而结构的安全性越高。但强屈比太大，则反映钢材不能有效地被利用。

18.【2017 年真题】对于钢材的塑性变形及伸长率，以下说法正确的是（　　）。
A. 塑性变形在标距内分布是均匀的　　B. 伸长率的大小与标距长度有关
C. 离颈缩部位越远变形越大　　　　　D. 同一种钢材，A_5 应小于 A_{10}

【解析】 参见教材第 109 页。本题考查的是钢材的性能。选项 D，考点教材有改动。伸长率的大小与标距长度有关。塑性变形在标距内的分布是不均匀的，颈缩处的伸长较大，离颈缩部位越远变形越小。因此，原标距与试件的直径之比越大，颈缩处伸长值在整个伸长值中的比重越小，计算伸长率越小。

19.【2004 年真题】影响钢材冲击韧性的重要因素有（　　）。
A. 钢材化学成分　　　　　　　　B. 所承受荷载的大小
C. 钢材内在缺陷　　　　　　　　D. 环境温度
E. 钢材组织状态

【解析】 参见教材第 109 页。冲击韧性指钢材抵抗冲击载荷的能力。钢材的化学成分、组织状态、内在缺陷及环境温度等都是影响冲击韧性的重要因素。

20.【2023 年真题】下列钢材的化学成分中，决定钢材性质的主要元素是（　　）。
A. 碳　　　　　　B. 硫　　　　　　C. 磷　　　　　　D. 氧

【解析】 参见教材第 110 页。碳是决定钢材性质的重要元素，土木建筑工程用钢材碳含量（质量分数）一般不大于 0.8%。

21.【2008 年真题】关于钢筋性能，说法错误的是（　　）。
A. 设计时应以抗拉强度作为钢筋强度取值的依据
B. 伸长率表征了钢材的塑性变形能力
C. 屈强比太小，反映钢材不能有效地被利用

D. 冷弯性能是钢材的重要工艺性能

【解析】 参见教材第 108~110 页。抗拉性能是钢筋的最主要性能，表征抗拉性能的技术指标主要是屈服强度、抗拉强度和伸长率。

抗拉强度：设计中抗拉强度虽然不能利用，但屈强比能反映钢材的利用率和结构安全可靠程度。屈强比越小，反映钢材受力超过屈服点工作时的可靠性越大，因而结构的安全性越高。但屈服强比太小，则反映钢材不能有效地被利用。

伸长率：表征了钢材的塑性变形能力。伸长率的大小与标距长度有关。塑性变形在标距内的分布是不均匀的，颈缩处的伸长较大，离颈缩部位越远变形越小。因此，原标距与试件的直径之比越大，颈缩处伸长值在整个伸长值中的比重越小，计算伸长率越小。

（二）胶凝材料

22.【2024 年真题】下列材料属于有机胶凝材料的有（　　）。
A. 石灰　　　　　　　　B. 沥青　　　　　　　　C. 水泥
D. 天然树脂　　　　　　E. 合成树脂

【解析】 参见教材第 111 页。根据化学组成的不同，胶凝材料可分为无机与有机两大类。石灰、石膏、水泥等属于无机胶凝材料，沥青、天然或合成树脂等属于有机胶凝材料。

23.【2013 年真题】气硬性胶凝胶材料有（　　）。
A. 膨胀水泥　　　　　　B. 粉煤灰　　　　　　　C. 石灰
D. 石膏　　　　　　　　E. 水玻璃

【解析】 参见教材第 111 页。胶凝材料的种类见下表。

胶凝材料	无机胶凝材料	气硬性	只能在空气中硬化，如石灰、石膏
			一般只适用于干燥环境中，不宜用于潮湿环境，更不可用于水中
		水硬性	既能在空气中还能更好地在水中硬化，如水泥
	有机胶凝材料		沥青、天然或合成树脂

24.【2011 年真题】判定硅酸盐水泥是否废弃的技术指标是（　　）。
A. 体积安定性　　B. 水化热　　C. 水泥强度　　D. 水泥细度

【解析】 参见教材第 112 页。
水泥初凝时间不符合要求，该水泥报废；终凝时间不符合要求，视为不合格。
安定性不合格的水泥不得用于工程，应废弃。

25.【2009 年真题】水灰比增大而使混凝土强度降低的根本原因是（　　）。
A. 水泥水化反应速度加快　　　　B. 多余的水分蒸发
C. 水泥水化反应程度提高　　　　D. 水泥石与骨料的亲和力增大

【解析】 水灰比增大后，当水泥水化后，多余的水分就残留在混凝土中，形成水泡或蒸发后形成气孔，减少了混凝土抵抗荷载的实际有效断面，因此强度降低。所以，水灰比增大会导致多余的水分蒸发。

26.【2005 年真题】水泥的终凝时间，指的是（　　）。
A. 从水泥加水拌和起至水泥浆开始失去塑性所需的时间
B. 从水泥加水拌和起至水泥浆完全失去塑性并开始产生强度所需的时间
C. 从水泥浆开始失去塑性至完全失去塑性并开始产生强度所需的时间

D. 从水泥浆开始失去塑性至水泥浆具备特定强度所需的时间

【解析】 参见教材第 112 页。

初凝时间：从水泥加水拌和起，至水泥浆开始失去塑性所需的时间。初凝时间不能过短。

终凝时间：从水泥加水拌和起，至水泥浆完全失去塑性并开始产生强度所需的时间。终凝时间不能太长。

硅酸盐水泥的初凝时间不得早于 45min；终凝时间不得迟于 6.5h；普通硅酸盐水泥的初凝时间不得早于 45min，终凝时间不得迟于 10h。

水泥初凝时间不符合要求，该水泥报废；终凝时间不符合要求，视为不合格。

27. 【2016 年、2004 年真题】关于水泥凝结时间的描述，正确的是（   ）。

A. 硅酸盐水泥的终凝时间不得迟于 6.5h
B. 终凝时间自达到初凝时间起计算
C. 超过初凝时间，水泥浆完全失去塑性
D. 普通硅酸盐水泥的终凝时间不得迟于 6.5h

【解析】 参见第 26 题解析。

28. 【2020 年真题】水泥强度指（   ）。

A. 水泥净浆的强度　　　　　　　　B. 水泥胶砂的强度
C. 水泥混凝土的强度　　　　　　　D. 水泥砂浆结石强度

【解析】 参见教材第 113 页。本题考查的是水泥强度。水泥强度是胶砂的强度，而不是净浆的强度，它是评定水泥强度等级的依据。

29. 【2017 年真题】水泥熟料中掺入活性混合材料，可以改善水泥性能，常用的活性材料有（   ）。

A. 砂岩　　　　　　　　　　　　　B. 石英砂
C. 石灰石　　　　　　　　　　　　D. 矿渣粉

【解析】 参见教材第 113 页。

混合材料	常用	水泥熟料中掺入活性混合材料的作用
活性（水硬性）混合材料	有符合国家相关标准的粒化高炉矿渣、粒化高炉矿渣粉、粉煤灰、火山灰质混合材料	可以改善水泥性能，调节水泥强度等级，扩大水泥使用范围，提高水泥产量，利用工业废料降低成本，有利于环境保护
非活性（填充性）混合材料	如石灰石和砂岩，活性指标低于相应国家标准要求的粒化高炉矿渣、粒化高炉矿渣粉、粉煤灰、火山灰质混合材料	可以增加水泥产量，降低成本，降低强度等级，减少水化热，改善混凝土及砂浆的和易性等

30. 【2023 年真题】水化热较小的硅酸盐水泥有（   ）。

A. 硅酸盐水泥　　　　B. 普通硅酸盐水泥　　　　C. 粉煤灰硅酸盐水泥
D. 矿渣硅酸盐水泥　　E. 火山灰硅酸盐水泥

【解析】 参见教材第 114 页。硅酸盐水泥、普通硅酸盐水泥的水化热较大。

31. 【2022 年真题】下列常用水泥中，适用于大体积混凝土工程的有（   ）。

A. 硅酸盐水泥　　　　　　　　　　B. 普通硅酸盐水泥
C. 矿渣硅酸盐水泥　　　　　　　　D. 火山灰硅酸盐水泥
E. 粉煤灰硅酸盐水泥

【解析】　参见教材第114。硅酸盐水泥、普通硅酸盐水泥水化热较大，大体积混凝土工程要避免。

32.【2012年真题】下列水泥品种中，不适宜用于大体积混凝土工程的是（　　）。
A. 普通硅酸盐水泥　　　　　　　　B. 矿渣硅酸盐水泥
C. 火山灰质硅酸盐水泥　　　　　　D. 粉煤灰硅酸盐水泥

【解析】　参见第31题解析。

33【2022年补考真题】下列常见水泥中，耐热性较好的是（　　）。
A. 普通硅酸盐水泥　　　　　　　　B. 矿渣硅酸盐水泥
C. 火山灰质硅酸盐水泥　　　　　　D. 粉煤灰硅酸盐水泥

【解析】　参见教材第114页。本题考查的是胶凝材料。矿渣硅酸盐水泥的耐热性较好。

34.【2021年、2019年、2011年、2008年、2006年真题】高温车间主体结构的混凝土配制优先选用的水泥品种为（　　）。
A. 粉煤灰硅酸盐水泥　　　　　　　B. 普通硅酸盐水泥
C. 硅酸盐水泥　　　　　　　　　　D. 矿渣硅酸盐水泥

【解析】　参见教材第114页。本题考查的是水泥。矿渣硅酸盐水泥适用于高温车间和有耐热、耐火要求的混凝土结构。

35.【2020年真题】干缩性较小的水泥有（　　）。
A. 硅酸盐水泥　　　　　　　　　　B. 普通硅酸盐水泥
C. 矿渣硅酸盐水泥　　　　　　　　D. 火山渣硅酸盐水泥
E. 粉煤灰硅酸盐水泥

【解析】　参见教材第114页。本题考查的是水泥。干缩性较小的水泥有硅酸盐水泥、普通硅酸盐水泥、粉煤灰硅酸盐水泥。

36.【2015年真题】有抗化学侵蚀要求的混凝土多使用（　　）。
A. 硅酸盐水泥　　　　　　　　　　B. 普通硅酸盐水泥
C. 矿渣硅酸盐水泥　　　　　　　　D. 火山灰质硅酸盐水泥
E. 粉煤灰硅酸盐水泥

【解析】　参见教材第114页。本题考查的是掺混合料的硅酸盐水泥。硅酸盐水泥和普通硅酸盐水泥不适用于受化学侵蚀、压力水作用及海水侵蚀的工程。

37.【2014年、2013年真题】受反复冰冻的混凝土结构应选用（　　）。
A. 普通硅酸盐水泥　　　　　　　　B. 矿渣硅酸盐水泥
C. 火山灰质硅酸盐水泥　　　　　　D. 粉煤灰硅酸盐水泥

【解析】　参见教材第114页。硅酸盐水泥、普通硅酸盐水泥抗冻性较好。

38.【2018年真题】配置冬期施工和抗硫酸盐腐蚀施工的混凝土的水泥宜采用（　　）。
A. 铝酸盐水泥　　　　　　　　　　B. 硅酸盐水泥
C. 普通硅酸盐水泥　　　　　　　　D. 矿渣硅酸盐水泥

【解析】参见教材第115、116页。铝酸盐水泥早期强度高，凝结硬化快，具有快硬、早强的特点，水化热高，放热快且放热量集中，同时具有很强的抗硫酸盐腐蚀作用和较高的耐热性，但抗碱性差。

铝酸盐水泥可用于配制不定型耐火材料；与耐火粗细骨料（如铬铁矿等）可制成耐高温的耐热混凝土；用于工期紧急的工程，如国防、道路和特殊抢修工程等；也可用于抗硫酸盐腐蚀的工程和冬期施工的工程。

铝酸盐水泥不宜用于大体积混凝土工程；不能用于与碱溶液接触的工程；不得与未硬化的硅酸盐水泥混凝土接触使用，更不得与硅酸盐水泥或石灰混合使用；不能蒸汽养护，不宜在高温季节施工。

39.【2012年真题】铝酸盐水泥适宜用于（　　）。
A. 大体积混凝土　　　　　　　　B. 与硅酸盐水泥混合使用的混凝土
C. 用于蒸汽养护的混凝土　　　　D. 低温地区施工的混凝土
【解析】 参见第38题解析。

40.【2011年真题】铝酸盐水泥主要适宜的作业范围是（　　）。
A. 与石灰混合使用　　　　　　　B. 高温季节施工
C. 蒸气养护作业　　　　　　　　D. 交通干道抢修
【解析】 参见第38题解析。

41.【2009年真题】隧道开挖后，喷锚支护施工采用的混凝土，宜优先选用（　　）。
A. 火山灰质硅酸盐水泥　　　　　B. 粉煤灰硅酸盐水泥
C. 硅酸盐水泥　　　　　　　　　D. 矿渣硅酸盐水泥
【解析】 参见教材第116页。硅酸盐水泥早期强度高，硬化快，可防止塌方。

42.【2007年真题】隧洞和边坡开挖后通常采取喷射混凝土加固保护，为达到快硬、早强和高强度效果。在配制混凝土时应优先选用（　　）。
A. 硅酸盐水泥　　　　　　　　　B. 矿渣硅酸盐水泥
C. 火山灰硅酸盐水泥　　　　　　D. 粉煤灰硅酸盐水泥
【解析】 参见第41题解析。

43.【2022年真题】决定石油沥青温度敏感性和黏性的重要组分是（　　）。
A. 油分　　　　B. 树脂　　　　C. 沥青质　　　　D. 沥青碳
【解析】 参见教材第116页。本题考查的是沥青。地沥青质（沥青质）是决定石油沥青温度敏感性、黏性的重要组成部分，其含量越多，则软化点越高，黏性越大，则越硬脆。

44.【2023年真题】反映沥青温度敏感性的重要指标是（　　）。
A. 延度　　　　B. 针入度　　　C. 相对黏度　　　D. 软化点
【解析】 参见教材第117页。沥青软化点是反映沥青温度敏感性的重要指标。

45.【2021年真题】下列橡胶改性沥青中，既具有良好的耐高温，又具有优异低温特性和耐疲劳性的为（　　）。
A. 丁基橡胶改性沥青　　　　　　B. 氯丁橡胶改性沥青
C. SBS改性沥青　　　　　　　　 D. 再生橡胶改性沥青
【解析】 参见教材第118页。SBS改性沥青具有良好的耐高温性、优异的低温柔性和耐疲劳性，是目前应用最成功和用量最大的一种改性沥青。主要用于制作防水卷材和铺筑高等级公路路面等。

46. **【2019年真题】** 高等级公路路面铺筑应选用（ ）。
    A. 树脂改性沥青   B. SBS改性沥青
    C. 橡胶树脂改性沥青   D. 矿物填充料改性沥青
  【解析】 参见第45题解析。

47. **【2020年真题】** 耐酸、耐碱、耐热和绝缘的沥青制品应选用（ ）。
    A. 滑石粉填充改性沥青   B. 石灰石粉填充改性沥青
    C. 硅藻土填充改性沥青   D. 树脂改性沥青
  【解析】 参见教材第119页。本题考查的是沥青。滑石粉亲油性好（憎水），易被沥青润湿，可直接混入沥青中，以提高沥青的机械强度和抗老化性能，可用于具有耐酸、耐碱、耐热和绝缘性能的沥青制品中。

（三）水泥混凝土

48. **【2018年真题】** 在砂用量相同的情况下，若砂子过细，则拌制的混凝土（ ）。
    A. 黏聚性差   B. 易产生离析现象
    C. 易产生泌水现象   D. 水泥用量大
  【解析】 参见教材第120页。在砂用量相同的情况下，若砂子过粗，则拌制的混凝土黏聚性较差，容易产生离析、泌水现象；若砂子过细，水泥用量增大。

49. **【2015年真题】** 用于普通混凝土的砂，最佳的细度模数为（ ）。
    A. 3.7~3.1   B. 3.0~2.3   C. 2.2~1.6   D. 1.5~1.0
  【解析】 参见教材第120页。本题考查的是普通混凝土组成材料。砂按细度模数分为粗、中、细三种规格：3.7~3.1为粗砂，3.0~2.3为中砂，2.2~1.6为细砂。粗砂、中砂、细砂均可作为普通混凝土用砂，但以中砂为佳。

50. **【2022年真题】** 下列关于粗骨料颗粒级配说法正确的是（ ）。
    A. 混凝土间断级配比连续级配和易性好
    B. 混凝土连续级配比间断级配易离析
    C. 相比于间断级配，混凝土连续级配适用于机械振捣流动性低的干硬性拌合物
    D. 连续级配是现浇混凝土最常用的级配形式
  【解析】 参见教材第121页。本题考查的是水泥混凝土。连续级配是指颗粒的尺寸由大到小连续分级，其中每一级石子都占适当的比例。连续级配比间断级配水泥用量稍多，但其拌制的混凝土流动性和黏聚性均较好，是现浇混凝土中最常用的一种级配形式。

  间断级配是省去一级或几级中间粒级的骨料级配，其大颗粒之间的空隙由比它小许多的小颗粒来填充，减少空隙率，节约水泥。但由于颗粒相差较大，混凝土拌合物易产生离析现象。因此，间断级配较适用于机械振捣流动性低的干硬性拌合物。

51. **【2010年真题】** 拌制混凝土选用石子，要求连续级配的目的是（ ）。
    A. 减少水泥用量   B. 适应机械振捣
    C. 使混凝土拌合物泌水性好   D. 使混凝土拌合物和易性好
  【解析】 参见教材第121页。连续级配比间断级配水泥用量稍多，但其拌制的混凝土流动性和黏聚性均较好，是现浇混凝土中最常用的一种级配形式。

  间断级配较适用于机械振捣流动性低的干硬性拌合物。泵送混凝土的粗骨料应采用连续级配。

52. 【2005 年真题】某钢筋混凝土现浇实心板的厚度为 150mm，则其混凝土骨料的最大粒径不得超过（　　）mm。
   A. 30　　　　　B. 40　　　　　C. 45　　　　　D. 50

【解析】　参见教材第 121 页。对于混凝土现浇实心板，骨料的最大粒径不宜超过板厚的 1/3 且不大于 40mm。

53. 【2024 年真题】能调节混凝土凝结时间、硬化性能的外加剂是（　　）。
   A. 减水剂　　　　B. 泵送剂　　　　C. 早强剂　　　　D. 引水剂

【解析】　参见教材第 122~124 页。调节混凝土凝结时间、硬化性能的外加剂，包括缓凝剂、早强剂和速凝剂。

54. 【2022 年补考真题】可以改善混凝土拌合物流变性能的外加剂有（　　）。
   A. 减水剂　　　　B. 防水剂　　　　C. 缓凝剂
   D. 引气剂　　　　E. 泵送剂

【解析】　参见教材第 122 页。本题考查的是水泥混凝土。
(1) 改善混凝土拌合物流变性能的外加剂，包括各种减水剂、引气剂和泵送剂等。
(2) 调节混凝土凝结时间、硬化性能的外加剂，包括缓凝剂、早强剂和速凝剂等。
(3) 改善混凝土耐久性的外加剂，包括引气剂、防水剂、防冻剂和阻锈剂等。
(4) 改善混凝土其他性能的外加剂，包括加气剂、膨胀剂、着色剂等。

55. 【2022 年真题】既可以提高物理流变性能又可以提高耐久性的外加剂是（　　）。
   A. 速凝剂　　　　B. 引气剂　　　　C. 缓凝剂　　　　D. 加气剂

【解析】　参见第 54 题解析。

56. 【2014 年真题】引气剂主要能改善混凝土的（　　）。
   A. 凝结时间　　　　B. 拌合物流变性能　　　　C. 耐久性
   D. 早期强度　　　　E. 后期强度

【解析】　参见第 54 题解析。

57. 【2010 年真题】混凝土中使用减水剂的主要目的包括（　　）。
   A. 有助于水泥石结构形成　　　　B. 节约水泥用量
   C. 提高拌制混凝土的流动性　　　　D. 提高混凝土的黏聚性
   E. 提高混凝土的早期强度

【解析】　减水剂的三大作用，即三不变：
(1) 保持坍落度不变。掺减水剂可降低单位混凝土用水量，从而降低了水灰比，提高了混凝土强度，同时改善了混凝土的密实度，提高了耐久性。
(2) 保持用水量不变。掺减水剂可增大混凝土坍落度（流动性），满足泵送混凝土的施工要求。
(3) 保持强度不变。掺减水剂可节约水泥用量。

58. 【2023 年真题】在抢修工程和冬期施工用混凝土中宜加入的外加剂是（　　）。
   A. 引气剂　　　　B. 早强剂　　　　C. 防水剂　　　　D. 泵送剂

【解析】　参见教材第 123 页。早强剂多用于抢修工程和冬期施工的混凝土。

59. 【2018 年真题】在正常的水量条件下，配制泵送混凝土宜掺入适量（　　）。
   A. 氯盐早强剂　　　　　　　　B. 硫酸盐早强剂

C. 高效减水剂 D. 硫铝酸钙膨胀剂

【解析】 参见第 57 题解析。教材有修改。

60.【2004 年真题】引气剂和引气减水剂不宜用于（　　）。
A. 预应力混凝土 B. 抗冻混凝土
C. 轻骨料混凝土 D. 防渗混凝土

【解析】 参见教材第 123 页。引气剂及引气减水剂，除用于抗冻、防渗、抗硫酸盐混凝土外，还宜用于泌水严重的混凝土、贫混凝土，以及对饰面有要求的混凝土和轻骨料混凝土，不宜用于蒸养混凝土和预应力混凝土。

61.【2020 年真题】关于混凝土泵送剂，说法正确的是（　　）。
A. 应用泵送剂温度不宜高于 25℃ B. 过量掺入泵送剂不会造成堵泵现象
C. 宜用于蒸养混凝土 D. 泵送剂有缓凝及减水组分

【解析】 参见教材第 123 页。本题考查的是外加剂。
选项 A：应用泵送剂温度不宜高于 35℃。
选项 B：泵送剂掺入过量可能造成堵泵现象。
选项 C：泵送剂不宜用于蒸汽养护混凝土和蒸压养护的预制混凝土。

62.【2006 年真题】能增加混凝土和易性，同时减少施工难度的混凝土外加剂有（　　）。
A. 膨胀剂 B. 减水剂 C. 早强剂
D. 引气剂 E. 泵送剂

【解析】 此考题教材上没有对应的原话，但可从知识点分析判断。减水剂可以增加坍落度，引气剂可以改变流变性，泵送剂使混凝土不堵塞、不离析，这些都可以增加混凝土和易性，降低施工难度。

63.【2013 年真题】对钢筋锈蚀作用最小的早强剂是（　　）。
A. 硫酸盐 B. 三乙醇胺 C. 氯化钙 D. 氯化钠

【解析】 参见教材第 123 页。三乙醇胺早强剂对钢筋无锈蚀作用，但三乙醇胺等有机胺类早强剂不宜用于蒸养混凝土。

64.【2012 年真题】混凝土外加剂中，引气剂的主要作用在于（　　）。
A. 调节混凝土凝结时间 B. 提高混凝土早期强度
C. 缩短混凝土终凝时间 D. 提高混凝土的抗冻性

【解析】 参见教材第 123 页。引气剂是在混凝土搅拌过程中，能引入大量分布均匀的稳定而封闭的微小气泡，以减少拌合物泌水离析、改善和易性，同时显著提高硬化混凝土抗冻融耐久性的外加剂。

65.【2008 年真题】混凝土搅拌过程中加入引气剂，可以减少拌合物泌水离析，改善其和易性。效果较好的引气剂是（　　）。
A. 烷基苯磺酸盐 B. 蛋白质盐
C. 松香热聚物 D. 石油磺酸盐

【解析】 参见教材第 123 页。引气剂主要有松香树脂类，如松香热聚物、松脂皂；烷基苯磺酸盐类，如烷基苯磺酸盐、烷基酚聚氧乙烯醚等。有的也采用脂肪醇磺酸盐类，以及蛋白质盐、石油磺酸盐等作为引气剂。其中，以松香树脂类的松香热聚物效果较好，最常使用。

66.【2024 年真题】下列关于混凝土强度的说法，正确的是（　　）。
A. 抗拉强度对减少裂缝不具有任何作用
B. 强度等级根据立方体抗压强度算术平均值确定
C. 强度等级越高，其抗拉强度与抗压强度的比值越大
D. 抗拉强度采用劈裂抗拉试验方法间接求得
【解析】 参见教材第 124 页。
选项 A：混凝土的抗拉强度对减少裂缝很重要。
选项 B：混凝土的强度等级是根据立方体抗压强度标准值来确定的。
选项 C：混凝土的抗拉强度只有抗压强度的 1/20~1/10，且强度等级越高，该比值越小。

67.【2022 年补考真题】确定混凝土强度等级的依据是（　　）。
A. 立方体抗压强度　　　　　　　　B. 立方体抗压强度标准值
C. 劈裂抗拉强度　　　　　　　　　D. 立方体抗拉强度
【解析】 参见教材第 124 页。本题考查的是混凝土。混凝土的强度等级是根据立方体抗压强度标准值来确定的。

68.【2009 年真题】若混凝土的强度等级大幅度提高，则其抗拉强度与抗压强度的比值（　　）。
A. 变化不大　　　B. 明显减小　　　C. 明显增大　　　D. 无明确相关性
【解析】 参见教材第 124 页。混凝土的抗拉强度只有抗压强度的 1/20~1/10，且强度等级越高，该比值越小。所以，混凝土在工作时一般不依靠其抗拉强度。

69.【2008 年真题】影响混凝土强度的主要因素有（　　）。
A. 水灰比　　　　　　　　　　　　B. 养护的温度和湿度
C. 龄期　　　　　　　　　　　　　D. 骨料粒径
E. 水泥强度等级
【解析】 参见教材第 124 页。混凝土的强度主要取决于水泥石强度及其与骨料表面的黏结强度，而水泥石强度及其与骨料的黏结强度又与水泥强度等级、水灰比及骨料性质有密切关系。此外，混凝土的强度还受施工质量、养护条件及龄期的影响。

70.【2019 年真题】除了所用水泥和骨料的品种外，通常对混凝土强度影响最大的因素是（　　）。
A. 外加剂　　　　B. 水灰比　　　　C. 养护温度　　　　D. 养护湿度
【解析】 参见第 69 题解析。

71.【2013 年真题】混凝土强度的决定性因素有（　　）。
A. 水灰比　　　　　　　B. 骨料的颗粒形状　　　　C. 砂率
D. 拌合物的流动性　　　E. 养护湿度
【解析】 参见第 69 题解析。

72.【2007 年真题】在道路和机场工程中，混凝土的结构设计和质量控制的主要强度指标和参考强度指标分别是（　　）。
A. 抗拉强度和抗压强度　　　　　　B. 抗压强度和抗拉强度
C. 抗压强度和抗折强度　　　　　　D. 抗折强度和抗压强度

【解析】 参见教材第124页。在道路和机场工程中，混凝土抗折强度是结构设计和质量控制的重要指标，而抗压强度作为参考强度指标。

73.【2012年真题】关于混凝土立方体抗压强度的说法，正确的是（　　）。
A. 一组试件抗压强度的最低值
B. 一组试件抗压强度的算术平均值
C. 一组试件不低于95%保证率的强度统计值
D. 一组试件抗压强度的最高值

【解析】 参见教材第124页。混凝土立方体抗压强度只是一组试件抗压强度的算术平均值，并未涉及数理统计和保证率的概念。

74.【2012年真题】下列能够反映混凝土和易性指标的是（　　）。
A. 保水性　　　B. 抗渗性　　　C. 抗冻性　　　D. 充盈性

【解析】 参见教材第124页。和易性是一项综合技术指标，包括流动性、黏聚性、保水性三个主要方面。

75.【2022年真题】普通混凝土和易性最敏感的影响因素是（　　）。
A. 砂率　　　B. 水泥浆　　　C. 温度和时间　　　D. 骨料品种与品质

【解析】 参见教材第124页。影响混凝土拌合物和易性的主要因素包括单位体积用水量、砂率、组成材料的性质、时间和温度等。单位体积用水量决定水泥浆的数量和稠度，它是影响混凝土和易性的最主要因素。

76.【2022年补考、2017年真题】影响混凝土抗渗性的决定因素是（　　）。
A. 水灰比　　　B. 外加剂　　　C. 水泥品种　　　D. 骨料的粒径

【解析】 参见教材第125页。影响混凝土抗渗性的因素有水灰比、水泥品种、骨料的粒径、养护方法、外加剂及掺和料等，其中水灰比对抗渗性起决定性作用。

77.【2019年真题】选定了水泥、砂子和石子的品种后，混凝土配合比设计实质上是要确定（　　）。
A. 石子颗粒级配　　　B. 水灰比　　　C. 灰砂比
D. 单位用水量　　　E. 砂率

【解析】 参见教材第125页。从表面上看，混凝土配合比只是计算水泥、砂子、石子、水这四种组成材料的用量，但实质上是根据组成材料的情况，确定满足上述四项基本要求的三大参数：水灰比、单位用水量和砂率。

78.【2008年真题】经检测，一组混凝土标准试件28天的抗压强度为27~29MPa，则其强度等级应定为（　　）。
A. C25　　　B. C27　　　C. C28　　　D. C30

【解析】 参见教材第125页。混凝土的强度等级是根据150mm立方体的试件，在标准条件（20℃±3℃，相对湿度大于90%）下养护28d测得的抗压强度值确定的，共分10个等级。若测得的抗压强度值在两个等级之间，应按低级定级。普通混凝土划分为C15、C20、C25、C30、C35、C40、C45、C50、C55、C60、C65、C70、C75和C80共14个等级。

79.【2021年、2015年真题】混凝土耐久性的主要性能指标包括（　　）。
A. 保水性　　　B. 抗冻性　　　C. 抗渗性
D. 抗侵蚀性　　　E. 抗碳化能力

【解析】 参见教材第 125 页。混凝土耐久性是指混凝土在实际使用条件下抵抗各种破坏因素作用，长期保持强度和外观完整性的能力。包括混凝土的抗冻性、抗渗性、抗侵蚀性及抗碳化能力等。

80.【2018 年真题】提高混凝土耐久性的措施有（　　）。
A. 提高水泥用量　　　　　　　　B. 合理选用水泥品种
C. 控制水灰比　　　　　　　　　D. 提高砂率
E. 掺用合适的外加剂

【解析】 参见教材第 125 页。提高混凝土耐久性的主要措施：
（1）根据工程环境及要求，合理选用水泥品种。
（2）控制水灰比及保证足够的水泥用量。
（3）选用质量良好、级配合理的骨料和合理的砂率。
（4）掺用合适的外加剂。

81.【2010 年真题】提高混凝土耐久性的重要措施主要包括（　　）。
A. 针对工程环境合理选择水泥品种　　B. 添加加气剂或膨胀剂
C. 提高浇筑和养护的施工质量　　　　D. 改善骨料的级配
E. 控制好温度和湿度

【解析】 参见第 80 题解析。

82.【2011 年真题】下列改善混凝土性能的措施中，不能提高混凝土耐久性的是（　　）。
A. 掺入适量的加气剂和速凝剂　　　　B. 在规范允许条件下选用较小的水灰比
C. 适当提高砂率和水泥浆体量　　　　D. 合理选用水泥品种

【解析】 参见第 80 题解析。

83.【2023 年真题】设计工作年限为 50 年的钢筋混凝土构件，其混凝土强度等级不应低于（　　）。
A. C20　　　　　B. C25　　　　　C. C30　　　　　D. C40

【解析】 参见教材第 126 页。

对设计工作年限为 50 年的混凝土结构构件，结构混凝土的强度等级尚应符合下表中的规定。

对设计工作年限>50 年的混凝土结构构件，结构混凝土的最低强度等级应比表中规定值有所提高。

混凝土结构构件	强度等级
素混凝土结构构件	不应低于 C20
钢筋混凝土结构构件	不应低于 C25
预应力混凝土楼板结构	不应低于 C30
型钢混凝土组合结构	
承受重复载荷作用的钢筋混凝土结构	
抗震等级不低于二级的钢筋混凝土结构构件	
采用 500MPa 及以上等级钢筋的钢筋混凝土结构	
其他预应力混凝土结构	不应低于 C40

84.【2018年真题】与普通混凝土相比，高性能混凝土的明显特性有（　　）。
A. 体积稳定性好　　　　　　B. 耐久性好　　　　　　C. 早期强度发展慢
D. 抗压强度高　　　　　　　E. 自密实性差

【解析】　参见教材第126页。高性能混凝土的特性：
（1）自密实性好。高性能混凝土用水量较低，流动性好，抗离析性高，具有较优异的填充性。
（2）体积稳定性高。具有高弹性模量、低收缩与徐变、低温度变形的特点。
（3）强度高。高性能混凝土抗拉强度与抗压强度值比高强混凝土有明显增加，高性能混凝土的早期强度发展较快，而后期强度的增长率却低于普通强度混凝土。
（4）水化热低。水灰比较低，会较早地终止水化反应，因此水化热相应地降低。
（5）收缩量小。高性能混凝土的总收缩量与其强度成反比，强度越高，总收缩量越小，但高性能混凝土的早期收缩率随着早期强度的提高而增大。相对湿度和环境温度仍然是影响高性能混凝土收缩性能的两个主要因素。
（6）徐变少。高性能混凝土的徐变变形显著低于普通混凝土。
（7）耐久性好。高性能混凝土除通常的抗冻性、抗渗性明显高于普通混凝土外，高性能混凝土的渗透率明显低于普通混凝土。高性能混凝土具有较高的密实性和抗渗性，其抗化学腐蚀性能显著优于普通强度混凝土。
（8）耐高温（火）差。
高性能混凝土是能更好地满足结构功能要求和施工工艺要求的混凝土，能最大限度地延长混凝土结构的使用年限，降低工程造价。

85.【2022年真题】关于高性能混凝土，下列说法正确的是（　　）。
A. 体积稳定性好
B. 可减少结构断面，降低钢筋用量
C. 耐高温性好
D. 早期收缩率随着早期强度提高而增大
E. 具有较高的密实性和抗渗性

【解析】　参见第84题解析。

86.【2015年真题】与普通混凝土相比，高强混凝土的特点是（　　）。
A. 早期强度低，后期强度高　　　B. 徐变引起的应力损失大
C. 耐久性好　　　　　　　　　　D. 延性好

【解析】　参见教材第128页。此考点教材有改动。本题考查的是高强混凝土。高强混凝土的定义、优缺点和物理力学性能见下表。

高强混凝土	定义	硬化后强度等级不低于C60的混凝土
	优点	（1）可减少结构断面，降低钢筋用量，增加房屋使用面积和有效空间，减轻地基负荷 （2）致密坚硬，其抗渗性、抗冻性、耐蚀性、抗冲击性等诸方面性能均优于普通混凝土 （3）对预应力钢筋混凝土构件，高强混凝土由于刚度大、变形小，故可以施加更大的预应力和更早地施加预应力，以及减少因徐变而导致的预应力损失
	不利条件	（1）容易受到施工各环节中环境条件的影响，所以对其施工过程的质量管理水平要求高 （2）高强混凝土的延性比普通混凝土差

(续)

		抗压性能	与普通混凝土相比有相当大的提高
高强混凝土	物理力学性能	早期与后期强度	早期强度更高,早期强度高的后期强度增长较小
		抗拉强度	混凝土的抗拉强度虽然随着抗压强度的提高而提高,但它们之间的比值却随着强度的增加而降低
		收缩	高强混凝土的初期收缩大,但最终收缩量与普通混凝土大体相同
		耐久性	明显优于普通混凝土,尤其是外加矿物掺和料的高强混凝土,其耐久性进一步提高

87.【2017年真题】高强混凝土与普通混凝土相比,说法正确的有（ ）。

A. 高强混凝土的延性比普通混凝土好

B. 高强混凝土的抗压能力优于普通混凝土

C. 高强混凝土抗拉强度与抗压强度的比值低于普通混凝土

D. 高强混凝土的最终收缩量与普通混凝土大体相同

E. 高强混凝土的耐久性优于普通混凝土

【解析】 参见第86题解析。

88.【2011年真题】与普通混凝土相比,高强混凝土的优点在于（ ）。

A. 延性较好　　　　　　　　　B. 初期收缩小

C. 水泥用量少　　　　　　　　D. 更适宜用于预应力钢筋混凝土构件

【解析】 参见第86题解析。

89.【2006年真题】配制高强混凝土的主要技术途径有（ ）。

A. 采用掺混合材料的硅酸盐水泥　　　B. 加入高效减水剂

C. 掺入活性矿物掺和料　　　　　　　D. 适当加大粗骨料的粒径

E. 延长拌和时间和提高振捣质量

【解析】 参见教材第127、128页。高强混凝土是用普通水泥、砂石作为原料,采用常规制作工艺,主要依靠高效减水剂,或者同时外加一定数量的活性矿物掺和料,使硬化后强度等级不低于C60的混凝土。

（1）应选用质量稳定的硅酸盐水泥或普通硅酸盐水泥。

（2）粗骨料应采用连续级配,其最大公称粒径不应大于25.0mm,岩石抗压强度应比混凝土强度等级标准值高30%。

（3）细骨料的细度模数2.6~3.0的2区中砂,含泥量不大于2.0%。

（4）高强度混凝土的水泥用量不应大于550kg/m³。

90.【2010年真题】高强混凝土组成材料的要求（ ）。

A. 水泥等级不低于32.5R　　　　　　B. 宜用粉煤灰硅酸盐水泥

C. 水泥用量不少于500kg/m³　　　　 D. 水泥用量不大于550kg/m³

【解析】 参见第89题解析。

91.【2024年真题】下列关于高强混凝土的说法,正确的是（ ）。

A. 延性比普通混凝土好　　　　　　　B. 水泥用量小,初期收缩小

C. 最终收缩量大于普通混凝土　　　　D. 水泥用量不应大于550kg/m³

【解析】 参见教材第 127、128 页。

选项 A：高强混凝土的延性比普通混凝土差。

选项 B、C：高强混凝土的初期收缩大，但最终收缩量与普通混凝土大致相同。

92.【2009 年真题】轻骨料混凝土与同等级普通混凝土相比，其特点主要表现在（ ）。

A. 表观密度小　　　　　　B. 耐久性明显改善　　　　C. 弹性模量小

D. 导热系数大　　　　　　E. 节约能源

【解析】 参见教材第 128、129 页。与同等级普通混凝土相比，轻骨料混凝土具有以下特点：

（1）强度等级。强度等级划分的方法同普通混凝土，分为 13 个强度等级。

（2）表观密度。在抗压强度相同的条件下，其干表观密度比普通混凝土低 25%～50%。

（3）耐久性。与同强度等级的普通混凝土相比，耐久性明显改善。

（4）弹性模量比普通混凝土低 20%～50%，保温隔热性能较好，导热系数相当于烧结普通砖的导热系数。

93.【2006 年真题】与相同强度等级的普通混凝土相比，轻骨料混凝土的特点是（ ）。

A. 耐久性明显改善　　　　　　　　B. 弹性模量高

C. 表面光滑　　　　　　　　　　　D. 抗冲击性能好

【解析】 参见第 92 题解析。

94.【2007 年真题】实现防水混凝土自防水的技术途径有（ ）。

A. 减小水灰比　　　　　　B. 降低砂率　　　　　　C. 掺用膨胀剂

D. 掺入糖蜜　　　　　　　E. 掺入引气剂

【解析】 参见教材第 129 页。实现混凝土自防水的技术途径有以下几个方面：

（1）提高混凝土的密实度。

① 调整混凝土的配合比，提高密实度。一般应在保证混凝土拌合物和易性的前提下减小水灰比，改善骨料颗粒级配，降低孔隙率，减少渗水通道。适当提高水泥用量、砂率和灰砂比，在粗骨料周围形成质量良好的、厚度足够的砂浆包裹层，阻断沿粗骨料表面的渗水孔隙。

② 掺入化学外加剂，提高密实度。在混凝土中掺入适量减水剂、三乙醇胺早强剂或氯化铁防水剂均可提高密实度，增加抗渗性。

③ 使用膨胀水泥（或掺用膨胀剂）提高混凝土密实度，提高抗渗性。

（2）改善混凝土内部孔隙结构。在混凝土中掺入适量引气剂或引气减水剂，可以形成大量封闭微小气泡。这些气泡相互独立，既不渗水，又使水路变得曲折、细小、分散，可显著提高混凝土的抗渗性。

防水混凝土施工技术要求较高，施工中应尽量少留或不留施工缝，必须留施工缝时须设止水带；模板不得漏浆；原材料质量应严加控制；加强搅拌、振捣和养护工序等。

95.【2011 年真题】影响混凝土密实性的实质性因素是（ ）。

A. 振捣方法　　　B. 养护温度　　　C. 水泥用量　　　D. 养护湿度

【解析】 参见第 94 题解析。

96.【2011 年真题】可实现混凝土自防水的技术途径是（ ）。

A. 适当降低砂率和灰砂比 B. 掺入适量的三乙醇胺早强剂
C. 掺入适量的加气剂 D. 无活性掺和料时水泥限量少于280kg/m²

【解析】 参见第94题解析。

97. 【2005年真题】提高防水混凝土密实度的具体技术措施包括（　　）。
   A. 调整混凝土的配合比 B. 掺入适量减水剂
   C. 掺入适量引气剂 D. 选用膨胀水泥
   E. 采用热养护方法进行养护

【解析】 参见第94题解析。

98. 【2016年真题】使用膨胀水泥主要是为了提高混凝土的（　　）。
   A. 抗压强度　　B. 抗碳化　　C. 抗冻性　　D. 抗渗性

【解析】 参见教材第129页。使用膨胀水泥（或掺用膨胀剂）提高混凝土密实度，提高抗渗性。

99. 【2015年真题】分两层摊铺的碾压混凝土，下层碾压混凝土的最大粒径不应超过（　　）。
   A. 20mm　　B. 30mm　　C. 40mm　　D. 60mm

【解析】 参见教材第129页。本题考查的是特种混凝土。由于碾压混凝土用水量少，较大的骨料粒径会引起混凝土离析并影响混凝外观，因此最大粒径以20mm为宜；当碾压混凝土分两层摊铺时，其下层骨料最大粒径采用40mm。

100. 【2009年真题】碾压混凝土中不掺混合材料时，宜选用（　　）。
   A. 硅酸盐水泥 B. 矿渣硅酸盐水泥
   C. 普通硅酸盐水泥 D. 火山灰质硅酸盐水泥
   E. 粉煤灰硅酸盐水泥

【解析】 参见教材第130页。当混合材料掺量较高时，宜选用普通硅酸盐水泥或硅酸盐水泥，以便混凝土尽早获得强度；当不用混合材料或用量很少时，宜选用矿渣水泥、火山灰水泥或粉煤灰水泥，使混凝土取得良好的耐久性。

101. 【2010年真题】碾压混凝土掺用粉煤灰时，宜选用（　　）。
   A. 矿渣硅酸盐水泥 B. 火山灰硅酸盐水泥
   C. 普通硅酸盐水泥 D. 粉煤灰硅酸盐水泥

【解析】 参见第100题解析。

102. 【2006年真题】碾压混凝土的主要特点是（　　）。
   A. 水泥用量少　　B. 和易性好　　C. 水化热高　　D. 干缩性大

【解析】 参见教材第130页。碾压混凝土的特点：
（1）内部结构密实、强度高。碾压混凝土使用的骨料级配孔隙率低，经振动碾压内部结构骨架十分稳定，因此能够充分发挥骨料的强度，使混凝土表现出较高的抗压强度。
（2）干缩性小、耐久性好。
（3）节约水泥、水化热低。特别适用于大体积混凝土工程。

103. 【2010年真题】在混凝土中掺入玻璃纤维或尼龙不能显著提高混凝土的（　　）。
   A. 抗冲击能力　　B. 耐磨能力　　C. 抗压强度　　D. 抗震性能

【解析】 参见教材第130页。纤维混凝土是以混凝土为基体，外掺各种纤维材料而成。

掺入纤维的目的是提高混凝土的抗拉强度与降低其脆性。由于提高了抗拉强度,可防止水化热、干缩引起的裂纹,也可提高抗渗、抗冲击和耐磨能力。

纤维的品种有高弹性模量纤维(如钢纤维、碳纤维、玻璃纤维等)和低弹性模量纤维两类。纤维混凝土目前已逐渐地应用在高层建筑楼面,高速公路路面,荷载较大的仓库地面、停车场、贮水池等处。

高弹性模量纤维(如钢纤维、碳纤维、玻璃纤维等)中以钢纤维应用较多;低弹性模量纤维(如尼龙纤维、聚丙烯纤维)不能提高混凝土硬化后的抗拉强度,但能提高混凝土的抗冲击强度,其中以聚丙烯纤维应用较多。各类纤维中以钢纤维对抑制混凝土裂缝形成、提高混凝土抗拉强度和抗弯强度、增加韧性效果最好。

(四) 沥青混合料

104.【2022年补考真题】常用于测试评定沥青混合料高温稳定性的方法有(   )。
   A. 弯拉破坏试验法   B. 马歇尔试验法
   C. 低频疲劳试验法   D. 史密斯三轴试验法
   E. 无侧限抗压强度试验法

【解析】 参见教材131页。本题考查的是沥青混合料。沥青混合料的高温稳定性通常采用高温强度与稳定性作为主要技术指标,常用的测试评定方法有马歇尔试验法、无侧限抗压强度试验法、史密斯三轴试验法等。

105.【2020年真题】沥青路面的面层骨料采用玄武岩碎石主要是为了保证路面的(   )。
   A. 高温稳定性   B. 低温抗裂性   C. 抗滑性   D. 耐久性

【解析】 参见教材第132页。本题考查的是沥青混合料。沥青路面的抗滑性能与骨料的表面结构(粗糙度)、级配组成、沥青用量等因素有关。为保证抗滑性能,面层骨料应选用质地坚硬具有棱角的碎石,通常采用玄武岩。

(五) 砌筑材料

106. 下列砖中,适合砌筑沟道或基础的为(   )。
   A. 蒸养砖   B. 烧结空心砖
   C. 烧结空心砖   D. 烧结普通砖

【解析】 参见教材第132页。烧结普通砖具有较高的强度,良好的绝热性、耐久性、透气性和稳定性,且原料广泛,生产工艺简单,因而可用作墙体材料,砌筑柱、拱、窑炉、烟囱、沟道及基础等。

107.【2019年真题】烧结多孔砖的孔洞率不应小于(   )。
   A. 20%   B. 25%   C. 30%   D. 40%

【解析】 参见教材第132页。本题考查的是砖、砌块。烧结多孔砖,大面有孔,孔多而小,孔洞垂直于大面(即受压面),孔洞率不应小于25%。

108.【2016年真题】烧结普通砖的耐久性指标包括(   )。
   A. 抗风化性   B. 抗侵蚀性   C. 抗碳化性
   D. 泛霜   E. 石灰爆裂

【解析】 参见教材第132页。本题考查的是砖。砖的耐久性包括抗风化性、泛霜和石灰爆裂等指标。

109. 【2013 年真题】非承重墙应优先采用（　　）。
    A. 烧结空心砖　　　B. 烧结多孔砖　　　C. 粉煤灰砖　　　D. 煤矸石砖
【解析】　参见教材第 132 页。烧结空心砖强度不高，而且自重较轻，因而多用于非承重墙，如多层建筑内隔墙或框架结构的填充墙等。

110. 【2008 年真题】不可用于六层以下建筑物承重墙体砌筑的墙体材料是（　　）。
    A. 烧结黏土多孔砖　　　　　　　　　B. 烧结黏土空心砖
    C. 烧结页岩多孔砖　　　　　　　　　D. 烧结煤矸石多孔砖
【解析】　参见教材第 132 页。烧结多孔砖主要用于六层以下建筑物的承重墙体。

111. 【2004 年真题】烧结普通砖应注意的质量指标是（　　）。
    A. 抗风化性　　　B. 脆性　　　C. 韧性　　　D. 高水密性
【解析】　参见教材第 132 页。烧结砖的耐久性应符合规范规定，其耐久性包括抗风化性、泛霜和石灰爆裂等指标。抗风化性通常以其抗冻性、吸水率及饱和系数等来进行判别，而石灰爆裂与泛霜均与砖中石灰夹杂有关。

112. 【2024 年真题】下列关于烧结多孔砖的说法正确的是（　　）。
    A. 烧结泛霜与砖中的石灰夹杂有关
    B. 烧结多孔砖主要用于六层以上建筑的承重墙体
    C. 多孔砖的孔洞率不小于 25%
    D. 空心砖孔洞垂直于受压面
    E. 空心砖的孔洞率不小于 40%
【解析】　参见教材第 132~133 页。
选项 B：烧结多孔砖主要用于六层以下建筑物的承重墙体。
选项 D：空心砖的承压面与孔洞平行。

113. 【2018 年真题】MU10 蒸压灰砂砖可用于的建筑部位为（　　）。
    A. 基础底面以上　　　　　　　　　B. 有酸性介质侵蚀
    C. 冷热交替部位　　　　　　　　　D. 防潮层以上
【解析】　参见教材第 133 页。本题考查的是砌筑材料。MU10 砖可用于防潮层以上的建筑部位，这种砖不得用于长期经受 200℃ 高温、急冷急热或有酸性介质侵蚀的建筑部位。

114. 【2024 年真题】下列关于普通混凝土小型空心砌块说法，正确的是（　　）。
    A. 主规格尺寸为 390mm×190mm×90mm
    B. 其孔洞不得设置在受压面
    C. 可用于单层或多层工业与民用建筑的内墙和外墙
    D. 只能用于非承重结构
【解析】　参见教材第 133~134 页。
选项 A：砌块的主规格尺寸为 390mm×190mm×190mm。
选项 B：其孔洞设置在受压面。
选项 D：可用于承重结构和非承重结构。

115. 【2014 年真题】隔热效果最好的砌块是（　　）。
    A. 粉煤灰砌块　　　　　　　　　　B. 中型空心砌块
    C. 混凝土小型空心砌块　　　　　　D. 蒸压加气混凝土砌块

【解析】 参见教材第 133、134 页。加气混凝土砌块广泛用于一般建筑物墙体，还用于多层建筑物的非承重墙及隔墙，也可用于低层建筑的承重墙。体积密度级别低的砌块还用于屋面保温。保温即隔热。

116. 【2010 年、2004 年真题】在水泥石灰砂浆中，适当掺入粉煤灰是为了（   ）。
A. 提高和易性　　　　　　　　　　　B. 提高强度和塑性
C. 减少水泥用量　　　　　　　　　　D. 缩短凝结时间

【解析】 参见教材第 134 页。掺和料是指为改善砂浆和易性而加入的无机材料，如石灰膏、电石膏、黏土膏、粉煤灰、沸石粉等。掺和料对砂浆强度无直接影响。消石灰粉不能直接用于砌筑砂浆。

117. 【2017 年真题】关于砌筑砂浆的说法，正确的是（   ）。
A. 水泥混合砂浆强度等级分为 5 级
B. M15 以上强度等级砌筑砂浆宜选用 42.5 级的通用硅酸盐水泥
C. 湿拌砂浆包括湿拌自流平砂浆
D. 石灰膏在水泥石灰混合砂浆中起增加砂浆稠度的作用

【解析】 参见教材第 134、135 页。

选项 A：水泥砂浆及预拌砂浆的强度等级可分为 M5、M7.5、M10、M15、M20、M25、M30；水泥混合砂浆的强度等级可分为 M5、M7.5、M10、M15 四个等级。

选项 B：在干燥条件下使用的砂浆既可选用气硬性胶凝材料（石灰、石膏），也可选用水硬性胶凝材料（水泥）；在潮湿环境或水中使用的砂浆，则必须选用水泥作为胶凝材料。水泥宜采用通用硅酸盐水泥或砌筑水泥；M15 及以下强度等级的砌筑砂浆宜选用 32.5 级的通用硅酸盐水泥或砌筑水泥；M15 以上强度等级的砌筑砂浆宜选用 42.5 级通用硅酸盐水泥。

选项 C：湿拌砂浆按用途可分为湿拌砌筑砂浆、湿拌抹灰砂浆、湿拌地面砂浆和湿拌防水砂浆。干拌砂浆按用途分为干混砌筑砂浆、干混抹灰砂浆、干混地面砂浆、干混普通防水砂浆、干混陶瓷砖黏结砂浆、干混界面砂浆、干混保温板黏结砂浆、干混保温板抹面砂浆、干混聚合物水泥防水砂浆、干混自流平砂浆、干混耐地坪砂浆和干混饰面砂浆

选项 D：掺和料是指为改善砂浆和易性而加入的无机材料，如石灰膏、电石膏、黏土膏、粉煤灰、沸石粉等。

影响砂浆强度的因素很多，除了砂浆的组成材料、配合比、施工工艺、施工及硬化时的条件等因素，砌体材料的吸水率也会对砂浆强度产生影响

二、参考答案

题号	1	2	3	4	5	6	7	8	9	10
答案	C	C	BCDE	CDE	A	C	D	B	C	D
题号	11	12	13	14	15	16	17	18	19	20
答案	D	CDE	ABDE	A	ACD	A	A	B	ACDE	A
题号	21	22	23	24	25	26	27	28	29	30
答案	A	BDE	CD	A	B	B	A	B	A	CDE

(续)

题号	31	32	33	34	35	36	37	38	39	40
答案	CDE	A	B	D	ABE	CDE	A	A	D	D
题号	41	42	43	44	45	46	47	48	49	50
答案	C	A	C	D	C	B	A	D	B	D
题号	51	52	53	54	55	56	57	58	59	60
答案	D	B	C	ADE	B	BC	BCE	B	C	A
题号	61	62	63	64	65	66	67	68	69	70
答案	D	BDE	B	D	C	D	B	B	ABCE	B
题号	71	72	73	74	75	76	77	78	79	80
答案	AE	D	B	A	A	A	BDE	A	BCDE	BCE
题号	81	82	83	84	85	86	87	88	89	90
答案	AD	A	B	ABD	ADE	C	BCDE	D	BC	D
题号	91	92	93	94	95	96	97	98	99	100
答案	D	ABC	A	ACE	C	B	ABD	D	C	BDE
题号	101	102	103	104	105	106	107	108	109	110
答案	C	A	C	BDE	C	D	B	ADE	A	B
题号	111	112	113	114	115	116	117			
答案	A	ACE	D	C	D	A	B			

三、2025年考点预测

考点一：钢材的适用范围。

考点二：常用水泥的特性及适用范围。

考点三：外加剂及特种混凝土。

考点四：沥青混合料的技术性质。

考点五：砌筑材料的技术性质。

第二节　建筑装饰材料

一、经典真题及解析

（一）建筑饰面材料

1.【2024年真题】下列关于人造饰面石材的说法，正确的是（　　）。

A. 复合型人造石材由无机胶凝结料和有机胶凝结料共同组合而成

B. 聚酯人造石材耐老化，故多用于室外地面

C. 烧结人造石材需经 500℃左右的高温焙烧而成

D. 硅酸盐水泥人造石材抗风化性优于铝酸盐水泥人造石材

【解析】 参见教材第135~137页。

选项B：与天然大理石相比，聚酯型人造石材具有强度高、密度小、厚度薄、耐酸碱腐蚀及美观等优点，但其耐老化性能不及天然花岗石，故多用于室内装饰。

选项C：烧结型人造石材是把斜长石、石英、辉石粉和赤铁矿及高岭土等混合成矿粉，再配以40%左右的黏土混合制成泥浆，经制坯、成型和艺术加工后，再经1000℃左右的高温焙烧而成。

选项D：用铝酸盐水泥制成的人造石材表面光洁，花纹耐久，抗风化性、耐久性及防潮性均优于硅酸盐水泥制成的人造石材。

2.【2022年真题】与花岗石板材相比，天然大理石板材的缺点是（　　）。
A. 耐火性差　　　　　　　　　B. 抗风化性能差
C. 吸水率低　　　　　　　　　D. 高温下会发生晶型转变

【解析】 参见教材第135、136页。天然饰面石材的分类、特点及应用见下表。

天然饰面石材	花岗石板材	矿物	主要是石英、长石及少量云母等，SiO₂含量高，属酸性岩石
		优点	质地坚硬密实、强度高、密度大、吸水率极低、耐磨、耐酸、抗风化、耐久性好，使用年限长
		缺点	花岗岩中含有石英，高温下会发生晶型转变，产生体积膨胀，因此花岗石耐火性差，但适宜制作火烧板 部分花岗石产品放射指标超标
		适用	主要应用于大型公共建筑或装饰等级要求较高的室内外装饰工程 粗面和细面板材常用于室外地面、墙面、柱面、勒脚、基座、台阶 镜面板材主要用于室内外地面、墙面、柱面、台面、台阶等，特别适宜用作大型公共建筑大厅的地面
	大理石板材	矿物	属于变质岩，由石灰岩或白云岩变质而成，主要矿物成分为方解石或白云石，是碳酸盐类岩石
		优点	质地较密实、抗压强度较高、吸水率低、质地较软，属中硬石材。天然大理石易加工，开光性好，常被制成抛光板材
		缺点	抗风化性能较差，故除个别品种（含石英为主的砂岩及石曲岩），一般不宜用作室外装饰
		适用	用于宾馆、展览馆、影剧院、商场、图书馆、机场、车站等公共建筑工程的室内柱面、地面、窗台板、服务台、电梯间门脸的饰面等，是理想的室内高级装饰材料

3.【2024年真题】下列关于大理石特性的说法，正确的有（　　）。
A. 属于典型的岩浆岩　　　　　B. 由石灰岩或白云岩变质而成
C. 抗风化能力较差　　　　　　D. 质地坚硬
E. 材质细腻，极富装饰性

【解析】 参见第2题解析。

4.【2007年真题】建筑物外墙装饰所用石材，主要采用的是（　　）。
A. 大理石　　　B. 人造大理石　　　C. 石灰岩　　　D. 花岗石

【解析】 参见第 2 题解析。

5. 【2017 年真题】室外装饰较少使用大理石板材的主要原因在于大理石（　　）。
   A. 吸水率大　　　B. 耐磨性差　　　C. 光泽度低　　　D. 抗风化差
   【解析】 参见第 2 题解析。

6. 【2006 年真题】天然大理石板材用于装饰时需引起重视的问题是（　　）。
   A. 硬度大难以加工　　　　　　　　B. 抗风化性能差
   C. 吸水率大且防潮性能差　　　　　D. 耐磨性能差
   【解析】 参见第 2 题解析。

7. 【2005 年真题】天然饰面石材中，大理石板材的特点是（　　）。
   A. 吸水率大、耐磨性好　　　　　　B. 耐久性好、抗风化性能好
   C. 吸水率小、耐久性差　　　　　　D. 耐磨性好、抗风化性能差
   【解析】 参见第 2 题解析。

8. 【2021 年真题】天然花岗石板材作为装饰面材料的缺点是耐火性差，其根本原因是（　　）。
   A. 吸水率极高　　B. 含有石英　　C. 含有云母　　D. 具有块状构造
   【解析】 参见第 2 题解析。

9. 【2020 年、2019 年、2017 年、2010 年真题】与天然大理石板材相比，装饰用天然花岗石板材的缺点是（　　）。
   A. 吸水率高　　　B. 耐酸性差　　　C. 耐久性差　　　D. 耐火性差
   【解析】 参见第 2 题解析。

10. 【2004 年真题】建筑工程使用的花岗石比大理石（　　）。
    A. 易加工　　　　　　　　　　　　B. 耐火
    C. 更适合室内墙面装饰　　　　　　D. 耐磨
    【解析】 参见第 2 题解析。

11. 【2018 年真题】可用于室外装饰的饰面材料有（　　）。
    A. 大理石板材　　　B. 合成石面板　　　C. 釉面砖
    D. 瓷质砖　　　　　E. 石膏饰面板
    【解析】 选项 A：大理石板材抗风化性能较差，故除个别品种（含石英为主的砂岩及石曲岩），一般不宜用作室外装饰。
    选项 B：合成石面板属人造石板，强度高、厚度小、耐酸碱性、抗污染性好，可用于室内外立面、柱面装饰。
    选项 C：釉面砖砖体多孔，吸收大量水分后将产生湿胀现象，而釉吸湿膨胀非常小，从而导致釉面开裂，出现剥落、掉皮现象，因此不宜用于室外。
    选项 D：瓷质砖吸湿膨胀率极小，在 -15~20℃冻融循环 20 次无可见缺陷。装饰在建筑物外墙壁上能起到隔声、隔热的作用。
    选项 E：石膏饰面板主要用作室内吊顶及内墙饰面。

12. 【2024 年真题】下列关于饰面陶瓷的说法，正确的是（　　）。
    A. 瓷质砖由瓷土或优质陶土煅烧而成
    B. 釉面砖表面平整，坚固耐用，可用于室内外装饰

C. 马赛克表面分无釉和有釉两种

D. 墙地砖的防火防水性能差，不适用于室外装饰

【解析】 参见教材第136、137页。

饰面材料	釉面砖		又称瓷砖，是建筑装饰工程中最常用、最重要的饰面材料之一
		优点	表面平整、光滑、坚固耐用，色彩鲜艳，易于清洁，防火、防水、耐磨、耐腐蚀
		缺点	不宜用于室外，因釉面砖砖体多孔，吸收大量水分后将产生湿胀现象
	墙地砖	优点	坚固耐用，易清洗、防火、防水、耐磨、耐蚀
			包括建筑物外墙装饰贴面用砖和室内外地面装饰铺贴用砖
	陶瓷锦砖		俗称马赛克，主要用于室内地面铺装，造价较低。表面有无釉与有釉两种
			色泽稳定、美观、耐磨、耐污染、易清洗，抗冻性能好，坚固耐用
	瓷质砖		又称同质砖、通体砖、玻化砖
		优点	烧结温度高，瓷化程度好，吸湿膨胀率极小，在-15~20℃冻融循环20次无可见缺陷。装饰在建筑物外墙壁上能起到隔声、隔热的作用，比大理石轻便，质地均匀致密、强度高、化学性能稳定，逐渐成为天然石材装饰材料的替代产品

13.【**2022年真题**】下列陶瓷地砖中，可以用在室外装饰的材料有（　　）。

A. 瓷砖　　　　B. 釉面砖　　　　C. 墙地砖　　　　D. 马赛克

【解析】参见第12题解析。

14.【**2021年真题**】下列饰面砖中，普遍用于室内和室外装饰的有（　　）。

A. 墙地砖　　　　　　B. 釉面砖一等品　　　　C. 釉面砖优等品

D. 陶瓷锦砖　　　　　E. 瓷质砖

【解析】参见第12题解析。

15.【**2008年真题**】不适用于室外的装饰材料是（　　）。

A. 釉面砖　　　　B. 墙地砖　　　　C. 玻化砖　　　　D. 同质砖

【解析】参见第12题解析。

16.【**2016年真题**】釉面砖的优点包括（　　）。

A. 耐潮湿　　　　　　B. 耐磨　　　　　　C. 耐腐蚀

D. 色彩鲜艳　　　　　E. 易于清洁

【解析】参见第12题解析。

17.【**2021年、2020年真题**】下面饰面砖中，接近且可替代天然饰面石材的为（　　）。

A. 釉面砖　　　　B. 墙面砖　　　　C. 陶瓷锦砖　　　　D. 瓷质砖

【解析】参见第12题解析。

18.【**2012年真题**】下列材料中，主要用作室内装饰的材料是（　　）。

A. 花岗石　　　　B. 陶瓷锦砖　　　　C. 瓷质砖　　　　D. 合成石面板

【解析】参见第12题解析。

（二）建筑装饰玻璃

19.【**2017年真题**】钢化玻璃是用物理或化学方法，在玻璃表面上形成一个（　　）。

A. 压应力层　　　　B. 拉应力层　　　　C. 防脆裂层　　　　D. 刚性氧化层

【解析】　参见教材第 140 页。钢化玻璃是用物理或化学的方法，在玻璃的表面上形成一个压应力层，而内部处于较大的拉应力状态，内外拉压应力处于平衡状态。

钢化玻璃机械强度高、弹性好、热稳定性好，碎后不易伤人，但可发生自爆。

20.【2008 年真题】公共建筑防火门应选用（　　）。
A. 钢化玻璃　　　　B. 夹丝玻璃　　　　C. 夹层玻璃　　　　D. 镜面玻璃

【解析】　参见教材第 140 页。夹丝玻璃也称防碎玻璃或钢丝玻璃，具有安全性、防火性和防盗抢性。

21.【2022 年真题】下列建筑装饰玻璃中，兼具有保温、隔热和隔声性能的是（　　）。
A. 中空玻璃　　　　B. 夹层玻璃　　　　C. 真空玻璃
D. 钢化玻璃　　　　E. 镀膜玻璃

【解析】　参见教材第 142 页。中空玻璃中间有空气，真空玻璃把中间抽真空，都可以很好地实现保温、隔热、隔声。

22.【2018 年真题】对隔热、隔声性能要求较高的建筑物宜选用（　　）。
A. 真空玻璃　　　　B. 中空玻璃　　　　C. 镀膜玻璃　　　　D. 钢化玻璃

【解析】　参见教材第 142 页。中空玻璃具有光学性能良好、保温隔热、降低能耗、防结露、隔声性能好等优点，适用于寒冷地区和需要保温隔热、降低采暖能耗的建筑物。中空玻璃具有良好的隔声性能，一般可使噪声下降 30~40dB。

中空玻璃主要用于对保温、隔热、隔声等功能要求较高的建筑物，如宾馆、住宅、医院、商场、写字楼等，也广泛用于车船等交通工具。

（三）建筑装饰涂料

23.【2005 年真题】涂料组成成分中，次要成膜物质的作用是（　　）。
A. 降低黏度，便于施工
B. 溶解成膜物质，影响成膜过程
C. 赋予涂料美观的色彩，并提高涂膜的耐磨性
D. 将其他成分粘成整体，并形成坚韧的保护膜

【解析】　参见教材第 142、143 页。次要成膜物质不能单独成膜，包括颜料与填料。颜料不溶于水和油，赋予涂料美观的色彩；填料能增加涂膜厚度，提高涂膜的耐磨性和硬度。减少收缩常用的有碳酸钙、硫酸钡、滑石粉等。

24.【2013 年真题】建筑装饰涂料的辅助成膜物质常用的溶剂为（　　）。
A. 松香　　　　B. 桐油　　　　C. 砂质酸纤维　　　　D. 苯

【解析】　参见教材第 143 页。辅助成膜物质不能构成涂膜，但可用于改善涂膜的性能或影响成膜过程，常用的有助剂和溶剂。助剂包括催干剂（铝、锰氧化物及其盐类）、增塑剂等；溶剂则起溶解成膜物质、降低黏度、利于施工的作用，常用的溶剂有苯、丙酮、汽油等。

25.【2023 年真题】外墙涂料应满足的基本要求有（　　）。
A. 耐候性良好　　　　B. 透气性良好　　　　C. 耐磨性良好
D. 抗冲击性良好　　　　E. 耐污染性良好

【解析】　参见教材第 143 页。外墙涂料主要起装饰和保护外墙墙面的作用，要求有良

好的装饰性、耐水性、耐候性、耐污染性，施工及维修容易。

26.【2021年、2011年真题】下列涂料中，常用于外墙的涂料有（　　）。
A. 苯乙烯-丙烯酸酯乳液涂料
B. 聚乙烯醇水玻璃涂料
C. 聚醋酸乙烯乳液涂料
D. 合成树脂乳液砂壁状涂料
E. 醋酸乙烯-丙烯酸酯有光乳液涂料

【解析】 参见教材第143页。常用于外墙的涂料有苯乙烯-丙烯酸酯乳液涂料、丙烯酸酯系外墙涂料、聚氨酯系外墙涂料、合成树脂乳液砂壁状涂料等。

27.【2009年真题】内墙涂料宜选用（　　）。
A. 聚醋酸乙烯乳液涂料
B. 苯乙烯-丙烯酸酯乳液涂料
C. 合成树脂乳液砂壁状涂料
D. 聚氨酯系涂料

【解析】 参见教材第144页。常用于内墙的涂料有聚乙烯醇水玻璃涂料（106内墙涂料）、聚醋酸乙烯乳液涂料、醋酸乙烯-丙烯酸酯有光乳液涂料、多彩涂料等。

28.【2004年真题】与内墙及地面涂料相比，对外墙涂料更注重（　　）。
A. 耐候性　　B. 耐碱性　　C. 透气性　　D. 耐粉化性

【解析】 参见教材第143页。暴露在大气中的涂层，要经受日光、雨水、风沙、冷热变化等作用，这样涂层会失去原来的装饰与保护功能。因此，作为外墙装饰的涂层，要求在规定年限内，不能发生破坏现象，即应有良好的耐候性能。

29.【2010年真题】建筑装饰用地面涂料宜选用（　　）。
A. 醋酸乙烯-丙烯酸酯乳液涂料
B. 聚醋酸乙烯乳液涂料
C. 聚氨酯涂料
D. 聚乙烯醇水玻璃涂料

【解析】 参见教材第144页。地面涂料的应用主要有两方面：一是用于木质地面的涂饰，如常用的聚氨酯漆、钙酯地板漆和酚醛树脂地板漆等；二是用于地面装饰，做成无缝涂布地面等，如常用的过氯乙烯地面涂料、聚氨酯地面涂料、环氧树脂厚质地面涂料等。

30.【2012年真题】关于对建筑涂料基本要求的说法，正确的是（　　）。
A. 外墙、地面、内墙涂料均要求耐水性好
B. 外墙涂料要求色彩细腻、耐碱性好
C. 内墙涂料要求抗冲击性好
D. 地面涂料要求耐候性好

【解析】 参见教材第143、144页。建筑涂料的基本要求见下表。

外墙涂料	内墙涂料	地面涂料
（1）装饰性良好 （2）耐水性良好 （3）耐候性良好 （4）耐污染性好 （5）施工及维修容易	（1）色彩丰富、细腻、调和 （2）耐碱性、耐水性、耐粉化性良好 （3）透气性良好 （4）涂刷方便，重涂容易	（1）耐碱性良好 （2）耐水性良好 （3）耐磨性良好 （4）抗冲击性良好 （5）粘接性能好 （6）涂刷方便，重涂容易

（四）建筑装饰塑料

31.【2015年真题】塑料的主要组成材料是（　　）。

A. 玻璃纤维　　　　B. 乙二胺　　　　C. DBP 和 DOP　　　　D. 合成树脂

【解析】 参见教材第 144 页。塑料是以合成树脂为主要成分，加入各种填充料和添加剂，在一定的温度、压力条件下塑制而成的材料。塑料具有优良的加工性能，质量小、比强度高，绝热性、装饰性、电绝缘性、耐水性和耐腐蚀性好，但塑料的刚度小，易燃烧、变形和老化，耐热性差。

32.【2020 年真题】建筑塑料装饰制品在建筑物中应用广泛，常用的有（　　）。
A. 塑料门窗　　　　B. 塑料地板　　　　C. 塑料墙板
D. 塑料壁纸　　　　E. 塑料管材

【解析】 参见教材第 145、146 页。建筑塑料装饰制品有塑料门窗、塑料地板、塑料壁纸、塑料管材及配件。

33.【2022 年真题】下列常用塑料管材中，可应用于饮用水管的有（　　）。
A. PVC-U　　　　B. PVC-C　　　　C. PP-R
D. PB　　　　E. PEX

【解析】 参见教材第 146 页。建筑装饰常用塑料管材见下表。

硬聚氯乙烯（PVC-U）管	内壁光滑阻力小、不结垢、无毒、无污染、耐腐蚀。使用温度不大于40℃，为冷水管。抗老化性能好、难燃，可采用橡胶圈柔性接口安装。主要应用于给水管道（非饮用水）、排水管道、雨水管道
氯化聚氯乙烯（PVC-C）管	高温机械强度高，适用于受压的场合。阻燃、防火、导热性能低，管道热损失少，热膨胀系数低。主要应用于冷热水管、消防水管系统、工业管道系统。因其使用的胶水有毒性，一般不用于饮用水管道系统
无规共聚聚丙烯（PP-R）管	无毒、无害、不生锈、不腐蚀，有高度的耐酸性和耐氯化物性。耐热性能好，抗紫外线能力差，在阳光的长期照射下易老化。属于可燃性材料，不得用于消防给水系统。刚性和抗冲击性能比金属管道差。线膨胀系数较大，明敷或架空敷设所需支吊架较多，影响美观。主要应用于饮用水管、冷热水管
丁烯（PB）管	热胀系数大、价格高。主要应用于饮用水、冷热水管。特别适用于薄壁小口径压力管道，如地板辐射采暖系统的盘管
交联聚乙烯（PEX）管	具有无毒、卫生、透明的特点。具有折弯记忆性、不可热熔连接、热蠕动性较小、低温抗脆性较差、原料便宜等性能。阳光照射下可使PEX管加速老化，缩短使用寿命，可输送冷水、热水、饮用水及其他液体。主要应用于地板辐射采暖系统的盘管

34.【2024 年真题】下列塑料管材中，可用于饮用水管的有（　　）。
A. 交联聚乙烯管　　　　B. 硬聚氯乙烯管　　　　C. 丁烯管
D. 氯化聚氯乙烯管　　　　E. 无规共聚聚丙烯管

【解析】 参见第 33 题解析。

35【2023 年真题】以下塑料管中，可用于冷热水及饮用水的有（　　）。
A. 硬聚氯乙烯管　　　　B. 氯化聚乙烯管　　　　C. 无规共聚聚丙烯
D. 丁烯管　　　　E. 交联聚乙烯管

【解析】 参见第 33 题解析。

36.【2017 年真题】关于塑料管材的说法，正确的有（　　）。
A. 无规共聚聚丙烯管（PP-R 管）属于可燃性材料

B. 氯化聚氯乙烯管（PVC-C 管）热膨胀系数较高

C. 硬聚氯乙烯管（PVC-U 管）使用温度不大于 50℃

D. 丁烯管（PB 管）热膨胀系数低

E. 交联聚乙烯管（PEX 管）不可热熔连接

【解析】 参见第 33 题解析。

（五）建筑装饰钢板

37.【2019 年真题】 型号为 YX75-230-600 的彩色涂层压型钢板的有效覆盖宽度是（　　）。

A. 750mm　　　B. 230mm　　　C. 600mm　　　D. 1000mm

【解析】 参见教材第 147、148 页。型号 YX75-230-600 表示压型钢板的波高为 75mm，波距为 230mm，有效覆盖宽度为 600mm。

（六）建筑装饰木材

38.【2023 年真题】 木材各种力学强度中最高的是（　　）。

A. 顺纹抗压强度　　B. 顺纹抗弯强度　　C. 顺纹抗拉强度　　D. 横纹抗压强度

【解析】 参见教材第 148 页。木材按受力状态分为抗拉、抗压、抗弯和抗剪四种强度，而抗拉强度、抗压强度和抗剪强度又有顺纹和横纹之分。木材在顺纹方向的抗拉强度和抗压强度都比横纹方向高得多，其中顺纹方向的抗拉强度是木材各种力学强度中最高的，顺纹抗压强度仅次于顺纹抗拉强度和抗弯强度。

木材的强度除由本身组成、构造因素决定，还与含水率、疵病、外力持续时间、温度等因素有关。木材的构造特点使其各种力学性能具有明显的方向性。

39.【2018 年真题】 使木材物理力学性质变化发生转折的指标为（　　）。

A. 平衡含水率　　　　　　　B. 顺纹强度

C. 纤维饱和点　　　　　　　D. 横纹强度

【解析】 参见教材第 148 页。木材含水量大于纤维饱和点时，表示木材的含水率除吸附水达到饱和，还有一定数量的自由水。此时，木材如受潮或干燥，只是自由水改变，故不会引起湿胀干缩。只有当含水率小于纤维饱和点时，表示水分都吸附在细胞壁的纤维上，它的增加或减少才能引起木材的湿胀干缩，即只有吸附水的改变才影响木材的变形，而纤维饱和点正是这一改变的转折点。

二、参考答案

题号	1	2	3	4	5	6	7	8	9	10
答案	A	B	BCE	D	D	B	D	B	D	D
题号	11	12	13	14	15	16	17	18	19	20
答案	BD	C	C	AE	A	BCDE	D	B	A	B
题号	21	22	23	24	25	26	27	28	29	30
答案	AC	B	C	D	AE	AD	A	A	C	A
题号	31	32	33	34	35	36	37	38	39	
答案	D	ABDE	CDE	ACE	CDE	AE	C	C	C	

三、2025 年考点预测

考点一：饰面材料的适用范围。
考点二：玻璃的适用范围。
考点三：建筑装饰涂料的基本组成。
考点四：塑料管材及配件。

第三节　建筑功能材料

一、经典真题及解析

（一）防水材料

1.【2022 年真题】以下卷材类型中，尤其适用于强烈太阳辐射建筑防水的是（　　）。
A. SBS 改性沥青防水卷材　　　　　B. APP 改性沥青防水卷材
C. 氯化聚乙烯防水卷材　　　　　　D. 氯化聚乙烯-橡胶共混型防水卷材
【解析】参见教材第 150 页。建筑工程中常用的防水卷材见下表。

聚合物改性沥青防水卷材	SBS 改性沥青防水卷材	弹性体沥青防水卷材中的一种，广泛适用于各类建筑防水、防潮工程，尤其适用于寒冷地区和结构变形频繁的建筑物防水，并可采用热熔法施工
	APP 改性沥青防水卷材	塑性体沥青防水卷材中的一种，广泛适用于各类建筑防水、防潮工程，尤其适用于高温或有强烈太阳辐射地区的建筑物防水
	沥青复合胎柔性防水卷材	与沥青防水卷材相比，柔韧性有较大改善。适用于工业与民用建筑的屋面、地下室、卫生间等部位的防水防潮，也可用于桥梁停车场、隧道等建筑物的防水
合成高分子防水卷材	三元乙丙（EPDM）橡胶防水卷材	耐老化性能较好，化学稳定性良好。有优良的耐候性、耐臭氧性和耐热性。重量轻、使用温度范围宽、抗拉强度高、延伸率大、对基层变形适应性强、耐酸碱腐蚀。广泛适用于防水要求高、耐用年限长的土木建筑工程的防水
	聚氯乙烯（PVC）防水卷材	S 型是以煤焦油与聚氯乙烯树脂混熔料为基料的防水卷材；P 型是以增塑聚氯乙烯树脂为基料的防水卷材。该种卷材的尺寸稳定性、耐热性、耐蚀性、耐细菌性等均较好，适用于各类建筑的屋面防水工程和水池、堤坝等防水抗渗工程
	氯化聚乙烯防水卷材	不但具有合成树脂的热塑性能，而且具有橡胶的弹性。有耐候、耐臭氧和耐油、耐化学药品及阻燃性能。适用于各类工业、民用建筑的屋面防水、地下防水、防渗隔气、室内墙地面防潮、地下室卫生间防水，以及冶金、化工、水利、环保、采矿业防水防渗工程
	氯化聚乙烯-橡胶共混型防水卷材	兼有塑料和橡胶的特点。它不仅具有氯化聚乙烯所特有的高强度和优异的耐臭氧、耐老化性能，而且具有橡胶类材料所特有的高弹性、高延伸性和良好的低温柔性。因此，该类防水卷材特别适用于寒冷地区或变形较大的土木建筑防水工程

2.【2016 年真题】采矿业防水防渗工程常用（　　）。

A. PVC 防水卷材　　　　　　　　　　B. 氯化聚乙烯防水卷材
C. 三元乙丙橡胶防水卷材　　　　　　D. APP 改性沥青防水卷材

【解析】　参见第 1 题解析。

3.【2020 年、2019 年真题】在众多防水卷材中，相比之下尤其适用于寒冷地区建筑物防水的有（　　）。

A. SBS 防水卷材　　　　　　　　　　B. APP 防水卷材
C. PVC 防水卷材　　　　　　　　　　D. 氯化乙烯防水卷材
E. 氯化聚乙烯-橡胶共混

【解析】　参见第 1 题解析。

4.【2015 年、2009 年真题】防水要求高和耐用年限长的土木建筑工程，防水材料应优先选用（　　）。

A. 三元乙丙橡胶防水卷材　　　　　　B. 聚氯乙烯防水卷材
C. 氯化聚乙烯防水卷材　　　　　　　D. 沥青复合胎柔性水防水卷材

【解析】　参见第 1 题解析。

5.【2011 年真题】常用于寒冷地区和结构变形较为频繁部位，且适宜热溶法施工的聚合物改性沥青防水卷材是（　　）。

A. SBS 改性沥青防水卷材　　　　　　B. APP 改性沥青防水卷材
C. 沥青复合胎柔性防水卷材　　　　　D. 聚氯乙烯防水卷材

【解析】　参见第 1 题解析。

6.【2010 年、2008 年、2006 年真题】高温车间防潮卷材宜选用（　　）。

A. 氯化聚乙烯-橡胶共混型防水卷材　　B. 沥青复合胎柔性防水卷材
C. 三元乙丙橡胶防水卷材　　　　　　D. APP 改性沥青防水卷材

【解析】　参见第 1 题解析。

7.【2012 年真题】APP 改性沥青防水卷材，其突出的优点是（　　）。

A. 用于寒冷地区铺贴　　　　　　　　B. 适宜于结构变形频繁部位防水
C. 适宜于强烈太阳辐射部位防水　　　D. 可用热熔法施工

【解析】　参见第 1 题解析。

8.【2007 年真题】属于塑性体沥青防水卷材的是（　　）。

A. APP 改性沥青防水卷材　　　　　　B. SBS 改性沥青防水卷材
C. 沥青复合胎柔性防水卷材　　　　　D. 三元乙丙橡胶防水卷材

【解析】　参见第 1 题解析。

9.【2005 年真题】与聚合物改性沥青防水卷材相比，氯化聚乙烯-橡胶共混型防水卷材的优点是（　　）。

A. 高温不流淌、低温不脆裂　　　　　B. 拉伸强度高、延伸率大
C. 具有优异的耐臭氧、耐老化性能　　D. 价格便宜、可单层铺贴

【解析】　参见第 1 题解析。

10.【2004 年真题】防水涂料具有的显著特点是（　　）。

A. 抵抗变形能力强　　　　　　　　　B. 有利于基层形状不规则部位的施工
C. 施工时不需加热　　　　　　　　　D. 使用年限长

【解析】 参见教材第 152 页。防水涂料广泛适用于工业与民用建筑的屋面防水工程、地下室防水工程和地面防潮、防渗等，特别适用于各种不规则部位的防水。

11.【2014 年真题】弹性和耐久性较高的防水涂料是（　　）。
A. 氯丁橡胶改性沥青防水涂料
B. 聚氨酯防水涂料
C. SBS 橡胶改性沥青防水涂料
D. 聚氯乙烯改性沥青防水涂料

【解析】 参见教材第 152 页。建筑工程中常用防水涂料的类型、特点及品种见下表。

类型	特点	品种
高聚物改性沥青防水涂料	在柔韧性、抗裂性、拉伸强度、耐高低温性能、使用寿命等方面比沥青基料有很大改善	再生橡胶改性防水涂料、氯丁橡胶改性沥青防水涂料、SBS 橡胶改性沥青防水涂料、聚氯乙烯改性沥青防水涂料等
合成高分子防水涂料	具有高弹性、高耐久性及优良的耐高低温性能	聚氨酯防水涂料、丙烯酸酯防水涂料、环氧树脂防水涂料和有机硅防水涂料等

12.【2012 年真题】游泳池工程优先选用的不定型密封材料是（　　）。
A. 聚氯乙烯接缝膏
B. 聚氨酯密封膏
C. 丙烯酸类密封膏
D. 沥青嵌缝油膏

【解析】 参见教材第 153 页。建筑工程中常用的密封材料见下表。

不定型密封材料	沥青嵌缝油膏	主要作为屋面、墙面、沟槽的防水嵌缝材料
	聚氯乙烯接缝膏	有良好的黏结性、防水性、弹塑性、耐热、耐寒、耐蚀和抗老化性能。这种密封材料适用于各种屋面嵌缝或表面涂布作为防水层，也可用于水渠、管道等接缝，用于工业厂房自防水屋面嵌缝、大型屋面板嵌缝等
	丙烯酸类密封胶	良好的黏结性能、弹性和低温柔性，无溶剂污染，无毒，具有优异的耐候性和抗紫外线性能。主要用于屋面、墙板、门、窗嵌缝，但它的耐水性不算很好，所以不宜用于经常泡在水中的工程，不宜用于广场、公路、桥面等有交通来往的接缝中，也不宜用于水池、污水厂、灌溉系统、堤坝等水下接缝中
	聚氨酯密封胶	不需要打底。聚氨酯密封材料可以作屋面、墙面的水平或垂直接缝，尤其适用于游泳池工程。它还是公路及机场跑道的补缝、接缝的好材料，也可用于玻璃、金属材料的嵌缝
	硅酮密封胶	优异的耐热、耐寒性和良好的耐候性；与各种材料都有较好的黏结性能；耐拉抻-压缩疲劳性强，耐水性好 Gn 类为普通装饰装修镶装玻璃用，不适用于中空玻璃 Gw 类为建筑幕墙非结构性装配用，不适用于中空玻璃 改性硅酮建筑密封胶按用途分为两类，其中 F 类为建筑接缝用；R 类为干缩位移接缝用，常见于装配式预制混凝土外挂墙板接缝
定型密封材料		包括密封条带和止水带，如铝合金门窗橡胶密封条、丁腈橡胶-PVC 门窗密封条、自黏性橡胶、橡胶止水带、塑料止水带等

13.【2017 年真题】丙烯酸类密封膏具有良好的黏结性能，但不宜用于（　　）。
A. 门窗嵌缝
B. 桥面接缝
C. 墙板接缝
D. 屋面嵌缝

【解析】 参见第12题解析。

14.【2011年真题】不宜用于水池、堤坝等水下接缝的不定型密封材料是（　　）。
A. E类硅酮密封膏
B. 丙烯酸类密封膏
C. 聚氨酯密封膏
D. 橡胶密封条

【解析】 参见第12题解析。

15.【2009年真题】民用建筑的门、窗嵌缝，宜选用（　　）。
A. 沥青嵌缝油膏
B. 丙烯酸类密封膏
C. 塑料油膏
D. F类硅酮密封膏

【解析】 参见第12题解析。

16.【2005年真题】不定型密封材料中的丙烯酸类密封膏可用于（　　）。
A. 屋面嵌缝
B. 广场接缝
C. 桥面接缝
D. 水池接缝

【解析】 参见第12题解析。

17.【2021年真题】混凝土和金属框架的接缝黏结，优先选用的接缝材料为（　　）。
A. 硅酮建筑密封胶
B. 聚氨酯密封胶
C. 聚氯乙烯接缝膏
D. 沥青嵌缝油膏

【解析】 参见第12题解析。

18.【2004年真题】选用建筑密封材料时应首先考虑其（　　）。
A. 使用部位和黏结性能
B. 耐高低温性能
C. "拉伸-压缩"循环性能
D. 耐老化性

【解析】 参见教材第152页。为保证防水密封的效果，建筑密封材料应具有高水密性和气密性，良好的黏结性、耐高低温性和耐老化性能，一定的弹塑性和拉伸-压缩循环性能。密封材料的选用，应首先考虑它的黏结性能和使用部位。密封材料与被粘基层的良好黏结，是保证密封的必要条件。

（二）保温隔热材料

19.【2019年真题】关于保温隔热材料，下列说法正确的有（　　）。
A. 装饰材料燃烧性能 B_2 级属于难燃性
B. 高效保温材料的导热系数不大于 $0.14W/(m·K)$
C. 保温材料主要是防止室外热量进入室内
D. 装饰材料按其燃烧性能划分为 A、B_1、B_2、B_3 四个等级
E. 采用 B_2 级保温材料的外墙保温系统中每层应设置水平防火隔离带

【解析】 参见教材第154页。

选项 A、D：A（不燃性）、B_1（难燃性）、B_2（可燃性）、B_3（易燃性）四个等级。

选项 B：保温材料保温功能性指标的好坏是由材料导热系数的大小决定的，导热系数越小，保温性能越好。一般情况下，导热系数小于 $0.23W/(m·K)$ 的材料称为绝热材料，导热系数小于 $0.14W/(m·K)$ 的材料称为保温材料；通常导热系数不大于 $0.05W/(m·K)$ 的材料称为高效保温材料。

选项 C：用于控制室内热量外流的材料称为保温材料，将防止室外热量进入室内的材料称为隔热材料，两者统称为绝热材料。

选项 E：建筑内、外保温系统，宜采用燃烧性能为 A 级的保温材料，不宜采用 B_2 级保

温材料，严禁采用 B_3 级保温材料。当建筑外墙外保温系统按有关规范要求采用燃烧性能为 B_1、B_2 级的保温材料时，应符合下列规定：

（1）除采用 B_1 级保温材料且建筑高度不大于 24m 的公共建筑或采用 B_1 级保温材料且建筑高度不大于 27m 的住宅建筑，建筑外墙上门、窗的耐火完整性不应低于 0.50h。

（2）应在保温系统中每层设置水平防火隔离带。防火隔离带应采用燃烧性能等级为 A 级的材料，防火隔离带的宽度不应小于 300mm。

20.【2024年真题】下列关于保温隔热材料说法正确的是（　　）。
A. 装饰材料按其导热性能分为 A、B_1、B_2、B_3 四个等级
B. 建筑外保温系统严禁使用 B_2 级保温材料
C. 建筑内保温系统严禁使用 B_2 级保温材料
D. 防火隔离带应采用 A 级防火材料，其宽度不应小于 300mm
【解析】　参见第19题解析。

21.【2020年真题】保温隔热材料中使用温度最高的是（　　）。
A. 玻璃棉　　　B. 泡沫塑料　　　C. 陶瓷纤维　　　D. 泡沫玻璃
【解析】　参见教材第154、155页。建筑工程中常用的保温隔热材料见下表。

纤维状绝热材料	岩棉及矿渣棉	岩棉及矿渣棉统称为矿物棉，最高使用温度约600℃。缺点是吸水性大、弹性小。矿渣棉可作为建筑物的墙体、屋顶、天花板等处的保温隔热和吸声材料，以及热力管道的保温材料。燃烧性能为不燃材料
	石棉	具有耐火、耐热、耐酸碱、绝热、防腐、绝声及绝缘等特性，最高使用温度为500～600℃。石棉中的粉尘对人体有害，民用建筑很少使用，目前主要用于工业建筑
	玻璃棉	最高使用温度400℃。广泛用在温度较低的热力设备和房屋建筑中的保温隔热，同时它还是良好的吸声材料。玻璃棉燃烧性能为不燃材料
	陶瓷纤维	是一种纤维状轻质耐火材料，最高使用温度为1100～1350℃，有重量轻、耐高温、热稳定性好、导热率低、比热容小及耐机械振动等优点，因而在机械、冶金、化工、石油、陶瓷、玻璃、电子等行业都得到了广泛的应用。陶瓷纤维可用于高温绝热。吸声陶瓷纤维制品是指以陶瓷纤维为原材料，通过加工制成的重量轻、耐高温、热稳定性好、导热系数小、比热容小及耐机械振动等优点的工业制品，专门用于各种高温、高压、易磨损的环境中
多孔状绝热材料	膨胀蛭石	最高使用温度为1000～1100℃。铺设于墙壁、楼板、屋面等夹层中，作为绝热、隔声材料，但吸水性大、电绝缘性不好。使用时应注意防潮，也可与水泥、水玻璃等胶凝材料配合浇注成板，用于墙、楼板和屋面板等构件的绝热
	膨胀珍珠岩	最高使用温度不大于600℃，最低使用温度为-200℃。膨胀珍珠岩具有吸湿小、无毒、不燃、抗菌、耐蚀、施工方便等特点
	玻化微珠	吸水率低，易分散，可提高砂浆流动性，还具有防火、吸声隔热等性能，是一种具有高性能的无机轻质绝热材料，广泛应用于外墙内外保温砂浆、装饰板、保温板的轻质骨料
	泡沫玻璃	最高使用温度为500℃，是一种高级保温绝热材料，可用于砌筑墙体或冷库隔热

(续)

有机绝热材料	特点是质轻、多孔、导热系数小，但吸湿性大、不耐久、不耐高温	
	泡沫塑料	最高使用温度约为70℃。聚氨酯泡沫塑料最高使用温度达120℃，最低使用温度为-60℃。硬泡聚氨酯使用方便，可现场喷涂为任意形状，广泛应用于屋面和墙体保温。可代替传统的防水层和保温层，具有一材多用的功效
	植物纤维类绝热板	可用作墙体、地板、顶棚等，也可用于冷藏库、包装箱等

22.【2019年真题】下列纤维状绝热材料中，最高使用温度限值最低的是（　　）。
A. 岩棉　　　　B. 石棉　　　　C. 玻璃棉　　　　D. 陶瓷纤维
【解析】　参见第21题解析。

23.【2016年真题】民用建筑很少使用的保温隔热材料是（　　）。
A. 岩棉　　　　B. 矿渣棉　　　　C. 石棉　　　　D. 玻璃棉
【解析】　参见第21题解析。

24.【2023年真题】下列纤维状绝热材料中可承受使用温度最高的是（　　）。
A. 矿棉，矿渣棉　　　B. 石棉　　　　C. 玻璃棉　　　　D. 陶瓷纤维
【解析】　参见第21题解析。

25.【2018年真题】常用于高温环境中的保温隔热材料（　　）。
A. 泡沫塑料制品　　　　B. 玻璃棉制品　　　　C. 陶瓷纤维制品
D. 膨胀珍珠岩制品　　　E. 膨胀蛭石制品
【解析】　参见第21题解析。此题考点不是书上原话，只能通过使用温度判断。

26.【2017年真题】关于保温隔热材料的说法，正确的有（　　）。
A. 矿物棉的最高使用温度约600℃
B. 石棉最高使用温度为600~700℃
C. 玻璃棉最高使用温度300~500℃
D. 陶瓷纤维最高使用温度1100~1350℃
E. 矿物棉的缺点是吸水性大，弹性小
【解析】　参见第21题解析。

27.【2017年真题】膨胀蛭石是一种较好的绝热、隔声材料，但使用时应注意（　　）。
A. 防潮　　　　　　　　　　B. 防火
C. 不能松散铺设　　　　　　D. 不能与胶凝材料配合使用
【解析】　参见第21题解析。

（三）吸声隔声材料

28.【2018年真题】对中、高频均有吸声效果且安拆便捷，兼具装饰效果的吸声结构应为（　　）。
A. 帘幕吸声结构　　　　　　B. 柔性吸声结构
C. 薄板振动吸声结构　　　　D. 悬挂空间吸声结构
【解析】　参见教材第157页。帘幕吸声结构是具有通气性能的纺织品，对中、高频都有一定的吸声效果。帘幕吸声体安装拆卸方便，兼具装饰作用。

（四）防火材料

29.【2017年真题】薄型和超薄型防火涂料的耐火极限一般与涂层厚度无关，与之有关

的是（　　）。

A. 物体可燃性　　　　　　　　　B. 物体耐火极限
C. 膨胀后的发泡层厚度　　　　　D. 基材的厚度

【解析】 参见教材第158页。钢结构防火涂料根据其使用场合分为室内用和室外用两类，根据其涂层厚度和耐火极限又可分为厚质型、薄型和超薄型三类。

厚质（H）型防火涂料一般为非膨胀型的，厚度大于7mm且小于或等于45mm；薄型（B）和超薄（CB）型防火涂料通常为膨胀型的，前者的厚度大于3mm且小于或等于7mm，后者的厚度为小于或等于3mm。薄型和超薄型防火涂料的耐火极限一般与涂层厚度无关，而与膨胀后的发泡层厚度有关。

30.【2023年真题】下列防火堵料中，以快硬水泥为胶凝材料的是（　　）。

A. 耐火包　　　　　　　　　　　B. 有机防火堵料
C. 速固型防火堵料　　　　　　　D. 可塑性防火堵料

【解析】 参见教材第158页。建筑工程中常用的防火堵料见下表。

有机防火堵料	又称可塑性防火堵料，可塑性好，容易封堵各种不规则形状的孔洞，能够重复使用。遇火时发泡膨胀，尤其适合需经常更换或增减电缆、管道的场合
无机防火堵料	又称速固型防火堵料，是以快干水泥为基料，无毒无味、固化快速、耐火极限与力学强度较高，能承受一定重量，又有一定可拆性。主要用于封堵后基本不变的场合
防火包	又称耐火包或阻火包、防火枕，适合较大孔洞的防火封堵或电缆桥架的防火分隔，尤其适合需经常更换或增减电缆、管道的场合

二、参考答案

题号	1	2	3	4	5	6	7	8	9	10
答案	B	B	AE	A	A	D	C	A	C	B
题号	11	12	13	14	15	16	17	18	19	20
答案	B	B	B	B	A	A	A	DE	D
题号	21	22	23	24	25	26	27	28	29	30
答案	C	C	C	D	CE	ADE	A	A	C	C

三、2025年考点预测

考点一：防水材料的适用范围。
考点二：保温隔热材料的适用范围。

第四章 工程施工技术

一、本章思维导图

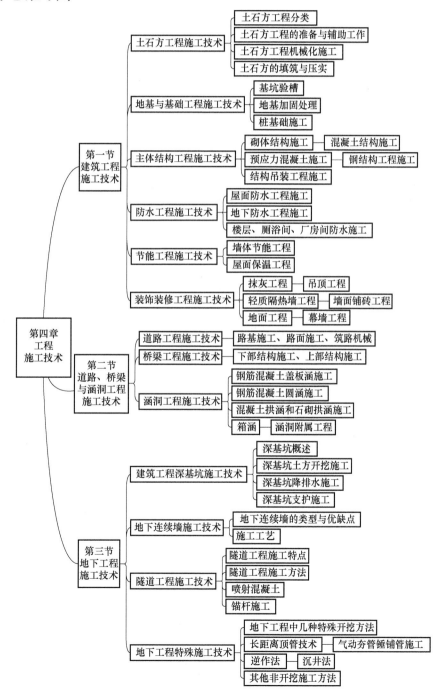

二、本章历年平均分值分布

节名	单选题	多选题	合计
第一节 建筑工程施工技术	9分	4分	13分
第二节 道路、桥梁与涵洞工程施工技术	3分	4分	7分
第三节 地下工程施工技术	3分	2分	5分
合计			25分

第一节 建筑工程施工技术

一、经典真题及解析

(一) 土石方工程施工技术

1.【2024年真题】下列关于土石方工程的说法，正确的是（　　）。
  A. 场地平整前必须确定场地设计标高
  B. 挖深超过3m（含3m）的称为深基坑（槽）
  C. 为保证一定的密实度，应尽量采用不同类土料回填
  D. 路基挖方称为路堤，填方称为路堑

【解析】 参见教材第160页。
选项A：场地平整前必须确定场地设计标高。
选项B：挖深超过5m（含5m）的称为深基坑（槽）。
选项C：填方应分层进行，并尽量采用同类土填筑。
选项D：路基挖方称为路堑，填方称为路堤。

2.【2004年真题】场地平整前，确定场地平整施工方案的首要任务是（　　）。
  A. 确定场地内外土方调配方案　　　　B. 计算挖方和填方的工程量
  C. 确定场地的设计标高　　　　　　　D. 拟定施工方法与施工进度

【解析】 参见教材第160页。场地平整前必须确定场地设计标高，计算挖方和填方的工程量，确定挖方、填方的平衡调配，选择土方施工机械，拟定施工方案。

3.【2008年真题】浅基坑的开挖深度一般（　　）。
  A. 小于3m　　　B. 小于4m　　　C. 不大于5m　　　D. 不大于6m

【解析】 参见教材第160页。开挖深度在5m以内的称为浅基坑（槽），挖深超过5m（含5m）的称为深基坑（槽）。应根据建筑物、构筑物的基础形式，坑（槽）底标高及边坡坡度要求开挖基坑（槽）。

4.【2023年真题】开挖较窄的沟槽时，适用于湿度较高的松散土质，且挖土深度不限的基坑支护形式是（　　）。
  A. 重力式支护结构　　　　　　　　B. 垂直挡土板式支撑

C. 间断式水平挡土板支撑   D. 连续式水平挡土板支撑

【解析】 参见教材第161页。横撑式支撑的类型与适用条件见下表。

横撑式支撑	开挖较窄的沟槽，多用横撑式土壁支撑		
	水平挡土板	间断式	湿度小的黏性土、挖土深度小于3m时，可采用间断式
		连续式	对松散、湿度大的土，可采用连续式水平挡土板支撑，挖土深度可达5m
	垂直挡土板		对松散和湿度很大的土，可采用垂直挡土板式支撑，其挖土深度不限

5.【2019年真题】在松散且湿度很大的土中挖6m深的沟槽，支护应优先选用（　　）。

A. 水平挡土板式支撑   B. 垂直挡土板式支撑
C. 重力式支护结构   D. 板式支护结构

【解析】 参见第4题解析。

6.【2015年真题】在松散土层中开挖6m深的沟槽，支护方式应优先采用（　　）。

A. 间断式水平挡土板横撑式支撑   B. 连续式水平挡土板式支撑
C. 垂直挡土板式支撑   D. 重力式支护结构支撑

【解析】 参见第4题解析。

7.【2010年真题】在松散潮湿的砂土中挖4m深的基槽，其支护方式不宜采用（　　）。

A. 悬臂式板式支护   B. 垂直挡土板式支护
C. 间断式水平挡土板支撑   D. 连续式水平挡土板支撑

【解析】 参见第4题解析。

8.【2022年真题】开挖深度为3m，湿度小的黏性土沟槽，适合采用的支护方式是（　　）。

A. 重力式支护结构   B. 垂直挡土板支撑
C. 板式支护结构   D. 水平挡土板支撑

【解析】 参见第4题解析。

9.【2021年真题】在开挖深度为4m，最小边长30m的基坑时，对周边土地进行支护，有效的方法为（　　）。

A. 横撑式土壁支撑   B. 水泥土搅拌桩支护
C. 板式支护   D. 板桩墙支护

【解析】 参见教材第161、162页。选项A主要用于开挖较窄的沟槽；选项C则由挡墙系统和支撑（或拉锚）系统组成；选项B，水泥土搅拌桩（或称深层搅拌桩）支护结构是近年来发展起来的一种重力式支护结构，开挖深度不宜大于7m；选项D为干扰选项。

10.【2006年真题】某建筑物基坑开挖深度6m，且地下水位高，土质松散，支护结构应选用（　　）。

A. 间断式水平挡土板   B. 连续式水平挡土板
C. 深层搅拌桩   D. 垂直挡土板

【解析】 参见第9题解析。

11.【2018年真题】基坑开挖时,造价相对偏高的边坡支护方式应为(　　)。
A. 水平挡土板　　　B. 垂直挡土墙　　　C. 地下连续墙　　　D. 水泥土搅拌桩
【解析】 工程实践中,地下连续墙是最贵的。

12.【2024年真题】下列基坑结构支护结构类型中,由挡墙系统和支撑(或拴锚)系统组成的是(　　)。
A. 水平挡土板式支撑　　　　　　　B. 垂直挡土板式支撑
C. 重力式支撑结构　　　　　　　　D. 板式支护结构
【解析】 参见教材第163页。板式支护结构由两大系统,即挡墙系统和支撑(或拉锚)系统组成。

13.【2018年真题】基坑开挖时,采用明排法施工,其集水坑应设置在(　　)。
A. 基础范围以外的地下水走向的下游　　　B. 基础范围以外的地下水走向的上游
C. 便于布置抽水设施的基坑边角处　　　　D. 不影响施工交通的基坑边角处
【解析】 参见教材第163页。集水坑应设置在基础范围以外,地下水走向的上游。集水坑的直径或宽度一般为0.6~0.8m,要经常低于挖土面0.7~1.0m。

14.【2013年真题】通常情况下,基坑土方开挖的明排水法主要适用于(　　)。
A. 细砂土层　　　B. 粉砂土层　　　C. 粗粒土层　　　D. 淤泥土层
【解析】 参见教材第163页。明排水法具有设备简单和排水方便的特点,应用较为普遍。主要适用于粗粒土层,也适用于渗水量小的黏土层。但当土为细砂和粉砂时,地下水渗出会带走细粒,发生流砂现象,导致边坡坍塌、坑底涌砂,难以施工,此时应采用井点降水法。

15.【2007年、2004年真题】某基础埋置深度较深,因地下水位较高,根据开挖需要,降水深度达18m,可考虑选用的降水方式有(　　)。
A. 轻型井点　　　B. 喷射井点　　　C. 管井井点
D. 深井井点　　　E. 电渗井点
【解析】 参见教材第163页。建筑工程施工中常见的井点类别、土的渗透系数和降低水位深度见下表。

井点类别	土的渗透系数/(m/d)	降低水位深度/m
单级轻型井点	0.005~20	<6
多级轻型井点	0.005~20	<20
喷射井点	0.005~20	<20
电渗井点	<0.1	根据选用的井点确定
管井井点	0.1~200	不限
深井井点	0.1~200	>15

16.【2015年真题】土方开挖的降水深度约16m,土的渗透系数50m/d,可采用的降水方式有(　　)。
A. 轻型井点降水　　　B. 喷射井点降水　　　C. 管井井点降水
D. 深井井点降水　　　E. 电渗井点降水

【解析】 参见第 15 题解析。

17.【2012 年真题】某大型基坑，施工场地标高为 ±0.000m，基坑底面标高为 -6.600m，地下水位标高为 -2.500m，土的渗透系数为 60m/d，则应选用的降水方式是（　　）。

A. 一级轻型井点　　B. 喷射井点　　C. 管井井点　　D. 深井井点

【解析】 参见第 15 题解析。从土的渗透系数上可以把选项 A、B 排除；从深度上可把选项 D 排除。

18.【2017 年真题】基坑采用轻型井点降水，其井点布置应考虑的主要因素是（　　）。

A. 水泵房的位置　　　　　　　B. 土方机械型号
C. 地下水位流向　　　　　　　D. 基坑边坡支护形式

【解析】 参见教材第 164 页。根据基坑平面的大小与深度、土质、地下水位高低与流向、降水深度要求，轻型井点可采用单排布置、双排布置和环形布置。当土方施工机械需进出基坑时，也可采用 U 形布置。

19.【2008 年真题】根据基坑平面大小、深度、土质、地下水位高低与流向和降水深度要求，轻型井点的平面布置可采用（　　）。

A. 单排布置　　　　B. 十字交叉布置　　　　C. 双排布置
D. 环形布置　　　　E. U 形布置

【解析】 参见教材第 164、165 页。轻型井点的平面布置形式及适用范围见下表。

单排布置	适用于基坑、槽宽度小于 6m，且降水深度不超过 5m 的情况
	井点管应布置在地下水的上游一侧，两端延伸长度不宜小于坑、槽的宽度
双排布置	适用于基坑宽度大于 6m 或土质不良的情况
环形布置	适用于大面积基坑
U 形布置	当土方施工机械需进出基坑时，也可采用 U 形布置
	大面积基坑如采用 U 形布置，井点管不封闭的一段应设在地下水的下游方向

20.【2013 年真题】关于轻型井点降水施工的说法，正确的有（　　）。

A. 轻型井点一般可采用单排或双排布置
B. 当有土方机械频繁进出基坑时，井点宜采用环形布置
C. 由于轻型井点需埋入地下蓄水层，一般不宜双排布置
D. 槽宽>6m，且降水深度超过 5m 时不适宜采用单排井点
E. 为了更好地集中排水，井点管应布置在地下水下游一侧

【解析】 参见第 19 题解析。

21.【2022 年真题】关于轻型井点的布置，下列说法正确的有（　　）。

A. 环形布置适用于大面积基坑
B. 双排布置适用于土质不良的情况
C. U 形布置适用于宽度不大于 6m 的情况
D. 单排布置适用于基坑宽度小于 6m，且降水深度不超过 5m 的情况
E. U 形布置井点管不封闭的一段应在地下水的下游方向

【解析】 参见第 19 题解析。

22. 【2016年真题】关于基坑土石方工程采用轻型井点降水，说法正确的是（　　）。
   A. U形布置不封闭段是为施工机械进出基坑留的开口
   B. 双排井点管适用于宽度小于6m的基坑
   C. 单排井点管应布置在基坑的地下水下游一侧
   D. 施工机械不能经U形布置的开口端进出基坑
   【解析】　参见第19题解析。

23. 【2008年真题】某工程基坑底标高-12.00m，地下水位-2.00m，基坑底面积2000m²，需采用井点降水。较经济合理的方法是（　　）。
   A. 轻型井点降水　　B. 喷射井点降水　　C. 管井井点降水　　D. 深井井点降水
   【解析】　参见教材第165页。喷射井点降水的适用范围及布置形式见下表。

喷射井点	适用范围	当基坑较深而地下水位又较高时，需要采用多级轻型井点，但这会增加基坑的挖土量，延长工期并增加设备数量，是不经济的，因此当降水深度超过8m时，宜采用喷射井点	
	深度	当降水深度超过8m时，宜采用喷射井点，降水深度可达8~20m	
	井点平面布置	当基坑宽度≤10m时	可做单排布置
		当基坑宽度>10m时	可做双排布置
		当基坑面积较大时	宜采用环形布置

24. 【2006年真题】某建筑物需开挖宽20m、长100m、深10m的基坑，地下水位低于自然地面0.5m，为便于施工需实施降水措施，降水方法和布置形式应采用（　　）。
   A. 单层轻型井点双排布置　　　　　　B. 单层轻型井点环形布置
   C. 喷射井点双排布置　　　　　　　　D. 喷射井点环形布置
   E. 深井井点单排布置
   【解析】　参见第23题解析。

25. 【2020年真题】基坑开挖中电渗井点可用于（　　）。
   A. 黏土层　　　　B. 砾石层　　　　C. 砂石层　　　　D. 砂砾层
   【解析】　参见教材第165页。在饱和黏土中，特别是淤泥和淤泥质黏土中，由于土的透水性较差，持水性较强，用一般喷射井点和轻型井点降水效果较差，此时宜增加电渗井点来配合轻型或喷射井点降水，以便对透水性较差的土起疏干作用，使水排出。

26. 【2019年真题】在淤泥质土中开挖10m深的基坑时，降水方法应优先选用（　　）。
   A. 单级轻型井点　　B. 管井井点　　C. 电渗井点　　D. 深井井点
   【解析】　参见第25题解析。

27. 【2013年真题】在渗透系数大，地下水量大的土层中，适宜采用的降水形式为（　　）。
   A. 轻型井点　　　B. 电渗井点　　　C. 喷射井点　　　D. 管井井点
   【解析】　参见教材第166页。管井井点降水就是沿基坑每隔一定距离设置一个管井，每个管井单独用一台水泵不断抽水来降低地下水位。在渗透系数大、地下水量大的土层中，宜采用的降水形式为管井井点降水。管井直径为150~250mm，管井间距一般为20~50m。

28. 【2014年真题】用推土机回填管沟，当无倒车余地时一般采用（　　）。

A. 沟槽推土法　　　　　　　　　B. 斜角推土法
C. 下坡推土法　　　　　　　　　D. 分批集中，一次推土法

【解析】 参见教材第166页。推土机施工方法见下表。

下坡推土法	推土机顺地面坡势进行下坡推土，可以借助机械本身的重力作用增加铲刀的切土力量，因而可增大推土机铲土深度和运土数量，提高生产率。在推土丘、回填管沟时，均可采用
分批集中，一次推土法	在较硬的土中，推土机的切土深度较小，一次铲土不多，可分批集中，再整批地推送到卸土区。应用此法，可使铲刀的推送数量增大，缩短运输时间，提高生产率12%~18%
并列推土法	在较大面积的平整场地施工中，采用2台或3台推土机并列推土，能减少土的散失。并列台数不宜超过4台，否则会互相影响
沟槽推土法	沿第一次推过的原槽推土，前次推土所形成的土埂能阻止土的散失，从而增加推运量。这种方法可以和分批集中、一次推送法联合运用，能够更有效地利用推土机，缩短运土时间
斜角推土法	将铲刀斜装在支架上，与推土机横轴在水平方向形成一定角度进行推土。一般在管沟回填且无倒车余地时可采用这种方法

29.【2012年真题】采用推土机并列推土时，并列台数不宜超过（　　）。
A. 2台　　　　B. 3台　　　　C. 4台　　　　D. 5台
【解析】 参见第28题解析。

30.【2016年真题】关于推土机施工作业，说法正确的是（　　）。
A. 土质较软使切土深度较大时可采用分批集中后一次推送
B. 并列推土的推土机数量不宜超过4台
C. 沟槽推土法是先用小型推土机推出两侧沟槽后再用大型推土机推土
D. 斜角推土法是指推土机行走路线沿斜向交叉推进
【解析】 参见第28题解析。

31.【2016年真题】对大面积二类土场地进行平整的主要施工机械应优先考虑（　　）。
A. 拉铲挖掘机　　B. 铲运机　　C. 正铲挖掘机　　D. 反铲挖掘机
【解析】 参见教材第166、167页。铲运机的特点、适用范围、路线及施工方法见下表。

铲运机	特点		能独立完成铲土、运土、卸土、填筑、压实等工作 对行驶道路要求较低，行驶速度快，操纵灵活，运转方便，生产率高
	适用范围		常用于坡度在20°以内的大面积场地平整，开挖大型基坑、沟槽，以及填筑路基等土方工程。铲运机可在Ⅰ~Ⅲ类土中直接挖土、运土，适宜运距为600~1500m，当运距为200~350m时效率最高
	路线	环形路线	施工地段较短、地形起伏不大的挖、填工程，适宜环形路线
		大环形路线	当挖土和填土交替，而挖填之间距离又较短时，可采用大环形路线 优点是一个循环能完成多次铲土和卸土，从而减少了铲运机的转弯次数，提高了工作效率
		8字形路线	适用挖、填相邻，地形起伏较大，且工作地段较长的情况 特点是铲运机行驶一个循环能完成两次作业，而每次铲土只需转弯一次，比环形路线可缩短运行时间，提高生产率。同时，一个循环中两次转弯方向不同，机械磨损较均匀

(续)

铲运机	施工方法	下坡铲土	应尽量利用有利地形进行下坡铲土，这样可以利用铲运机的重力来增大牵引力，使铲斗切土加深，缩短装土时间，从而提高生产率
		跨铲法	预留土埂，间隔铲土的方法。可使铲运机在挖两边土槽时减少向外撒土量，挖土埂时增加了两个自由面，阻力减小，铲土容易，土埂高度应不大于300mm，宽度以不大于拖拉机两履带间净距为宜
		助铲法	当地势平坦、土质较坚硬时，可采用推土机助铲以缩短铲土时间。此法的关键是双机要紧密配合，否则达不到效果。一般每3～4台铲运机配1台推土机助铲。推土机在助铲的空隙时间，可做松土或其他零星的平整工作，为铲运机施工创造条件

32.【2021年真题】大型建筑群场地平整，场地坡度最大15°，距离300～500m，土壤含水量低，可选用的机械有（　　）。

A. 推土机　　　B. 装载机　　　C. 铲运机　　　D. 正铲挖掘机

【解析】 参见第31题解析。

33.【2004年真题】某工程场地平整，土质为含水量较小的亚黏土，挖填高差不大，且挖区与填区有一宽度400m相对平整地带，这种情况宜选用的主要施工机械为（　　）。

A. 推土机　　　B. 铲运机　　　C. 正铲挖土机　　　D. 反铲挖土机

【解析】 参见第31题解析。

34.【2013年真题】为了提高铲运机铲土效率，适宜采用的铲运方法为（　　）。

A. 上坡铲土　　　B. 并列铲土　　　C. 斜向铲土　　　D. 间隔铲土

【解析】 参见第31题解析。

35.【2007年真题】对地势开阔平坦、土质较坚硬的场地进行平整，可采用推土机助铲配合铲运机工作，一般每台推土机可配合的铲运机台数为（　　）。

A. 1～2台　　　B. 2～3台　　　C. 3～4台　　　D. 5～6台

【解析】 参见第31题解析。

36.【2023年、2014年真题】单斗抓铲挖掘机的作业特点是（　　）。

A. 前进向下，自重切土　　　B. 后退向下，自重切土
C. 后退向下，强制切土　　　D. 直上直下，自重切土

【解析】 参见教材第167、168页。单斗挖掘机的类型、作业特点见下表。

单斗挖掘机	正铲挖掘机	前进向上强制切土	挖掘力大，生产率高，能开挖停机面以下的Ⅰ～Ⅳ级土，开挖大型基坑时需设下坡道，适宜在土质较好、无地下水的地区工作
	反铲挖掘机	后退向下强制切土	挖掘力比正铲挖掘机小，能开挖停机面以下的Ⅰ～Ⅲ级砂土或黏土，适宜开挖深度4m以内的基坑，对地下水位较高处也适用。反铲挖掘机的开挖方式有沟端开挖与沟侧开挖
	拉铲挖掘机	后退向下自重切土	挖掘半径和挖土深度较大，能开挖停机面以下的Ⅰ～Ⅱ级土，适宜开挖大型基坑及水下挖土
	抓铲挖掘机	直上直下自重切土	挖掘力较小，只能开挖Ⅰ～Ⅱ级土，可以挖掘独立基坑、沉井，特别适于水下挖土

37.【2016年真题】关于单斗挖掘机作业特点,说法正确的是( )。
A. 正铲挖掘机:前进向下,自重切土
B. 反铲挖掘机:后退向上,强制切土
C. 拉铲挖掘机:后退向下,自重切土
D. 抓铲挖掘机:前进向上,强制切土
【解析】 参见第36题解析。

38.【2019年真题】水下开挖独立基坑,工程机械宜优先选用( )。
A. 正铲挖掘机　B. 反铲挖掘机　C. 拉铲挖掘机　D. 抓铲挖掘机
【解析】 参见第36题解析。

39.【2018年真题】在挖深3m、Ⅰ～Ⅲ级土砂性土壤基坑,且地下水位较高时,宜优先选用( )。
A. 正铲挖掘机　B. 反铲挖掘机　C. 拉铲挖掘机　D. 抓铲挖掘机
【解析】 参见第36题解析。

40.【2011年真题】单斗拉铲挖土机的挖土特点是( )。
A. 前进向上,强制切土
B. 后退向下,强制切土
C. 后退向下,自重切土
D. 直上直下,自重切土
【解析】 参见第36题解析。

41.【2020年真题】与正铲挖掘机相比,反铲挖掘机的显著优点是( )。
A. 对开挖土层级别的适应性宽
B. 对基坑大小的适应性宽
C. 对开挖土层的地下水位适应性宽
D. 装车方便
【解析】 参见第36题解析。

42.【2022年真题】关于土石方机械化施工,下列说法正确的是( )。
A. 铲运机的经济运距为30～60m
B. 推土机分批集中一次推送能减少土的散失
C. 铲运机常用在坡度大于20°的大面积场地平整
D. 抓铲挖掘机特别适用于水下挖土
【解析】 参见教材第166～168页。
选项A:运距为200～350m时效率最高。
选项B:分批集中,一次推送法可使铲刀的推送数量增大,缩短运输时间。
选项C:铲运机常用于坡度在20°以内的大面积场地平整,开挖大型基坑、沟槽,以及填筑路基等土方工程。

43.【2017年真题】土石方工程机械化施工说法正确的有( )。
A. 土方运距在30～60m,最好采用推土机施工
B. 面积较大的场地平整,推土机台数不宜小于四台
C. 土方运距在200～350m时适宜采用铲运机施工
D. 开挖大型基坑时适宜采用拉铲挖掘机
E. 抓铲挖掘机和拉铲挖掘机均不宜用于水下挖土
【解析】 选项B:在较大面积的平整场地施工中,采用两台或三台推土机并列推土。
选项E:抓铲挖掘机的作业特点是直上直下,自重切土。可以挖掘独立基坑、沉井,特别适于水下挖土。

44.【2006年真题】下列土石方填筑材料中,边坡稳定性最差的是( )。

A. 碎石土　　　　B. 粗砂　　　　C. 黏土　　　　D. 中砂

【解析】 参见教材第 168 页表格。从下表可看出，在同等的边坡坡度情况下，黏土的填方高度是 6m，中砂、粗砂的填方高度是 10m，碎石土的填方高度是 10~12m。由此可以看出，黏土的边坡稳定性最差。

土的种类	填方高度/m	边坡坡度
黏土	6	1：1.50
亚黏土、泥灰岩土	6~7	1：1.50
轻亚黏土、细砂	6~8	1：1.50
黄土、类黄土	6	1：1.50
中砂、粗砂	10	1：1.50
碎石土	10~12	1：1.50
易风化的岩石	12	—

45.【2005 年真题】为了保证填土压实的效果，施工时应该采取的措施包括（　　）。
A. 由下至上分层铺填、分层压实
B. 在填方时按设计要求预留沉降量
C. 将透水性较大的土放在下层，透水性较小的土放在上层
D. 将不同种类的填料混合拌匀后分层填筑
E. 合理确定分层厚度及压实遍数

【解析】 参见教材第 168 页。填筑压实的施工要求：
(1) 填方的边坡坡度，应根据填方高度、土的种类、使用期限及其重要性确定。
(2) 填方宜采用同类土填筑，如采用不同透水性的土分层填筑时，下层宜填筑透水性较大的填料，上层宜填筑透水性较小的填料，或者将透水性较小的土层表面做成适当坡度，以免形成水囊。
(3) 基坑（槽）回填前，应清除沟槽内的积水和有机物，检查基础的结构混凝土达到一定的强度后方可回填。
(4) 填方时应按设计要求预留沉降量。
(5) 填方压实工程应由下至上分层铺填、分层压（夯）实，分层厚度及压（夯）实遍数根据压（夯）实机械、密实度要求、填料种类及含水量合理确定。

46.【2017 年真题】土石方在填筑施工时应（　　）。
A. 先将不同类别的土搅拌均匀　　　　B. 采用同类土填筑
C. 分层填筑时需搅拌　　　　　　　　D. 将含水量大的黏土填筑在底层

【解析】 参见第 45 题解析。

47.【2022 年真题】为保证填土工程质量，下列土壤可作为填方材料的是（　　）。
A. 膨胀性土　　　　　　　　　　B. 有机物大于 5% 的土
C. 砂土、爆破石渣　　　　　　　D. 含水量大的黏土

【解析】 参见教材第 169 页。土料选择见下表。

可以	碎石类土、砂土、爆破石渣及含水量符合压实要求的黏性土可作为填方材料
不可以	淤泥、冻土、膨胀土及有机物含量大于8%（质量分数）的土，以及硫酸盐含量大于5%（质量分数）的土均不能用作填土
不宜	填方土料为黏性土时，填土前应检验其含水量是否在控制范围以内，含水量大的黏性土不宜作填土用。

48.【2018年、2009年真题】 利用爆破石渣和碎石填筑大型地基，应优先选用的压实机械为（　　）。

A. 羊足碾　　　　B. 平碾　　　　C. 振动碾　　　　D. 蛙式打夯机

【解析】 参见教材第169页。填土压实方法见下表。

碾压法	平整场地等大面积填土多采用碾压法	
	碾压机械有平碾、羊足碾和气胎碾	
夯实法	小面积的填土工程多用夯实法，可以夯实黏性土或非黏性土	
	人工夯实工具	木夯、石夯
	机械夯实工具	夯锤、内燃夯土机和蛙式打夯机
振动压实法	主要用于压实非黏性土	
	振动碾是一种振动和碾压同时作用的高效能压实机械，对于振实填料为爆破石渣、碎石类土、杂填土和粉土等非黏性土，效果较好	

49.【2013年真题】 关于土石方填筑正确的意见是（　　）。

A. 不宜采用同类土填筑　　　　B. 从上至下填筑土层的透水性应从小到大

C. 含水量大的黏土宜填筑在下层　　　　D. 硫酸盐含量小于5%的土不能使用

【解析】 填方宜采用同类土填筑，如采用不同透水性的土分层填筑时，下层宜填筑透水性较大的填料，上层宜填筑透水性较小的填料。

碎石类土、砂土、爆破石渣及含水量符合压实要求的黏性土可作为填方材料。淤泥、冻土、膨胀性土及有机物含量大于8%（质量分数）的土，以及硫酸盐含量大于5%（质量分数）的土均不能用作填土。填方土料为黏性土时，填土前应检验其含水量是否在控制范围以内，含水量大的黏性土不宜作填土用。

（二）地基与基础工程施工技术

50.【2024年真题】 下列换填地基种类中，可作为结构辅助防渗的是（　　）。

A. 灰土地基　　　　B. 砂地基　　　　C. 砂石地基　　　　D. 粉煤灰地基

【解析】 参见教材第170、171页。灰土地基是将基础底面下要求范围内的软弱土层挖去，用一定比例的石灰与土在最佳含水量情况下充分拌和，分层回填夯实或压实而成。适用于加固深1~4m厚的软弱土、湿陷性黄土、杂填土等，还可用作结构的辅助防渗层。

51.【2019年真题】 某地区建筑设计基础底面以下有2~3m厚的湿陷性黄土需采用换填加固，回填材料应优先选用（　　）。

A. 灰土　　　　B. 粗砂　　　　C. 砂砾　　　　D. 粉煤灰

【解析】 参见教材第170、171页。换填地基按其回填的材料不同可分为灰土地基、砂和砂石地基、粉煤灰地基等。

灰土地基是将基础底面下要求范围内的软弱土层挖去，用一定比例的石灰与土在最佳含水量情况下充分拌和，分层回填夯实或压实而成。适用于加固深 1~4m 厚的软弱土、湿陷性黄土、杂填土等，还可用作结构的辅助防渗层。

52.【2015 年真题】以下土层中不宜采用重锤夯实地基的是（　　）。

A. 砂土　　　　　B. 湿陷性黄土　　　　C. 杂填土　　　　D. 软黏土

【解析】 参见教材第 171 页。夯实地基法主要有重锤夯实法和强夯法两种。

重锤夯实法	适用	地下水距地面 0.8m 以上稍湿的黏土、砂土、湿陷性黄土、杂填土和分层填土
	不适用	在有效夯实深度内存在软黏土层时不宜采用
强夯法		我国目前最为常用和最经济的深层地基处理方法之一
	适用	加固碎石土、砂土、低饱和度粉土、黏性土、湿陷性黄土、高填土、杂填土，以及"围海造地"地基、工业废渣、垃圾地基等的处理
		也可用于防止粉土及粉砂的液化，消除或降低大孔隙土的湿陷性
		对于高饱和度淤泥、软黏土、泥炭、沼泽土，如采取一定技术措施也可采用，还可用于水下夯实
	不允许	强夯法不得用于不允许对工程周围建筑物和设备有一定振动影响的地基加固，必须时，应采取防振、隔振措施
	处理范围	强夯法处理范围应大于建筑物基础范围，每边超出基础外缘的宽度宜为基底下设计处理深度的 1/2~2/3，并不宜小于 3m

53.【2013 年真题】关于地基夯实加固处理成功的经验是（　　）。

A. 砂土、杂填土和软黏土层适宜采用重锤夯实

B. 地下水距地面 0.8m 以上的湿陷性黄土不宜采用重锤夯实

C. 碎石土、砂土、黏土不宜采用强夯法

D. 工业废渣、垃圾地基适宜采用强夯法

【解析】 参见第 52 题解析。

54.【2017 年真题】地基处理常采用强夯法，其特点在于（　　）。

A. 处理速度快、工期短，适用于城市施工　　B. 不适用于软黏土层处理

C. 处理范围应小于建筑物基础范围　　　　D. 采取相应措施还可用于水下夯实

【解析】 参见第 52 题解析。

55.【2022 年真题】地基加固处理中，排水固结法的关键问题是（　　）。

A. 预压荷载　　　　　　　　　　　　B. 预压时间

C. 防振、隔振措施　　　　　　　　　D. 竖向排水体的设置

【解析】 参见教材第 172 页。预压地基又称排水固结法地基，适用于处理道路、仓库、罐体、飞机跑道、港口等各类大面积淤泥质土、淤泥及冲填土等饱和黏性土地基。预压荷载是其中的关键问题，因为施加预压荷载后才能引起地基土的排水固结。

56.【2015 年真题】以下土层中可以用灰土桩挤密地基施工的是（　　）。

A. 地下水位以下，深度在 15m 以内的湿陷性黄土地基

B. 地下水位以上，含水量不超过 30% 的地基土层

C. 地下水位以下的人工填土地基

D. 含水量在25%以下的人工填土地基

【解析】 参见教材第172、173页。土桩和灰土桩挤密地基是由桩间挤密土和填夯的桩体组成的人工"复合地基"，适用于处理地下水位以上，深度5~15m的湿陷性黄土或人工填土地基。土桩主要适用于消除湿陷性黄土地基的湿陷性，灰土桩主要适用于提高人工填土地基的承载力。地下水位以下或含水量超过25%的土，不宜采用。

57.【2012年真题】关于土桩和灰土桩的说法，正确的有（　　）。
A. 土桩和灰土桩挤密地基是由桩间挤密土和填夯的桩体组成
B. 用于处理地下水位以下，深度5~15m的湿陷性黄土
C. 土桩主要用于提高人工填土地基的承载力
D. 灰土桩主要用于消除湿陷性黄土地基的湿陷性
E. 不宜用于含水量超过25%的人工填土地基

【解析】 参见第56题解析。

58.【2010年真题】采用深层搅拌法进行地基加固处理，其适用条件为（　　）。
A. 砂砾石松软地基　　　　　　B. 松散砂地基
C. 黏土软弱地基　　　　　　　D. 碎石土软弱地基

【解析】 参见教材第173页。深层搅拌法适用于加固各种成因的淤泥质土、黏土和粉质黏土等，用于增加软土地基的承载能力，减少沉降量，提高边坡的稳定性和各种坑槽工程施工时的挡水帷幕。

59.【2024年真题】关于高压喷射注浆法的说法正确的是（　　）。
A. 用于处理素填土和碎石土地基
B. 不适用于处理淤泥、淤泥质土地基
C. 喷射方法分为定喷和摆喷两种
D. 二重管法的喷射作业自上而下进行

【解析】 参见教材第173页。

选项B：高压喷射注浆法适用于处理淤泥、淤泥质土、流塑、软塑或可塑黏性土、粉土、砂土、黄土、素填土和碎石土等地基。

选项C：高压喷射注浆法分为旋喷、定喷和摆喷三种。

选项D：单管法、二重管法、三重管法和多重管法都是自下而上进行喷射作业。

60.【2013年、2010年真题】采用叠浇法预制构件，浇筑上层构件混凝土时，下层构件混凝土强度至少达到设计强度的（　　）。
A. 20%　　　　　B. 30%　　　　　C. 40%　　　　　D. 50%

【解析】 参见教材第174页。桩的制作：长度在10m以下的短桩，一般多在工厂预制；较长的桩，因不便于运输，通常就在打桩现场附近露天预制。制作预制桩的方法有并列法、间隔法、重叠法、翻模法等。现场预制多采用重叠法预制，重叠层数不宜超过4层，层与层之间应涂刷隔离剂，上层或邻近桩的灌注应在下层或邻近桩桩体混凝土强度达到设计强度的30%后方可进行。

61.【2011年真题】钢筋混凝土预制桩起吊时，混凝土强度应至少达到设计强度的（　　）。
A. 30%　　　　　B. 50%　　　　　C. 70%　　　　　D. 100%

【解析】 参见教材第 174 页。钢筋混凝土预制桩应在桩体混凝土强度达到设计强度的 70%方可起吊;达到 100%方可运输和打桩。若提前吊运,应采取措施并经验算合格后方可进行。

62.【2014 年真题】关于钢筋混凝土预制桩加工制作,说法正确的是( )。

A. 长度在 10m 以上的桩必须工厂预制

B. 重叠法预制不宜超过 5 层

C. 重叠法预制下层桩强度达到设计强度 70%以上时方可灌注上层桩

D. 桩的强度达到设计强度的 70%方可起吊

【解析】 参见第 61 题解析。钢筋混凝土预制桩应在桩体混凝土强度达到设计强度的 70%方可起吊。

63.【2022 年真题】钢筋混凝土预制桩的起吊和运输中,要求混凝土强度至少分别达到设计强度的( )。

A. 65%,85%   B. 70%,100%   C. 75%,95%   D. 70%,80%

【解析】 参见第 61 题解析。

64.【2015 年真题】钢筋混凝土预制桩的运输和堆放应满足的要求是( )。

A. 混凝土强度达到设计强度的 70%方可运输

B. 混凝土强度达到设计强度的 100%方可运输

C. 堆放层数不宜超过 10 层

D. 不同规格的桩按上小下大的原则堆放

【解析】 参见教材第 174 页。

选项 A:桩体混凝土强度达到设计强度的 100%方可运输。

选项 C:堆放层数不宜超过 4 层。

选项 D:堆放时应设置垫木,垫木的位置与吊点位置相同,各层垫木应上下对齐,不同规格的桩应分别堆放。

65.【2016 年真题】关于钢筋混凝土预制桩施工,说法正确的是( )。

A. 基坑较大时,打桩宜从周边向中间进行

B. 打桩宜采用重锤低击

C. 钢筋混凝土预制桩堆放层数不超过 2 层

D. 桩体混凝土强度达到设计强度的 70%方可运输

【解析】 参见教材第 174 页。

选项 A:从中间向周边。

选项 C:堆放层数不宜超过 4 层。

选项 D:桩体混凝土强度达到设计强度的 100%方可运输。

66.【2023 年、2015 年真题】采用锤击法打预制钢筋混凝土桩,方法正确的是( )。

A. 桩重大于 2t 时,不宜采用"重锤低击"施工

B. 桩重小于 2t 时,可采用 1.5~2 倍桩重的桩锤

C. 桩重大于 2t 时,可采用桩重 2 倍以上的桩锤

D. 桩重小于 2t 时,可采用"轻锤高击"施工

【解析】 参见教材第175页。锤重应大于或等于桩重。实践证明,当锤重大于桩重的1.5~2.0倍时,能取得良好的效果;当桩重大于2t时,可采用比桩轻的桩锤,但也不能小于桩重的75%,因为在施工时宜采用"重锤低击"的打桩方式。

确定打桩顺序时,要综合考虑桩的密集程度、基础的设计标高、现场地形条件、土质情况等。一般当基坑不大时,打桩应从中间分头向两边或四周进行;当基坑较大时,应将基坑分为数段,而后在各段范围内分别进行。打桩应避免自外向内,或者从周边向中间的顺序。当桩基的设计标高不同时,打桩顺序易先深后浅;当桩的规格不同时,打桩顺序多宜先大后小、先长后短。

67.【2017年真题】钢筋混凝土预制桩锤击沉桩法施工,通常采用(　　)。
A. 轻锤低击的打桩方式　　　　　　B. 重锤低击的打桩方式
C. 先四周后中间的打桩顺序　　　　D. 先打短桩后打长桩
【解析】 参见第66题解析。

68.【2015年真题】打桩机正确的打桩顺序为(　　)。
A. 先外后内　　B. 先大后小　　C. 先短后长　　D. 先浅后深
【解析】 参见第66题解析。

69.【2020年真题】钢筋混凝土预制桩在砂夹卵石层和坚硬土层中沉桩,主要沉桩方式为(　　)。
A. 静力压桩　　B. 锤击沉桩　　C. 振动沉桩　　D. 射水沉桩
【解析】 参见教材第176页。射水沉桩法是锤击沉桩的一种辅助方法。射水沉桩法适用于砂土和碎石土,当预制桩特别长单靠锤击有一定困难时,也可用射水沉桩法辅助之。射水沉桩法的选择应视土质情况而异,在砂夹卵石层或坚硬土层中,一般以射水为主,锤击或振动为辅;在亚黏土或黏土中,为避免降低承载力,一般以锤击或振动为主,以射水为辅,并应适当控制射水时间和水量;下沉空心桩,一般用单管内射水。

70.【2019年真题】在含水砂层中施工钢筋混凝土预制桩基础,沉桩方法宜优先选用(　　)。
A. 锤击沉桩　　B. 静力压桩　　C. 射水沉桩　　D. 振动沉桩
【解析】 参见教材第176页。振动沉桩法主要适用于砂土、砂质黏土、亚黏土层,在含水砂层中的效果更为显著。

振动沉桩法的优点是设备构造简单,使用方便,效能高,所消耗的动力少,配以水冲法可用于砂砾层,附属机具设备亦少。其缺点是适用范围较窄,不宜用于黏性土及土层中夹有孤石的情况。

71.【2009年真题】桩基础工程施工中,振动沉桩法的主要优点有(　　)。
A. 适宜于黏性土层　　　　　　　　B. 对夹有孤石的土层优势突出
C. 在含水砂层中效果显著　　　　　D. 设备构造简单、使用便捷
E. 配以水冲法可用于砂砾层
【解析】 参见第70题解析。

72.【2007年真题】在桩基工程施工中,振动沉桩对地基土层有一定的要求,它不适用于(　　)。
A. 砂土　　　　B. 砂质黏土　　　C. 亚黏土　　　D. 黏性土

【解析】 参见第70题解析。

73.【2015年真题】静力压桩正确的施工工艺流程是（   ）。
A. 定位→吊桩→对中→压桩→接桩→压桩→送桩→切割桩头
B. 吊桩→定位→对中→压桩→送桩→接桩→压桩→切割桩头
C. 对中→吊桩→插桩→送桩→静压→接桩→压桩→切割桩头
D. 吊桩→定位→压桩→送桩→接桩→压桩→切割桩头

【解析】 参见教材第176页。静力压桩施工工艺流程：测量定位→压桩机就位→吊桩、插桩→桩身对中调直→静压沉桩→接桩→再静压沉桩→送桩→终止压桩→切割桩头。

74.【2018年真题】现浇混凝土灌注桩，按成孔方法分为（   ）。
A. 柱锤冲扩桩
B. 泥浆护壁成孔灌注桩
C. 干作业成孔灌注桩
D. 人工挖孔灌注桩
E. 爆扩成孔灌注桩

【解析】 参见教材第178页。现浇混凝土灌注桩按成孔方法分类，主要包括泥浆护壁成孔灌注桩、干作业成孔灌注桩、人工挖孔灌注桩和爆扩成孔灌注桩，而柱锤冲扩桩是一种地基加固处理方法，不属于灌注桩的成孔方法。

75.【2016年真题】在砂土地层中施工泥浆护壁成孔灌注桩，桩径1.8m，桩长52m，应优先考虑采用（   ）。
A. 正循环钻孔灌注桩
B. 反循环钻孔灌注桩
C. 钻孔扩底灌注桩
D. 冲击成孔灌注桩

【解析】 泥浆护壁成孔灌注桩、钻孔扩底灌注桩、冲击成孔灌柱桩的适用范围见下表。

灌注桩的桩顶标高至少要比设计标高高出1.0m		
泥浆护壁成孔灌注桩	正循环	适用于黏性土、砂土及强风化、中等到微风化岩石，可用于桩径<1.5m、孔深一般≤50m的场地
	反循环	适用于黏性土、砂土、细粒碎石土及强风化、中等到微风化岩石，可用于桩径<2m，孔深一般≤60m的场地
钻孔扩底灌注桩		适用于黏性土、砂土、细粒碎石土及全风化、强风化、中等风化岩石时，孔深一般≤40m
冲击成孔灌注桩		适用于黏性土、砂土、碎石土和各种岩层。对厚砂层软塑至流塑状态的淤泥及淤泥质土应慎重使用

76.【2019年真题】关于混凝土灌注桩施工，下列说法正确的有（   ）。
A. 泥浆护壁成孔灌注桩实际成桩顶标高应比设计标高高出0.8~1.0m
B. 地下水位以上地层可采用人工成孔工艺
C. 泥浆护壁正循环钻孔灌注桩适用于桩径2.0m以下桩的成孔
D. 干作业成孔灌注桩采用短螺旋钻孔机一般需分段多次成孔
E. 爆扩成孔灌注桩由桩柱、爆扩部分和桩底扩大头三部分组成

【解析】 参见第75题解析。干作业成孔灌注桩、套管成孔灌注桩、爆扩成孔灌注桩的分类及特点见下表。

干作业成孔灌注桩	定义	干作业成孔灌注桩指在地下水位以上地层可采用机械或人工成孔并灌注混凝土的成桩工艺。干作业成孔灌注具有施工振动小、噪声低、环境污染少的优点
	螺旋钻孔桩	长螺旋钻孔机通常用于一次成孔，而短螺旋钻孔机则需要分段多次成孔
	螺旋钻孔扩孔桩	一种是双管双螺旋扩孔机，可一次性完成钻孔和扩孔；另一种则是先用螺旋钻孔机钻出直孔，再使用扩孔器进行扩孔
	机动洛阳铲挖孔桩	利用机动洛阳铲进行挖掘，适用于多种地质条件
	人工挖孔桩	(1) 单桩承载力高，结构受力明确，沉降量小 (2) 可直接检查桩直径、垂直度和持力层情况，桩质量可靠 (3) 施工机具设备简单，工艺操作方便，占场地小 (4) 施工无振动、无噪声、无环境污染，对周边建筑无影响
套管成孔灌注桩	单打法	适用于含水量较小的土层
	复打法或反插法	适用于饱和土层
爆扩成孔灌注桩		又称爆扩桩，是由桩柱和扩大头两部分组成爆扩桩的一般施工过程。这种桩成孔方法简便，能节省劳动力，降低成本，做成的桩承载力也较大。爆扩桩的适用范围较广，除软土和新填土外，其他各种土层中均可使用。爆扩成孔方法有两种，即一次爆扩法和两次爆扩法

77.【2015年真题】爆扩成孔灌注桩的主要优点在于（　　）。
A. 适于在软土中形成桩基础　　　　B. 扩大桩底支承面
C. 增大桩身周边土体的密实度　　　D. 有效扩大桩柱直径
【解析】　参见第76题解析。

（三）主体结构工程施工技术

78.【2019年真题】砌筑砂浆试块强度验收合格的标准是，同一验收批砂浆试块强度平均值应不小设计强度等级值的（　　）。
A. 90%　　　　B. 100%　　　　C. 110%　　　　D. 120%
【解析】　参见教材第183页。砌筑砂浆试块强度验收时，其强度合格标准应符合下列规定：
（1）同一验收批砂浆试块强度平均值应大于或等于设计强度等级值的1.10倍。
（2）同一验收批砂浆试块抗压强度的最小一组平均值应大于或等于设计强度等级值的85%。

79.【2023年真题】抗震设防烈度7度地区的砖砌体工程，直槎处加设拉结钢筋的埋入长度应（　　）。
A. 从留槎处算起每边均不应小于500mm
B. 从间断处算起每边均不应小于500mm
C. 从留槎处算起每边均不应小于1000mm
D. 从间断处算起每边均不应小于1000mm
【解析】　参见教材第184页。非抗震设防及抗震设防烈度为6度、7度地区的临时间断处，当不能留斜槎时，除转角处外可留直槎，但直槎必须做成凸槎，且应加设拉结钢筋。拉结钢筋应符合下列规定：
（1）每120mm墙厚放置1Φ6拉结钢筋（240mm厚墙应放置2Φ6拉结钢筋）。

(2) 间距沿墙高不应超过500mm，且竖向间距偏差不应超过100mm。

(3) 埋入长度从留槎处算起每边均不应小于500mm；对抗震设防烈度6度、7度的地区，埋入长度从留槎处算起每边均不应小于1000mm。

(4) 末端应有90°弯钩。

80.【2022年真题】正常施工条件下，石砌体每日砌筑高度宜为（　　）。

A. 1.2m　　　　　　B. 1.5m　　　　　　C. 1.8m　　　　　　D. 2.3m

【解析】 参见教材第184页。正常施工条件下，砖砌体、小砌块砌体每日砌筑高度宜控制在1.5m或一步脚手架高度内，石砌体不宜超过1.2m。

81.【2024年真题】下列关于砖砌体工程施工的说法，正确的是（　　）。

A. 清水砌墙砌筑完成，无须勾缝

B. 不同品种的砖不得在同一楼层混砌

C. 砖墙灰缝宽度不应小于10mm

D. 半盲孔多孔砖的封底应朝下砌筑

【解析】 参见教材第184、185页。

选项A：砌砖施工通常包括抄平、放线、摆砖样、立皮数杆、挂准线、铺灰、砌砖等工序。如果是清水墙，则还要进行勾缝。

选项C：砖墙灰缝宽度宜为10mm，且不应小于8mm，也不应大于12mm。

选项D：半盲孔多孔砖的封底面应朝上砌筑。

82.【2024年真题】下列关于配筋砌体工程施工要求的说法，正确的有（　　）。

A. 填充墙在平面和竖向的布置宜均匀对称

B. 墙长大于3m时，墙顶与梁有拉结

C. 墙长超过5m或层高的1.5倍时，宜设置钢筋混凝土构造柱

D. 墙高超过4m时，墙体半高宜设置与柱相连，且沿墙全长贯通的钢筋混凝土水平系梁

E. 填充墙与承重主体结构间的空（缝）隙部位施工，应在填充墙砌筑7d后进行

【解析】 参见教材第185页。

选项B：墙长大于5m时，墙顶与梁宜有拉结。

选项C：墙长超过8m或层高的2倍时，宜设置钢筋混凝土构造柱。

选项E：填充墙与承重主体结构间的空（缝）隙部位施工，应在填充墙砌筑14d后进行。

83.【2009年真题】砌块砌筑施工时应保证砂浆饱满，其中水平缝砂浆的饱满度应至少达到（　　）。

A. 60%　　　　　　B. 70%　　　　　　C. 80%　　　　　　D. 90%

【解析】 参见教材第185页。砌体水平灰缝和竖向灰缝的砂浆饱满度，按净面积计算不得低于90%。

84.【2023年真题】下列关于扣件式外脚手架搭设要求的说法中，正确的有（　　）。

A. 必须设置横向扫地杆，一般不设纵向扫地杆

B. 高度24m以上的双排脚手架必须采用刚性连墙件

C. 一次搭设高度不应超过相邻连墙件以上两步

D. 纵向水平杆应设置在立杆内侧,其长度不小于2跨

E. 主节点处必须设置一根横向水平杆,用直角扣件扣接且严禁拆除

【解析】 参见教材第187页。扣件式脚手架不仅可用作外脚手架,还可用作里脚手架。其特点是一次性投资较大,但其周转次数多,摊销费用低;装拆方便,杆配件数量少,利于施工操作;搭设灵活,搭设高度大,使用方便。具体搭设要求:

选项A:脚手架必须设置纵、横向扫地杆。

选项B:对高度24m及以下的单、双排脚手架,宜采用刚性连墙件与建筑物可靠连接,也可采用钢筋与顶撑配合使用的附墙连接方式。严禁使用只有钢筋的柔性连墙件。

对高度24m以上的双排脚手架,必须采用刚性连墙件与建筑物可靠连接。

选项C:脚手架必须配合施工进度搭设,一次搭设高度不应超过相邻连墙件以上两步。

选项D:纵向水平杆应设置在立杆内侧,其长度不应小于3跨。

选项E:主节点处必须设置一根横向水平杆,用直角扣件扣接且严禁拆除。

85.【2022年真题】关于扣件式钢管脚手架的搭设与拆除,下列说法正确的是( )。

A. 垫板应准确放置在定位线上,宽度不大于200mm

B. 高度24m的双排脚手架,必须采用刚性连墙件

C. 同层杆件须按先内后外的顺序拆除

D. 连墙件必须随脚手架逐层拆除

【解析】 参见教材第187页。

选项A:底座、垫板均应准确地放在定位线上;垫板应采用长度不少于2跨、厚度不小于50mm、宽度不小于200mm的木垫板。

选项B:对高度24m及以下的单、双排脚手架,宜采用刚性连墙件与建筑物可靠连接,也可采用钢筋与顶撑配合使用的附墙连接方式。严禁使用只有钢筋的柔性连墙件。

对高度24m以上的双排脚手架,必须采用刚性连墙件与建筑物可靠连接。

选项C、D:脚手架的拆除。

(1)拆除作业必须由上而下逐层进行,严禁上下同时作业。

(2)同层杆件和构配件必须按先外后内的顺序拆除。剪刀撑、斜撑杆等加固杆件必须在拆卸至该部位杆件时再拆除。

(3)连墙件必须随脚手架逐层拆除,严禁先将连墙件整层拆除后再拆脚手架;分段拆除高差不应大于两步,如高差大于两步,应增设连墙件加固。

(4)拆除的构配件应采用起重设备吊运或人工传递到地面,严禁抛掷。

86.【2012年真题】直径大于40mm钢筋的切断方法应采用( )。

A. 锯床锯断 B. 手动剪切器切断 C. 氧乙炔焰割切

D. 钢筋剪切机切断 E. 电弧割切

【解析】 参见教材第189页。钢筋下料剪断可采用钢筋剪切机或手动剪切器。钢筋剪切机可剪切直径小于40mm的钢筋;手动剪切器一般只用于剪切直径小于12mm的钢筋;直径大于40mm的钢筋,则需用锯床锯断,或者用氧乙炔焰、电弧割切。

87.【2009年真题】HRB335级、HRB400级受力钢筋在末端做135°的弯钩时,其弯弧内直径至少是钢筋直径的( )。

A. 2.5倍 B. 3倍 C. 4倍 D. 6.25倍

【解析】 参见教材第189页。受力钢筋的弯折和弯钩应符合下列规定：

(1) HPB300级钢筋末端应做180°弯钩，弯弧内直径不应小于钢筋直径的2.5倍，弯钩的弯后平直部分长度不应小于钢筋直径的3倍。

(2) 设计要求钢筋末端做135°弯钩时，HRB335级、HRB400级钢筋的弯弧内直径不应小于$4d$，弯钩后的平直长度应符合设计要求。

(3) 钢筋做不大于90°的弯折时，弯折处的弯弧内直径不应小于$5d$。

88. 【2008年、2007年真题】受力钢筋的弯钩和弯折应符合的要求是（　　）。

A. HPB300级钢筋末端做180°弯钩时，弯弧内直径应不小于$2.5d$

B. HRB335级钢筋末端做135°弯钩时，弯弧内直径应不小于$3d$

C. HRB400级钢筋末端做135°弯钩时，弯弧内直径应不小于$4d$

D. 钢筋做不大于90°的弯折时，弯弧内直径应不小于$5d$

E. HPB300级钢筋弯钩的弯后平直部分长度应不小于$4d$

【解析】 参见第87题解析。

89. 【2020年真题】在钢筋混凝土结构构件中同一钢筋连接区段内纵向受力筋的接头，对设计无规定的，应满足的要求有（　　）。

A. 在受拉区接头面积百分率≤50%

B. 直接承受动荷载的结构中，必须用焊接连接

C. 直接承受动荷载的结构中，采用机械连接的接头面积百分率≤50%

D. 必要时可在构件端部箍筋加密区设置高质量机械连接接头，但面积百分率≤50%

E. 一般在梁端箍筋加密区不宜设置接头

【解析】 参见教材第189、190页。钢筋连接的基本要求：

(1) 钢筋的接头宜设置在受力较小处。同一纵向受力钢筋不宜设置两个或两个以上接头，接头末端至钢筋弯起点的距离不应小于钢筋直径的10倍。

(2) 当受力钢筋采用机械连接接头或焊接接头时，设置在同一构件内的接头宜相互错开。

(3) 同一钢筋连接区段内，纵向受力钢筋的接头面积百分率应符合下列规定：

① 在受拉区不宜大于50%。

② 接头不宜设置在有抗震设防要求的框架梁端、柱端的箍筋加密区；当无法避开时，可设置对等强度高质量机械连接接头，但面积百分率不应大于50%。

③ 直接承受动力荷载的结构中，不宜采用焊接接头；当采用机械连接接头时，面积百分率不应大于50%。

90. 【2011年真题】在直接承受动荷载的钢筋混凝土构件中，纵向受力钢筋的连接方式不宜采用（　　）。

A. 绑扎搭接连接 B. 钢筋直螺纹套管连接

C. 钢筋锥螺纹套管连接 D. 闪光对焊连接

【解析】 参见教材第190页。钢筋的焊接连接、绑扎搭接连接的分类及适用范围见下表。

焊接连接	闪光对焊	直接承受动力荷载的结构构件中，纵向钢筋不宜采用焊接连接
		广泛应用于钢筋纵向连接及预应力钢筋与螺纹端杆的焊接
		在非固定的专业预制厂（场）或钢筋加工厂（场）内，对直径大于或等于22mm的钢筋进行连接作业时不得使用钢筋闪光对焊工艺
	电弧焊	广泛应用
	电阻点焊	主要用于小直径钢筋的交叉连接
	电渣压力焊	适用于现浇钢筋混凝土结构中直径为14~40mm的竖向或斜向钢筋的焊接
	气压焊	不仅适用于竖向钢筋的连接，也适用于各种方位布置的钢筋连接。当不同直径钢筋焊接时，两钢筋直径差不得大于7mm
绑扎搭接连接		（1）同一构件中相邻纵向受力钢筋的绑扎搭接接头宜相互错开。绑扎搭接接头中钢筋的横向净距不应小于钢筋直径，且不应小于25mm
		（2）同一连接区段内，纵向受拉钢筋搭接接头的面积百分率应符合设计要求。当设计无具体要求时，应符合如下规定 ① 对梁类、板类及墙类构件，不宜大于25% ② 对柱类构件，不宜大于50% ③ 当工程中确有必要增大接头面积百分率时，对梁类构件不应大于50%；对其他构件，可根据实际情况放宽
		（3）在梁、柱类构件的纵向受力钢筋搭接长度范围内，应按设计要求配置箍筋 ① 箍筋直径不应小于搭接钢筋较大直径的0.25倍 ② 受拉搭接区段的箍筋间距不应大于搭接钢筋较小直径的5倍，且不应大于100mm ③ 受压搭接区段的箍筋间距不应大于搭接钢筋较小直径的10倍，且不应大于200mm ④ 当柱中纵向受力钢筋直径大于25mm时，应在搭接接头两端外100mm范围内各设置两个箍筋，其间距宜为50mm

91.【2010年真题】预应力钢筋与螺纹端杆的焊接，宜采用的焊接方式是（　　）。

A. 电阻点焊　　　　　　　　B. 电渣压力焊

C. 闪光对焊　　　　　　　　D. 埋弧压力焊

【解析】 参见第90题解析。

92.【2009年真题】下列关于钢筋焊接连接，叙述正确的是（　　）。

A. 闪光对焊不适宜于预应力钢筋焊接

B. 电阻点焊主要应用于大直径钢筋的交叉焊接

C. 电渣压力焊适宜于斜向钢筋的焊接

D. 气压焊适宜于直径相差7mm以内的不同直径钢筋焊接

E. 电弧焊可用于钢筋和钢板的焊接

【解析】 参见第90题解析。

93.【2024年真题】关于钢筋焊接连接的说法，正确的是（　　）。

A. 直径20mm的钢筋在非固定的钢筋加工厂内焊接时，不得使用闪光电焊

B. 电阻点焊主要用于大直径钢筋的交叉连接

C. 气压焊仅适用于竖向钢筋的连接

D. 直接承受动力荷载的构件中，纵向钢筋不宜采用焊接接头

【解析】 参见教材第 189~191 页。

选项 A：在非固定的专业预制厂（场）或钢筋加工厂（场）内，对直径≥22mm 的钢筋进行连接作业时，不得使用钢筋闪光对焊工艺。

选项 B：电阻点焊主要用于小直径钢筋的交叉连接。

选项 C：气压焊不仅适用于竖向钢筋的连接，也适用于各种方位布置的钢筋连接。当不同直径钢筋焊接时，两钢筋直径差不得大于 7mm。

94.【2022年真题】适用于竖向较大直径变形钢管连接方式的是（　　）。
A. 钢筋螺纹套管连接
B. 钢筋套筒挤压连接
C. 电渣压力焊连接
D. 绑扎搭接连接

【解析】 参见教材第 189~191 页。钢筋机械连接：

（1）钢筋套筒挤压连接适用于竖向、横向及其他方向的较大直径变形钢筋的连接。

（2）钢筋螺纹套管连接施工速度快，不受气候影响，自锁性能好，对中性好，能承受拉、压轴向力和水平力，可在施工现场连接同径或异径的竖向、水平或任何倾角的钢筋，已在我国广泛应用。

95.【2019年真题】关于钢筋安装，下列说法正确的是（　　）。
A. 框架梁钢筋应安装在柱纵向钢筋的内侧
B. 牛腿钢筋应安装在柱纵向钢筋的外侧
C. 柱帽钢筋应安装在柱纵向钢筋的外侧
D. 墙钢筋的弯钩应沿墙面朝下

【解析】 参见教材第 191、192 页。柱钢筋和墙钢筋的安装见下表。

柱钢筋	柱钢筋的绑扎应在柱模板安装前进行
	每层柱第一个钢筋接头位置距楼地面高度不宜小于 500mm、柱净高的 1/6 及柱截面长边（或直径）中的较大值
	框架梁、牛腿及柱帽等钢筋，应放在柱子纵向钢筋内侧
	柱中的竖向钢筋搭接时，角部钢筋的弯钩应与模板成 45°（多边形柱为模板内角的平分角，圆形柱应与模板切线垂直），中间钢筋的弯钩应与板成 90°
	箍筋的接头（弯钩叠合处）应交错布置在四角纵向钢筋上；筋转角与纵向钢筋交叉点均应扎牢（筋平直部分与纵向钢筋交叉点可间隔扎牢）；绑扎筋时，绑扣相互间应成八字形
	如设计无特殊要求，当柱中纵向受力钢筋直径大于 25mm 时，应在搭接接头两个端面外 100mm 范围内各设置两个筋，其间距宜为 50mm
墙钢筋	墙钢筋的绑扎应在模板安装前进行
	墙（包括水塔壁、烟囱筒身、池壁等）的垂直钢筋的每段长度不宜超过 4m（钢筋直径不大于 12mm）或 6m（钢筋直径大于 12mm）或层高加搭接长度，水平钢筋的每段长度不宜超过 8m，以利绑扎。钢筋的弯钩应朝向混凝土内
	采用双层钢筋网时，在两层钢筋间应设置撑铁或绑扎架，以固定钢筋间距

96.【2018年真题】在剪力墙体系和筒体体系高层建筑的混凝土结构施工时，高效、安全、一次性模板投资少的模板形式应为（　　）。

A. 组合模板　　　　B. 滑升模板　　　　C. 爬升模板　　　　D. 台模

【解析】　参见教材第192、193页。模板的类型及特点见下表。

木模板体系	优点是制作、拼装灵活，较适用于外形复杂或异型混凝土构件，以及冬期施工的混凝土工程；缺点是制作量大、木材资源浪费大等
胶合板模板体系	优点是自重轻、板幅大、板面平整、施工安装方便简单等；缺点是功效低、损耗大等
组合中小钢模板体系	优点是轻便灵活、拆装方便、通用性强、周转率高等；缺点是接缝多且严密性差，导致混凝土成型后外观质量差
铝合金模板体系	优点是强度高、整体性好、拼装灵活、拆装方便、周转率高、占用机械少等；缺点是拼缝多、人工拼装、倒运频繁等
大模板体系	优点是模板整体性好、抗振性强、拼缝少等；缺点是模板质量大，移动安装需起重机械吊运
滑升模板体系	可以节约模板和支撑材料，加快施工速度和保证结构的整体性。但是，模板一次性投资多、耗钢量大，对建筑的立面造型和构件断面变化有一定的限制；施工时宜连续作业。适用于现场浇筑高耸的构筑物和高层建筑物等，如烟囱、筒仓、电视塔、竖井、沉井、双曲线冷却塔及剪力墙体系和筒体体系的高层建筑等
爬升模板体系	不需要起重机械吊运，减少了吊运工作量；省去了结构施工阶段的外脚手架。因为能减少起重机械的数量、加快施工速度而具有较好的经济效益。适用于现场浇筑高耸的构筑物和高层建筑物等，如烟囱、筒仓、电视塔、竖井、沉井、双曲线冷却塔及剪力墙体系和筒体体系的高层建筑
台模体系	主要用于浇筑平板式或带边梁的楼板
早拆模板体系	优点是部分模板可早拆，加快周转，节约成本
其他模板	有飞模、模壳模板、钢框木（竹）模板、胎模及永久性压型钢板模板和各种配筋的混凝土薄板模板等

97.【2008年真题】模板类型较多，适用于现场浇筑大体量筒仓的模板是（　　）。

A. 组合模板　　　　B. 大模板　　　　C. 台模　　　　D. 滑升模板

【解析】　参见第96题解析。

98.【2006年真题】剪力墙和筒体体系的高层建筑混凝土工程的施工模板，通常采用（　　）。

A. 组合模板　　　　　　　　　　B. 大模板　　　　　　　　C. 滑升模板
D. 压型钢板永久式模板　　　　E. 爬升模板

【解析】　参见第96题解析。

99.【2012年真题】主要用于浇筑平板式楼板或带边梁楼板的工具式模板为（　　）。

A. 大模板　　　　　　　　　　B. 台模
C. 隧道模板　　　　　　　　　D. 永久式模板

【解析】　参见第96题解析。

100.【2023年真题】对于设计无具体要求时，跨度为6m板底模拆除时混凝土强度为设计强度的（　　）。

A. 50%　　　　B. 75%　　　　C. 100%　　　　D. 30%

【解析】　参见教材第194页。模板拆除底模要求见下表。

构件类型	构件跨度/m	达到设计的混凝土立方体抗压强度标准值的百分率（%）
板	≤2	≥50
	>2, ≤8	≥75
	>8	≥100
梁、拱、壳	≤8	≥75
	>8	≥100
悬臂构件	—	≥100

101.【2010年真题】 现浇钢筋混凝土构件模板拆除的条件有（　　）。

A. 悬臂构件底模拆除时的混凝土强度应达设计强度的50%

B. 后张预应力混凝土结构构件的侧模宜在预应力筋张拉前拆除

C. 先张法预应力混凝土结构构件的侧模宜在底模拆除后拆除

D. 侧模拆除时混凝土强度须达设计混凝土强度的50%

E. 后张法预应力构件底模支架可在建立预应力后拆除

【解析】参见教材第194、195页。

（1）模板拆除顺序：一般是先拆非承重模板，后拆承重模板；先拆侧模板，后拆底模板。

框架结构模板的拆除顺序一般是柱、楼板、梁侧模、梁底模。

拆除大型结构的模板时，必须事先制订详细方案。

（2）对后张法预应力混凝土结构构件，侧模板宜在预应力张拉前拆除；底模支架的拆除应按施工技术方案执行，当无具体要求时，不应在结构构件建立预应力前拆除。

（3）后浇带模板的拆除和支顶应按施工技术方案执行。

（4）侧模板拆除时的混凝土强度应能保证其表面及棱角不受损伤。

（5）模板拆除时，不应对楼层形成冲击荷载。拆除的模板和支架宜分散堆放并及时清运。

102.【2021年真题】 在浇筑与混凝土柱和墙相连的梁和板混凝土时，正确的施工顺序应为（　　）。

A. 与柱同时进行　　　　　　　　B. 与墙同时进行

C. 与柱和墙协调同时进行　　　　D. 在浇筑柱和墙完毕后1~1.5h后进行

【解析】参见教材第196页。在浇筑与柱和墙连成整体的梁和板混凝土时，应在柱和墙浇筑完毕后停歇1~1.5h，再继续浇筑。梁和板宜同时浇筑混凝土，有主、次梁的楼板宜顺着次梁方向浇筑，单向板宜沿着板的长边方向浇筑；拱和高度大于1m的梁等结构，可单独浇筑。

103.【2019年真题】 混凝土浇筑应符合的要求为（　　）。

A. 梁、板混凝土应分别浇筑，先浇梁后浇板

B. 有主、次梁的楼板宜顺着主梁方向浇筑

C. 单向板宜沿板的短边方向浇筑

D. 高度大于1.0m的梁可单独浇筑

【解析】 参见第102题解析。

104.【2020年真题】超高层建筑为提高混凝土浇筑效率，施工现场混凝土的运输应优先考虑（　　）。
A. 自升式塔式起重机运输　　　　　　B. 泵送
C. 轨道式塔式起重机运输　　　　　　D. 内爬式塔式起重机运输

【解析】 参见教材第197页。超高层建筑为提高混凝土浇筑效率，施工现场混凝土的运输应优先考虑泵送方式。其他选项虽然也可用于高层建筑的施工，但在运输效率方面可能不如泵送方式。

105.【2023年真题】大体积混凝土结构施工方案，常用的施工方案有（　　）。
A. 全面分层　　　　　B. 全面分段　　　　　C. 斜面分层
D. 斜面分段　　　　　E. 分段分层

【解析】 参见教材第197页。大体积混凝土结构的浇筑方案，一般分为全面分层、分段分层和斜面分层三种。全面分层法要求的混凝土浇筑强度较大，斜面分层法要求的混凝土浇筑强度较小，施工中可根据结构物的具体尺寸、捣实方法和混凝土供应能力，认真选择浇筑方案。目前应用较多的是斜面分层法。

106.【2017年真题】建筑主体结构采用泵送方式输送混凝土，其技术要求应满足（　　）。
A. 粗骨料粒径大于25mm时，出料口高度不宜超过60m
B. 粗骨料最大粒径在40mm以内时可采用内径150mm的泵管
C. 大体积混凝土浇筑入模温度不宜大于50℃
D. 粉煤灰掺量可控制在25%~30%

【解析】 参见教材第196页。混凝土输送宜采用泵送方式：混凝土粗骨料最大粒径不大于25mm时，可采用内径不小于125mm的输送泵管；混凝土粗骨料最大粒径不大于40mm时，可采用内径不小于150mm的输送泵管。大体积混凝土浇筑入模温度不宜大于30℃，粉煤灰掺量可控制在15%~25%。

107.【2017年真题】混凝土冬期施工时，应注意（　　）。
A. 不宜采用普通硅酸盐水泥　　　　　B. 适当增加水灰比
C. 适当添加缓凝剂　　　　　　　　　D. 适当添加引气剂

【解析】 参见教材第200页。混凝土冬期施工应采取的措施：
（1）宜采用硅酸盐水泥或普通硅酸盐水泥；采用蒸汽养护时，宜采用矿渣硅酸盐水泥。
（2）降低水灰比，减少用水量，使用低流动性或干硬性混凝土。
（3）浇筑前将混凝土或其组成材料加温，提高混凝土的入模温度，使混凝土既早强又不易冻结。宜加热拌和水、粗细骨料。水泥、外加剂、矿物掺和料不得直接加热，应事先贮于暖棚内预热，但水泥不能与80℃以上的水直接接触。
（4）对已经浇筑的混凝土采取保温或加温措施。
（5）搅拌时，加入一定的外加剂，加速混凝土硬化，使其尽快达到临界强度；或者降低水的冰点，使混凝土在负温下不致冻结。采用非加热养护方法时，混凝土中宜掺入引气剂、引气型减水剂或含有引气组分的外加剂。

108.【2019年真题】关于装配式混凝土施工，下列说法正确的是（　　）。

A. 水平运输梁、柱构件时，叠放不宜超过3层

B. 水平运输板类构件时，叠放不宜超过7层

C. 钢筋套筒连接灌浆施工时，环境温度不得低于10℃

D. 钢筋套筒连接施工时，连接钢筋偏离孔洞中心线不宜超过10mm

【解析】 参见教材第201~203页。

选项A、B：水平运输时，预制梁、柱构件叠放不宜超过3层，板类构件叠放不宜超过6层。

选项C：钢筋套筒灌浆连接接头、钢筋浆锚搭接连接接头应按检验批划分要求及时灌浆，灌浆施工时，环境温度不应低于5℃；当连接部位养护温度低于10℃时，应采取加热保温措施。

选项D：采用钢筋套筒灌浆连接，连接钢筋偏离套筒或孔洞中心线不宜超过5mm。

109.【2018年真题】装配式混凝土结构施工时，直径大于20mm或直接受动力荷载构件的纵向钢筋不宜采用（　　）。

A. 套筒灌浆连接　　　　　　　　B. 浆锚搭接连接

C. 机械连接　　　　　　　　　　D. 焊接连接

【解析】 参见教材第202页。直径大于20mm的钢筋不宜采用浆锚搭接连接，直接承受动力荷载构件的纵向钢筋不应采用浆锚搭接连接。

110.【2004年真题】预应力混凝土工程施工技术日趋成熟，在预应力钢筋选用时，应提倡采用强度高、性能好的（　　）。

A. 热处理钢筋　　　　　　　　　B. 钢绞线

C. 乙级冷拔低碳钢丝　　　　　　D. 冷拉Ⅰ~Ⅲ级钢筋

【解析】 参见教材第203、204页。近年来，我国强度高、性能好的预应力钢筋（钢丝、钢绞线）可充分供应，故提倡采用高强的预应力钢绞线、钢丝作为预应力混凝土结构的主力钢筋。

111.【2004年真题】在预应力混凝土结构中，当采用钢绞线、钢丝、热处理钢筋作为预应力钢筋时，混凝土强度等级可采用（　　）。

A. C20　　　　　　B. C50　　　　　　C. C30

D. C40　　　　　　E. C35

【解析】 参见教材第203、204页。在预应力混凝土结构中，混凝土的强度等级不应低于C30；当采用钢绞线、钢丝、热处理钢筋作为预应力钢筋时，混凝土强度等级不宜低于C40。

在预应力混凝土构件的施工中，不能掺用对钢筋有侵蚀作用的氯盐、氯化钠等。

112.【2021年真题】下列预应力混凝土结构中，通常使用先张法施工的构件是（　　）。

A. 桥跨结构　　　　　　　　　　B. 现场生产的大型构件

C. 特形结构　　　　　　　　　　D. 大型构筑物构件

【解析】 参见教材第204页。先张法多用于预制构件厂生产定型的中小型构件，也常用于生产预应力桥跨结构等。

113.【2007年真题】预应力桥跨结构的施工多采用（　　）。

A. 单根粗钢筋锚具方法　　　　　B. 钢丝束锚具方法

C. 先张法 D. 后张法

【解析】 参见第112题解析。

114.【2008年真题】先张法预应力钢筋混凝土的施工，在放松预应力钢筋时，要求混凝土的强度不低于设计强度等级的（　　）。

A. 75% B. 80% C. 85% D. 100%

【解析】 参见教材第205页。预应力筋放张时，混凝土强度应符合设计要求；当设计无具体要求时，不应低于设计的混凝土立方体抗压强度标准值的75%，先张法预应力筋放张时不应低于30MPa。

115.【2009年真题】采用后张法施工，如设计无规定，张拉预应力筋时，要求混凝土的强度至少要达到设计规定的混凝土立方体抗压强度标准值的（　　）。

A. 85% B. 80% C. 75% D. 70%

【解析】 参见教材第206页。后张法张拉预应力筋时，构件混凝土的强度应按设计规定，如设计无规定，则应不低于设计的混凝土立方体抗压强度标准值的75%。

116.【2017年真题】先张法预应力混凝土构件施工，其工艺流程为（　　）。

A. 支底模→支侧模→张拉钢筋→浇筑混凝土→养护、拆模→放张钢筋
B. 支底模→张拉钢筋→支侧模→浇筑混凝土→放张钢筋→养护、拆模
C. 支底模→预应力钢筋安放→张拉钢筋→支侧模→浇混凝土→拆模→放张钢筋
D. 支底模→钢筋安放→支侧模→张拉钢筋→浇筑混凝土→放张钢筋→拆模

【解析】 参见教材第204页。先张法工艺流程如下图所示。

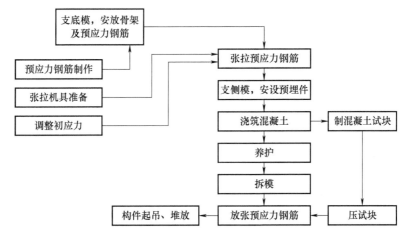

117.【2015年真题】预应力混凝土构件先张法施工工艺流程正确的为（　　）。

A. 安骨架、钢筋→张拉→安底、侧模→浇灌→养护→拆模→放张
B. 安底模、骨架、钢筋→张拉→支侧模→浇灌→养护→拆模→放张
C. 安骨架→安钢筋→安底、侧模→浇灌→张拉→养→放张→拆模
D. 安底模、侧模→安钢筋→张拉→浇灌→养护→放张→拆模

【解析】 参见第116题解析。

118.【2016年真题】关于先张法预应力混凝土施工，说法正确的有（　　）。

A. 先支设底模再安装骨架，张拉钢筋后再支设侧模

B. 先安装骨架再张拉钢筋，然后支设底模和侧模
C. 先支设侧模和骨架，再安装底模后张拉钢筋
D. 混凝土宜采用自然养护和湿热养护
E. 预应力钢筋需待混凝土达到一定的强度值方可放张

【解析】 参见教材第204、205页。选项A涉及先张法工艺流程，见第116题解析。混凝土可采用自然养护或湿热养护。预应力筋放张时，混凝土强度应符合设计要求；当设计无具体要求时，不应低于设计的混凝土立方体抗压强度标准值的75%，先张法预应力筋放张时不应低于30MPa。

119. 【2008年真题】关于预应力混凝土工程施工，说法正确的有（　　）。
   A. 钢绞线作为预应力钢筋，其混凝土强度等级不宜低于C40
   B. 预应力混凝土构件的施工中，不能掺用氯盐早强剂
   C. 先张法宜用于现场生产大型预应力构件
   D. 后张法多用于预制构件厂生产定型的中小型构件
   E. 先张法成本高于后张法

【解析】 参见教材第204页。

选项A、B：在预应力混凝土结构中，混凝土的强度等级不应低于C30；当采用钢绞线、钢丝、热处理钢筋作预应力钢筋时，混凝土强度等级不宜低于C40。在预应力混凝土构件的施工中，不能掺用对钢筋有侵蚀作用的氯盐、氯化钠等。

选项C：先张法多用于预制构件厂生产定型的中小型构件，也常用于生产预应力桥跨结构。

选项D：后张法宜用于现场生产大型预应力构件、特种结构和构筑物。

选项E：后张法锚具作为预应力构件的组成部分，永远留在构件上，成本更高。

120. 【2022年真题】预应力混凝土工程中，后张法预应力传递主要依靠（　　）。
   A. 预应力筋　　　　　　　　　B. 预应力筋两端锚具
   C. 孔道灌浆　　　　　　　　　D. 锚固夹具

【解析】 参见教材第205页。后张法预应力的传递主要依靠预应力筋两端的锚具。锚具作为预应力构件的组成部分，永远留在构件上，不能重复使用。

121. 【2011年真题】对先张法预应力钢筋混凝土构件进行湿热养护，采取合理养护制度的主要目的是（　　）。
   A. 提高混凝土强度　　　　　　B. 减少由于温差引起的预应力损失
   C. 增加混凝土的收缩和徐变　　D. 增大混凝土与钢筋的共同作用

【解析】 参见教材第205页。先张法混凝土可采用自然养护或湿热养护。但必须注意，当预应力混凝土构件进行湿热养护时，应采取正确的养护制度，以减少由于温差引起的预应力损失。

122. 【2014年真题】关于预应力后张法的施工工艺，下列说法正确的是（　　）。
   A. 灌浆孔的间距，对预埋金属螺旋管不宜大于40m
   B. 张拉预应力筋时，设计无规定的，构件混凝土的强度不低于设计强度等级的75%
   C. 对后张法预应力梁，张拉时现浇结构混凝土的龄期不宜小于5d
   D. 孔道灌浆所用水泥浆拌和后至灌浆完毕的时间不宜超过35min

【解析】 参见教材第 205~207 页。

选项 A：灌浆孔的间距，对预埋金属螺旋管不宜大于 30m；对抽芯成型孔道不宜大于 12m。

选项 B：张拉预应力筋时，构件混凝土的强度应按设计规定，如设计无规定，则不低于设计的混凝土立方体抗压强度标准值的 75%。

选项 C：对后张法预应力梁和板，现浇结构混凝土的龄期分别不宜小于 7d 和 5d。

选项 D：水泥浆拌和后至灌浆完毕的时间不宜超过 30min（教材已删除）。

123.【2021 年真题】关于钢结构高强度螺栓连接，下列说法正确的有（　　）。
A. 高强度螺栓可兼作安装螺栓
B. 摩擦连接是目前最广泛采用的基本连接方式
C. 同一接头中，连接副的初拧、复拧、终拧应在 12h 内完成
D. 高强度螺栓群连接副施拧时，应从中央向四周顺序进行
E. 设计文件无规定的高强度螺栓和焊接并用的连接节点宜先焊接再紧固

【解析】 参见教材第 208 页。

（1）高强度螺栓的连接形式包括摩擦连接、张拉连接和承压连接等。其中，摩擦连接是目前广泛采用的基本连接形式。

（2）高强度螺栓安装时应先使用安装螺栓和冲钉。高强度螺栓不得兼作安装螺栓。

（3）高强度大六角头螺栓连接副施拧可采用扭矩法或转角法。同一接头中，高强度螺栓连接副的初拧、复拧、终拧应在 24h 内完成。高强度螺栓连接副的初拧、复拧和终拧原则上应以接头刚度较大的部位向约束较小的方向、螺栓群中央向四周的顺序进行。

（4）高强度螺栓和焊接并用的连接节点，当设计文件无规定时，宜按先紧固螺栓后焊接的施工顺序。

124.【2021 年真题】关于自行杆式起重机的特点，以下说法正确的为（　　）。
A. 履带式起重机的稳定性高
B. 轮胎起重机不适合在松软地面上工作
C. 汽车起重机可以负荷行驶
D. 履带式起重机的机身回转幅度小

【解析】 参见教材第 209、210 页。自行杆式起重机的特点及主要参数见下表。

履带式起重机	优点	操作灵活，使用方便，起重杆可分节接长，在装配式钢筋混凝土单层工业厂房结构吊装中得到广泛使用 装在底盘上的回转机构使机身可回转 360°
	缺点	稳定性较差，未经验算不宜超负荷吊装
	主要参数	有 3 个：起重量 Q、起重高度 H 和起重半径 R
汽车起重机	优点	机动灵活性好，能够迅速转移场地
	缺点	作业时，必须先打开支腿，以增大机械的支承面积，保证必要的稳定性。因此，不能负荷行驶
	主要参数	最大起重量、整机质量、吊臂全伸长度、吊臂全缩长度、最大起重高度、最小工作半径、起升速度、最大行驶速度等

(续)

轮胎起重机	优点	行驶速度较快，能迅速地转移工作地点或工地，对路面破坏小
	缺点	不适合在松软或泥泞的地面上工作
	主要参数	额定起重量、整机质量、最大起重高度、最小回转半径、起升速度

125. **【2024年真题】** 下列关于混凝土预制构件结构吊装的说法，正确的是（　　）。
A. 柱宽面抗弯能力不足时，可采用斜吊法，且无须将预制柱翻身
B. 柱底部四周与基础杯口之间浇筑细石混凝土须一次浇筑完成
C. 柱吊装采用一点绑扎时，绑扎位置在牛腿上面
D. 柱的校正包括平面定位轴线、标高和垂直度的校正

【解析】 参见教材第210~212页。

选项A：柱宽面抗弯能力不足时，可采用直吊绑扎法，但必须将预制柱翻身，使其窄面向上、刚度增大，再绑扎起吊。

选项B：灌筑工作分两次进行，第一次先浇至楔块底面，待混凝土强度达到25%设计强度后，拔去楔块再第二次灌筑混凝土至杯口顶面。

选项C：柱吊装采用一点绑扎时，绑扎位置在牛腿下面。

126. **【2012年真题】** 在单层工业厂房结构吊装中，如安装支座表面高度为15.0m（从停机面算起），绑扎点至所吊构件底面距离为0.8m，索具高度为3.0m，则起重机起重高度至少为（　　）。
A. 18.2m　　　　B. 18.5m　　　　C. 18.8m　　　　D. 19.1m

【解析】 参见教材第213页。在单层工业厂房结构吊装中，起重机的起重高度应满足：
$$H \geq h_1 + h_2 + h_3 + h_4$$
式中　H——起重机的起重高度（m），从停机面算起至吊钩中心；
　　　h_1——安装支座表面高度（m），从停机面算起；
　　　h_2——安装空隙（m），一般不小于0.3m；
　　　h_3——绑扎点至所吊构件底面的距离（m）；
　　　h_4——索具高度（m），自绑扎点至吊钩中心，视具体情况而定。
本题：$H \geq h_1 + h_2 + h_3 + h_4$
$= 15.0 + 0.3 + 0.8 + 3.0$
$= 19.1$（m）

127. **【2008年真题】** 某厂房平面宽度为72m，外搭脚手架宽度为3m，采用轨距为2.8m塔式起重机施工。塔式起重机为双侧布置，其最大起重半径不得小于（　　）。
A. 40.4m　　　　B. 41.8m　　　　C. 42.3m　　　　D. 40.9m

【解析】 参见教材第213、214页。双侧布置，其起重半径应满足：
$$R \geq b/2 + a$$
式中　R——塔式起重机吊装最大起重半径（m）；
　　　b——房屋宽度（m）；
　　　a——房屋外侧至塔式起重机轨道中心线的距离，a = 外脚手的宽度 + 1/2轨距 + 0.5m。
本题：$R \geq b/2 + a = 72/2 + (3 + 2.8/2 + 0.5) = 40.9$（m）。

128.【2018年真题】单层工业厂房结构吊装的起重机,可根据现场条件、构件重量、起重机性能选择( )。

A. 单侧布置　　　　　B. 双侧布置　　　　　C. 跨内单行布置

D. 跨外环形布置　　　E. 跨内环形布置

【解析】 参见教材第213、214页。起重机的平面布置方案主要根据房屋平面形状、构件重量、起重机性能及施工现场环境条件等确定,一般有四种布置方案。

单侧布置	当房屋平面宽度较小,构件也较轻时,塔式起重机可单侧布置
双侧布置	当建筑物平面宽度较大或构件较大,单侧布置起重力矩满足不了构件的吊装要求时,每侧各布置一台起重机
跨内单行布置和跨内环形布置	如果工程不大,工期不紧,两侧各布置一台塔式起重机将造成机械上的浪费,因此可环形布置,仅布置一台塔式起重机就可兼顾两侧的运输
	当建筑物四周场地狭窄,起重机不能布置在建筑物外侧,或者由于构件较重、房屋较宽,起重机布置在外侧满足不了吊装所需要的力矩时,可将起重机布置在跨内,其布置方式有跨内单行布置和跨内环形布置

129.【2005年真题】当建筑物宽度较大且四周场地狭窄时,塔式起重机的布置方案宜采用( )。

A. 跨外单侧布置　　　　　B. 跨外双侧布置

C. 跨内单行布置　　　　　D. 跨内环形布置

【解析】 参见第128题解析。

130.【2023年真题】与综合吊装法相比,分件吊装法的特点是( )。

A. 构件的校正困难

B. 有利于各工种交叉平行后流水作业,缩短工期

C. 开行线路短,停机点少

D. 可减少起重机变幅和索具的更换次数,提高吊装效率

【解析】 参见教材第214页。分件吊装法、综合吊装法的优点、缺点见下表。

分件吊装法	优点	由于每次均吊装同类型构件,可减少起重机变幅和索具的更换次数,从而提高吊装效率,能充分发挥起重机的工作能力;构件供应与现场平面布置比较简单,也能给构件校正、接头焊接、灌筑混凝土和养护提供了充分的时间
	缺点	不能为后续工序及早提供工作面,起重机的开行路线较长。分件吊装法是目前单层工业厂房结构吊装中采用较多的一种方法
综合吊装法	优点	开行路线短,停机点少;吊完一个节间,其后续工种就可进入节间内工作,有利于各个工种进行交叉平行流水作业,缩短工期
	缺点	每次吊装不同构件需要频繁变换索具,工作效率低;构件供应紧张,平面布置复杂,构件的校正困难。因此,目前较少采用

131.【2006年真题】与综合吊装法相比,采用分件吊装法的优点是( )。

A. 起重机开行路线短,停机点少

B. 能为后续工序及早提供工作面

C. 有利于各工种交叉平行流水作业

D. 可减少起重机变幅和索具更换次数，吊装效率高

【解析】 参见第130题解析。

132.【2022年真题】单层工业厂房的结构吊装中，与分件吊装法相比，综合吊装法的优点有（　　）。

A. 停机点少　　　B. 开行路线短　　　C. 工作效率高

D. 构件供应与现场平面布置简单　　E. 起重机变幅和索具更换次数少

【解析】 参见第130题解析。

133.【2013年真题】对于大跨度的焊接球节点钢管网架的吊装，出于防火等级考虑，一般选用（　　）。

A. 大跨度结构高空拼装法施工　　　B. 大跨度结构整体吊装法施工

C. 大跨度结构整体顶升法施工　　　D. 大跨度结构滑移施工法

【解析】 参见教材第215、216页。大跨度结构吊装方法的应用见下表。

大跨度结构整体吊装法施工	整体吊装法是焊接球节点网架吊装的一种常用方法。此法不需高大的拼装支架，高空作业少，易保证整体焊接质量，但需要大起重量的起重设备，技术较复杂。因此，此法较适合焊接球节点钢管网架
大跨度结构滑移法施工	滑移法所需的牵引力较大，但高空拼装作业地点集中在起点一端，搭设脚手架较少。滑移法可采用一般土建单位常用的施工机械，同时还有利于室内土建施工平行作业，特别是场地狭窄，起重机械无法出入时更为有效。故在大跨度桁架结构和网架结构安装中常常采用这种工艺
大跨度结构高空拼装法施工	高空拼装法对施工场地、起重设备的能力要求不高，但要搭设满堂或部分拼装支架，高空作业量大，且网架几何尺寸的总调整比较麻烦，特别是当拼装支架发生移动、沉降时，校正困难，影响网架的安装精度 采用焊接节点的网架（如焊接球节点钢管网架）时，对安全防火应充分重视。故此法比较适宜螺栓连接（包括螺栓球、高强螺栓）的非焊接节点的各种类型网架，目前多用于钢网架结构的吊装
大跨度结构整体顶升法施工	整体顶升法所需设备简单，顶升能力大，容易掌握。但为满足顶升需要，柱的截面尺寸一般较大。目前，此法只适用于净空不高和尺寸不大的薄壳结构吊装。根据千斤顶安放位置的不同，顶升法可分为上顶升法和下顶升法两种。上顶升法的稳定性好，但高空作业较多；下顶升的高空作业少，但在顶升时稳定性较差，所以工程中一般较少采用

134.【2014年真题】相对其他施工方法，板柱框架结构的楼板采用升板法施工的优点是（　　）。

A. 节约模板，造价较低　　　B. 机械化程度高，造价较低

C. 用钢量小，造价较低　　　D. 不用大型机械，适宜狭窄场地施工

【解析】 参见教材第216页。升板结构及其施工特点：柱网布置灵活，设计结构单一；各层板叠浇制作，节约大量模板；提升设备简单，不用大型机械；高空作业减少，施工较为安全；劳动强度减轻，机械化程度提高；节省施工用地，适宜狭窄场地施工；但用钢量较大，造价偏高。

（四）防水工程施工技术

135.【2017年真题】屋面防水工程应满足的要求是（　　）。

A. 结构找坡不应小于3%

B. 找平层应留设间距不小于6m的分格缝

C. 分格缝不宜与排气道贯通

D. 涂膜防水层的无纺布,上下胎体搭接缝不应错开

【解析】 参见教材第217、218页。屋面防水的基本要求:

(1) 混凝土结构层宜采用结构找坡,坡度不应小于3%;当采用材料找坡时,宜采用质量小、吸水率低和有一定强度的材料,坡度宜为2%。

(2) 保温层上的找平层应在水泥初凝前压实抹平,并应留设分格缝,宽度宜为5~20mm,纵横缝的间距不宜大于6m。

(3) 找平层设置的分格缝可兼作排气道,排气道的宽度宜为40mm;排气道应纵横贯通,并应与大气连通的排气孔相通。

136.【2012年真题】当卷材防水层上有重物覆盖或基层变形较大时,优先采用的施工铺贴方法有( )。

A. 空铺法　　　　　　B. 点粘法　　　　　　C. 满粘法

D. 条粘法　　　　　　E. 机械固定法

【解析】 参见教材第217页。当卷材防水层上有重物覆盖或基层变形较大时,应优先采用空铺法、点粘法、条粘法或机械固定法。

137.【2006年真题】有关卷材防水屋面施工,下列说法中错误的是( )。

A. 平行于屋脊的搭接缝应顺流水方向搭接

B. 当屋面坡度小于3%时卷材宜平行于屋脊铺贴

C. 搭接缝宜留在沟底而不宜留在天沟侧面

D. 垂直于屋脊的搭接缝应顺年最大频率风向搭接

【解析】 参见教材第217页。铺贴卷材应采用搭接法,卷材搭接缝应符合下列规定:

(1) 平行于屋脊的搭接缝应顺流水方向。

(2) 同一层相邻两幅卷材短边搭接缝错开不应小于500mm。

(3) 上下层卷材长边搭接缝应错开,且不应小于幅宽的1/3。

(4) 叠层铺贴的各层卷材,在天沟与屋面的交接处,应采用叉接法搭接,搭接缝应错开;搭接缝宜留在屋面与天沟侧面,不宜留在沟底。

选项B、D教材已删除。

138.【2021年真题】关于涂膜防水屋面施工方法,下列说法正确的有( )。

A. 高低跨屋面,一般先涂高跨屋面,后涂低跨屋面

B. 相同高度的屋面,按照距离上料点"先近后远"的原则进行涂布

C. 同一屋面,先涂布排水集中的节点部位,再进行大面积涂布

D. 采用双层胎体增强材料时,上下两层垂直铺设

E. 涂膜应根据防水涂料的品种分层分遍涂布,且前后两边涂布方向平行

【解析】 参见教材第218页。屋面涂膜防水施工要求:

(1) 涂膜防水层的施工应按"先高后低、先远后近"的原则进行。对高低跨屋面,一般先涂高跨屋面,后涂低跨屋面;对相同高度屋面,要合理安排施工段,先涂布距离上料点远的部位,后涂布近的部位;对同一屋面,先涂布排水较集中的水落口、天沟、沟檐口等节点部位,再进行大面积涂布。

(2) 涂膜应根据防水涂料的品种分层分遍涂布，待先涂的涂层干燥成膜后，方可涂后一遍涂料，且前后两遍涂料的涂布方向应相互垂直。

(3) 需铺设胎体增强材料时，屋面坡度小于15%时，可平行屋脊铺设；屋面坡度大于15%时，应垂直于屋脊铺设。胎体长边搭接宽度不应小于50mm，短边搭接宽度不应小于70mm。采用双层胎体增强材料时，上下层不得相互垂直铺设，搭接缝应错开，其间距不应小于幅宽的1/3。

(4) 涂膜防水层应沿找平层分隔缝增设带有胎体增强材料的空铺附加层，其空铺宽度宜为100mm。

139. 【2010年真题】屋面防水工程施工中，防水涂膜施工应满足的要求包括（　　）。
  A. 宜选用无机盐防水涂料
  B. 涂膜防水层与刚性防水层之间应设置隔离层
  C. 上下两层胎体增强材料应相互垂直铺设
  D. 应沿找平层分隔缝增设空铺附加层
  E. 涂膜应分层分遍涂布，不得一次涂成

【解析】　参见第138题解析。

140. 【2023年真题】涂膜防水屋面防水层的施工顺序是（　　）。
  A. 先低后高，先近后远　　　　　B. 先低后高，先远后近
  C. 先高后低，先近后远　　　　　D. 先高后低，先远后近

【解析】　参见第138题解析。

141. 【2013年真题】防水混凝土施工时应注意的事项有（　　）。
  A. 应尽量采用人工振捣，不宜采用机械振捣
  B. 浇筑时自落高度不得大于1.5m
  C. 应采用自然养护，养护时间不少于7d
  D. 墙体水平施工缝应留在高出底板表面300mm以上的墙体上
  E. 施工缝距墙体预留孔洞边缘不小于300mm

【解析】　参见教材第218、219页。目前，常用的防水混凝土有普通防水混凝土、外加剂或掺和料防水混凝土和膨胀水泥防水混凝土。防水混凝土在施工中应注意的事项：

(1) 保持施工环境干燥，避免带水施工。

(2) 防水混凝土采用预拌混凝土时，入泵坍落度宜控制在120~140mm。

(3) 防水混凝土浇筑时的自落高度不得大于1.5m；防水混凝土应采用机械振捣。

(4) 防水混凝土应自然养护，养护时间不少于14d。

(5) 喷射混凝土终凝2h后应采取喷水养护，养护时间不得少于14d；当气温低于5℃时，不得喷水养护。

(6) 墙体水平施工缝不应留在剪力与弯矩最大处或底板与侧墙的交接处，应留在高出底板表面不小于300mm的墙体上。拱（板）墙结合的水平施工缝，宜留在拱（板）墙接缝线以下150~300mm处。墙体有预留孔洞时，施工缝距孔洞边缘不应小于300mm。

142. 【2017年真题】防水混凝土施工应满足的工艺要求有（　　）。
  A. 混凝土中不宜掺和膨胀水泥

B. 入泵坍落度宜控制在 120~140mm
C. 浇筑时混凝土自落高度不得大于 1.5m
D. 后浇带应按施工方案设置
E. 当气温低于 5℃时，喷射混凝土不得喷水养护

【解析】 参见第 141 题解析。

143．【2009 年真题】地下防水工程施工时，防水混凝土应满足的要求是（　　）。
A. 不宜选用膨胀水泥为拌制材料
B. 在外加剂中不宜选用加气剂
C. 浇筑时混凝土自落高度不得大于 1.5m
D. 应选用机械振捣方式
E. 自然养护时间不少于 14d

【解析】 参见第 141 题解析。

144．【2008 年真题】地下防水混凝土工程施工时，应满足的要求是（　　）。
A. 环境应保持潮湿
B. 混凝土浇筑时的自落高度应控制在 1.5m 以内
C. 自然养护时间应不少于 7 天
D. 施工缝应留在底板表面以下的墙体上

【解析】 参见第 141 题解析。

145．【2020 年真题】地下防水工程防水混凝土正确的防水构造措施有（　　）。
A. 竖向施工缝应设置在地下水和裂隙水较多的地段
B. 竖向施工缝尽量与变形缝相结合
C. 贯穿防水混凝土的铁件应在铁件上加焊止水铁片
D. 贯穿铁件端部混凝土覆盖厚度不少于 250mm
E. 水平施工缝应避开底板与侧墙交接处

【解析】 参见教材第 218、219 页。地下防水工程防水混凝土的防水构造处理见下表。

		防水混凝土应连续浇筑，宜少留施工缝
施工缝处理	水平施工缝	不应留在剪力与弯矩最大处或底板与侧墙的交接处，应留在高出底板表面不小于 300mm 的墙体上
		拱（板）墙结合的水平施工缝，宜留在拱（板）墙接缝线以下 150~300mm 处 墙体有预留孔洞时，施工缝距孔洞边缘不应小于 300mm
	垂直施工缝	应避开地下水和裂隙水较多的地段，并宜与变形缝相结合
贯穿铁件处理		在铁件上加焊一道或数道止水铁片，延长渗水路径、减小渗水压力，达到防水目的。埋设件端部或预留孔、槽底部的混凝土厚度不得少于 250mm；当混凝土厚度小于 250mm 时，应局部加厚或采取其他防水措施

146．【2021 年真题】与内贴法相比，地下防水施工外贴法的优点是（　　）。
A. 施工速度快　　　　　　　　　　　B. 占地面积小
C. 墙与底板结合处不容易受损　　　　D. 外墙和基础沉降时，防水层不容易受损

【解析】 参见教材第220、221页。地下防水施工卷材防水层铺贴法的定义、优点及缺点见下表。

外贴法	定义	在地下建筑墙体做好后，直接将卷材防水层铺贴墙上，然后砌筑保护墙
	优点	构筑物与保护墙有不均匀沉降时，对防水层影响较小；防水层做好后即可进行漏水试验，修补方便
	缺点	工期较长，占地面积较大；底板与墙身接头处卷材易受损
内贴法	定义	在地下建筑墙体施工前，先砌筑保护墙，然后将卷材防水层铺贴在保护墙上，最后进行地下建筑墙体浇筑
	优点	施工比较方便，不必留接头；施工占地面积小
	缺点	构筑物与保护墙有不均匀沉降时，对防水层影响较大；保护墙稳定性差；竣工后如发现漏水较难修补

147.【2011年真题】 地下防水施工中，外贴法施工卷材防水层主要特点有（　　）。

A. 施工占地面积较小

B. 底板与墙身接头处卷材易受损

C. 结构不均匀沉降对防水层影响大

D. 可及时进行漏水试验，修补方便

E. 施工工期较长

【解析】 参见第146题解析。

148.【2018年真题】 可用于地下砖石结构和防水混凝土结构的加强层，且施工方便、成本较低的表面防水层应为（　　）。

A. 水泥砂浆防水层　　　　　　B. 涂膜防水层

C. 卷材防水层　　　　　　　　D. 涂料防水层

【解析】 参见教材第219、220页。水泥砂浆防水层是一种刚性防水层，这种防水层取材容易，施工方便，防水效果较好，成本较低，可用于地下砖石结构的防水层或防水混凝土结构的加强层。

（五）节能工程施工技术

149.【2023年真题】 聚苯板、硬质聚氨酯泡沫塑料等有机材料作为屋面保温层时，其保温层厚度应为（　　）。

A. 10～20mm　　B. 90～120mm　　C. 25～80mm　　D. 150～260mm

【解析】 参见教材第224页。常用屋面保温材料有聚苯板、硬质聚氨酯泡沫塑料等有机材料，其保温层厚度应为25～80mm；对水泥膨胀珍珠岩板、水泥膨胀蛭石板、加气混凝土等无机材料，其保温层厚度应为80～260mm。

150.【2020年真题】 屋面保温层施工应满足的要求有（　　）。

A. 先施工隔汽层再施工保温层

B. 隔汽层沿墙面高于保温层

C. 纤维材料保温层不宜采用机械固定法施工

D. 现浇泡沫混凝土保温层浇筑的自落高度≤1m

E. 混凝土一次浇筑厚度≤200mm

【解析】 参见教材第224、225页。屋面保温层施工操作要点：

（1）当设计有隔汽层时，先施工隔汽层，然后再施工保温层。隔汽层四周应向上沿墙面连续铺设，并高出保温层表面不得小于150mm。

（2）块状材料保温层施工时，相邻板块应错缝拼接，分层铺设的板块上下层接缝应相互错开，板间缝隙应采用同类材料嵌填密实。铺贴方法有干铺法、粘贴法和机械固定法。

（3）纤维材料保温层施工时，应避免重压，并应采取防潮措施；屋面坡度较大时，宜采用机械固定法施工。

（4）喷涂硬泡聚氨酯保温层施工时，喷嘴与基层的距离宜为800~1200mm；一个作业面应分遍喷涂完成，每遍喷涂厚度不宜大于15mm；当日施工作业面应连续施工完成；喷涂后20min内严禁上人；作业时应采取防止污染的遮挡措施。

（5）现浇泡沫混凝土保温层施工时，浇筑出口离基层的高度不宜超过1m，泵送时应采取低压泵送；泡沫混凝土应分层浇筑，一次浇筑厚度不宜超过200mm，保湿养护时间不得少于7d。

151.【2024年真题】下列关于屋面保温层施工的说法正确的是（　　）。

A. 当设计有隔汽层时，先施工保温层，然后再施工隔汽层

B. 块料材料保温层施工时，相邻板块应错缝拼接

C. 现浇泡沫混凝土保温层施工不应分层，一次浇筑

D. 负温度下，所有保温层施工均应停止

【解析】 参见教材第224~226页。

选项A：当设计有隔汽层时，先施工隔汽层，然后再施工保温层。

选项C：泡沫混凝土应分层浇筑，一次浇筑厚度不宜超过200mm。

选项D：干铺的保温材料可在负温度下施工。

152.【2024年真题】下列关于种植屋面保温层要求的说法正确的有（　　）。

A. 屋面保温隔热材料密度不宜大于100kg/m³

B. 屋面坡度大于30%时不宜作为种植屋面

C. 屋面绝热材料可采用硬泡聚氨酯板

D. 平屋面排水坡度不宜小于2%

E. 坡屋面的绝热层应采用黏结法和机械固定法施工

【解析】 参见教材第224~226页。

选项B：屋面坡度大于50%时不宜作为种植屋面。

153.【2021年真题】关于屋面保温工程中保温层的施工要求，下列说法正确的为（　　）。

A. 倒置式屋面高女儿墙和山墙内侧的保温层应铺到压顶下

B. 种植屋面的绝热层应采用黏结法和机械固定法施工

C. 种植屋面宜设计为倒置式

D. 坡度不大于3%的倒置式上人屋面，保温层板材施工可采用干铺法

【解析】 参见教材第225、226页。

选项A：低女儿墙和山墙的保温层应铺到压顶下；高女儿墙和山墙内侧的保温层应

铺到顶部。

选项B：种植坡屋面的绝热层应采用黏结法和机械固定法施工。

选项C：种植屋面不宜设计为倒置式屋面。屋面坡度大于50%时不宜作为种植屋面。

选项D：坡度不大于3%的不上人屋面可采用干铺法，上人屋面宜采用黏结法；坡度大于3%的屋面应采用黏结法，并应采用固定防滑措施。

（六）装饰装修工程施工技术

154.【2024年真题】 下列关于轻质隔墙纸面石膏板安装正确的是（　　）。

A. 宜横向铺
B. 短边接缝安装在竖龙骨上
C. 轻钢龙骨应用自攻螺钉固定
D. 应从板的四边向中间固定

【解析】 参见教材第227、228页。

选项A、B：石膏板宜竖向铺设，长边接缝应安装在竖龙骨上。

选项C：轻钢龙骨应用自攻螺钉固定，木龙骨应用木螺钉固定。

选项D：安装石膏板时应从板的中部向板的四边固定。

155.【2023年真题】 下列关于墙面铺装工程施工的说法中，正确的是（　　）。

A. 湿作业施工现场环境温度宜在0℃以上
B. 砂浆宜采用1∶3水泥砂浆，厚度6~10mm
C. 墙面砖铺贴前应进行挑选，并浸水2h以上，保持表面水分
D. 每面墙不宜有两列非整砖，且非整砖宽度不宜小于整砖的1/3

【解析】 参见教材第228页。墙面砖铺贴应符合下列规定：湿作业施工现场环境温度宜在5℃以上；裱糊时空气相对湿度不得大于85%。

（1）墙面砖铺贴前应进行挑选，并应浸水2h以上，晾干表面水分。

（2）非整砖应排放在次要部位或阴角处。每面墙不宜有两列非整砖，非整砖宽度不宜小于整砖的1/3。

（3）阴角砖应压向正确，阳角线宜做成45°角对接，在墙面凸出物处不得用非整砖拼凑铺贴。

（4）结合砂浆宜采用1∶2水泥砂浆，砂浆厚度宜为6~10mm。水泥砂浆应满铺在墙砖背面，一面墙不宜一次铺贴到顶，以防塌落。

156.【2018年真题】 墙面石材铺装应符合的规定是（　　）。

A. 较厚的石材应在背面粘贴玻璃纤维网布
B. 较薄的石材应在背面粘贴玻璃纤维网布
C. 强度较高的石材应在背面粘贴玻璃纤维网布
D. 采用粘贴法施工时基层应压光

【解析】 参见教材第228、229页。墙面石材铺装应符合下列规定：

（1）强度较低或较薄的石材应在背面粘贴玻璃纤维网布。

（2）当采用粘贴法施工时，基层处理应平整，但不应压光。

157.【2014年真题】 混凝土或抹灰基层涂刷溶剂型涂料时，含水率不得大于（　　）。

A. 8%　　　　B. 9%　　　　C. 10%　　　　D. 12%

【解析】 参见教材第229页。混凝土或抹灰基层涂刷溶剂型涂料时，含水率不得大于8%；涂刷水性涂料时，含水率不得大于10%；木质基层含水率不得大于12%。施工现场环境温度宜为5~35℃，并应注意通风换气和防尘。

158.【2021年真题】浮雕涂饰工程中，水性涂料面层应选用的施工方法为（　　）。

A. 喷涂法　　　　B. 刷漆法　　　　C. 滚涂法　　　　D. 粘贴法

【解析】　参见教材第229页。浮雕涂饰的面层为水性涂料时应采用喷涂法，为溶剂型涂料时应采用刷涂法。间隔时间宜在4h以上。

159.【2020年真题】石材幕墙的石材与骨架连接有多种方式，其中使石材面板受力较好的连接方式是（　　）。

A. 钢销式连接　　　　　　　　B. 短槽式连接

C. 通槽式连接　　　　　　　　D. 背栓式连接

【解析】　参见教材第234页。背栓式连接与钢销式连接及槽式连接不同，它将连接石材面板的部位放在面板背部，改善了面板的受力。

二、参考答案

题号	1	2	3	4	5	6	7	8	9	10
答案	A	C	C	B	B	C	C	D	B	C
题号	11	12	13	14	15	16	17	18	19	20
答案	C	D	B	C	BCD	CD	C	C	ACDE	AD
题号	21	22	23	24	25	26	27	28	29	30
答案	ABDE	A	B	CD	A	C	D	B	C	B
题号	31	32	33	34	35	36	37	38	39	40
答案	B	C	B	D	C	D	C	D	C	B
题号	41	42	43	44	45	46	47	48	49	50
答案	C	B	ACD	C	ABCE	B	C	C	B	A
题号	51	52	53	54	55	56	57	58	59	60
答案	A	D	D	D	A	D	AE	C	A	B
题号	61	62	63	64	65	66	67	68	69	70
答案	C	D	B	B	B	B	B	B	D	D
题号	71	72	73	74	75	76	77	78	79	80
答案	CDE	D	A	BCDE	B	BD	B	C	C	A
题号	81	82	83	84	85	86	87	88	89	90
答案	B	AD	D	BCE	D	ACE	C	ACD	ACDE	D
题号	91	92	93	94	95	96	97	98	99	100
答案	C	CDE	D	B	A	C	D	CE	B	B
题号	101	102	103	104	105	106	107	108	109	110
答案	BE	D	D	B	ACE	D	D	A	B	B
题号	111	112	113	114	115	116	117	118	119	120
答案	BD	A	C	A	C	C	B	ADE	AB	B

(续)

题号	121	122	123	124	125	126	127	128	129	130
答案	B	B	BD	B	D	D	D	ABCE	D	D
题号	131	132	133	134	135	136	137	138	139	140
答案	D	AB	B	D	A	ABDE	C	AC	BDE	D
题号	141	142	143	144	145	146	147	148	149	150
答案	BDE	BCE	CDE	B	BCDE	D	BDE	A	C	ABDE
题号	151	152	153	154	155	156	157	158	159	
答案	B	ACDE	B	C	B	B	A	A	D	

三、2025 年考点预测

考点一：基坑基槽支护结构、井点降水施工。
考点二：基坑验槽及桩施工。
考点三：砖砌体工程及钢筋混凝土工程施工。
考点四：卷材防水屋面施工。

第二节 道路、桥梁与涵洞工程施工技术

一、经典真题及解析

（一）道路工程施工技术

1.【2024 年真题】下列材料可优先用于路堤填料的是（　　）。
　A. 卵石　　　B. 重黏土　　　C. 黏性土　　　D. 粉性土
【解析】 参见教材第 234~236 页。选择填料时，应尽可能选择当地强度高、稳定性好并利于施工的土石作路堤填料。一般情况下，碎石、卵石、砾石、粗砂等具有良好透水性，且强度高、稳定性好，因此可优先采用。

2.【2020 年真题】路基基底原状土开挖换填的主要目的在于（　　）。
　A. 便于导水　　　　　　　　B. 便于蓄水
　C. 提高稳定性　　　　　　　D. 提高作业效率
【解析】 参见教材第 234~236 页。基底原状土如稳定则不需要换填。

3.【2019 年真题】关于一般路基土方施工，下列说法正确的是（　　）。
　A. 填筑路堤时，对一般的种植土、草皮可不做清除
　B. 高速公路路堤基底的压实度不应小于 90%
　C. 基底土质湿软而深厚时，按一般路基处理
　D. 填筑路堤时，为便于施工，尽量采用粉性土
【解析】 参见教材第 234~236 页。
选项 A：当基底为松土或耕地时，应先清除有机土、种植土、草皮等。

选项 B：高速公路、一级公路、二级公路路堤基底的压实度不应小于 90%。
选项 C：当基底土质湿软而深厚时，应按软土地基处理。
选项 D：粉性土水稳定性差，不宜用作路堤填料。

4.【2014 年真题】下列土类中宜选作路堤填料的是（   ）。
A. 粉性土 B. 亚砂土 C. 重黏土 D. 植物土
【解析】 参见教材第 235 页。路堤填料的选择见下表。

优先采用	碎石、卵石、砾石、粗砂等具有良好透水性，且强度高、稳定性好
也可采用	亚砂土、亚黏土
不宜采用	粉性土水稳定性差
慎重采用	重黏土、黏性土、捣碎后的植物土等透水性差

5.【2018 年、2017 年、2012 年、2007 年真题】道路工程施工时，路堤填料优先采用（   ）。
A. 粉性土 B. 砾石 C. 黏性土
D. 碎石 E. 粗砂
【解析】 参见第 4 题解析。

6.【2010 年真题】堤身较高或受地形限制时，建筑路堤的方法通常采用（   ）。
A. 水平分层填筑   B. 竖向填筑
C. 纵向分层填筑   D. 混合填筑
【解析】 参见教材第 235~236 页。路堤填筑法见下表。

水平分层填筑法	易于达到规定的压实度，易于保证质量，是填筑路堤的基本方法
纵向分层填筑法	该法常用于地面纵坡大于 12%、用推土机从路堑取料、填筑距离较短的路堤，缺点是不易碾压密实
竖向填筑法	地面纵坡大于 12% 的深谷陡坡地段，可采用竖向填筑法施工。仅用于无法自下而上填筑的深谷、陡坡、断岩、泥沼等机械无法进场的路堤
混合填筑法	如因地形限制或堤身较高，不宜采用水平分层填筑或横向填筑法进行填筑时，可采用混合填筑法

7.【2015 年真题】路基填土施工时应特别注意（   ）。
A. 优先采用竖向填筑法   B. 尽量采用纵向分层填筑
C. 纵坡大于 12% 时宜采用混合填筑   D. 不同性质的土不能任意混填
【解析】 本题考查的是道路工程施工技术。在施工中，沿线的土质经常变化，为避免将不同性质的土任意混填而造成路基病害，应确定正确的填筑方法。

8.【2011 年真题】道路工程施工中，正确的路堤填筑方法有（   ）。
A. 不同性质的土应混填   B. 弱透水性土置于透水性土之上
C. 不同性质的土有规则地分层填筑   D. 堤身较高时采用混合填筑
E. 竖向填筑时应采用高效能压实机械
【解析】 参见教材第 168、234~236 页。

选项 A：不同性质的土不应混填。

9. 【2015 年真题】路基开挖宜采用通道纵挖法的是（　　）。
   A. 长度较小的路堑
   B. 深度较浅的路堑
   C. 两端地面纵坡较小的路堑
   D. 不宜采用机械开挖的路堑

【解析】 参见教材第 236 页。土质路堑开挖方法及适用范围见下表。

横向挖掘法	单层横向全宽挖掘法	适用于挖掘浅且短的路堑
	多层横向全宽挖掘法	适用于挖掘深且短的路堑
纵向挖掘法	分层纵挖法	适用于较长的路堑开挖
	通道纵挖法	适用于路堑较长、较深、两端地面纵坡较小的路堑开挖
	分段纵挖法	适用于路堑过长，弃土运距过长的傍山路堑，其一侧堑壁不厚的路堑开挖
混合式挖掘法	适用于路线纵向长度和挖深都很大的路堑开挖	

10. 【2022 年真题】下列土质路堑开挖方法中，适用于浅且短的路堑开挖方法是（　　）。
    A. 单层横向全宽挖掘法
    B. 多层横向全宽挖掘法
    C. 通道纵挖法
    D. 分层纵挖法

【解析】 参见第 9 题解析。

11. 【2021 年真题】在路线纵向长度和挖深均较大的土质路堑开挖时，应采用的开挖方法为（　　）。
    A. 单层横向全宽挖掘法
    B. 多层横向全宽挖掘法
    C. 分层纵挖法
    D. 混合式挖掘法

【解析】 参见第 9 题解析。

12. 【2022 年真题】根据加固性质，下列施工方法中，适用于软土路基的有（　　）。
    A. 分层压实法
    B. 表层处理法
    C. 竖向填筑法
    D. 换填法
    E. 重压法

【解析】 参见教材第 237~240 页。根据加固性质，软土路基的施工方法主要包括表层处理法、换填法、重压法等（见下表），而分层压实法和竖向填筑法属于一般路基土方施工的方法。

表层处理法	砂垫层、反压护道、土工聚合物处治
换填法	开挖换填法、抛石挤淤法、爆破排淤法
重压法	堆载预压法、真空预压法、真空预压加堆载预压法
垂直排水固结法	—
稳定剂处置法	—
振冲置换法	或称砂桩、碎石桩加固法

13. 【2018 年真题】软土路基处治的换填法主要有（　　）。
    A. 开挖换填法
    B. 垂直排水固结法

C. 抛石挤淤法 D. 稳定剂处置法
E. 爆破排淤法

【解析】 参见第 12 题解析。

14.【2023 年真题】用表层处理法进行软土路基施工时，软土层顶面铺砂垫层的主要作用是（　　）。

A. 浅层水平排水 B. 提高路堤填土压实效果
C. 减少路基填土量 D. 取代土工聚合物处治

【解析】 参见教材第 238 页。在软土层顶面铺砂垫层，主要起浅层水平排水作用，使软土在路堤自重的压力作用下，加速沉降发展，缩短固结时间，但对基底应力分布和沉降量的大小无显著影响。

15.【2019 年真题】软土路基施工时，采用土工格栅的主要目的是（　　）。

A. 减少开挖深度 B. 提高施工机械化程度
C. 约束土体侧向位移 D. 提高基底防渗性

【解析】 参见教材第 238 页。土工格栅加固土的机理在于格栅与土的相互作用。一般可归纳为格栅表面与土的摩擦作用、格栅孔眼对土的锁定作用和格栅肋的被动抗阻作用。三种作用均能充分约束土的颗粒侧向位移，从而大幅增加了土体的自身稳定性。

16.【2020 年真题】用水泥和熟石灰稳定剂处置法处理软土路基，施工时关键应做好（　　）。

A. 稳定土的压实工作 B. 土体自由水的抽排
C. 垂直排水固结工作 D. 土体真空预压工作

【解析】 参见教材第 240 页。用水泥和熟石灰稳定处理土，应在最后一次拌和后立即压实；用生石灰稳定土的压实，必须有拌和时的初碾压和生石灰消解结束后的再次碾压。压实后若能获得足够的强度，可不必进行专门养生，但由于土质与施工条件不同，处置土强度增长不均衡，则应做约一周时间的养生。

17.【2019 年真题】关于路基石方爆破施工，下列说法正确的有（　　）。

A. 光面爆破主要是通过加大装药量来实现
B. 预裂爆破主要是为了增大一次性爆破石方量
C. 微差爆破相邻两药包起爆时差可以为 50ms
D. 定向爆破可有效提高石方的堆积效果
E. 洞室爆破可减少清方工程量

【解析】 参见教材第 240 页。路基爆破施工常用爆破方法见下表。

光面爆破	在开挖界限的周边，适当排列一定间隔的炮孔，在有侧向临空面的情况下，用控制抵抗线和药量的方法进行爆破，使之形成一个光滑平整的边坡
预裂爆破	在开挖界限处按适当间隔排列炮孔，在没有侧向临空面和最小抵抗线的情况下，用控制药量的方法，预先炸出一条裂缝，使拟爆体与山体分开，作为隔震减震带，起保护开挖界限以外山体或建筑物和减弱地震对其破坏的作用
微差爆破	两相邻药包或前后排药包以若干毫秒的时间间隔（一般为 15~75ms）依次起爆，称为微差爆破，也称毫秒爆破

	(续)
定向爆破	利用爆能将大量土石方按照拟定的方向，搬移到一定的位置并堆积成路堤的一种爆破施工方法
洞室爆破	为使爆破设计断面内的岩体大量抛掷（抛坍）出路基，减少爆破后的清方工作量，保证路基的稳定性，可根据地形和路基断面形式，采用抛掷爆破、定向爆破、松动爆破方法

18.【2017年真题】路基石方爆破时，同等爆破方量条件下，清方量较小的爆破方式为（　　）。

A. 光面爆破　　　　　B. 微差爆破　　　　　C. 预裂爆破

D. 定向爆破　　　　　E. 洞室爆破

【解析】　参见第17题解析。

19.【2016年真题】关于路基石方施工，说法正确的有（　　）。

A. 爆破作业时，炮眼的方向和深度直接影响爆破效果

B. 选择清方机械应考虑爆破前后机械撤离和再次进入的方便性

C. 为了确保炮眼堵塞效果，通常用铁棒将堵塞物捣实

D. 运距较远时通常选择挖掘机配自卸汽车进行清方

E. 装药方式的选择与爆破方法和施工要求有关

【解析】　参见教材第241页。

选项A：炮眼的方向和深度都会直接影响爆破效果。

选项B：在选择清方机械时应考虑以下技术经济条件：

1）工期所要求的生产能力。

2）工程单价。

3）爆破岩石的块度和岩堆的大小。

4）机械设备进入工地的运输条件。

5）爆破时机械撤离和重新进入工作面是否方便等。

选项C：中小型爆破的药孔，一般可用干砂、滑石粉、黏土和碎石等堵塞，并用木棒等将堵塞物捣实，切忌用铁棒。

选项D：运距在30~40m以内，采用推土机较好；40~60m，采用装载机自铲运较好；100m以上，采用挖掘机配合自卸汽车较好。

选项E：装药的方式根据爆破方法和施工要求的不同而异。

20.【2017年真题】石方爆破清方时应考虑的因素是（　　）。

A. 根据爆破块度和岩堆大小选择运输机械

B. 根据工地运输条件决定车辆数量

C. 根据不同的装药形式选择挖掘机械

D. 运距在300m以内优先选用推土机

【解析】　参见第19题解析。

21.【2018年、2013年真题】采用爆破作业方式进行路基石方施工，选择清方机械时应考虑的因素有（　　）。

A. 爆破岩石块度大小　　　　　　　B. 工程要求的生产能力

C. 机械进出现场条件 D. 爆破起爆方式
E. 凿孔机械功率

【解析】 参见第 19 题解析。

22.【2005 年真题】路基石方深孔爆破凿孔时，通常选用的钻机有（　　）。
A. 手风钻 B. 回转式钻机
C. 冲击式钻机 D. 潜孔钻机
E. 地质钻机

【解析】 参见教材第 241 页。浅孔爆破通常用手提式凿岩机凿孔，深孔爆破常用冲击式钻机或潜孔钻机凿孔。

23.【2021 年真题】关于路石方施工中的爆破作业，下列说法正确的有（　　）。
A. 浅孔爆破适宜使用潜孔钻机凿孔 B. 采用集中药包可以使岩石均匀破碎
C. 坑道药包用于大型爆破 D. 导爆线起爆爆速快、成本较低
E. 塑料导爆管起爆使用安全、成本较低

【解析】 参见教材第 241 页。

选项 A：浅孔爆破通常用手提式凿岩机凿孔，深孔爆破常用冲击式钻机或潜孔钻机凿孔。

选项 B：集中药包爆炸后，对工作面较高的岩石崩落效果较好，但不能保证岩石均匀破碎；分散药包爆炸后，可以使岩石均匀地破碎。

选项 C：坑道药包属于大型爆破的装药方式。它适用于土石方大量集中、地势险要或工期紧迫的路段，以及一些特殊的爆破工程。

选项 D：导爆线起爆爆速快（6800~7200m/s），主要用于深孔爆破和药室爆破，使几个药室能同时起爆。

选项 E：塑料导爆管起爆具有抗杂电、操作简单、使用安全可靠、成本较低等优点。

24.【2018 年真题】填石路堤施工的填筑方法主要有（　　）。
A. 竖向填筑法 B. 分层压实法
C. 振冲置换法 D. 冲击压实法
E. 强力夯实法

【解析】 参见教材第 241、242 页。填石路堤施工的填筑方法见下表。

竖向填筑法 （倾填法）	主要用于二级及二级以下，且铺设低级路面的公路，也可用于陡峻山坡施工特别困难或大量以爆破方式挖开填筑的路段，以及无法自下而上分层填筑的陡坡断岩、泥沼地区和水中作业的填石路堤 该方法施工路基压实、稳定问题较多
分层压实法 （碾压法）	高速公路、一级公路和铺设高级路面的其他等级公路的填石路堤采用此方法
冲击压实法	它具有分层压实法连续性的优点，又具有强力夯实法压实厚度深的优点；缺点是在周围有建筑物时，使用受到限制
强力夯实法	机械设备简单，击实效果显著，施工中不需铺撒细粒料，施工速度快，有效地解决了大块石填筑地基厚层施工的夯实难题。对强夯施工后的表层松动层，采用振动碾压法进行压实

25. 【2018年真题】一级公路水泥稳定土路面基层施工,下列说法正确的是( )。
A. 厂拌法
B. 路拌法
C. 振动压实法
D. 人工拌和法

【解析】 参见教材第242页。水泥稳定土基层施工方法有路拌法和厂拌法。对于二级或二级以下的一般公路,水泥稳定土可采用路拌法施工;对于高速公路和一级公路,水泥稳定土路面基层应采用集中厂拌法施工。

26. 【2019年真题】关于道路工程压实机械的应用,下列说法正确的有( )。
A. 重型光轮压路机主要用于最终压实路基和其他基础层
B. 轮胎压路机适用于压实砾石、碎石路面
C. 新型振动压路机可以压实平、斜面作业面
D. 夯实机械适用于黏性土壤和非黏性土壤的夯实作业
E. 手扶式振动压路机适用于城市主干道的路面压实作用

【解析】 参见教材第248、249页。道路工程压实机械的类型及适用范围见下表。

静力压路机	光轮(钢轮)压路机	轻型	大多为二轮二轴式,适用于城市道路、简易公路路面压实和临时场地压实及公路养护工作
		中型	二轮二轴式大多用于压实、压平各种路面
		三轮二轴式大多用于压实路基、地基及初压铺砌层
		重型	多为三轮二轴式,主要用于最终压实路基和其他基础层
	轮胎压路机		用于压实工程设施基础,压平砾石、碎石、沥青混凝土路面,压实砂质土壤和黏性土壤都能取得良好的效果
振动压路机			适用于公路工程的土方碾压,垫层、基层、底基层的各种材料碾压
			在沥青混凝土路面施工时,初压和终压适宜静压,在复压时可以使用振动碾压
			新型压路机适用于各种土质的碾压,压实厚度可达150cm;手扶振动压路机适宜边坡、路肩、堤岸、水渠、人行道、管道沟槽等狭窄地段施工
			平斜面两用振动压路机适用于黏土坝面板压实
夯实机械			是一种冲击式机械,适用于对黏性土壤和非黏性土壤进行夯实作业,夯实厚度为1~1.5m。在筑路施工中,可用在桥背涵侧路基夯实、路面坑槽的振实,以及路面养护维修的夯实、平整

27. 【2014年真题】压实黏性土壤路基时,可选用的压实机械有( )。
A. 平地机
B. 光轮压路机
C. 轮胎压路机
D. 振动压路机
E. 夯实机械

【解析】 参见第26题解析。

28. 【2009年真题】下列关于道路施工中压实机械使用范围叙述正确的是( )。
A. 轮胎压路机不适于砂质土壤和黏性土壤的压实
B. 振动压路机适宜于沥青混凝土路面复压
C. 轻型光轮压路机可用于路基压实及公路养护
D. 轮胎压路机适宜于沥青混凝土路面初压

E. 夯实机械不适于对黏性土夯实

【解析】 参见第 26 题解析。

29. 【2024 年真题】下列关于热拌沥青混合料路面施工中压实成型的说法，正确的是（   ）。

A. 压实层厚度不宜小于 100mm
B. 初压应从中心向外侧碾压
C. 以粗集料为主的混合料宜优先采用振动压路机复压
D. 为防止沥青混合料粘轮可对压路机钢轮涂刷柴油

【解析】 参见教材第 244、245 页。

选项 A：压实层最大厚度不宜大于 100mm。

选项 B：初压应采用钢轮压路机静压 1~2 遍。碾压时应将压路机的驱动轮面向摊铺机，从外侧向中心碾压，在超高路段和坡道上则由低处向高处碾压。

选项 D：为防止沥青混合料粘轮，对压路机钢轮可涂刷隔离剂或防粘接剂，严禁刷柴油。

30. 【2021 年真题】下列关于路面施工机械特征的描述，说法正确的有（   ）。

A. 履带式沥青混凝土摊铺机对路基的不平度敏感性高
B. 履带式沥青混凝土摊铺机易出现打滑现象
C. 轮胎式沥青混凝土摊铺机的机动性好
D. 水泥混凝土摊铺机因其移动形式不同分为自行式和拖式
E. 水泥混凝土摊铺机主要由发动机、布料机、平整机等组成

【解析】 参见教材第 249、250 页。

选项 A、B：履带式摊铺机的最大优点是对路基的不平度敏感性差，具有较大的牵引力，所以很少出现打滑现象，多用于新建公路及大规模的城市道路施工。

选项 C：轮胎式沥青混凝土摊铺机的最大优点是机动性好，但在摊铺宽度较大、厚度超厚时，轮胎易出现打滑现象，多用于城市道路施工。

选项 D：水泥混凝土摊铺机因其移动形式不同分为轨道式摊铺机和滑模式摊铺机两种。

选项 E：水泥混凝土摊铺机除发动机外，主要由布料机、捣实机、平整机、表面修光机组成。

（二）桥梁工程施工技术

31. 【2023 年真题】下列关于混凝土桥梁墩台施工工艺要求的说法，正确的有（   ）。

A. 墩台截面面积小于 100m² 时，应连续灌注混凝土
B. 墩台高度高于 10m 时，常采用固定模板施工
C. 墩台混凝土分块浇筑时，邻层分块接缝宜错开
D. 墩台混凝土宜水平分层浇筑，每层高度宜为 1.2~1.8m
E. 实体墩台为大体积混凝土时，应优先选用矿渣水泥或火山灰水泥

【解析】 参见教材第 250 页。当混凝土墩台高度小于 30m 时，采用固定模板施工；当混凝土墩台高度大于或等于 30m 时，常用滑动模板施工。

墩台混凝土在施工时应特别注意：

（1）墩台混凝土，特别是实体墩台均为大体积混凝土时，水泥应优先选用矿渣水泥、

火山灰水泥，采用普通水泥时强度等级不宜过高。

（2）当墩台截面积≤100m² 时，应连续灌注混凝土，以保证混凝土的完整性；当墩台截面积>100m² 时，允许适当分段浇筑。分块数量，墩台水平截面积在200m² 内不得超过2块；在300m² 以内不得超过3块。每块面积不得小于50m²。

（3）墩台混凝土宜水平分层浇筑，每层高度宜为1.5~2.0m。

（4）墩台混凝土分块浇筑时，接缝应与墩台截面尺寸较小的一边平行，邻层分块接缝应错开，接缝宜做成企口形。

32.【2022年真题】关于桥梁墩台施工，下列说法正确的是（　　）。
A. 墩台混凝土宜垂直分层浇筑
B. 实体墩台为大体积混凝土的，水泥应选用硅酸盐水泥
C. 墩台混凝土分块浇筑时，接缝应与墩台截面尺寸较大的一边平行
D. 墩台混凝土分块浇筑时，邻层接缝宜做成企口形
【解析】 参见第31题解析。

33.【2008年、2005年真题】配制桥梁实体墩台混凝土的水泥，应优先选用（　　）。
A. 硅酸盐水泥　　　　　　　　B. 普通硅酸盐水泥
C. 铝酸盐水泥　　　　　　　　D. 矿渣硅酸盐水泥
【解析】 参见第31题解析。

34.【2013年真题】关于桥梁墩台施工的说法，正确的是（　　）。
A. 简易活动脚手架适宜于25m以下的砌石墩台施工
B. 当墩台高度超过30m时宜采用固定模板施工
C. 墩台混凝土适宜采用强度等级较高的普通水泥
D. 6m以下的墩台可采用悬吊脚手架施工
【解析】 轻型脚手架有适用于6m以下墩台的固定式轻型脚手架、适用于25m以下墩台的简易活动脚手架；较高的墩台可用悬吊脚手架。

35.【2006年真题】关于整体式桥梁墩台施工，下列说法中错误的是（　　）。
A. 采用精凿加工石料砌筑可节省水泥且经久耐用
B. 设计混凝土配合比时应优先选用强度等级较高的普通硅酸盐水泥
C. 当墩台截面积大于100m³ 时，可分段浇筑
D. 大体积圬工中可采用片石混凝土，以节省水泥
【解析】 参见教材第250页。水泥应优先选用矿渣水泥、火山灰水泥，采用普通水泥时强度等级不宜过高。选项A、D凭常识推断。

36.【2022年真题】下列桥梁上部结构的施工方法中，施工期间不影响通航或桥下交通的有（　　）。
A. 悬臂施工法　　　　　　　　B. 支架现浇法
C. 预制安装法　　　　　　　　D. 转体施工法
E. 提升浮运施工法
【解析】 参见教材第251~254页。
选项B：支架现浇法一般为满堂架，要占用整个桥下空间。
选项C：预制安装法一般要用到龙门吊等设备，要占用桥下空间。

选项 E：提升浮运法要用到浮船起吊，要占用桥下空间。

37.【2024 年真题】下列关于桥梁承重施工方法中，不影响通航及桥下交通的方法是（　　）。

A. 支架现浇法　　　　　　　　B. 悬臂施工法
C. 转体施工法　　　　　　　　D. 预制安装法
E. 移动模架逐孔施工法

【解析】　参见第 36 题。移动模架法不需设置地面支架，不影响通航和桥下交通。

38.【2021 年真题】桥梁上部结构施工中，对通航和桥下交通有影响的是（　　）。

A. 支架浇筑　　　　　　　　　B. 悬臂施工法
C. 转体施工　　　　　　　　　D. 移动模架

【解析】　参见第 36、37 题解析。

39.【2009 年真题】下列关于采用预制安装法施工桥梁承载结构，叙述正确的是（　　）。

A. 构件质量好，尺寸精度高
B. 桥梁整体性好，但施工费用高
C. 不便于上下平行作业，相对安装工期长
D. 减少或避免了混凝土的徐变变形
E. 设备相互影响大，劳动力利用率低

【解析】　参见教材第 251、252 页。预制安装施工的主要特点如下：

（1）由于是在工厂生产制作，构件质量好，有利于确保构件的质量和尺寸精度，并尽可能多地采用机械化施工。

（2）上下部结构可以平行作业，因而可缩短现场工期。

（3）能有效利用劳动力，并由此而降低了工程造价。

（4）由于施工速度快，故可适用于紧急施工工程。

（5）将构件预制后由于要存放一段时间，因此在安装时已有一定龄期，可减少混凝土收缩、徐变引起的变形。

40.【2012 年真题】跨径 100m 以下的桥梁施工时，为满足桥梁上下部结构平行作业和施工精度要求，优先选用的方法是（　　）。

A. 悬臂浇注法　　　　　　　　B. 悬臂拼装法
C. 转体法　　　　　　　　　　D. 支架现浇法

【解析】　参见教材第 252 页。悬臂浇筑法施工简便，结构整体性好，施工中可不断调整位置，常在跨径大于 100m 的桥梁上选用；悬臂拼装法施工速度快，桥梁上下部结构可平行作业，但施工精度要求比较高，可在跨径 100m 以下的大桥中选用。

41.【2004 年真题】大跨径连续梁桥的承载结构混凝土浇筑常采用的施工方法是（　　）。

A. 移动模架逐孔施工法　　　　B. 顶推法
C. 悬臂浇筑法　　　　　　　　D. 转体施工法

【解析】　参见教材第 252 页。悬臂浇筑法是大跨径连续梁桥常用的施工方法。

42.【2020 年真题】大跨径连续梁上部结构悬臂浇筑法施工的特点有（　　）。

A. 施工速度较快 B. 上下平行作业
C. 一般不影响桥下交通 D. 施工较复杂
E. 结构整体性较差

【解析】 参见教材第252页。悬臂浇筑法施工的主要特点如下：悬臂浇筑法施工简便，结构整体性好，施工中可不断调整位置，常在跨径大于100m的桥梁上选用；悬臂拼装法施工速度快，桥梁上下部结构可平行作业，但施工精度要求比较高，可在跨径100m以下的大桥中选用。悬臂浇筑法施工可不用或少用支架，施工不影响通航或桥下交通。

43.【2014年真题】采用移动模架施工桥梁承载结构，其主要优点有（　　）。
A. 施工设备少，装置简单，易于操作 B. 无须地面支架，不影响交通
C. 机械化程度高，降低劳动强度 D. 上下部结构可平行作业，缩短工期
E. 模架可周转使用，可在预制场生产

【解析】 参见教材第253页。采用移动模架逐孔施工的主要特点如下：
(1) 移动模架施工不需设置地面支架，不影响通航和桥下交通，施工安全、可靠。
(2) 有良好的施工环境，保证施工质量，一套模架可多次周转使用。
(3) 机械化、自动化程度高，节省劳力，降低劳动强度，上下部结构可以平行作业，缩短工期。
(4) 通常每一施工梁段的长度取用一孔梁长，接头位置一般可选在桥梁受力较小的部位。
(5) 移动模架施工设备投资大，施工准备和操作都较复杂。
(6) 移动模架逐孔施工宜在桥梁跨径小于50m的多跨长桥上使用。

44.【2013年真题】移动模架逐孔施工桥梁上部结构，其主要特点为（　　）。
A. 地面支架体系复杂，技术要求高 B. 上下部结构可以平行作业
C. 设备投资小，施工操作简单 D. 施工工期相对较长

【解析】 参见第43题解析。

45.【2010年真题】桥梁承载结构采用移动模架逐孔施工，其主要特点有（　　）。
A. 不影响通航和桥下交通 B. 模架可多次周转使用
C. 施工准备和操作比较简单 D. 机械化、自动化程度高
E. 可上下平行作业，缩短工期

【解析】 参见第43题解析。

46.【2019年真题】桥梁上部结构转体法施工的主要特点有（　　）。
A. 构件须在预制厂标准加工制作 B. 施工设备和工序较复杂
C. 适宜于大跨及特大桥施工 D. 施工期间对桥下交通影响小
E. 可以跨越通车线路进行施工

【解析】 参见教材第252、253页。转体施工法的主要特点如下：
(1) 可以利用地形，方便预制构件。
(2) 施工期间不断航，不影响桥下交通，并可在跨越通车线路上进行桥梁施工。
(3) 施工设备少，装置简单，容易制作并便于掌握。
(4) 节省木材，节省施工用料。
(5) 减少高空作业，施工工序简单，施工迅速。

（6）转体施工法适用于单跨和三跨桥梁，可在深水、峡谷中建桥采用，同时也适应在平原区和城市建造跨线桥。

（7）大跨径桥梁采用转体施工法将会取得良好的技术经济效益，转体重量轻型化、多种工艺综合利用，是大跨及特大路桥施工有力的竞争方案。

47.【2012年真题】桥梁承载结构施工法中，转体施工的主要特点有（　　）。
A. 不影响通航或桥下交通　　　　B. 高空作业少，施工工艺简单
C. 可利用地形，方便预制构件　　D. 施工设备种类多，装置复杂
E. 节约木材，节省施工用料
【解析】　参见第46题解析。

48.【2023年真题】在跨越通车线路上进行大跨及特大路桥上部结构施工，宜采用的施工方法是（　　）。
A. 支架现浇法　　　　　　　　　B. 悬臂施工法
C. 转体施工法　　　　　　　　　D. 顶推施工法
【解析】　参见第46题解析。

49.【2019年真题】关于桥梁上部结构顶推法施工特点，下列说法正确的是（　　）。
A. 减少高空作业，无须大型起重设备　　B. 施工材料用量少，施工难度小
C. 适宜于大跨径桥梁施工　　　　　　　D. 施工周期短，但施工费用高
【解析】　参见教材第253页。顶推法施工的特点如下：

（1）顶推法施工可以使用简单的设备建造长大桥梁，施工费用低，施工平稳无噪声，可在水深、山谷和高桥墩上采用，也可在曲率相同的弯桥和坡桥上使用。

（2）主梁分段预制，连续作业，结构整体性好；由于不需要大型起重设备，所以施工节段的长度一般可取用10~20m。

（3）桥梁节段固定在一个场地预制，便于施工管理，改善施工条件，避免高空作业。同时，模板、设备可多次周转使用，在正常情况下，节段的预制周期为7~10d。

（4）顶推施工时，用钢量较高。

（5）顶推法施工宜在等截面梁上使用，当桥梁跨径过大时，选用等截面梁会造成材料用量的不经济，也会增加施工难度，因此以中等跨径的桥梁为宜（桥梁的总长以500~600m为宜）。

50.【2010年真题】采用顶推法进行桥梁承载结构的施工，说法正确的是（　　）。
A. 主梁分段预制，速度较快，但结构整体性差
B. 施工平稳无噪声，但施工费用高
C. 顶推施工时，用钢量较大
D. 顶推法宜在变截面梁上使用
【解析】　参见第49题解析。

51.【2006年真题】桥梁承载结构施工方法中，投入施工设备和施工用钢量相对较少的是（　　）。
A. 转体施工法　　　　　　　　　B. 顶推施工
C. 移动模架逐孔施工法　　　　　D. 提升与浮运施工法
【解析】　参见第46题解析。

(三) 涵洞工程施工技术

52.【2022年真题】 大型涵管排管选用的排管法是（　　）。
A. 外壁边线排管
B. 基槽边线排管
C. 中心线法排管
D. 基槽标高排管

【解析】 参见教材第255页。涵管需用起重机械下管。中小型涵管可采用外壁边线排管，大型涵管须用中心线法排管。

53.【2013年真题】 混凝土拱涵和石砌拱涵施工应符合的要求有（　　）。
A. 涵洞孔径在3m以上，宜用18~32kg型轻便轨
B. 用混凝土块砌筑拱圈，灰缝宽度宜为20mm
C. 预制拱圈强度达到设计强度的70%时方可安装
D. 拱圈浇灌混凝土不能一次完成时可沿水平分段进行
E. 拆除拱圈支架后，拱圈中砂浆强度达到设计强度的100%时方可填土

【解析】 参见教材第255~257页。
选项A：涵洞孔径在3m以内的用12~18kg型小钢轨，孔径为3~6m的用18~32kg型轻便轨。
选项B：当拱圈为混凝土块砌体时，灰缝宽度宜为20mm。
选项C：当拱涵用混凝土预制拱圈安装时，成品达到设计强度的70%时才允许搬运、安装。
选项D：混凝土的灌筑应由拱脚向拱顶同时对称进行。要求全拱一次灌完，不能中途间歇；如因工程量大，一次难以完成全拱时，可按基础沉降缝分节进行，每节应一次连续灌完，决不可水平分段，也不宜按拱圈辐射方向分层。
选项E：当拱圈中砂浆强度达到设计强度的70%时，即可拆除拱圈支架，但须待达到设计强度的100%后，方可填土。

54.【2024年真题】 下列关于混凝土拱圈和石砌拱涵施工的说法，正确的是（　　）。
A. 拱架放样时，无须预留施工拱度
B. 预制拱圈达到设计强度的100%时方可搬运和安装
C. 当拱圈为混凝土块砌体时，砂浆灰缝宽度宜为20mm
D. 就地浇筑的混凝土拱圈施工，宜按拱圈辐射分层浇筑

【解析】 参见教材第255~257页。
选项A：拱架放样时，须预留施工拱度。
选项B：当拱涵用混凝土预制拱圈安装时，成品达到设计强度的70%时才允许搬运、安装。
选项C：当拱圈为混凝土块砌体时，灰缝宽度宜为20mm。
选项D：混凝土的灌筑应由拱脚向拱顶同时对称进行。要求全拱一次灌完，不能中途间歇；如因工程量大，一次难以完成全拱时，可按基础沉降缝分节进行，每节应一次连续灌完，决不可水平分段，也不宜按拱圈辐射方向分层。

55.【2020年真题】 涵洞沉降缝适宜设置在（　　）。
A. 涵洞和翼墙交接处
B. 洞身范围中段
C. 进水口外缘面
D. 端墙中心线处

【解析】 参见教材第257页。涵洞和急流槽、端墙、翼墙、进出水口急流槽等，须在结构分段处设置沉降缝（但无坞工基础的圆管涵仅于交接处设置沉降缝，洞身范围内不设），以防止由于受力不均、基础产生不均衡沉降而使结构物破坏。

56.【2023年真题】斜交斜做箱涵沉降缝位置,下列说法正确的是（　　）。
   A. 与路基中心线平行
   B. 与路基中心线垂直
   C. 与涵洞中心线平行
   D. 与涵洞中心线垂直

【解析】 参见教材第257页。斜交斜做涵洞,沉降缝与路基中心线平行；斜交正做涵洞,沉降缝与涵洞中心线垂直。

二、参考答案

题号	1	2	3	4	5	6	7	8	9	10
答案	A	C	B	B	BDE	D	D	BCDE	C	A
题号	11	12	13	14	15	16	17	18	19	20
答案	D	BDE	ACE	A	C	A	CDE	DE	ABDE	A
题号	21	22	23	24	25	26	27	28	29	30
答案	ABC	CD	CE	ABDE	A	ABD	CDE	BD	C	CE
题号	31	32	33	34	35	36	37	38	39	40
答案	ACE	D	D	A	B	AD	BCE	A	AD	B
题号	41	42	43	44	45	46	47	48	49	50
答案	C	ABC	BCDE	B	ABDE	CDE	ABCE	C	A	C
题号	51	52	53	54	55	56				
答案	A	C	ABCE	C	A	A				

三、2025年考点预测

考点一：路基土方及石方爆破施工。
考点二：墩台混凝土及桥梁上部结构施工。

第三节　地下工程施工技术

一、经典真题及解析

(一) 建筑工程深基坑施工技术

1.【2018年真题】深基坑土方开挖工艺主要分为（　　）。
   A. 放坡挖土
   B. 导墙式开挖
   C. 中心岛式挖土
   D. 护壁式开挖
   E. 盆式挖土

【解析】 参见教材第258页。深基坑的土方开挖工艺主要分为放坡挖土、中心岛式（也称墩式）挖土、盆式挖土。前者无支护结构,后两者皆有支护结构。采取哪种形式,主要根据基坑的深浅、维护结构的形式、地基土岩性、地下水位及渗水量、挖掘施工机械及场地大小、周围环境等情况决定。

2. 【2024年真题】深基坑支护形式的选择应综合考虑的因素有（　　）。
A. 水文地质条件　　　　　　　　B. 基坑开挖深度
C. 基坑周边荷载　　　　　　　　D. 建筑结构形式
E. 降排水条件
【解析】　参见教材第259页。深基坑支护形式的选择应综合考虑工程地质与水文地质条件、基础类型、基坑开挖深度、降排水条件、周边环境对基坑侧壁位移的要求、基坑周边荷载、施工季节、支护结构使用期限等因素。对同一基坑的不同部位，可采用不同的安全等级。

3. 【2018年真题】场地大空间大，土质好的深基坑，地下水位低的深基坑，采用的开挖方式为（　　）。
A. 水泥挡墙式　　B. 排桩与桩墙式　　C. 逆作墙式　　D. 放坡开挖式
【解析】　参见教材第260页。对土质较好、地下水位低、场地开阔的基坑，按照规范允许的坡度放坡开挖。此种方法不用支撑支护，其适用条件如下：基坑侧壁安全等级宜为三级；基坑周围场地应满足放坡条件，土质较好；当地下水位高于坡脚时，应采取降水措施。

4. 【2013年真题】水泥土桩墙式深基坑支护方式不宜用于（　　）。
A. 基坑侧壁安全等级为一级　　　　B. 施工范围内地基承载力小于150kPa
C. 基坑深度小于6m　　　　　　　　D. 基坑周围工作面较宽
【解析】　参见教材第260页。水泥土桩墙适用条件如下：
(1) 基坑侧壁安全等级宜为二、三级。
(2) 水泥土墙施工范围内地基承载力不宜大于150kPa。
(3) 基坑深度不宜大于6m。
(4) 基坑周围具备水泥土墙的施工宽度。

5. 【2010年真题】土钉支护加固的边坡结构体系包括（　　）。
A. 土钉　　　　　　　B. 喷射混凝土　　　　　C. 钢筋网
D. 锚索　　　　　　　E. 钢筋
【解析】　参见教材第260、261页。土钉支护工艺，可以先锚后喷，也可以先喷后锚，土钉支护加固的边坡结构体系包括土钉、喷射混凝土、钢筋网和土钉锚头。

6. 【2024年真题】下列关于复合土钉墙支护及施工要点的说法，正确的是（　　）。
A. 钢筋网应在喷射第一层混凝土后铺设
B. 一次喷射混凝土面层厚度不宜小于120mm
C. 地下水位以下，应采用钢筋土钉
D. 土钉筋体保护层厚度不应小于10mm
【解析】　参见教材第161页。
选项B：作业应分段分片依次进行，同一分段内应自下而上，一次喷射厚度不宜大于120mm。
选项C：一般来说，地下水位以上或有一定自稳能力的地层中，钢筋土钉和钢管土钉均可采用；地下水位以下，软弱土层、砂质土层等，由于成孔困难，则应采用钢管土钉。
选项D：土钉筋体保护层厚度不应小于25mm。

7. 【2023年真题】土钉墙施工过程中，开挖淤泥质土层后的临空面应在（　　）内完成土钉安放和喷射混凝土面层。

A. 12h B. 24h C. 36h D. 48h

【解析】 参见教材第261页。开挖后应及时封闭临空面，应在24h内完成土钉安放和喷射混凝土面层。在淤泥质土层开挖时，应在12h内完成土钉安放和喷射混凝土面层。上一层土钉完成注浆48h后，才可开挖下层土方。

8.【2020年真题】冻结排桩法施工技术主要适用于（　　）。

A. 基岩比较坚硬、完整的深基坑施工　　B. 表土覆盖比较浅的一般基坑施工
C. 地下水丰富的深基坑施工　　D. 岩土体自支撑能力较强的浅基坑施工

【解析】 参见教材第262页。冻结排桩法施工技术主要适用于地下水丰富的深基坑施工。因为此法是通过冻结技术将土壤冻结，形成坚固的冻土，然后在冻土中施工排桩，以提供基坑的支撑和保护。

9.【2013年真题】冻结排桩法深基坑支护技术的主要特点有（　　）。

A. 适用于大体积深基坑施工　　B. 适用于含水量高的地基基础施工
C. 不宜用于软土地基基础施工　　D. 适用于地下水丰富的地基基础施工
E. 适用于工期要求较紧的基础施工

【解析】 冻结排桩法深基坑支护技术的主要特点：适用于大体积深基础开挖施工，以及含水量高的地基基础、软土地基基础和地下水丰富的地基基础施工。

10.【2019年真题】关于深基坑土方开挖采用型钢水泥土复合搅拌桩支护技术，下列说法正确的是（　　）。

A. 搅拌水泥土终凝后方可加设横向型钢　　B. 型钢的作用是增强搅拌桩的抗剪能力
C. 水泥土作为承受弯矩的主要结构　　D. 型钢应加设在水泥土墙的内侧

【解析】 参见教材第262页。型钢主要用来承受弯矩和剪力，水泥土主要用来防渗，同时对型钢还有围箍作用。选项A、D，在水泥土凝结硬化前，将型钢插入墙中，形成型钢与水泥土的复合墙体。

11.【2019年真题】关于深基坑土方开挖采用冻结排桩法支护技术，下列说法正确的是（　　）。

A. 冻结管应置于排桩外侧　　B. 卸压孔应置于冻结管和排桩之间
C. 冻结墙的主要作用是支撑土体　　D. 排桩的主要作用是隔水

【解析】 参见教材第263页。冻结排桩法施工工艺：在基坑开挖之前，根据基坑开挖深度，利用钻孔灌注桩技术沿基坑四周超前施工一排灌注桩，用现浇钢筋混凝土梁把排桩顶端固定在一起，使排桩形成支撑结构体系，并在排桩外侧按设计要求施作一排冻结孔，同时在冻结孔外侧距其中心一定位置处插花布设多个卸压孔；然后利用人工冻结技术形成冻土墙隔水帷幕，与超前施作的排桩支撑结构体系一道形成一临时支护结构。在此支护结构的保护下进行基坑开挖，并随着开挖深度的增加支设内支撑，以保证支护结构的稳定；当开挖至设计标高时，浇筑垫层混凝土。

（二）地下连续墙施工技术

12.【2014年真题】城市建筑的基础工程，采用地下连续墙施工的主要优点在于（　　）。

A. 开挖基坑的土方外运方便　　B. 墙段之间接头质量易控制，施工方便

C. 施工技术简单，便于管理　　　　　D. 施工振动小，周边干扰小

【解析】 参见教材第 264 页。地下连续墙施工的优点和缺点见下表。

优点	缺点
（1）施工全盘机械化，速度快、精度高，并且振动小、噪声低，适用于城市密集建筑群及夜间施工 （2）具有多功能用途，如防渗、截水、承重、挡土、防爆等，由于采用钢筋混凝土或素混凝土，强度可靠，承压力大 （3）对开挖的地层适应性强，无论是软弱地层或在重要建筑物附近的工程中，都能安全地施工 （4）可以在各种复杂的条件下施工 （5）开挖基坑无须放坡，土方量小；浇筑混凝土无须支模和养护，并可在低温下施工，降低成本，缩短施工时间 （6）用触变泥浆保护孔壁和止水，施工安全可靠，不会引起水位降低而造成周围地基沉降，保证施工质量 （7）可将地下连续墙与"逆作法"施工结合起来	（1）每段连续墙之间的接头质量较难控制，往往容易形成结构的薄弱点 （2）墙面虽可保证垂直度，但比较粗糙，尚须加工处理或做衬壁 （3）施工技术要求高，造槽机械选择、槽体施工、泥浆下浇筑混凝土、接头、泥浆处理等环节，均应处理得当，不容疏漏 （4）制浆及处理系统占地较大，管理不善易造成现场泥泞和污染

13.【2011 年真题】深基础施工中，现浇钢筋混凝土地下连续墙的优点有（　　）。
A. 地下连续墙可作为地下建筑的地下室外墙
B. 施工机械化程度高，且具有多功能用途
C. 开挖基坑的土方量小，对开挖的地层适应性强
D. 墙面光滑，性能稳定，整体性好
E. 施工过程中振动小，周围地基沉降小

【解析】 参见第 12 题解析。

14.【2008 年真题】地下连续墙的缺点主要表现在（　　）。
A. 每段连续墙之间的接头质量较难控制　　　　　B. 对开挖的地层适应性差
C. 防渗、承重、截水效果较差　　　　　D. 制浆及处理系统占地面积大且易造成污染
E. 施工技术要求高

【解析】 参见第 12 题解析。

15.【2016 年真题】关于地下连续墙施工，说法正确的有（　　）。
A. 机械化程度高　　　　　B. 强度大、挡土效果好
C. 必须放坡开挖、施工土方量大　　　　　D. 相邻段接头部位容易出现质量问题
E. 作业现场容易出现污染

【解析】 参见第 12 题解析。

16.【2006 年真题】现浇地下连续墙具有多功能用途，如（　　）。
A. 承重、防爆　　　　　B. 边坡支护
C. 防渗、截水　　　　　D. 浅基坑支护
E. 深基坑支护

【解析】 参见第 12 题解析。

17.【2004 年真题】根据不同使用要求和施工条件，地下连续墙的墙体材料可选用（　　）。

A. 砂砾石 B. 黏土
C. 混凝土 D. 钢筋混凝土
E. 混合砂浆

【解析】 参见教材第264页。地下连续墙按墙体材料不同分为钢筋混凝土、素混凝土、黏土、自凝泥浆混合墙等墙体。

18.【2016年真题】关于地下连续墙施工，说法正确的是（　　）。
A. 开挖墙段的目的是为导墙施工提供空间
B. 连续墙表面的平整度取决于模板的质量
C. 确定单元槽段长度主要考虑土层的稳定性和施工机械的性能
D. 对浇灌混凝土的养护要求高

【解析】 参见教材第265~268页。确定单元槽段长度主要考虑土层的稳定性和施工机械的性能。

19.【2023年真题】地下连续墙施工过程中，泥浆的首要作用是（　　）。
A. 护壁 B. 携砂 C. 冷却 D. 润滑

【解析】 参见教材第266页。泥浆的作用主要有护壁、携砂、冷却和润滑，其中以护壁为主。

20.【2021年真题】地下连续墙挖槽时，遇硬土且夹有孤石的地层，优先选用的施工方法为（　　）。
A. 多头钻 B. 钻抓式 C. 潜钻孔 D. 冲击式

【解析】 参见教材第266页。见下表。

多头钻施工	施工槽壁平整，效率高，对周围建筑物影响小 适用于黏性土、砂质土、砂砾层及淤泥等土层
钻抓式施工	钻斗式挖槽机构造简单，出土方便，能抓出地层中障碍物，但当深度大于15m及挖坚硬土层时，成槽效率显著降低，成槽精度较多头挖槽机差 适用于黏性土和N值小于30的砂性土，不适用于软黏土
冲击式施工	适用于老黏性土、硬土和夹有孤石等地层，多用于排桩式地下连续墙成孔。其设备比较简单，操作容易，但工效较低，槽壁平整度也较差 桩排对接和交错接头采取间隔挖槽施工方法

21.【2017年真题】地下连续墙施工作业中，触变泥浆应（　　）。
A. 由现场开挖土拌制而成 B. 满足墙面平整度要求
C. 满足墙体接头密实度要求 D. 满足保护孔壁要求

【解析】 参见教材第266页。泥浆的主要成分是膨润土、掺和物和水。泥浆的作用主要有护壁、携砂、冷却和润滑，其中以护壁为主。

22.【2022年真题】地下连续墙混凝土顶面应比设计高度超浇（　　）。
A. 0.4m以内 B. 0.4m以上 C. 0.5m以内 D. 0.5m以上

【解析】 参见教材第268页。在浇筑完成后的地下连续墙墙顶存在一层浮浆层，因此混凝土顶面需要比设计高度超浇0.5m以上。凿去浮浆层后，地下连续墙墙顶才能与主体结构或支撑相连，成为整体。

23.【2014年真题】地下连续墙混凝土浇灌应满足以下要求（　　）。
A. 水泥用量不宜小于400kg/m³　　　　B. 导管内径约为粗骨料粒径的3倍
C. 混凝土水灰比不应小于0.6　　　　　D. 混凝土强度等级不高于C20

【解析】　参见教材第268页。地下连续墙对混凝土的要求：

（1）混凝土强度等级一般为C30~C40，其配合比应按重力自密式流态混凝土设计，水与胶凝材料比不应大于0.55，水泥用量不宜小于400kg/m³，入槽坍落度不宜小于180mm。混凝土应具有良好的和易性和流动性。

（2）混凝土浇筑前应按作业设计规定的位置安装好混凝土导管。导管的数量与槽段长度有关，槽段长度小于4m时，可使用一根导管；槽段长度不大于6m时，混凝土宜采用两根导管同时浇筑；槽段长度大于6m时，混凝土宜采用3根导管同时浇筑。导管内径约为粗骨料粒径的8倍，不得小于粗骨料粒径的4倍。混凝土导管接口应密封不漏浆，导管底部应与槽底相距约200mm。混凝土浇筑前，应利用混凝土导管进行15min以上的泥浆循环，以改善泥浆质量。

（三）隧道工程施工技术

24.【2017年真题】隧道工程施工时，通风方式通常采用（　　）。
A. 钢管压入式通风　　　　　　B. PVC管抽出式通风
C. 塑料布管压入式通风　　　　D. PR管抽出式通风

【解析】　参见教材第270页。地下工程的主要通风方式有两种：一种是压入式，风管为柔性的管壁，一般是加强的塑料布之类；另一种是吸出式，需要刚性的排气管，一般由薄钢板卷制而成。

我国大多数工地均采用压入式。

25.【2013年真题】适用深埋于岩体的长隧洞施工的方法是（　　）。
A. 顶管法　　　　B. TBM法　　　　C. 盾构法　　　　D. 明挖法

【解析】　参见教材第269~276页。隧道工程各种施工方法的适用范围见下表。

钻爆法		可以开挖各种形状、尺寸、大小的地下洞室。既可以适应坚硬完整的围岩，也可以适应较为软弱破碎的围岩。一般短洞、地下大洞室、非圆形的隧洞、地质条件变化大的地方都常用钻爆法
		由于采用爆炸，在城市人口密集地区不能采用，长洞又没有条件布置施工支洞、施工斜井的，或者地质条件很差，特别软弱的地方，不利于采用钻爆法
掘进机法 (TBM法)	全断面掘进机	其刀具直径基本上就是开挖直径，适宜于打长洞，因为它对通风要求较低；开挖洞壁比较光滑；对围岩破坏较小，所以对围岩稳定有利；超挖少，衬砌混凝土回填量少
	独臂钻	适宜于开挖软岩，不适宜于开挖地下水较多、围岩不太稳定的地层
	天井钻	从上向下钻一直径为200~300mm的导向孔，达到竖井或斜井的底部，再在钻杆上更换直径较大的钻头，由下向上反钻竖井或斜井。开挖深度可从几十米至二三百米不等
	带盾构的TBM法	当围岩是软弱破碎带时适用
盾构法		盾构施工是一种在软土或软岩中修建隧道的特殊施工方法

(续)

明挖法	无围护结构的敞口明挖	适用于地面开阔，周围建筑物稀少，地质条件好，土质稳定且在基坑周围无较大荷载，对基坑周围的位移和沉降无严格要求的情况
	有围护结构的明挖	适用于施工场地狭窄，土质自立性较差，地层松软，地下水丰富，建筑物密集的地区
盖挖法		适用于松散的地质条件、隧道处于地下水位线以上地下工程明作时需要穿越公路和建筑等障碍物的情况
浅埋暗挖法		它是在软弱围岩浅埋地层中修建山岭隧道洞口段、城区地下铁道及其他适于浅埋地下工程的施工方法。它主要适用于不宜明挖施工的土质或软弱无胶结的砂、卵石等第四纪地层。对于水位高的地层，需采取堵水或降排水等措施
沉管法		沉管法是在水底建筑隧道的一种施工方法。沉管隧道是将若干个预制段分别浮运到海面（河面）现场，并一个接一个地沉放安装在已疏浚好的基槽内，以此方法修建的水下隧道

26.【2007年真题】在稳定性差的破碎岩层挖一条长度为500m、直径6.00m的隧道，在不允许钻爆法施工的情况下，应优先考虑采用（　　）。

A. 全断面掘进机开挖　　　　　　B. 独臂钻开挖
C. 天井钻开挖　　　　　　　　　D. 带盾构的掘进机开挖

【解析】　参见第25题解析。

27.【2008年真题】岩层中的地下工程，开挖方式应采用（　　）。

A. 钻爆法　　　　　　　　　　　B. 地下连续墙法
C. 盾构法　　　　　　　　　　　D. 沉管法

【解析】　参见第25题解析。

28.【2019年真题】关于隧道工程采用掘进机施工，下列说法正确的是（　　）。

A. 全断面掘进机的突出优点是可实现一次成型
B. 独臂钻适宜于围岩不稳定的岩层开挖
C. 天井钻开挖是沿着导向孔从上往下钻进
D. 带盾构的掘进机主要用于特别完整岩层的开挖

【解析】　参见第25题解析。

29.【2012年真题】下列设备中，专门用来开挖竖井或斜井的大型钻具是（　　）。

A. 全断面掘进机　　　　　　　　B. 独臂钻机
C. 天井钻机　　　　　　　　　　D. TBM设备

【解析】　参见第25题解析。

30.【2010年真题】采用全断面掘进机进行岩石地下工程施工的说法，正确的是（　　）。

A. 对通风要求较高，适宜打短洞　　B. 开挖洞壁比较光滑
C. 对围岩破坏较大，不利于围岩稳定　D. 超挖大，混凝土衬砌材料用量大

【解析】　参见第25题解析。

31.【2018年真题】用于隧道钻爆法开挖，效率较高且比较先进的钻孔机械是（　　）。

A. 气腿风钻　　　　　　　　　　B. 潜孔钻

C. 钻车　　　　　　　　　　　　D. 手风钻

【解析】 参见教材第270页。钻孔的方法较多，最简单的是手风钻，比较灵活，但劳动强度很大；目前一般用得较多的是气腿风钻。除风钻外，再进一步的是潜孔钻、钻车、钻机。钻车是现在常用的比较先进的机具。

32.【2024年真题】下列关于盾构机的说法，正确的是（　　）。
A. 开放式盾构机又分为泥水平衡式和土压平衡式两种
B. 盾尾是盾构结构的主体，是具有较强刚性的圆形结构
C. 推进系统由切口环、支承环、千斤顶组成
D. 拼装器有杠杆式拼装机和环式拼装机两种形式

【解析】 参见教材第271、272页。

选项A：封闭式盾构机分为泥水平衡式和土压平衡式。

选项B：支承环位于切口环之后，是与后部的盾尾相连的中间部分，是盾构结构的主体，是具有较强刚性的圆环结构。

选项C：盾构壳体一般由切口环、支承环和盾尾三部分组成。

33.【2023年真题】下列盾构机类型中，属于封闭式的有（　　）。
A. 机械式　　　　　　　　　　　B. 网络式
C. 半机械式　　　　　　　　　　D. 泥水平衡式
E. 土压平衡式

【解析】 参见教材第271页。

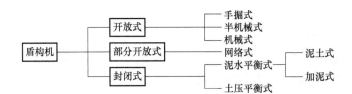

34.【2011年真题】采用盾构施工技术修建地下隧道时，选择盾构施工法应首先考虑（　　）。
A. 路线附近的重要构筑物　　　　B. 覆盖土的厚度
C. 掘进距离和施工工期　　　　　D. 盾构机种和辅助工法

【解析】 参见教材第272页。详尽地掌握好各种盾构机的特征是确定盾构工法的关键。其中，选择适合土质条件的、确保工作面稳定的盾构机种及合理的辅助工法最重要。此外，盾构的外径、覆盖土厚度、线形（曲线施工时的曲率半径等）、掘进距离、工期、竖井用地，以及路线附近的重要构筑物、障碍物等地域环境条件、安全性与成本的考虑也至关重要，应通过对上述条件综合考虑选定合适的盾构工法。

35.【2005年真题】地下土层采用盾构机暗挖隧道时，盾构机的推进机系统一般包括（　　）。
A. 旋流器　　　　　　B. 千斤顶　　　　　　C. 电动机
D. 液压设备　　　　　E. 螺旋输送机

【解析】 参见教材第272页。盾构机的推进系统由液压设备和盾构千斤顶组成，盾构

前进是靠千斤顶推进来实现的。

36.【2023年真题】 盾构壳体构造中，位于盾构最前端的部分是（　　）。

A. 千斤顶　　　　　　　　　　　　B. 支承环

C. 切口环　　　　　　　　　　　　D. 衬砌拼装系统

【解析】 参见教材第272页。盾构壳体一般由切口环、支承环和盾尾三部分组成。切口环部分位于盾构的最前端

37.【2022年真题】 隧道工程浅埋暗挖法施工的必要前提是（　　）。

A. 对开挖面前方地层的预加固和预处理

B. 一次注浆多次开挖

C. 环状开挖预留核心土

D. 对施工过程中的围岩及结构变化进行动态跟踪

【解析】 参见教材第275页。对开挖面前方地层的预加固和预处理是浅埋暗挖法的必要前提，其目的是加强开挖面的稳定性，提高施工的安全性。

38.【2024年真题】 下列关于喷射混凝土施工工艺的说法，正确的有（　　）。

A. 干式喷射混凝土工艺不得用于大型洞室

B. 干式喷射混凝土工艺不得用于大断面隧道

C. 干式喷射混凝土工艺适用于非富水围岩地质条件

D. 湿式喷射混凝土工艺适用于C30及以上强度等级喷射混凝土

E. 与干式喷射混凝土相比，湿式喷射混凝土施工粉尘少，回弹较严重

【解析】 参见教材第279页。

选项A、B、C：干式喷射混凝土工艺不得用于大型洞室、大断面隧道、C30及以上强度等级喷射混凝土、非富水围岩地质条件。

选项E：干式喷射设备简单，价格较低，能进行远距离压送，易加入速凝剂，喷嘴脉冲现象少，但施工粉尘多，回弹比较严重。

39.【2019年真题】 关于隧道工程喷射混凝土支护，下列说法正确的有（　　）。

A. 拱形断面隧道开挖后先喷墙后喷拱

B. 拱形断面隧道开挖后直墙部分先从墙顶喷至墙脚

C. 湿喷法施工骨料回弹比干喷法大

D. 干喷法比湿喷法施工粉尘少

E. 封拱区应沿轴线由前向后喷射

【解析】 参见教材第279页。

选项A：对水平坑道，喷射顺序为先墙后拱、自下而上。

选项B、E：侧墙应自墙基开始，拱应自拱脚开始，封拱区宜沿轴线由前向后。

选项C、D：混凝土喷射机分为干式和湿式，干式喷射设备简单，价格较低，能进行远距离压送，易加入速凝剂，喷嘴脉冲现象少，但施工粉尘多，回弹比较严重。

40.【2018年真题】 用于隧道喷锚支护的锚杆，其安设方向一般应垂直于（　　）。

A. 开挖面　　　B. 断层面　　　C. 裂隙面　　　D. 岩层面

【解析】 参见教材第280页。实际作业中，通常还须根据实际的岩石分层状态改变锚杆的布置形式，必要时在局部增加锚杆的用量以控制岩石坍方。当岩石为倾斜或齿状等时，

锚杆的安设方向要尽可能与岩层面垂直相交，以达到较好的锚固效果。

41.【2015年真题】以下关于早强水泥砂浆锚杆施工说法正确的是（　　）。
A. 快硬水泥卷在使用前需用清水浸泡
B. 早强药包使用时严禁与水接触或受潮
C. 早强药包的主要作用为封堵孔口
D. 快硬水泥卷的直径应比钻孔直径大20mm左右
E. 快硬水泥卷的长度与锚固长度相关

【解析】 参见教材第281页。

选项A：将浸好水的水泥卷用锚杆送到孔底，并轻轻捣实，若中途受阻，应及时处理；若处理时间超过水泥终凝时间，则应换装新水泥卷或钻眼作废。

选项B：药包使用前应检查，要求无结块、未受潮。药包的浸泡宜在清水中进行，随泡随用，药包必须泡透。

选项C：早强药包的作用并不是封堵孔口，可以理解为胶水，把锚杆和围岩粘接起来。

选项D：药包直径宜较钻孔直径小20mm左右。

选项E：快硬水泥卷长度要根据内锚长度和生产制作的要求确定。

42.【2013年真题】地下工程的早强水泥砂浆锚杆用树脂药包的，正常温度下需要搅拌的时间为（　　）。
A. 30s　　　　B. 45~60s　　　　C. 3min　　　　D. 5min

【解析】 参见教材第282页。采用树脂药包时，搅拌时间应根据现场气温决定，20℃时，固化时间为5min；温度下降5℃时，固化时间约会延长一倍，即15℃时为10min；10℃时，为20min。因此，对地下工程，在正常温度下，采用树脂药包的，搅拌时间约为30s；当温度在10℃以下时，搅拌时间可适当延长为45~60s。

（四）地下工程特殊施工技术

43.【2006年真题】地下管线工程施工中，常用的造价较低、进度较快、非开挖的施工技术有（　　）。
A. 气压室法　　　　　　　　B. 冻结法
C. 长距离顶管法　　　　　　D. 气动夯锤铺管法
E. 导向钻进法

【解析】 参见教材第283~287页。气压室法和冻结法属于特殊开挖法。

44.【2022年、2007年真题】地下工程长距离顶管施工中，主要技术关键有（　　）。
A. 顶进长度　　　　　　　　B. 顶力问题
C. 方向控制　　　　　　　　D. 顶进设备
E. 制止正面坍塌

【解析】 参见教材第284。长距离顶管的主要技术关键有以下几个方面：①顶力问题；②方向控制；③制止正面坍塌。

45.【2009年真题】采用长距离地下顶管技术施工时，通常在管道中设置中继环，其主要作用是（　　）。
A. 控制方向　　　　　　　　B. 增加气压
C. 控制坍方　　　　　　　　D. 克服摩阻力

【解析】 参见教材第285页。为减少长距离顶管中管壁四周的摩阻力,在管壁外压注触变泥浆,形成一定厚度的泥浆套,使顶管在泥浆套中顶进,以减少阻力。只采用触变泥浆减阻单一措施仍显不够,还需采用中继接力顶进,也就是在管道中设置中继环,分段克服摩擦阻力,从而解决顶力不足问题。

46.【2021年真题】地下工程施工中,气动夯管锤铺管的主要特点有(　　)。
A. 夯管锤对钢管动态夯进,产生强烈的冲击和振动
B. 不适合含卵砾石地层
C. 属于不可控向铺管,精密度低
D. 对地表影响小,不会引起地表隆起或沉降
E. 工作坑要求高,需进行深基坑支护作业

【解析】 参见教材第286页。气动夯管锤铺管时,由于夯管锤对钢管是动态夯进,产生强烈的冲击和振动,因此气动夯管锤铺管具有以下特点:
(1) 地层适用范围广。夯管锤铺管几乎适应除岩层以外的所有地层。
(2) 铺管精度较高。气动夯管锤铺管属不可控向铺管,具有较好的目标准确性。
(3) 对地表的影响较小。即使钢管铺设深度很浅,地表也不会产生隆起或沉降现象。
(4) 夯管锤铺管适合较短长度的管道铺设。
(5) 夯管锤铺管要求管道材料必须是钢管,若要铺设其他材料的管道,可铺设钢套管。
(6) 投资和施工成本低。施工条件要求简单,施工进度快,材料消耗少,施工成本较低。
(7) 工作坑要求低。通常只需很小施工深度,无须进行很复杂的深基坑支护作业。
(8) 穿越河流时,无须在施工中清理管内土体,无渗水现象,能确保施工人员安全。

47.【2021年真题】地下工程采用导向钻进行施工时,适合中等尺寸钻头的岩土层为(　　)。
A. 砾石层　　　　　　　　　　B. 致密砂层
C. 干燥软黏土　　　　　　　　D. 钙质土层

【解析】 参见教材第286、287页。钻头的选择依据见下表。

淤泥质黏土	较大的钻头
干燥软黏土、粗粒砂层	中等尺寸钻头
硬黏土、钙质土层	较小的钻头
致密砂层	小尺寸锥形钻头
砂质淤泥	中等到大尺寸钻头,在较软土层中,采用较大尺寸的钻头
砾石层	镶焊小尺寸硬质合金的钻头
固结的岩层	孔内动力钻具

48.【2022年真题】沉井下沉达到设计标准封底时,须满足的观测条件是(　　)。
A. 5h内下沉量小于或等于8mm　　　　B. 6h内下沉量小于或等于8mm
C. 7h内下沉量小于或等于10mm　　　D. 8h内下沉量小于或等于10mm

【解析】 参见教材第 289 页。沉井下沉至标高，应进行沉降观测，当 8h 内下沉量≤10mm 时，方可封底。

49.【2023 年真题】下列关于沉井施工工艺要求的说法，正确的有（　　）。
A. 沉井下沉至标高，应进行 8h 沉降观测
B. 沉降观测时，若 8h 内下沉量小于或等于 10mm，方可封底
C. 沉井制作高度较大时，基坑上应铺设一定厚度的砂垫层
D. 沉井采用不排水挖土下沉，要确保井内外水面在同一高度
E. 采用不排水封底法时，封底混凝土用导管法灌注

【解析】 参见教材第 289 页。

选项 A、B：沉井下沉至标高，应进行沉降观测；当 8h 内下沉量≤10mm 时，方可封底。

选项 C：当沉井制作高度较大时，重量会增大，为避免不均匀沉降，基坑上应铺设一定厚度（>0.6m）的砂垫层。

选项 D：不排水挖土下沉中要使井内水面高出井外水面 1~2m，以防流砂。

选项 E：采用不排水封底法时，封底混凝土的灌注可采用垂直导管法、堆土灌浆法、装袋法。

50.【2013 年真题】沉井的排水挖土下沉法适用于（　　）。
A. 透水性较好的土层　　　　　B. 涌水量较大的土层
C. 排水时不至于产生流沙的土层　D. 地下水较丰富的土层

【解析】 参见教材第 289 页。
（1）排水挖土下沉。当沉井所穿过的土层透水性较差、涌水量不大、排水不致产生流砂现象时，可采用排水挖土下沉。
（2）不排水挖土下沉。若沉井穿过的土层中有较厚的亚砂土和粉砂土，地下水丰富，土层不稳定，有产生流砂的可能性时，沉井宜采用不排水挖土下沉。

51.【2015 年真题】采用沉井法施工，当沉井中心线与设计中心线不重合时，通常采用以下方法纠偏（　　）。
A. 通过起重机械吊挂调试　　　B. 在沉井内注水调试
C. 通过中心线一侧挖土调整　　D. 在沉井外侧卸土调整

【解析】 参见教材第 290 页。沉井纠偏有以下方法：
（1）矩形沉井长边产生偏差，可用偏心压重纠偏。
（2）沉井向某侧倾斜，可在高的一侧多挖土，使其恢复水平再均匀挖土。
（3）采用触变泥浆润滑套时，可采用导向木纠偏。
（4）小沉井或矩形沉井短边产生偏差，应在下沉少的一侧外部用压力水冲井壁附近的土并加偏心压重；在下沉多的一侧加一水平推力来纠偏。
（5）当沉井中心线与设计中心线不重合时，可先在一侧挖土，使沉井倾斜，然后均匀挖土，使沉井沿倾斜方向下沉到沉井底面中心线接近设计中心线位置时再纠偏。

52.【2024 年真题】下列关于地下工程特殊施工技术的说法，正确的是（　　）。
A. 深层顶管施工中，压注触变泥浆的目的是控制方向
B. 夯管锤铺管适用于包括岩层在内的所有地层

C. 气动夯管锤铺管法一般适用于管径大于 900mm 的管线铺设工程

D. 沉井封底可分为干封底和湿封底两种

【解析】 参见教材第 284~290 页。

选项 A：触变泥浆减阻力。

选项 B：夯管锤铺管几乎适应除岩层以外的所有地层。

选项 C：气动夯管锤铺管法和导向钻进一般适用于管径小于 900mm 的管线铺设工程。

二、参考答案

题号	1	2	3	4	5	6	7	8	9	10
答案	ACE	ABCE	D	A	ABC	A	A	C	ABD	B
题号	11	12	13	14	15	16	17	18	19	20
答案	A	D	ABCE	ADE	ABDE	ACDE	BCD	C	A	D
题号	21	22	23	24	25	26	27	28	29	30
答案	D	D	A	C	B	D	A	A	C	B
题号	31	32	33	34	35	36	37	38	39	40
答案	C	D	DE	D	BD	C	A	ABD	AE	D
题号	41	42	43	44	45	46	47	48	49	50
答案	AE	A	CDE	BCE	D	AD	C	D	ABCE	C
题号	51	52								
答案	C	D								

三、2025 年考点预测

考点一：深基坑支护形式的适用范围。

考点二：地下连续墙的混凝土浇筑。

考点三：锚杆施工。

考点四：特殊施工技术的适用范围。

第五章 工程计量

一、本章思维导图

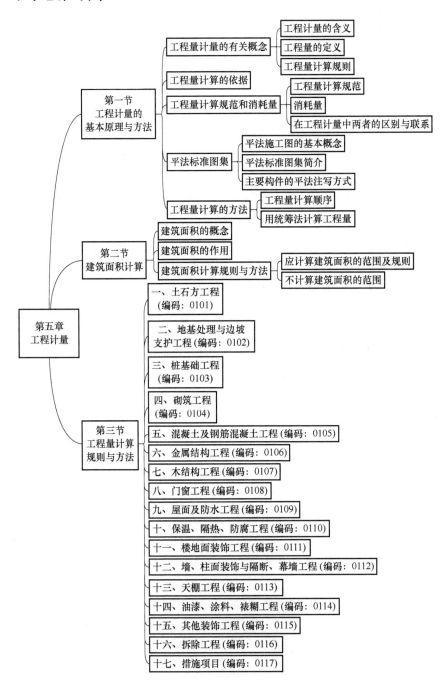

二、本章历年平均分值分布

节名	单选题	多选题	合计
第一节 工程计量的基本原理与方法	3分	2分	5分
第二节 建筑面积计算	4分	2分	6分
第三节 工程量计算规则与方法	13分	6分	19分
合计			30分

第一节 工程计量的基本原理与方法

一、经典真题及解析

(一) 工程量计量的有关概念

1.【2020年真题】 工程计量单位正确的是（　　）。

A. 换土垫层以"m^2"为计量单位　　B. 砌块墙以"m^2"为计量单位

C. 混凝土以"m^3"为计量单位　　D. 墙面抹灰以"m^3"为计量单位

【解析】 参见教材第291、340、349、387页。物理计量单位指以公制度量表示的长度、面积、体积和质量等计量单位，如预制钢筋混凝土方桩以"m"为计量单位，墙面抹灰以"m^2"为计量单位，混凝土以体积"m^3"计算，换土垫层以体积"m^3"计算，砌块墙以体积"m^3"计算。

自然计量单位指建筑成品表现在自然状态下的简单点数所表示的个、条、樘、块等计量单位，如门窗工程以"樘"为计量单位，桩基工程以"根"为计量单位等。

(二) 工程量计算的依据

2.【2019年真题】 下列内容中，不属于工程量清单项目工程量计算依据的是（　　）。

A. 经审定的施工图纸及设计说明　　B. 工程项目管理实施规划

C. 招标文件的商务条款　　D. 工程量计算规则

【解析】 参见教材第292页。工程量计算的主要依据如下：

（1）国家发布的工程量计算规范和相关计算规则。

（2）经审定的施工设计图纸及其说明。

（3）经审定的施工组织设计（项目管理实施规划）或施工方案。

（4）经审定通过的其他有关技术经济文件，如工程施工合同、招标文件的商务条款等。

3.【2005年真题】 工程量清单中的分部分项工程量应按（　　）。

A. 企业定额规定的工程量计算规则计算

B. 设计图纸标注的尺寸计算

C. 通常公认的计算规则计算

D. 国家规范规定的工程量计算规则计算

【解析】 参见教材第292页。在计算工程量时，应按照规定的计算规则进行。

(三) 工程量计算规范和消耗量

4.【2018 年真题】 在同一合同段的工程量清单中，多个单位工程中具有相同项目特征的项目编码和计量单位时，（　　）。

A. 项目编码不一致，计量单位不一致　　B. 项目编码一致，计量单位一致

C. 项目编码不一致，计量单位一致　　D. 项目编码一致，计量单位不一致

【解析】 参见教材第 293、294 页。同一招标工程的项目编码不得有重码。在同一个建设项目（或标段、合同段）的工程量清单中，多个单位工程中具有相同项目特征的项目编码和计量单位时，项目编码不一致，计量单位一致。

5.【2019 年真题】 工程量清单特征描述主要说明（　　）。

A. 措施项目的质量安全要求　　B. 确定综合单价需考虑的问题

C. 清单项目的计算规则　　D. 分部分项项目和措施项目的区别

【解析】 从本质上讲，项目特征体现的是对清单项目的质量要求（没有安全），是确定一个清单项目综合单价不可缺少的重要依据。

6.【2018 年真题】 工程量清单中关于项目特征描述的重要意义在于（　　）。

A. 项目特征是区分具体清单项目的依据　　B. 项目特征是确定计量单位的重要依据

C. 项目特征是确定综合单价的前提　　D. 项目特征是履行合同义务的基础

E. 项目特征是确定工程量计算规则的关键

【解析】 参见教材第 293 页。工程量清单项目特征描述的重要意义：项目特征是区分具体清单项目的依据；项目特征是确定综合单价的前提；项目特征是履行合同义务的基础。

7.【2020 年真题】 工程量清单要素中的项目特征，其主要作用体现在（　　）。

A. 提供确定综合单价的依据　　B. 描述特有属性

C. 明确质量要求　　D. 明确安全要求

E. 确定措施项目

【解析】 参见教材第 293 页。项目特征是表征构成分部分项工程项目、措施项目自身价值的本质特征，是对体现分部分项工程量清单、措施项目清单价值的特有属性和本质特征的描述。从本质上讲，项目特征体现的是对清单项目的质量要求，是确定一个清单项目综合单价不可缺少的重要依据。

8.【2016 年真题】《建设工程工程量清单计价规范》（GB 50500—2013⊖），关于项目特征，说法正确的是（　　）。

A. 项目特征是编制工程量清单的基础　　B. 项目特征是确定工程内容的核心

C. 项目特征是项目自身价值的本质特征　　D. 项目特征是工程结算的关键依据

【解析】 参见教材第 293 页。项目特征是表征构成分部分项工程项目、措施项目自身价值的本质特征，是对体现分部分项工程量清单、措施项目清单价值的特有属性和本质特征的描述。

9.【2022 年真题】 异型柱的项目特征可不描述的是（　　）。

A. 编号　　B. 形状

C. 混凝土等级　　D. 混凝土类别

⊖ GB 50500—2013 将于 2025 年 9 月 1 日作废，被 GB/T 50500—2024 代替。

【解析】 参见教材第 293、352、353 页。例如，对于 010502003 异型柱，需要描述的项目特征有柱形状、混凝土类别、混凝土强度等级。

10.【2016 年真题】根据《房屋建筑与装饰工程工程量计算规范》（GB 50854—2013）规定，以下说法正确的是（　　）。

A. 分部分项工程量清单与定额所采用的计量单位相同

B. 同一建设项目的多个单位工程的相同项目可采用不同的计量单位分别计量

C. 以"m""m²""m³"等为单位的应按四舍五入的原则取整

D. 项目特征反映了分部分项和措施项目自身价值的本质特征

【解析】 参见教材第 293、294、296 页。

选项 A：工程量清单项目的计量单位一般采用基本的物理计量单位或自然计量单位，如 m、m²、m³、kg、t 等，消耗量（定额）中的计量单位一般为扩大的物理计量单位或自然计量单位，如 100m²、100m 等。

选项 B：GB 50854—2013 规定，本规范附录中有两个或两个以上计量单位的，应结合拟建工程项目的实际情况，选择其中一个为计量单位。同一工程项目的计量单位应一致。

选项 C：以"m""m²""m³""kg"为单位的，应保留小数点后两位数字，第三位小数四舍五入；以"t"为单位的，应保留小数点后三位数字，第四位小数四舍五入；以"个""件""根""组""系统"为单位的，应取整数。

选项 D：项目特征反映了分部分项和措施项目自身价值的本质特征。

11.【2023 年真题】根据《房屋建筑与装饰工程工程量计算规范》（GB 50854—2013）规定，下列关于工程计量时不同计量单位工程量数据汇总后的计取方法，正确的是（　　）。

A. 以"t"为单位，应取整数

B. 以"m、m²"为单位，应保留小数点后两位数字，第三位小数四舍五入

C. 以"m、kg"为单位，应保留小数点后三位数字，第四位小数四舍五入

D. 以"个、根"为单位，应保留小数点后两位数字，第三位小数四舍五入

【解析】 参见第 10 题解析。

12.【2006 年真题】按照工程量计算规则，工程量清单通常采用的工程量计量单位是（　　）。

A. 100m　　B. 100m³　　C. 10m³　　D. m³

【解析】 参见第 10 题解析。

13.【2012 年真题】下列计量单位中，既适合工程量清单项目又适合基础定额项目的是（　　）。

A. 100m B. 基本物理计量单位

C. 100m³ D. 自然计量单位

【解析】 参见第 10 题解析。

14.【2010 年真题】在建设工程工程量清单中，分部分项工程量的计算规则大多是（　　）。

○ GB 50854—2013 将于 2025 年 9 月 1 日作废，被 GB/T 50854—2024 代替。

A. 按不同施工方法和实际用量计算　　B. 按不同施工数量和加工余量之和计算
C. 按工程实体净量和加工余量之和计算　　D. 按工程实体尺寸的净量计算

【解析】　参见教材第 294、295 页。GB 50854—2013 统一规定了工程量计算规则，即按施工图图示尺寸（数量）计算清单项目工程数量的净值，一般不需要考虑具体的施工方法、施工工艺和施工现场的实际情况而发生的施工余量。

15. 【2023 年真题】根据《房屋建筑与装饰工程工程量计算规范》（GB 50854—2013）规定，下列关于按施工图图示尺寸（数量）计算工程数量净值的说法，正确的是（　　）。
A. 一般需要考虑因具体的施工方法和现场实际情况而发生的施工余量
B. 一般需要考虑因具体的施工工艺而发生的施工余量
C. 现浇构件钢筋工程量计算中，"设计图示长度"包括施工搭接或施工余量
D. 现浇构件钢筋工程量计算中，"设计图示长度"包括设计（含规范规定）标明的搭接、锚固长度

【解析】　参见教材第 294 页。例如，"010515001 现浇构件钢筋"的计算规则为"按设计图示钢筋长度乘以单位理论质量计算"，其中"设计图示钢筋长度"即为钢筋的净量，包括设计（含规范规定）标明的搭接、锚固长度，其他如施工搭接或施工余量不计算工程量，在综合单价中综合考虑。

16. 【2013 年真题】建设工程工程量清单中工作内容描述的主要作用是（　　）。
A. 反映清单项目的工艺流程　　B. 反映清单项目需要的作业
C. 反映清单项目的质量标准　　D. 反映清单项目的资源需求

【解析】　参见教材第 294 页。工作内容是指为了完成工程量清单项目所需要发生的具体施工作业内容。

17. 【2019 年真题】工程量计算规范中"工作内容"的作用有（　　）。
A. 给出了具体施工作业内容　　B. 体现了施工作业和操作程序
C. 是进行清单项目组价基础　　D. 可以按工作内容计算工程成本
E. 反映了清单项目的质量和安全要求

【解析】　参见教材第 294 页。GB 50854—2013 附录中给出的是一个清单项目可能发生的工作内容，工作内容体现的是完成一个合格的清单项目需要具体做的施工作业和操作程序，是进行清单项目组价的基础。

18. 【2021 年真题】工程量清单编制过程中，砌筑工程中砖基础的编制，特征描述包括（　　）。
A. 砂浆制作　　B. 防潮层铺贴　　C. 基础类型　　D. 运输方式

【解析】　参见教材第 294、327 页。例如，"010401001 砖基础"的项目特征和工作内容见下表。

项目特征	工作内容
1）砖品种、规格、强度等级 2）基础类型 3）砂浆强度等级 4）防潮层材料种类	1）砂浆制作、运输 2）砌砖 3）防潮层铺设 4）材料运输

19.【2007年真题】《建设工程工程量清单计价规范》中，所列的分部分项清单项目的工程量主要是指（　　）。
   A. 设计图示尺寸工程量　　　　　　　B. 施工消耗工程量
   C. 不包括损耗的施工净量　　　　　　D. 考虑合理损耗的施工量
【解析】　参见教材第294、295页。工程量清单项目工程量计算规则是按设计图示尺寸的净量计算，不考虑施工方法和加工余量。

20.【2023年真题】根据《房屋建筑与装饰工程工程量计算规范》（GB 50854—2013）规定，下列关于清单项目工作内容的说法，正确的是（　　）。
   A. 体现清单项目质量或特性的要求或标准
   B. 对于一项明确的分部分项工程项目，无法体现其工程成本
   C. 体现施工所用材料的规格
   D. 体现施工过程中的工艺和方法
【解析】　参见教材第294页。工作内容不同于项目特征。
工作内容体现的是完成一个合格的清单项目需要具体做的施工作业和操作程序，对于一项明确了的分部分项工程项目或措施项目，工作内容确定了其工程成本。例如，"010401001砖基础"："砂浆强度等级"是对砂浆质量标准的要求，体现的是用什么样规格的材料去做，属于项目特征；"砂浆制作、运输"是砌筑过程中的工艺和方法，体现的是如何做，属于工作内容。
项目特征体现的是清单项目质量或特性的要求或标准。

21.【2013年真题】根据《房屋建筑与装饰工程工程量计算规范》（GB 50854—2013），编制工程量清单补充项目时，编制人应报备案的单位是（　　）。
   A. 企业技术管理部门　　　　　　　　B. 工程所在地造价管理部门
   C. 省级或行业工程造价管理机构　　　D. 住房和城乡建设部标准定额研究所
【解析】　参见教材第295页。在编制工程量清单时，当出现GB 50854—2013附录中未包括的清单项目时，编制人应做补充，并报省级或行业工程造价管理机构备案，省级或行业工程造价管理机构应汇总报中华人民共和国住房和城乡建设部标准定额研究所。

22.【2022年真题】关于消耗量定额与工程量计算规范，下列说法正确的是（　　）。
   A. 消耗量定额的划分和工程量计算规范中分部工程的划分基本一致
   B. 消耗量定额的项目编码与工程量计算规范项目编码基本一致
   C. 工程量计算规范中考虑了施工方法
   D. 消耗量定额体现了"综合实体"
【解析】　参见教材第295、296页。消耗量和工程量计算规范的联系与区别见下表。

二者联系	消耗量章节划分与GB 50854—2013附录顺序基本一致	
	计算规则一致	
二者区别	用途不同	消耗量的工程量计算规则主要用于工程计价，工程量清单中的工程量不能直接用来计价
		工程量计算规范的工程量计算规则主要用于计算工程量、编制工程量清单、结算中的工程计量等方面

(续)

二者区别	项目划分和综合的工作内容不同	消耗量项目划分一般是基于施工工序设置的,体现施工单元
		工程量计算规范清单项目划分一般是基于"综合实体"设置的,体现功能单元
	计算口径的调整	消耗量项目计量考虑了不同施工方法和加工余量的实际数量,即消耗量项目计量考虑了一定的施工方法、施工工艺和现场实际情况
		工程量计算规范规定的工程量主要是完工后的净量
	计量单位的调整	消耗量(定额)中的计量单位一般为扩大的物理计量单位或自然计量单位,如100m²、100m等
		工程量清单项目的计量单位一般采用基本的物理计量单位或自然计量单位,如m、m²、m³、kg、t等

23.【2021年真题】关于工程量计算规范和消耗量定额的描述,下列说法正确的有( )。

A. 消耗量定额一般是按施工工序划分项目的,体现功能单元

B. 工程量计算规范一般按"综合实体"划分清单项目,工作内容相对单一

C. 工程量计算规范规定的工程量主要是图纸(不含变更)的净量

D. 消耗量定额项目计量考虑了施工现场实际情况

E. 消耗量定额与工程量计算规范中的工程量基本计算方法一致

【解析】 参见第22题解析。

24.【2008年真题】关于工程量清单与基础定额的项目工程量计算和划分,说法错误的是( )。

A. 工程量清单项目工程量按工程实体尺寸的净值计算,与施工方案无关

B. 二者均采用基本的物理计量单位或自然计量单位

C. 二者项目划分依据不同,项目综合内容也不一致

D. 基础定额项目工程量计算包含了为满足施工要求而增加的加工余量

【解析】 参见第22题解析。

(四)平法标准图集

25.【2017年真题】《国家建筑标准设计图集》(16G101⊖)混凝土结构施工图平面整体表示方法的优点在于( )。

A. 适用于所有地区现浇混凝土结构施工图设计

B. 用图集表示了大量的标准结构详图

C. 适当增加图纸数量,表达更为详细

D. 识图简单一目了然

【解析】 参见教材第297页。

选项A:适用于抗震设防烈度为6~9度地区的现浇混凝土结构施工图的设计。

选项C:减少了图纸数量。

⊖ 16G101-1~3于2022年5月1日作废,被22G101-1~3代替。

选项 D：识图不一定简单。

26.【2018年真题】在我国现行的16G101系列平法图纸中，楼层框架梁的标注代号为（　　）。

A. WKL　　　　　B. KL　　　　　C. KBL　　　　　D. KZL

【解析】 参见教材第298页。梁编号由梁类型代号、序号、跨数及有无悬挑代号组成。梁的类型代号有楼层框架梁（KL）、楼层框架扁梁（KBL）、屋面框架梁（WKL）、框支梁（KZL）、托柱转换梁（TZL）、非框架梁（L）、悬挑梁（XL）、井字梁（JZL）。其中，A为一端有悬挑，B为两端有悬挑，悬挑不计入跨数。

27.【2022年真题】根据平法图对柱的标注规定，平面标注QZ表示（　　）。

A. 墙柱　　　　　　　　　　　　B. 芯柱
C. 剪力墙暗柱　　　　　　　　　D. 剪力墙上柱

【解析】 剪力墙上柱（QZ）。

28.【2022年真题】以下关于梁钢筋平法的说法，正确的是（　　）。

A. KL（5）300×700Y300×40，Y代表水平加腋
B. 梁侧面钢筋G4φ12代表两侧各为2φ12的纵向构造钢筋
C. 梁上部钢筋与架立筋规格相同时可合并标注
D. 板支座原位标注包含板上部贯通筋

【解析】 参见教材第298~300、302页。

选项A：Y代表垂直加腋，PY代表水平加腋。

选项C：当同排纵筋中既有通长筋又有架立筋时，应用"+"将通长筋和架立筋相联。

选项D：板支座原位标注包含板上部非贯通筋。

29.【2017年真题】在《国家建筑标准设计图集》（16G101）梁平法施工图中，KL9（6A）表示的含义（　　）。

A. 9跨屋面框架梁，间距为6m，等截面梁
B. 9跨框支梁，间距为6m，主梁
C. 9号楼层框架梁，6跨，一端悬挑
D. 9号框架梁，6跨，两端悬挑

【解析】 参见教材第299页。KL9（6A）表示9号楼层框架梁，6跨，一端悬挑。A为一端悬挑，B为两端悬挑，悬挑不计入跨数。

30.【2022年真题】某钢筋混凝土楼板面，其集中标注为：LB5，h = 100，XΦ10/12@100，YΦ10@110，下列说法正确的有（　　）。

A. LB5表示该楼层有5块相同的板
B. XΦ10/12@100表示X方向上部为Φ10钢筋，下部为Φ12钢筋，间距100mm
C. YΦ10@110表示下部Y向是通纵向钢筋为Φ10，间距110mm
D. 当轴网向心布置时，径向为Y向
E. 当轴网正交布置时，从下向上为Y向

【解析】 参见教材第301、302页。

选项A：LB5表示5号楼面板，板厚100mm。

选项B：板下部配置的贯通纵筋X向为Φ10和Φ12隔一布一、Φ10和Φ12之间间

距 100mm。

31.【2020 年真题】关于有梁楼盖平法施工图中标注的 XB2，h = 120/80；B：Xc⊕8@150；Yc⊕8@200；T：X⊕8@150 的理解，正确的是（ ）。

A. XB2 表示"2 块楼面板"

B. "B：Xc⊕8@150"表示"板下部配 X 向构造筋⊕8@150"

C. "Yc⊕8@200"表示"板上部配构造筋⊕8@200"

D. "Xc⊕8@150"表示"竖向和 X 向配贯通纵筋⊕8@150"

【解析】 参见教材第 302 页。板类型及代号为楼面板（LB）、屋面板（WB）、悬挑板（XB）。贯通钢筋按板块的下部和上部分别注写，B 代表下部，T 代表上部。当在某些板内[如悬挑板（XB）的下部]配置构造钢筋时，则 X 向以 Xc，Y 向以 Yc 打头注写。

选项 A：XB2 在平法施工图中表示"2 号悬挑板"。

选项 C：Yc⊕8@200 表示的是"板下部配 Y 向构造筋⊕8@200"。

选项 D：Xc⊕8@150 表示的是"X 向配贯通纵筋⊕8@150"，故选项 D 描述不准确。

32.【2019 年真题】对独立柱基础底板配筋平法标注图中的"T：7⊕18@100/⊕10@200"理解正确的是（ ）。

A. "T"表示底板底部配筋

B. "7⊕18@100"表示 7 根 HRB335 级钢筋，间距 100mm

C. "⊕10@200"表示直径为 10mm 的 HRB335 级钢筋，间距 200mm

D. "7⊕18@100"表示 7 根受力筋的配置情况

【解析】 参见教材第 303 页。基础底板顶部配筋以 T 表示，T 后先注写受力筋，再注写分布筋，并用"/"分开。例如，T：7⊕18@100/C10@200，"/"前的"7⊕18@100"表示配置平行于两柱轴心连线的受力筋 7 根（压轴线一根，两边按间距 100mm 各布 3 根），HRB400 级钢筋，直径为 18mm；"/"后的"⊕10@200"表示沿底板顶部受力筋下垂直布置分布筋，HRB400 级钢筋，直径为 10mm，每隔 200mm 布置一根。

33.【2024 年真题】根据平法标准图集（22G101-1）规定，剪力墙平法施工图注写为"JD2 400×300+3.100 3⊕14"，下列表示其含义的说法，正确的是（ ）。

A. 洞口高度为 3100mm　　　　　　　B. 洞高 400mm，洞宽 300mm

C. 在 2 层设置矩形洞口　　　　　　　D. 洞口每边补强钢筋为 3⊕14

【解析】 参见教材第 304、304 页。

选项 A：洞口中心距本结构层楼面 3100mm。

选项 B：洞宽 400mm，洞高 300mm。

选项 C：设置 2 号矩形洞口。

34.【2023 年真题】根据我国现行的钢筋平法图集注写方式规定，下列关于建筑结构施工图中注写的"AT3，h = 120，1600/10，⊕10@200；⊕12@150，FΦ8@250"各项参数所表达含义说法，正确的有（ ）。

A. 构造边缘构件　　　　　　　　　　B. 梯板厚度 120

C. 踏步段总高度 1600　　　　　　　　D. 上部纵筋⊕10@200，下部纵筋⊕12@150

E. 梯板分布筋 A8@250

【解析】 参见教材第 305 页。楼梯集中标注的内容有 5 项，具体规定如下：

(1) 梯板类型代号与序号，如 ATXX。

(2) 梯板厚度，注写为 h=XXX。当为带平板的梯板且梯段板厚度和平板厚度不同时，可在梯段板厚度后面括号内以字母 P 打头注写平板厚度。例如，h=130（P150），130 表示梯段板厚度，150 表示梯段平板段的厚度。

(3) 踏步段总高度和踏步级数之间以"/"分隔。

(4) 梯板支座上部纵筋、下部纵筋之间以"；"分隔。

(5) 梯板分布筋，以 F 打头注写分布钢筋具体值，该项也可在图中统一说明。例如，在本题中，"AT3，h=120"表示梯板类型及编号，梯板板厚；"1600/10"表示踏步段总高度/踏步级数；"Φ10@200；Φ12@150"表示上部纵筋，下部纵筋；"FΦ8@250"表示梯板分布筋。

35.【2021 年真题】关于剪力墙平法施工图"YD5，1000，+1.800，6Φ20，Φ8@150，2Φ16"，下面说法正确的是（　　）。

A. YD5，1000 表示 5 号圆形洞口，半径 1000mm

B. +1.800 表示洞口中心距上层结构层下表面距离 1800mm

C. Φ8@150 表示加强暗梁的箍筋

D. 6Φ20 表示洞口环形加强钢筋

【解析】　参见教材第 305 页。例如，"YD5，1000 2~6 层；+1.800 6Φ20 Φ8@150（2）2Φ16"，表示 2~6 层设置 5 号圆形洞口，直径 1000mm，洞口中心距本结构层楼面 1800mm，洞口上下设补强暗梁，每边暗梁纵筋为 6Φ20，箍筋为 Φ8@150，双肢箍，环向加强钢筋 2Φ16。

（五）工程量计算的方法

36.【2009 年真题】计算单位工程工程量时，强调按照既定的顺序进行，其目的是（　　）。

A. 便于制定材料采购计划　　　　B. 便于有序安排施工进度

C. 避免因人而异，口径不同　　　D. 防止计算错误

【解析】　参见教材第 307 页。为了避免漏算或重算，防止计算错误，提高计算的准确程度，工程量的计算应按照一定的顺序进行

37.【2021 年真题】关于统筹图计算工程量，下列说法正确的是（　　）。

A. "三线"是指建筑物外墙中心线、外墙净长线和内墙中心线

B. "一面"是指建筑物建筑面积

C. 统筹图中的主要程序线是指在分部分项项目上连续计算的线

D. 计算分项工程量是在"线""面"基数上计算的

【解析】　参见教材第 308、309 页。利用基数、连续计算，即以"线"或"面"为基数，利用连乘或加减，算出与其有关的分部分项工程量。这里的"线"和"面"指的是长度和面积，常用的基数为"三线一面"，"三线"是指建筑物的外墙中心线、外墙外边线和内墙净长线，"一面"是指建筑物的底层建筑面积。

统筹图主要由计算工程量的主次程序线、基数、分部分项工程量计算式及计算单位组成。主要程序线是指在"线""面"基数上连续计算项目的线，次要程序线是指在分部分项项目上连续计算的线。

38.【2012 年真题】关于计算工程量程序统筹图的说法，正确的是（　　）。

A. 与"三线一面"有共性关系的分部分项工程量用"册"或图示尺寸计算
B. 统筹图主要由主次程序线、基数、分部分项工程量计算式及计算单位组成
C. 主要程序线是指分部分项项目上连续计算的线
D. 次要程序线是指在"线""面"基数上连续计算项目的线

【解析】 参见教材第308、309页。

选项A：统筹图以"三线一面"作为基数，连续计算与之有共性关系的分部分项工程量，而与基数无共性关系的分部分项工程量则用"册"或图示尺寸进行计算。

选项B、C、D：解析见第37题。

39.【2010年真题】统筹法计算分部分项工程量，正确的步骤是（   ）。
A. 基础→底层地面→顶棚→内外墙→屋面
B. 底层地面→基础→顶棚→屋面→内外墙
C. 基础→内外墙→底层地面→顶棚→屋面
D. 底层地面→基础→顶棚→内外墙→屋面

【解析】 参见教材第309页。统筹法计算分部分项工程量的步骤是，计算分项工程量→计算基础工程量→计算外墙工程量→计算内墙工程量→地面、顶棚工程量→屋面工程量→外部装饰工程量。

40.【2018年真题】BIM技术对工程造价管理的主要作用在于（   ）。
A. 工程量清单项目划分　　　　　B. 工程量计算更准确、高效
C. 综合单价构成更合理　　　　　D. 措施项目计算更可行

【解析】 参见教材第310页。BIM实现由设计信息到工程造价信息的自动转换，使得工程量计算更加快捷、准确和高效。

二、参考答案

题号	1	2	3	4	5	6	7	8	9	10
答案	C	B	D	C	B	ACD	ABC	C	A	D
题号	11	12	13	14	15	16	17	18	19	20
答案	B	D	D	D	D	B	ABC	C	A	D
题号	21	22	23	24	25	26	27	28	29	30
答案	C	B	DE	B	B	B	D	B	C	CDE
题号	31	32	33	34	35	36	37	38	39	40
答案	B	D	D	BCDE	C	D	D	B	C	B

三、2025年考点预测

考点一：工程量计算的依据。
考点二：清单和定额的联系与区别。
考点三：平法注解方式。

第二节 建筑面积计算

一、经典真题及解析

（一）建筑面积的概念

1. 【2021 年真题】关于建筑面积，以下说法正确的是（　　）。
   A. 住宅建筑有效面积为使用面积和辅助面积之和
   B. 住宅建筑的使用面积包含卫生间面积
   C. 建筑面积为有效面积、辅助面积、结构面积之和
   D. 结构面积包含抹灰厚度所占面积

   【解析】　参见教材第 310、311 页。建筑面积可以分为使用面积、辅助面积和结构面积，见下表。

建筑面积	主要是墙体围合的楼地面面积（包括墙体的面积）
使用面积	建筑物各层平面布置中，可直接为生产或生活使用的净面积总和，也称"居住面积"。例如，住宅建筑中的居室、客厅、书房等
辅助面积	指建筑物各层平面布置中为辅助生产或生活所占净面积的总和。例如，住宅建筑的楼梯、走道、卫生间、厨房等
有效面积	有效面积=使用面积+辅助面积
结构面积	指建筑物各层平面布置中的墙体、柱等结构所占面积的总和（不包括抹灰厚度所占面积）

2. 【2012 年真题】在建筑面积计算中，有效面积包括（　　）。
   A. 使用面积和结构面积　　　　　　B. 居住面积和结构面积
   C. 使用面积和辅助面积　　　　　　D. 居住面积和辅助面积

   【解析】　参见第 1 题解析。

3. 【2009 年真题】下列内容中，属于建筑面积中的辅助面积的是（　　）。
   A. 阳台面积　　　　　　　　　　　B. 墙体所占面积
   C. 柱所占面积　　　　　　　　　　D. 会议室所占面积

   【解析】　参见第 1 题解析。

4. 【2004 年真题】关于建筑面积、使用面积、辅助面积、结构面积、有效面积的相互关系，正确的表达式是（　　）。
   A. 有效面积=建筑面积−结构面积　　B. 使用面积=有效面积+结构面积
   C. 建筑面积=使用面积+辅助面积　　D. 辅助面积=使用面积−结构面积

   【解析】　参见第 1 题解析。

5. 【2004 年真题】计算建筑面积的建筑物应具备的条件有（　　）。
   A. 可单独计算水平面积
   B. 具有完整的基础、框架、墙体等结构
   C. 结构上、使用上具有一定使用功能的空间

D. 结构上具有足够的耐久性

E. 可单独计算相应的人工、材料、机械的消耗量

【解析】 参见教材第311页。凡在结构上、使用上形成具有一定使用功能的建筑物和构筑物，并能单独计算出其水平面积的，应计算建筑面积。

（二）建筑面积计算规则与方法

6.【2024年真题】根据《建筑工程建筑面积计算规范》（GB/T 50353—2013），下列关于建筑物建筑面积计算原则的说法，正确的是（　　）。

A. 地板不利于计算的，则取顶盖

B. 顶盖作为计算建筑面积的必备条件

C. 围护结构优于顶盖，顶盖优于底板

D. 围护结构是指围合建筑空间的墙体、门、窗、栏杆

【解析】 参见教材第311、312页。

选项 B：有盖、无盖不作为计算建筑面积的必备条件。

选项 C：围护结构优于底板，底板优于顶盖。

选项 D：围护结构是指围合建筑空间的墙体、门、窗。

7.【2023年真题】根据《建筑工程建筑面积计算规范》（GB/T 50353—2013）规定，下列关于建筑物最底层结构层高的说法正确的有（　　）。

A. 从混凝土底板的上表层算至上层楼板结构层的上表面

B. 无混凝土底板、有地面构造的，从地面构造中最上一层混凝土垫层或混凝土找平层上表面，算至上层楼板结构层上表面

C. 从混凝土底板的下表面，算至上层楼板结构层的上表面

D. 从混凝土底板上次梁下表面，算至上层楼板结构层上表面

E. 从混凝土底板上反梁上表面，算至上层楼板结构层上表面

【解析】 参见教材第312页。结构层高的定义见下表。

结构层高是指楼面或地面结构层上表面至上部结构层上表面之间的垂直距离	
上下均为楼面时	结构层高是相邻两层楼板结构层上表面之间的垂直距离
建筑物最底层	从"混凝土构造"的上表面算至上层楼板结构层上表面 1）有混凝土底板的，从底板上表面算起；如底板上有上反梁，则应从上反梁上表面算起 2）无混凝土底板、有地面构造的，以地面构造中最上一层混凝土垫层或混凝土找平层上表面算起
建筑物顶层	从楼板结构层上表面算至屋面板结构层上表面

8.【2024年真题】根据《建筑工程建筑面积计算规范》（GB/T 50353—2013），关于结构层高的说法，正确的有（　　）。

A. 从混凝土底板的上表面，算至上层楼板结构层下表面

B. 从混凝土底板的上表面，算至上层楼板结构层上表面

C. 从混凝土底板上反梁上表面，算至上层楼板结构层下表面

D. 从混凝土底板上反梁上表面，算至上层楼板结构层上表面

E. 无混凝土底板，有地面构造的，从地面构造中最上一层混凝土垫层或混凝土找平层上表面，算至上层楼板结构层上表面

【解析】 参见第7题解析。

9.【2014年真题】多层建筑物二层以上楼层按其外墙结构外围水平面积计算，层高在2.20m及以上者计算全面积，其层高是指（　　）。

A. 上下两层楼面结构标高之间的垂直距离
B. 本层地面与屋面板底结构标高之间的垂直距离
C. 最上一层层高是其楼面至屋面板底结构标高之间的垂直距离
D. 最上层与屋面板找坡的以其楼面至屋面板底结构标高之间的垂直距离

【解析】 参见第7题解析。

10.【2013年真题】根据《建筑工程建筑面积计算规范》（GB/T 50353—2013），多层建筑物二层及以上的楼层应以层高判断如何计算建筑面积，关于层高的说法，正确的是（　　）。

A. 最上层按楼面结构标高至屋面板板面标高之间的垂直距离
B. 以屋面板找坡的，按楼面结构标高至屋面板最高处标高之间的垂直距离
C. 有基础底板的按底板下表面至上层楼面结构标高之间的垂直距离
D. 没有基础底板的按基础底面至上层楼面结构标高之间的垂直距离

【解析】 参见第7题解析。

11.【2022年真题】根据《建筑工程建筑面积计算规范》（GB/T 50353—2013），建筑面积应按自然层外墙结构外围水平面积之和计算，应计算全面积的层高是（　　）。

A. 2.20m以上
B. 2.20m及以上
C. 2.10m以上
D. 2.10m及以上

【解析】 参见教材第312页。建筑物的建筑面积应按自然层外墙结构外围水平面积之和计算。结构层高在2.20m及以上的，应计算全面积；结构层高在2.20m以下的，应计算1/2面积。

12.【2015年真题】根据《建筑工程建筑面积计算规范》（GB/T 50353—2013）规定，建筑物的建筑面积应按自然层外墙结构外围水平面积之和计算。以下说法正确的是（　　）。

A. 建筑物高度为2.00m部分，应计算全面积
B. 建筑物高度为1.80m部分不计算面积
C. 建筑物高度为1.20m部分不计算面积
D. 建筑物高度为2.10m部分应计算1/2面积

【解析】 参见第11题解析。

13.【2015年真题】根据《建筑工程建筑面积计算规范》（GB/T 50353—2013）规定，建筑物内设有局部楼层，局部二层层高2.15m，其建筑面积计算正确的是（　　）。

A. 无围护结构的不计算面积
B. 无围护结构的按其结构底板水平面积计算
C. 有围护结构的按其结构底板水平面积计算
D. 无围护结构的按其结构底板水平面积的1/2计算

【解析】 参见教材第 313 页。建筑物内设有局部楼层时，对于局部楼层的二层及以上楼层，有围护结构的应按其围护结构外围水平面积计算，无围护结构的应按其结构底板水平面积计算。结构层高在 2.20m 及以上的，应计算全面积；结构层高在 2.20m 以下的，应计算 1/2 面积。

14.【2009 年真题】根据《建筑工程建筑面积计算规范》（GB/T 50353—2013），单层建筑物内有局部楼层时，其建筑面积计算，正确的是（　　）。

　　A. 有围护结构的按底板水平面积计算　　B. 无围护结构的不计算建筑面积

　　C. 层高超过 2.10m 计算全面积　　　　　D. 层高不足 2.20m 计算 1/2 面积

【解析】 参见第 13 题解析。

15.【2023 年真题】根据《建筑工程建筑面积计算规范》（GB/T 50353—2013）规定，下列建筑结构部位应按 1/2 计算建筑面积的是（　　）。

　　A. 建筑物内设有二层及以上局部楼层时，有围护结构且结构层高在 2.20m 及以上的部位

　　B. 建筑物架空层及坡地建筑物吊脚架空层，结构层高在 2.20m 及以上的部位

　　C. 形成建筑空间的坡屋顶，结构净高在 1.20m 及以上至 2.10m 以下的部位

　　D. 建筑物半地下室结构层高在 2.20m 及以上的部位

【解析】 参见教材第 313~316 页。

选项 A：对于局部楼层的二层及以上楼层，有围护结构的应按其围护结构外围水平面积计算。结构层高在 2.20m 及以上的，应计算全面积；结构层高在 2.2m 以下的，应计算 1/2 面积。

选项 B：建筑物架空层及坡地建筑物吊脚架空层，应按其顶板水平投影计算建筑面积。结构层高在 2.20m 及以上的，应计算全面积；结构层高在 2.2m 以下的，应计算 1/2 面积。

选项 C：形成建筑空间的坡屋顶，结构净高在 2.10m 及以上的部位应计算全面积；结构净高在 1.20m 及以上至 2.10m 以下的部位应计算 1/2 面积；结构净高在 1.20m 以下的部位不应计算建筑面积。

选项 D：地下室、半地下室应按其结构外围水平面积计算。结构层高在 2.20m 及以上的，应计算全面积；结构层高在 2.20m 以下的，应计算 1/2 面积。

16.【2020 年真题】根据《建筑工程建筑面积计算规范》（GB/T 50353—2013），建筑面积有围护结构的以围护结构外围计算，其围护结构包括围合建筑空间的（　　）。

　　A. 栏杆　　　　　B. 栏板　　　　　C. 门窗　　　　　D. 勒脚

【解析】 参见教材第 313 页。围护结构是指围合建筑空间的墙体、门、窗，而栏杆、栏板属于围护设施。

17.【2016 年真题】根据《建筑工程建筑面积计算规范》（GB/T 50353—2013），关于建筑面积计算，说法正确的是（　　）。

　　A. 以幕墙作为围护结构的建筑物按幕墙外边线计算建筑面积

　　B. 高低跨内相连通时变形缝计入高跨面积内

　　C. 多层建筑首层按照勒脚外围水平面积计算

　　D. 建筑物变形缝所占面积按自然层扣除

【解析】 参见教材第313、328、330页。

选项A：以幕墙作为围护结构的建筑物，应按幕墙外边线计算建筑面积。直接作为外墙起围护作用的幕墙，按其外边线计算建筑面积；设置在建筑物墙体外起装饰作用的幕墙，不计算建筑面积。

选项B、D：与室内相通的变形缝，应按其自然层合并在建筑物建筑面积内计算。对于高低联跨的建筑物，当高低跨内部连通时，其变形缝应计算在低跨面积内。

选项C：多层建筑物首层的建筑面积应按其外墙勒脚以上结构外围的水平面积来计算，计算建筑面积时不考虑勒脚。

18.【2013年真题】根据《建筑工程建筑面积计算规范》（GB/T 50353—2013），下列建筑中不应计算建筑面积的有（　　）。

A. 单层建筑利用坡屋顶净高不足2.10m的部分

B. 单层建筑物内部楼层的二层部分

C. 多层建筑设计利用坡屋顶内净高不足1.20m的部分

D. 外挑宽度大于1.20m但不足2.10m的雨篷

E. 建筑物室外台阶所占面积

【解析】 参见教材第313、314、323、325页。

选项A、C：形成建筑物的坡屋顶，结构净高在2.10m及以上的部位应计算全面积；结构净高在1.20m及以上至2.10m以下的部位应计算1/2面积；结构净高在1.20m以下的部位不应计算建筑面积。

选项B：建筑物内设有局部楼层时，对于局部楼层的二层及以上楼层，结构层高在2.20m及以上的，应计算全面积；结构层高在2.20m以下的，应计算1/2面积。

选项D：对于雨篷，设计出挑宽度大于或等于2.10m时才计算建筑面积。

选项E：台阶不计算建筑面积。

19.【2012年真题】根据《建筑工程建筑面积计算规范》（GB/T 50353—2005⊖），建筑面积计算正确的是（　　）。

A. 单层建筑物应按其外墙勒脚以上结构外围的水平面积计算

B. 单层建筑高度2.10m以上者计算全面积，2.10m及以下计算1/2面积

C. 设计利用的坡屋顶，净高不足2.10m不计算面积

D. 坡屋顶内净高在1.20~2.20m部位应计算1/2面积

【解析】 参见教材第313、314页。

选项A：单层建筑物的建筑面积应按其外墙勒脚以上结构外围的水平面积来计算，计算建筑面积时不考虑勒脚。

选项B：单层建筑物高度在2.20m及以上的，应计算全面积；高度在2.20m以下的，应计算1/2面积。

选项C、D：形成建筑空间的坡屋顶，结构净高在2.10m及以上的部位应计算全面积；结构净高在1.20m及以上至2.10m以下的部位应计算1/2面积；结构净高在1.20m以下的部位不应计算建筑面积。

⊖ GB/T 50353—2005已于2014年7月1日作废，被GB/T 50353—2013代替。

20.【2007年真题】按照建筑面积计算规则，不计算建筑面积的是（　　）。
A. 层高在2.1m以下的场馆看台下的空间　　B. 不足2.2m高的单层建筑
C. 层高不足2.2m的立体仓库　　　　　　　D. 外挑宽度在2.1m以内的无柱雨篷

【解析】　参见教材第313~315、319、323页。

选项A：场馆看台下的建筑空间，结构净高在2.10m及以上的部位应计算全面积；结构净高在1.20m及以上至2.10m以下的部位应计算1/2面积；结构净高在1.20m以下的部位不应计算建筑面积。

选项B：单层建筑高度在2.20m及以上的，应计算全面积；高度在2.20m以下的，应计算1/2面积。

选项C：对于立体书库、立体仓库、立体车库，结构层高在2.20m及以上的，应计算全面积；结构层高在2.20m以下的，应计算1/2面积。

选项D：对于无柱雨篷，设计出挑宽度大于或等于2.10m时才计算建筑面积。

21.【2004年真题】下列可以计算建筑面积的是（　　）。
A. 挑出墙外1.5m的悬挑雨篷　　　　　B. 挑出墙外1.5m的有盖檐廊
C. 层高2.5m的管道层　　　　　　　　D. 层高2.5m的单层建筑物内分隔的单层房间

【解析】　参见教材第313、322、323、331页。

选项A：对于无柱雨篷，设计出挑宽度大于或等于2.10m时才计算建筑面积。

选项B：无论哪一种廊，除了必须有地面结构外，还必须有栏杆、栏板等围护设施或柱，这两个条件缺一不可，缺少任何一个条件都不计算建筑面积。

选项C：设备层、管道层、避难层等，结构层高在2.20m及以上的，应计算全面积；结构层高在2.20m以下的，计算1/2面积。

选项D：建筑物内分隔的单层房间，舞台及后台悬挂幕布、布景的天桥、挑台等不计建筑面积。

22.【2008年真题】根据《建筑工程建筑面积计算规范》（GB/T 50353—2005），坡屋顶内空间利用时，建筑面积的计算说法正确的有（　　）。
A. 净高大于2.10m计算全面积　　　　B. 净高等于2.10m计算1/2全面积
C. 净高等于2.0m计算全面积　　　　　D. 净高小于1.20m不计算面积
E. 净高等于1.20m不计算面积

【解析】　参见教材第314页。形成建筑空间的坡屋顶，结构净高在2.10m及以上的部位应计算全面积；结构净高在1.20m及以上至2.10m以下的部位应计算1/2面积；结构净高在1.20m以下的部位不应计算建筑面积。

23.【2008年真题】根据《建筑工程建筑面积计算规范》（GB/T 50353—2005），多层建筑物坡屋顶内和场馆看台下，建筑面积的计算错误的是（　　）。
A. 结构净高超过2.10m的部位计算全面积
B. 结构净高2.0m部位计算1/2面积
C. 结构净高在1.20~2.10m的部位计算1/2面积
D. 层高在2.20m及以上者计算全面积

【解析】　参见第22题解析。

24.【2017年真题】根据《建筑工程建筑面积计算规范》（GB/T 50353—2013），对于形成建筑空间，结构净高 2.18m 部位的坡屋顶，其建筑面积（　　）。

A. 不予计算　　　　　　　　　　B. 按 1/2 面积计算

C. 按全面积计算　　　　　　　　D. 视使用性质确定

【解析】　参见第 22 题解析。

25.【2017 年真题】根据《建筑工程建筑面积计算规范》（GB/T 50353—2013），不计算建筑面积的有（　　）。

A. 建筑物首层地面有围护设施的露台　　B. 兼顾消防与建筑物相通的室外钢楼梯

C. 与建筑物相连的室外台阶　　　　　　D. 与室内相通的变形缝

E. 形成建筑空间，结构净高 1.50m 的坡屋顶

【解析】　参见教材第 314、325、330、332、333 页。

选项 A、C：露台不计算建筑面积，室外台阶不计算建筑面积。

选项 B：专用的消防钢楼梯是不计算建筑面积的；当钢楼梯是建筑物唯一通道，并兼用消防时，则应按室外楼梯相关规定计算建筑面积。

选项 D：与室内相通的变形缝，是指暴露在建筑物内，在建筑物内可以看见的变形缝，应计算建筑面积；与室内不相通的变形缝不计算建筑面积。

选项 E：形成建筑空间的坡屋顶，结构净高在 2.10m 及以上计算全面积；结构净高在 1.20m 及以上至 2.10m 以下的部位应计算 1/2 面积；结构净高在 1.20m 以下的部位不应计算建筑面积。

26.【2013 年真题】根据《建筑工程建筑面积计算规范》（GB/T 50353—2013），下列情况可以计算建筑面积的是（　　）。

A. 坡屋顶内净高在 1.20m 至 2.00m

B. 地下室无盖采光井所占面积

C. 建筑物出入口外挑宽度在 1.20m 以上的雨篷

D. 不与建筑物内连通的装饰性阳台

【解析】　参见教材第 314、323、325、332 页。

选项 A：形成建筑空间的坡屋顶，结构净高在 1.20m 及以上至 2.10m 以下的部位应计算 1/2 面积。

选项 B：有顶盖的采光井可以计算建筑面积。

选项 C：对于无柱雨篷，设计出挑宽度大于或等于 2.10m 时才计算建筑面积。

选项 D：与建筑物内不相连通的建筑部件不计算建筑面积。

27.【2012 年真题】根据《建筑工程建筑面积计算规范》（GB/T 50353—2005），层高 2.20m 及以上计算全面积，层高不足 2.20m 者计算 1/2 面积的项目有（　　）。

A. 宾馆大厅内的回廊

B. 单层建筑物内设有局部楼层，无围护结构的二层部分

C. 多层建筑物坡屋顶内和场馆看台下的空间

D. 坡地吊脚架空层

E. 建筑物间有围护结构的架空走廊

【解析】　参见教材第 313、314~316、317、319 页。

选项 C：形成建筑空间的坡屋顶，结构净高在 1.20m 及以上至 2.10m 以下的部位应计

算 1/2 面积；场馆看台下的建筑空间，结构净高在 1.20m 及以上至 2.10m 以下的部位应计算 1/2 面积。

选项 E：建筑物间的架空走廊，有顶盖和围护结构的，应按其围护结构外围水平面积计算全面积；无围护结构、有围护设施的，应按其结构底板水平投影面积计算 1/2 面积。

28.【2009 年真题】根据《建筑工程建筑面积计算规范》（GB/T 50353—2005），下列内容中，不应计算建筑面积的有（　　）。
A. 悬挑宽度为 1.8m 的雨篷　　　　　B. 与建筑物不连通的装饰性阳台
C. 用于检修的室外钢楼梯　　　　　　D. 层高不足 1.2m 的单层建筑坡屋顶空间
E. 层高不足 2.2m 的地下室
【解析】　参见教材第 314、315、323、325、332 页。
选项 E：对于地下室、半地下室，结构层高在 2.20m 以下的，应计算 1/2 面积。

29.【2014 年真题】地下室的建筑面积计算正确的是（　　）。
A. 外墙保护墙外口外边线所围水平面积　　B. 层高在 2.10m 及以上者计算全面积
C. 层高不足 2.20m 者应计算 1/2 面积　　　D. 层高在 1.90m 以下者不计算面积
【解析】　参见教材第 315 页。地下室建筑面积的计算见下表。

定义	地下室	室内地坪面低于室外地坪面的高度超过室内净高的 1/2
	半地下室	室内地坪面低于室外地坪面的高度超过室内净高的 1/3，且不超过 1/2
计算		结构层高在 2.20m 及以上的应计算全面积
		结构层高在 2.20m 以下的，应计算 1/2 面积
外墙		当外墙为变截面时，按地下室、半地下室楼地面结构标高处的外围水平面积计算
		外墙结构不包括找平层、防水（潮）层、保护墙等
除外		地下室的地下空间未形成建筑空间的，不属于地下室或半地下室，不计算建筑面积

30.【2024 年真题】根据《建筑工程建筑面积计算规范》（GB/T 50353—2013），下列关于地下室、半地下室及其建筑面积计算的说法，正确的是（　　）。
A. 地下室的外墙结构包括找平层、防水（潮）层、保护墙等
B. 结构层高在 2.1m 及以上的，应按其结构外围水平面积计算全面积
C. 结构层高在 2.1m 以下的应按其结构外围水平面积计算 1/2 面积
D. 室内地坪面低于室外地坪面的高度超过室内净高的 1/3，且不超过 1/2 者为地下室
【解析】　参见第 29 题解析。

31.【2024 年真题】根据《建筑工程建筑面积计算规范》（GB/T 50353—2013），下列关于应按 1/2 计算建筑面积的说法，正确的是（　　）。
A. 建筑物地下室结构层高在 2.20m 及以上的部位
B. 形成建筑空间的坡屋顶结构净高在 1.20m 以下的部位
C. 架空层及坡地建筑物吊脚架空层，结构层高在 2.2m 及以上的部位
D. 设有二层局部楼层时，有围护结构且结构层高在 2.2m 以下的部位
【解析】　参见教材第 315 页。
选项 A：地下室、半地下室应按其结构外围水平面积计算。结构层高在 2.20m 及以上的，应计算全面积；结构层高在 2.20m 以下的，应计算 1/2 面积。

选项 B：形成建筑空间的坡屋顶，结构净高在 1.20m 以下的部位不计算面积。

选项 C：建筑物架空层及坡地建筑物吊脚架空层，应按其顶板水平投影计算建筑面积。结构层高在 2.20m 及以上的，应计算全面积；结构层高在 2.20m 以下的，应计算 1/2 面积。

32.【2022 年真题】根据《建筑工程建筑面积计算规范》（GB/T 50353—2013），关于地下室与半地下室建筑面积，下列说法正确的是（　　）。

A. 结构净高在 2.1m 以上的计算全面积

B. 室内地坪与室外地坪之差的高度超过室内净高 1/2 为地下室

C. 外墙为变截面的，按照外墙上口外围计算全面积

D. 地下室外墙结构应包括保护墙

【解析】　参见第 29 题解析。

33.【2015 年真题】根据《建筑工程建筑面积计算规范》（GB/T 50353—2013）规定，地下室、半地下室建筑面积计算正确的是（　　）。

A. 层高不足 1.80m 者不计算面积　　B. 层高为 2.10m 的部位计算 1/2 面积

C. 层高为 2.10m 的部位应计算全面积　　D. 层高为 2.10m 以上的部位应计算全面积

【解析】　参见第 29 题解析。

34.【2010 年真题】根据《建筑工程建筑面积计算规范》（GB/T 50353—2005），半地下室车库建筑面积的计算，正确的是（　　）。

A. 不包括外墙防潮层及其保护墙　　B. 包括无盖采光井所占面积

C. 层高在 2.10m 及以上按全面积计算　　D. 层高不足 2.10m 应按 1/2 面积计算

【解析】　参见第 29 题解析。

35.【2016 年真题】根据《建筑工程建筑面积计算规范》（GB/T 50353—2013），关于大型体育场看台下部设计利用部位建筑面积的计算，说法正确的是（　　）。

A. 层高<2.10m，不计算建筑面积

B. 层高>2.10m，且设计加以利用的计算 1/2 面积

C. 1.20m≤净高<2.10m 时，计算 1/2 面积

D. 层高≥1.20m 计算全面积

【解析】　参见教材第 315 页。

场馆看台下的建筑空间	全面积	结构净高在 2.10m 及以上的部位应计算全面积
	1/2 面积	结构净高在 1.20m 及以上至 2.10m 以下的部位应计算 1/2 面积
	不计算面积	结构净高在 1.20m 以下的部位不应计算建筑面积
室内单独设置的有围护设施的悬挑看台		按看台结构底板水平投影面积计算建筑面积
有顶盖无围护结构的场馆看台		按其顶盖水平投影面积的 1/2 计算面积
场馆分为三种不同的情况		（1）看台下的建筑空间，对"场"（顶盖不闭合）和"馆"（顶盖闭合）都适用
		（2）室内单独悬挑看台，仅对"馆"适用
		（3）有顶盖无围护结构的场馆看台，仅对"场"适用

36.【2018 年真题】根据《建筑工程建筑面积计算规范》（GB/T 50353—2013），在计算建筑面积时，有顶盖无围护结构的场馆看台部分（　　）。

A. 不予计算　　　　　　　　　　B. 按其结构底板水平投影面积计算
C. 按其顶盖的水平投影面积 1/2 计算　　D. 按其顶盖水平投影面积计算

【解析】 参见第 35 题解析。

37. 【2014 年真题】有顶盖且顶高 4.2m 无围护结构的场馆看台，其建筑面积计算正确的是（　　）。

A. 按看台底板结构外围水平面积计算
B. 按顶盖水平投影面积计算
C. 按看台底板结构外围水平面积的 1/2 计算
D. 按顶盖水平投影面积的 1/2 计算

【解析】 参见第 35 题解析。

38. 【2020 年真题】根据《建筑工程建筑面积计算规范》（GB/T 50353—2013），建筑物出入口坡道外侧设计有外挑宽度为 2.2m 的钢筋混凝土顶盖，坡道两侧外墙外边线间距为 4.4m，则该部位建筑面积（　　）。

A. 为 4.84m²　　B. 为 9.24m²　　C. 为 9.68m²　　D. 不予计算

【解析】 参见教材第 315、316 页。出入口外墙外侧坡道有顶盖的部位，应按其外墙结构外围水平面积的 1/2 计算面积。因此，该部位建筑面积 = 2.2×4.4×1/2 = 4.84（m²）。

39. 【2012 年真题】根据《建筑工程建筑面积计算规范》（GB/T 50353—2005），下列不应计算建筑面积的项目有（　　）。

A. 地下室的保护墙　　　　　　B. 坡地吊脚架空层
C. 建筑物外墙的保温隔热层　　D. 屋顶水箱
E. 建筑物内的变形缝

【解析】 参见教材第 315、316、329～332 页。

选项 A：地下室外墙结构不包括找平层、防水（潮）层、保护墙等。

选项 B：建筑物架空层及坡地建筑物吊脚架空层，应按其顶板水平投影计算建筑面积。

选项 C：建筑物外墙外侧有保温隔热层的，保温隔热层以保温材料的净厚度乘以外墙结构外边线长度按建筑物的自然层计算建筑面积。

选项 D：屋顶水箱不计算建筑面积。

选项 E：与室内相通的变形缝，应按其自然层合并在建筑物建筑面积内计算。

对于高低联跨的建筑物，当高低跨内部连通时，其变形缝应计算在低跨面积内。

40. 【2011 年真题】根据《建筑工程建筑面积计算规范》（GB/T 50353—2005），建筑物架空层及坡地建筑物的吊脚架空层的建筑面积计算，正确的是（　　）。

A. 层高不足 2.20m 的部位应计算 1/2 面积
B. 层高在 2.10m 及以上的部位应计算全面积
C. 层高不足 2.10m 的部位不计算面积
D. 层高不足 2.10m 的部位应计算 1/2 面积

【解析】 参见教材第 316 页。建筑物架空层及坡地建筑物吊脚架空层，应按其顶板水平投影计算建筑面积。结构层高在 2.20m 及以上的，应计算全面积；结构层高在 2.20m 以下的，应计算 1/2 面积。

顶板水平投影面积是指架空层结构顶板的水平投影面积，不包括架空层主体结构外的阳台、空调板、通长水平挑板等外挑部分。

41.【2007年真题】关于建筑面积计算，正确的说法是（　　）。

A. 建筑物顶部有围护结构的楼梯间层高不足2.2m的按1/2计算面积

B. 主体结构外的阳台，应按其结构底板水平投影面积计算全面积

C. 建筑物架空层层高不足2.1m的按1/2计算面积

D. 建筑物雨篷外挑宽度超过1.2m的按水平投影面积1/2计算

【解析】　参见教材第316、323、324、327页。

选项A：建筑物顶部有围护结构的楼梯间、水箱间、电梯机房等，层高在2.2m及以上者应计算全面积，层高不足2.2m者应计算1/2面积。

选项B：在主体结构内的阳台，应按其结构外围水平面积计算全面积；在主体结构外的阳台，应按其结构底板水平投影面积计算1/2面积。

选项C：建筑物架空层及坡地建筑物吊脚架空层，应按其顶板水平投影计算建筑面积。结构层高在2.20m及以上的，应计算全面积；结构层高在2.20m以下的，应计算1/2面积。

选项D：对于无柱雨篷，设计出挑宽度大于或等于2.10m时才计算建筑面积。

42.【2009年真题】根据《建筑工程建筑面积计算规范》（GB/T 50353—2005），下列内容中，应计算建筑面积的有（　　）。

A. 坡地建筑设计利用但无围护结构的吊脚架空层

B. 建筑门厅内层高不足2.2m的回廊

C. 层高不足2.2m的立体仓库

D. 建筑物内钢筋混凝土操作平台

E. 公共建筑物内自动扶梯

【解析】　参见教材第316、317、319、333页。

选项D：建筑物内不构成结构层的操作平台、上料平台（包括工业厂房、搅拌站和料仓等建筑中的设备操作控制平台、上料平台等），其主要作用为室内构筑物或设备服务的独立上人设施，因此不计算建筑面积。

43.【2011年真题】根据《建筑工程建筑面积计算规范》（GB/T 50353—2005），应计算建筑面积的项目有（　　）。

A. 建筑物内的设备管道夹层　　　　B. 屋顶有围护结构的水箱间

C. 地下人防通道　　　　　　　　　D. 层高不足2.20m的建筑物大厅回廊

E. 建筑物外有围护结构的走廊

【解析】　参见教材第317、322、324、331、334页。

选项C：建筑物以外的地下人防通道，独立的烟囱、烟道、地沟、油（水）罐、气柜、水塔、贮油（水）池、贮仓、栈桥等构筑物，不计入建筑面积。

44.【2005年真题】某展览馆为7层框架结构，每层高3m，各层外墙的外围水平面积均为4000m²，馆内布置有大厅并设有两层回廊，大厅长36m、宽24m、高8.9m，每层回廊长110m、宽2.4m。根据规定，该展览馆的建筑面积为（　　）m²。

A. 26800　　　　B. 27400　　　　C. 28000　　　　D. 29200

【解析】　参见教材第312、317页。建筑物的门厅、大厅按一层计算建筑面积。门厅、大厅内设有回廊时，应按其结构底板水平面积计算，层高在2.2m及以上者应计算全面积，

层高不足2.2m者应计算1/2面积。因此，该展览馆的建筑面积=7×4000（因展览馆为7层、层高3m）-36×24×2（扣除门厅、大厅面积，因其高8.9m，而层高3m，所以扣除二层的面积）+110×2.4×2（增加回廊面积，因是两层回廊，所以乘以2）=26800（m^2）。

45.【2010年真题】根据《建筑工程建筑面积计算规范》（GB/T 50353—2005），有顶盖无围护结构的按其结构底板水平面积的1/2计算建筑面积的是（　　）。

A. 场馆看台　　　B. 收费站　　　C. 车棚　　　D. 架空走廊

【解析】　参见教材第315、319、327页。

选项A：有顶盖无围护结构的场馆看台，按其顶盖水平投影面积的1/2计算面积。

选项B、C：有顶盖无围护结构的车棚、货棚、站台、加油站、收费站等，应按其顶盖水平投影面积的1/2计算建筑面积，不是按其结构底板水平面积的1/2计算建筑面积。

46.【2010年真题】根据《建筑工程建筑面积计算规范》（GB/T 50353—2005），应计算建筑面积的项目有（　　）。

A. 场馆看台下空间　　　　　　　B. 建筑物的不封闭阳台

C. 建筑物内自动人行道　　　　　D. 有顶盖无围护结构的加油站

E. 装饰性幕墙

【解析】　参见教材第315、327、328页。

选项E：勒脚、附墙柱（附墙柱是指非结构性装饰柱）、垛、台阶、墙面抹灰、装饰面镶贴块料面层、装饰性幕墙，主体结构外的空调室外机搁板（箱）、构件、配件，挑出宽度在2.10m以下的无柱雨篷和顶盖高度达到或超过两个楼层的无柱雨篷，不计入建筑面积。

47.【2005年真题】某工程设计采用坡地建筑物吊脚架空层，层高2.3m，结构底板长60m、宽18m，其内隔出一间外围水平面积为$18m^2$的房间，经初装饰后作水泵房使用。根据《建筑工程建筑面积计算规范》（GB/T 50353—2005）规定，该工程基础以上的建筑面积为$6400m^2$，则该工程总建筑面积应为（　　）m^2。

A. 6418　　　B. 6480　　　C. 6940　　　D. 7480

【解析】　参见教材第316页。该工程总建筑面积=6400+60×18=7480（m^2）。

48.【2006年真题】关于建筑面积计算，正确的说法有（　　）。

A. 建筑物顶部有围护结构的楼梯间，层高不足2.20m的不计算

B. 建筑物外有围护结构走廊，层高超过2.20m的计算全面积

C. 建筑物大厅内层高不足2.20m的回廊，按其结构底板水平面积的1/2计算

D. 有室外楼梯按自然层水平投影面积的1/2计算

E. 建筑物内的变形缝应按其自然层合并在建筑物面积内计算

【解析】　参见教材第317、322、324、325、330页。

选项A：设在建筑物顶部的、有围护结构的楼梯间、水箱间、电梯机房等，结构层高在2.20m及以上的应计算全面积；结构层高在2.20m以下的，应计算1/2面积。

选项B：有围护设施的室外走廊（挑廊），应按其结构底板水平投影面积的1/2计算；有围护设施（或柱）的檐廊，应按其围护设施（或柱）外围水平面积的1/2计算。

49.【2010年真题】根据《建筑工程建筑面积计算规范》（GB/T 50353—2005），不应计算建筑面积的项目是（　　）。

A. 建筑物内电梯井　　　　　　　B. 建筑物大厅回廊

C. 建筑物通道   D. 建筑物内变形缝

【解析】 参见教材第317、325、330、332页。建筑物以外的地下人防通道，独立的烟囱、烟道、地沟、油（水）罐、气柜、水塔、贮油（水）池、贮仓、栈桥等构筑物，不计入建筑面积。

50.【2015年真题】根据《建筑工程建筑面积计算规范》（GB/T 50353—2013）规定，建筑物大厅内的层高在2.20m及以上的回（走）廊，建筑面积计算正确的是（　　）。

A. 按回（走）廊水平投影面积并入大厅建筑面积
B. 不单独计算建筑面积
C. 按结构底板水平投影面积计算
D. 按结构底板水平面积的1/2计算

【解析】 参见教材第317页。建筑物的门厅、大厅应按一层计算建筑面积，门厅、大厅内设置的走廊应按走廊结构底板水平投影面积计算建筑面积。结构层高在2.20m及以上的，应计算全面积；结构层高在2.20m以下的，应计算1/2面积。

51.【2023年真题】根据《建筑工程建筑面积计算规范》（GB/T 50353—2013）规定，下列建筑面积计算说法，正确的是（　　）。

A. 建筑物门厅、大厅内设置的结构层高在2.20m及以上的走廊，按走廊结构底板水平投影面积的1/2计算建筑面积
B. 建筑物间的架空走廊，无围护结构、有围护设施的，按其结构底板水平投影面积的1/2计算建筑面积
C. 立体车库，无围护结构、有围护设施的，按其围护设施外围水平投影面积计算建筑面积
D. 有围护结构的舞台灯光控制室，结构层高在2.2m以下的，不计算建筑面积

【解析】 参见教材第318、319页。

选项A：建筑物门厅、大厅内设置的结构层高在2.20m及以上的走廊，按走廊结构底板水平投影面积计算全面积。

选项C：立体车库，无围护结构、有围护设施的，应按其结构底板水平投影面积计算建筑面积。

选项D：有围护结构的舞台灯光控制室，应按其围护结构外围水平面积计算。结构层高在2.20m及以上的，应计算全面积；结构层高在2.20m以下的，应计算1/2面积。

52.【2015年真题】根据《建筑工程建筑面积计算规范》（GB/T 50353—2013）规定，层高在2.20m及以上有围护结构的舞台灯光控制室建筑面积计算正确的是（　　）。

A. 按围护结构外围水平面积计算   B. 按围护结构外围水平面积的1/2计算
C. 按控制室底板水平面积计算   D. 按控制室底板水平面积的1/2计算

【解析】 参见教材第219页。有围护结构的舞台灯光控制室，应按其围护结构外围水平面积计算。结构层高在2.20m及以上的，应计算全面积；结构层高在2.20m以下的，应计算1/2面积。

53.【2022年真题】根据《建筑工程建筑面积计算规范》（GB/T 50353—2013），下列应计算全面积的是（　　）。

A. 有顶盖无围护设施的架空走廊   B. 有围护设施的檐廊

C. 结构净高为 2.15m 有顶盖的采光井　　D. 依附于自然层的室外楼梯

【解析】　参见教材第 319、323、325、333 页。

选项 A：架空走廊，无围护结构、有围护设施，无论是否有顶盖，均计算 1/2 面积。

选项 B：有围护设施（或柱）的檐廊，应按其围护设施（或柱）外围水平面积计算 1/2 面积。

选项 D：室外楼梯应并入所依附建筑物的自然层，并应按其水平投影面积的 1/2 计算。

54.【2019 年真题】根据《建筑工程建筑面积计算规范》（GB/T 50353—2013），按相应计算规则计算 1/2 面积是（　　）。

A. 建筑物间有围护结构、有顶盖的架空走廊

B. 有围护结构、有围护设施，但无结构层的立体车库

C. 有围护设施，顶高 5.2m 的室外走廊

D. 结构层高 3.10m 的门斗

【解析】　参见教材第 319、322、323 页。

选项 A：计算全面积。

选项 B：对立体车库，有围护结构的，应按其围护结构外围水平面积计算建筑面积；无结构层的应按一层计算。

选项 D：门斗应按其围护结构外围水平面积计算建筑面积。结构层高在 2.20m 及以上的，应计算全面积；结构层高在 2.20m 以下的，应计算 1/2 面积。

55.【2018 年真题】根据《建筑工程建筑面积计算规范》（GB/T 50353—2013），高度为 2.1m 的立体书库结构层，其建筑面积（　　）。

A. 不予计算　　　　　　　　　　B. 按 1/2 面积计算

C. 按全面积计算　　　　　　　　D. 只计算一层面积

【解析】　参见教材第 319 页。立体书库、立体仓库、立体车库，有围护结构的，应按其围护结构外围水平面积计算建筑面积；无围护结构、有围护设施的，应按其结构底板水平投影面积计算建筑面积。无结构层的应按一层计算，有结构层的应按其结构层面积分别计算。结构层高在 2.20m 及以上的，应计算全面积；结构层高在 2.20m 以下的，应计算 1/2 面积。

56.【2017 年真题】根据《建筑工程建筑面积计算规范》（GB/T 50353—2013），建筑物间有两侧护栏的架空走廊，其建筑面积（　　）。

A. 按护栏外围水平面积的 1/2 计算　　B. 按结构底板水平投影面积的 1/2 计算

C. 按护栏外围水平面积计算全面积　　D. 按结构底板水平投影面积计算全面积

【解析】　参见教材第 319 页。建筑物间的架空走廊，有顶盖和围护结构的，应按其围护结构外围水平面积计算全面积；无围护结构、有围护设施的，应按其结构底板水平投影面积计算 1/2 面积。架空走廊建筑面积计算分为两种情况：一是有围护结构且有顶盖的，计算全面积；二是无围护结构、有围护设施，无论是否有顶盖，均计算 1/2 面积。

57.【2007 年真题】相邻建筑物之间层高超过 2.2m 有围护结构的架空走廊建筑面积计算，正确的说法是（　　）。

A. 按水平投影面积的 1/2 计算　　　　B. 不计算建筑面积

C. 按围护结构的外围水平计算面积　　D. 按围护结构面积的 1/2 计算

【解析】　参见第 56 题解析。

58. 【2007年真题】关于建筑面积计算，正确的说法有（　　）。
   A. 建筑物室内的变形缝不计算建筑面积
   B. 建筑物室外台阶按水平投影面积计算
   C. 建筑物外有围护结构的挑廊按结构底板水平投影面积计算
   D. 地下人防通道超过2.2m按结构底板水平面积计算
   E. 有围护设施的架空走廊按结构底板水平投影面积计算
   【解析】　参见教材第319、322、325、330、334页。
   选项A：变形缝要计算建筑面积。
   选项B：台阶不计算建筑面积。
   选项D：地下人防通道不计算建筑面积。

59. 【2018年真题】根据规定，不计算建筑面积的有（　　）。
   A. 结构层高为2.10m的门斗　　　　　B. 建筑物内的大型上料平台
   C. 无围护结构的观光电梯　　　　　　D. 有围护结构的舞台灯光控制室
   E. 过街楼底层的开放公共空间
   【解析】　参见教材第319、323、332~334页。
   选项A：2.20m及以上的，应计算全面积；2.20m以下的，应计算1/2面积。
   选项D：有围护结构的舞台灯光控制室，2.20m及以上的，应计算全面积；2.20m以下的，应计算1/2面积。

60. 【2023年真题】根据《建筑工程建筑面积计算规范》（GB/T 50353—2013）规定，下列关于建筑物附属部分建筑面积计算说法，正确的是（　　）。
   A. 附属在建筑物外墙结构层高在2.20m及以上的落地橱窗，应按其围护结构外围水平投影面积的1/2计算建筑面积
   B. 结构层高在2.20m以下的门斗应按其围护结构外围水平面积计算全面积
   C. 有柱雨篷应按其结构板水平投影面积计算全面积
   D. 无柱雨篷的结构外边线至外墙结构外边线的宽度在2.10m及以上的，应按雨篷结构板水平投影面积的1/2计算建筑面积
   【解析】　参见教材第321页及323页。
   选项A：附属在建筑物外墙结构层高在2.20m及以上的落地窗，应按其围护结构外围水平面积计算全面积，而不是1/2面积。
   选项B：结构层高在2.20m以下的门斗，应按其围护结构外围水平面积计算1/2面积，而非全面积。
   选项C：有柱雨篷应按其结构板水平投影面积的1/2计算建筑面积。

61. 【2021年真题】根据《建筑工程建筑面积计算规范》（GB/T 50353—2013），室外走廊建筑面积说法正确的有（　　）。
   A. 无围护设施的，按其结构底板水平投影面积1/2计算
   B. 有围护设施的，按其围护设施外围水平面积计算全面积
   C. 有围护设施的，按其围护设施外围水平面积1/2计算
   D. 无围护设施的，不计算建筑面积
   【解析】　参见教材第322页。有围护设施的室外走廊（挑廊），应按其结构底板水平投

影面积计算 1/2 面积。无论哪一种廊，除了必须有地面结构外，还必须有栏杆、栏板等围护设施或柱，这两个条件缺一不可，缺少任何一个条件都不计算建筑面积。

62.【2016 年真题】根据《建筑工程建筑面积计算规范》（GB/T 50353—2013），关于建筑物外有顶盖无围护设施的走廊，建筑面积计算说法正确的是（　　）。

A. 按结构底板水平面积的 1/2 计算　　B. 按顶盖水平设计面积计算
C. 层高超过 2.1m 的计算全面积　　D. 层高不超过 2m 的不计算建筑面积

【解析】 参见第 61 题解析。

63.【2022 年真题】根据《建筑工程建筑面积计算规范》（GB/T 50353—2013），以下项目应计算建筑面积的有（　　）。

A. 主体结构外的阳台　　B. 结构层高为 1.8m 的设备层
C. 屋顶有围护结构的水箱间　　D. 挑出宽度 2.0m 有柱雨篷
E. 建筑物以外的地下人防通道

【解析】 参见教材第 323、324、327、331、334 页。

选项 E：建筑物以外的地下人防通道不计入建筑面积。

64.【2024 年真题】根据《建筑工程建筑面积计算规范》（GB/T 50353—2013），下列关于建筑面积的说法，正确的是（　　）。

A. 门廊应按其顶板水平投影面积的 1/2 计算建筑面积
B. 结构层高在 2.2m 及以上的门斗应按其围护结构外围水平面积的 1/2 计算
C. 无论有柱雨篷和无柱雨篷，只有外挑宽度大于或等于 2.1m 时，才计算建筑面积
D. 附属于建筑物外墙，结构层高在 2.2m 以上的落地橱窗，应按其围护结构外围水平面积的 1/2 计算

【解析】 参见教材第 323~324 页。

选项 B：门斗应按其围护结构外围水平面积计算建筑面积。结构层高在 2.20m 及以上的，应计算全面积；结构层高在 2.20m 以下的，应计算 1/2 面积。

选项 C：有柱雨篷应按其结构板水平投影面积的 1/2 计算建筑面积；无柱雨篷的结构外边线至外墙结构外边线的宽度在 2.10m 及以上的，应按雨篷结构板的水平投影面积的 1/2 计算建筑面积。

选项 D：附属在建筑物外墙的落地橱窗，应按其围护结构外围水平面积计算。结构层高在 2.20m 及以上的，应计算全面积；结构层高在 2.20m 以下的应计算 1/2 面积。

65.【2020 年真题】根据《建筑工程建筑面积计算规范》（GB/T 50353—2013），建筑物雨篷部位建筑面积计算正确的为（　　）。

A. 有柱雨篷按柱外围面积计算　　B. 无柱雨篷不计算
C. 有柱雨篷按结构板水平投影面积计算　　D. 外挑宽度为 1.8m 的无柱雨篷不计算

【解析】 参见教材第 323 页。有柱雨篷，应按其结构板水平投影面积的 1/2 计算建筑面积；无柱雨篷，设计出挑宽度大于或等于 2.10m 时才计算建筑面积。

66.【2009 年真题】根据《建筑工程建筑面积计算规范》（GB/T 50353—2005），下列关于建筑物雨篷结构的建筑面积计算，正确的是（　　）。

A. 有柱雨篷按结构外边线计算
B. 无柱雨篷按雨篷水平投影面积计算

C. 无柱雨篷外边线至外墙结构外边线不足 2.10m 不计算面积

D. 无柱雨篷外边线至外墙结构外边线超过 2.10m 按投影计算面积

【解析】 参见第 65 题解析。

67. 【2019 年真题】根据《建筑工程建筑面积计算规范》（GB/T 50353—2013），外挑宽度为 1.8m 的有柱雨篷的建筑面积应（　　）。

A. 按柱外边线构成的水平投影面积计算　　B. 不计算

C. 按结构板水平投影面积计算　　D. 按结构板水平投影面积的 1/2 计算

【解析】 参见第 65 题解析。

68. 【2014 年真题】关于建筑面积计算，说法正确的有（　　）。

A. 露天游泳池按设计图示外围水平投影面积的 1/2 计算

B. 建筑物内的储水罐平台按平台投影面积计算

C. 室外楼梯按楼梯水平投影计算全面积

D. 建筑物主体结构内的阳台按其结构外围水平面积计算

E. 宽度超过 2.10m 的雨篷按结构板的水平投影面积 1/2 计算

【解析】 参见教材第 323、325、327、332、333 页。

选项 A：露天游泳池不计入建筑面积。

选项 B：建筑物内的储水罐平台不计入建筑面积。

选项 C：室外楼梯并入所依附建筑物自然层，并应按其水平投影面积的 1/2 计算建筑面积。

69. 【2017 年真题】根据《建筑工程建筑面积计算规范》（GB/T 50353—2013），围护结构不垂直于水平面、结构净高 2.15m 楼层部位，其建筑面积应（　　）。

A. 按顶板水平投影面积的 1/2 计算　　B. 按顶板水平投影面积计算全面积

C. 按底板外墙外围水平面积的 1/2 计算　　D. 按底板外墙外围水平面积计算全面积

【解析】 参见教材第 324 页。围护结构不垂直于水平面的楼层，应按其底板面的外墙外围水平面积计算。结构净高在 2.10m 及以上的部位，应计算全面积；结构净高在 1.20m 及以上至 2.10m 以下的部位，应计算 1/2 面积；结构净高在 1.20m 以下的部位，不应计算建筑面积。

70. 【2020 年真题】根据《建筑工程建筑面积计算规范》（GB/T 50353—2013），围护结构不垂直于水平面的楼板，其建筑面积计算正确的为（　　）。

A. 按围护底板面积的 1/2 计算

B. 结构净高大于等于 2.10m 的部位计算全面积

C. 结构净高大于等于 1.20m 的部位计算 1/2 面积

D. 结构净高小于 2.10m 的部位不计算面积

【解析】 参见第 69 题解析。

71. 【2010 年真题】根据《建筑工程建筑面积计算规范》（GB/T 50353—2005），不应计算建筑面积的项目有（　　）。

A. 建筑物内的钢筋混凝土上料平台　　B. 建筑物内≤50mm 的沉降缝

C. 建筑物顶部有围护结构的水箱间　　D. 2.10m 宽的雨篷

E. 空调室外机搁箱

【解析】 参见教材第 323、324、330、333 页。沉降缝、有维护结构的水箱间，达到 2.10m 的雨篷，要计入计算面积。

72.【2009 年真题】根据《建筑工程建筑面积计算规范》（GB/T 50353—2005），建筑物屋顶无围护结构的水箱建筑面积计算应为（　　）。

A. 层高超过 2.2m 应计算全面积　　B. 不计算建筑面积
C. 层高不足 2.2m 不计算建筑面积　　D. 层高不足 2.2m 部分面积计算

【解析】 参见教材第 324、332 页。屋顶的水箱不计入建筑面积。

73.【2019 年真题】根据规定，不计算建筑面积的有（　　）。

A. 结构层高 2.0m 的管道层
B. 层高为 3.3m 的建筑物通道
C. 有顶盖但无围护结构的车棚
D. 建筑物顶部有围护结构，层高 2.0m 的水箱间
E. 有围护结构的专用消防钢楼梯

【解析】 参见教材第 324、325、327、331、332 页。管道层、有顶盖的车篷、有围护结构的水箱间需要计入建筑面积。

74.【2015 年真题】根据《建筑工程建筑面积计算规范》（GB/T 50353—2013）规定，关于建筑面积计算正确的为（　　）。

A. 建筑物顶部有围护结构的电梯机房不单独计算
B. 建筑物顶部层高为 2.10m 的有围护结构的水箱间不计算
C. 围护结构不垂直于水平面的楼层，应按其底板面外墙外围水平面积计算
D. 建筑物室内提物井不计算
E. 建筑物室内楼梯按自然层计算

【解析】 参见教材第 324、325 页。

选项 A、B：设在建筑物顶部的、有围护结构的楼梯间、水箱间、电梯机房等，结构层高在 2.20m 及以上的应计算全面积；结构层高在 2.20m 以下的，应计算 1/2 面积。

选项 D：建筑物室内提物井要计算建筑面积。

75.【2023 年真题】根据《建筑工程建筑面积计算规范》（GB/T 50353—2013）规定，下列关于建筑物结构部分建筑面积计算说法，正确的是（　　）。

A. 设在建筑物顶部有围护结构，结构层高在 2.20m 及以上的电梯机房，应计算 1/2 面积
B. 围护结构不垂直于水平面，结构净高在 2.10m 及以上的楼层，应按其底板面的外墙外围水平投影面积计算全面积
C. 建筑物有顶盖的采光井，结构净高在 2.10m 以下的，不计算面积
D. 室外楼梯应并入所依附建筑物的自然层，并应按其水平投影面积计算全面积

【解析】 参见教材第 324、325 页。

选项 A：结构层高在 2.2m 以上的应计算全面积。

选项 C：建筑物有顶盖的采光井应按一层计算建筑面积，结构净高在 2.10m 以下的应计算 1/2 面积，而非不计算面积。

选项 D：室外楼梯应并入所依附建筑物的自然层，并按其水平投影面积的 1/2 计算建筑

面积。

76.【2024年真题】根据《建筑工程建筑面积计算规范》(GB/T 50353—2013),下列关于建筑面积计算的说法,正确的有( )。

A. 设在建筑物顶部,有围护设施的露台计算1/2面积
B. 设在建筑物顶部,有围护结构的电梯机房计算1/2面积
C. 不属于建筑空间的屋顶造型(装饰性结构构件),不计算建筑面积
D. 在建筑物的顶部,有围护结构的水箱间,结构层高在2.20m以下的应计算1/2面积
E. 在建筑物的顶部,有围护结构的楼梯间,结构层高在2.20m及以上的应计算建筑面积

【解析】 参见教材第324页。

选项A:露台不计算建筑面。

选项B:设在建筑物顶部的、有围护结构的楼梯间、水箱间、电梯机房等,结构层高在2.20m及以上的应计算全面积;结构层高在2.20m以下的,应计算1/2面积。

77.【2021年真题】根据《建筑工程建筑面积计算规范》(GB/T 50353—2013),下列建筑物建筑面积计算方法正确的是( )。

A. 设在建筑物顶部,结构层高为2.15m的水箱间应计算全面积
B. 室外楼梯应并入所依附建筑物自然层,按其水平投影面积计算全面积
C. 建筑物内部通风排气竖井并入建筑物的自然层计算建筑面积
D. 没有形成井道的室内楼梯并入建筑物的自然层计算1/2面积

【解析】 参见教材第324、325、333页。

选项A:对于设在建筑物顶部的水箱间,如果结构层高在2.20m及以上,应计算全面积。

选项B:对于室外楼梯,应并入所依附建筑物的自然层,并按其水平投影面积的1/2计算建筑面积。

选项D:对于没有形成井道的室内楼梯,也应并入建筑物的自然层计算建筑面积,包括全面积和1/2面积。

78.【2011年真题】根据《建筑工程建筑面积计算规范》(GB/T 50353—2005),设有围护结构不垂直水平面而超出底板外沿的建筑物的建筑面积应( )。

A. 按其底板外围水平面积计算   B. 按其顶盖水平投影面积计算
C. 按围护结构外边线计算   D. 按其底板面的外墙外围水平面积计算

【解析】 参见教材第324页。围护结构不垂直水平面的楼层,应按其底板面的外墙外围水平面积计算。

79.【2010年真题】根据《建筑工程建筑面积计算规范》(GB/T 50353—2005),室外楼梯建筑面积的计算,正确的是( )。

A. 按所依附建筑物自然层的水平投影面积计算
B. 不计算建筑面积
C. 按所依附建筑物自然层的水平投影面积的1/2计算
D. 按上层楼梯底板面积计算

【解析】 参见教材第325页。室外楼梯应并入所依附建筑物自然层,并应按其水平投

影面积的 1/2 计算建筑面积。室外楼梯无论是否有顶盖都需要计算建筑面积。

80. 【2019 年真题】根据《建筑工程建筑面积计算规范》(GB/T 50353—2013)，室外楼梯建筑面积计算正确的是（　　）。

A. 无顶盖、有围护结构的按其水平投影面积的 1/2 计算
B. 有顶盖、有围护结构的按其水平投影面积计算
C. 层数按建筑物的自然层计算
D. 无论有无顶盖和围护结构均不计算

【解析】　参见第 79 题解析。

81. 【2011 年真题】根据《建筑工程建筑面积计算规范》(GB/T50353—2005)，室外楼梯的建筑面积计算，正确的是（　　）。

A. 按所依附的建筑物自然层的水平投影面积计算
B. 按所依附的建筑物自然层的水平投影面积的 1/2 计算
C. 最上层楼梯按建筑物自然层水平投影面积的 1/2 计算
D. 按建筑物底层的水平投影面积的 1/2 计算

【解析】　参见教材第 325 页。室外楼梯应并入所依附建筑物的自然层，并应按其水平投影面积的 1/2 计算建筑面积。

82. 【2016 年真题】根据《建筑工程建筑面积计算规范》(GB/T 50353—2013)，不计算建筑面积的是（　　）。

A. 建筑物室外台阶　　　　　　　　B. 空调室外机搁板
C. 屋顶可上人露台　　　　　　　　D. 与建筑物不相连的有顶盖车棚
E. 建筑物内的变形缝

【解析】　参见教材第 325、327、330、332、333 页。有盖车棚，建筑物内的变形缝需要计算建筑面积。

83. 【2021 年真题】根据《房屋建筑与装饰工程工程量计算规范》(GB 50854—2013)建筑物的计算规则，正确的有（　　）。

A. 当室内公共楼梯间两侧自然层不同时，楼梯间以楼层多的层数计算
B. 在剪力墙包围之内的阳台，按其结构底板水平投影面积计算全面积
C. 建筑物的外墙保温层，按其空铺保温材料垂直投影的面积计算
D. 当高低跨的建筑物局部相通时，其变形缝的面积计算在低跨面积内
E. 有顶盖无围护结构的货棚，按其顶盖水平投影面积的 1/2 计算

【解析】　参见教材第 325、327、329、330 页。

选项 B：阳台在剪力墙包围之内，则属于主体结构内，按其结构外围水平面积计算全面积。

选项 C：建筑物外墙外侧有保温隔热层的，保温隔热层以保温材料的净厚度乘以外墙结构外边线长度按建筑物的自然层计算建筑面积。

84. 【2020 年真题】根据《建筑工程建筑面积计算规范》(GB/T 50353—2013)，建筑物室外楼梯建筑面积计算正确的为（　　）。

A. 并入建筑物自然层，按其水平投影面积计算
B. 无顶盖的不计算
C. 结构净高<2.10m 的不计算

D. 下部建筑空间加以利用的不重复计算

【解析】 参见教材第 325 页。

选项 A：室外楼梯应并入所依附建筑物的自然层，并应按其水平投影面积的 1/2 计算面积。

选项 B：室外楼梯无论是否有顶盖都需要计算建筑面积。

选项 C：没有这一的要求。

85.【2017 年真题】根据《建筑工程建筑面积计算规范》（GB/T 50353—2013），建筑物室外楼梯，其建筑面积（　　）。

　　A. 按水平投影面积计算全面积

　　B. 按结构外围面积计算全面积

　　C. 依附于自然层按水平投影面积的 1/2 计算

　　D. 依附于自然层按结构外层面积的 1/2 计算

【解析】 参见第 84 题解析。

86.【2013 年真题】根据《建筑工程建筑面积计算规范》（GB/T 50353—2013），关于室外楼梯的建筑面积计算的说法，正确的是（　　）。

　　A. 按依附的自然层水平投影面积计算

　　B. 按依附的自然层水平投影面积的 1/2 计算

　　C. 并入依附自然层按水平投影面积的 1/2 计算

　　D. 不计算建筑面积

【解析】 参见第 84 题解析。

87.【2014 年真题】建筑物内的管道井，其建筑面积计算说法正确的是（　　）。

　　A. 不计算建筑面积　　　　　　　　B. 按管道井图示结构内边线面积计算

　　C. 按管道井净空面积的 1/2 乘以层数计算　　D. 按自然层计算建筑面积

【解析】 参见教材第 325 页。建筑物内的管道井应并入建筑物的自然层计算建筑面积。若自然层高在 2.20m 以下，楼层本身计算 1/2 面积时，相应的井道（包括室内楼梯、电梯井、提物井、管道井、通风排气井、烟道）也应计算 1/2 面积。

88.【2012 年真题】根据《建筑工程建筑面积计算规范》（GB/T 50353—2005），某室外楼梯，建筑物自然层为 5 层，楼梯水平投影面积为 6m^2，则该室外楼梯的建筑面积为（　　）。

　　A. 12m^2　　　　　　B. 15m^2　　　　　　C. 18m^2　　　　　　D. 24m^2

【解析】 参见教材第 325 页。室外楼梯应并入所依附建筑物的自然层，并应按其水平投影面积的 1/2 计算面积。该建筑物室外楼梯投影到建筑物范围层数为四层，所以应按四层计算建筑面积，即 $S = 6 \times 4/2 = 12$（m^2）。

89.【2006 年真题】上下两个错层户室共用的室内楼梯，建筑面积应按（　　）。

　　A. 上一层的自然层计算　　　　　　B. 下一层的自然层计算

　　C. 上一层的结构层计算　　　　　　D. 下一层的结构层计算

【解析】 参见教材第 325 页。遇有跃层建筑，其共用的室内楼梯应按自然层计算；上下两错层户室共用的室内楼梯，应按上一层的自然层计算建筑面积。

90.【2005 年真题】某高校新建一栋六层教学楼，建筑面积为 18000m^2，经消防部门检查认定，建筑物内楼梯不能满足紧急疏散要求。为此又在两端墙外各增设一个封闭疏散楼梯，每个楼梯间的每层水平投影面积为16m³。根据《建筑工程建筑面积计算规范》（GB/T 50353—2005）规定，该教学楼的建筑面积应为（　　）m²。

A. 18192　　　　B. 18160　　　　C. 18096　　　　D. 18000

【解析】　参见教材第325页。在两端墙外各增设一个封闭疏散楼梯，封闭的楼梯属于室内楼梯，应按自然层计算建筑面积，所以该教学楼的建筑面积=18000+16×6×2=18192（m²）。

91.【2022年真题】某住宅楼建筑图如下图所示，根据《建筑工程建筑面积计算规范》（GB/T 50353—2013），阳台建筑面积计算正确的是（　　）。

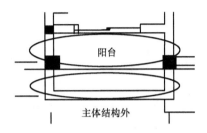

A. 全面积　　　　　　　　　　　B. 计算1/2面积

C. 按结构柱中心线为界分别计算　　D. 按结构柱外边线为界分别计算

【解析】　参见教材第327页。阳台处于剪力墙包围中，为主体结构内阳台，应计算全面积。该图中阳台有两部分，一部分处于主体结构内，另一部分处于主体结构外，应分别计算建筑面积（以柱外侧为界，上面部分属于主体结构内，计算全面积；下面部分属于主体结构外，计算1/2面积）。

92.【2018年真题】根据《建筑工程建筑面积计算规范》（GB/T 50353—2013），主体结构内的阳台，其建筑面积应（　　）。

A. 按其结构外围水平面积1/2计算　　B. 按其结构外围水平面积计算

C. 按其结构地板水平面积1/2计算　　D. 按其结构底板水平面积计算

【解析】　参见教材第327页。在主体结构内的阳台，应按其结构外围水平面积计算全面积；在主体结构外的阳台，应按其结构底板水平投影面积计算1/2面积。

93.【2018年真题】根据《建筑工程建筑面积计算规范》（GB/T 50353—2013），有顶盖无围护结构的货棚，其建筑面积应（　　）。

A. 按其顶盖水平投影面积的1/2计算　　B. 按其顶盖水平投影面积计算

C. 按柱外围水平面积的1/2计算　　　　D. 按柱外围水平面积计算

【解析】　参见教材第327页。有顶盖无围护结构的车棚、货棚、站台、加油站、收费站等，应按其顶盖水平投影面积的1/2计算建筑面积。

94.【2019年真题】根据《建筑工程建筑面积计算规范》（GB/T 50353—2013），幕墙建筑物的建筑面积计算正确的是（　　）。

A. 以幕墙立面投影面积计算

B. 以主体结构外边线面积计算

C. 作为外墙的幕墙按围护外边线计算

D. 起装饰作用的幕墙按幕墙横断面的1/2计算

【解析】 参见教材第 328 页。以幕墙作为围护结构的建筑物，应按幕墙外边线计算建筑面积。

95.【2020 年真题】根据《建筑工程建筑面积计算规范》（GB/T 50353—2013），建筑物与室内连通的变形缝建筑面积计算正确的为（　　）。

A. 不计算　　　　　　　　　　　B. 按自然层计算

C. 不论层高只按底层计算　　　　D. 按变形缝设计尺寸的 1/2 计算

【解析】 参见教材第 330 页。与室内相通的变形缝，应按其自然层合并在建筑物建筑面积内计算。对于高低联跨的建筑物，当高低跨内部连通时，其变形缝应计算在低跨面积内。

96.【2011 年真题】根据《建筑工程建筑面积计算规范》（GB/T 50353—2005），内部连通的高低联跨建筑物内的变形缝应（　　）。

A. 计入高跨面积　　　　　　　　B. 高低跨平均计算

C. 计入低跨面积　　　　　　　　D. 不计算面积

【解析】 参见第 95 题解析。

97.【2015 年真题】根据《建筑工程建筑面积计算规范》（GB/T 50353—2013）规定，关于建筑面积计算正确的有（　　）。

A. 过街楼底层的建筑物通道按通道底板水平面积计算
B. 建筑物露台按围护结构外围水平面积计算
C. 挑出宽度为 1.80m 的无柱雨篷不计算
D. 建筑物室外台阶不计算
E. 挑出宽度超过 1.00m 的空调室外机搁板不计算

【解析】 参见教材第 332、333 页。

选项 A：骑楼、过街楼底层的开放公共空间和建筑物通道，不计算建筑面积。

选项 B：露台、露天游泳池、花架、屋顶的水箱及装饰性结构构件，不计算建筑面积。

98.【2020 年真题】根据《建筑工程建筑面积计算规范》（GB/T 50353—2013），不计算建筑面积的为（　　）。

A. 厚度为 200mm 的勒脚　　　　　B. 规格为 400mm×400mm 的附墙装饰柱
C. 挑出宽度为 2.19m 的雨篷　　　　D. 顶盖高度超过两个楼层的无柱雨篷
E. 凸出外墙 200mm 装饰性幕墙

【解析】 参见教材第 333 页。勒脚、附墙柱（附墙柱是指非结构性装饰柱）、垛、台阶、墙面抹灰、装饰面、镶贴块料面层、装饰性幕墙，主体结构外的空调室外机搁板（箱）、构件、配件，挑出宽度在 2.10m 以下的无柱雨篷和顶盖高度达到或超过两个楼层的无柱雨篷，不计算建筑面积。

二、参考答案

题号	1	2	3	4	5	6	7	8	9	10
答案	A	C	A	C	AC	A	ABE	BDE	A	A
题号	11	12	13	14	15	16	17	18	19	20
答案	B	D	D	D	C	C	A	CDE	A	D

(续)

题号	21	22	23	24	25	26	27	28	29	30
答案	C	AD	D	C	AC	A	ABD	ABCD	C	C
题号	31	32	33	34	35	36	37	38	39	40
答案	D	B	B	A	C	C	D	A	AD	A
题号	41	42	43	44	45	46	47	48	49	50
答案	A	ABCE	ABDE	A	D	ABCD	D	CDE	C	C
题号	51	52	53	54	55	56	57	58	59	60
答案	B	A	C	C	B	B	C	CE	BCE	D
题号	61	62	63	64	65	66	67	68	69	70
答案	D	A	ABCD	A	D	C	D	DE	D	B
题号	71	72	73	74	75	76	77	78	79	80
答案	AE	B	BE	CE	B	CDE	C	D	C	A
题号	81	82	83	84	85	86	87	88	89	90
答案	B	ABC	ADE	D	C	C	D	A	A	A
题号	91	92	93	94	95	96	97	98		
答案	D	B	A	C	C	C	CDE	ABDE		

三、2025年考点预测

考点一：建筑面积的四个作用。

考点二：建筑面积计算规则。

第三节 工程量计算规则与方法

一、经典真题及解析

（一）土石方工程（编码：0101）

（1）土方工程（编码：010101）

1.【2024年真题】根据《房屋建筑与装饰工程工程量计算规范》（GB 50854—2013），下列关于基坑土方工程量计算的说法正确的是（   ）。

A. 因工作面和放坡增加的工程量应单独列项

B. 按设计图示尺寸以基础垫层底面积乘以挖土深度按体积以立方米计算

C. 开挖深度按基础垫层上表面标高至交付施工场地标高确定

D. 项目特征不需要描述弃土运距

【解析】 参见教材第334~336页。

选项A：因工作面和放坡增加的工程量，是否并入各土方工程量中，按各省、自治区、直辖市或行业建设主管部门的规定实施。

选项C：基础土方开挖深度应按基础垫层底表面标高至交付施工场地标高确定，无交付施工场地标高时，应按自然地面标高确定。

选项D：项目特征描述包括土壤类别、挖土深度、弃土运距。

2.【2022年真题】根据《房屋建筑与装饰工程工程量计算规范》（GB 50854—2013），关于土方工程，下列说法正确的有（　　）。

A. 管沟土方按设计图示尺寸以管道中心线长度计算，不扣除各类井所占长度
B. 工作面所增加的土方工程量是否计算，应按各省级建设主管部门规定实施
C. 虚方指未经碾压、堆积时间不大于2年的土壤
D. 桩间挖土不扣除桩的体积，但应在项目特征中加以描述
E. 基础土方开挖深度应按基础垫层底表面积至设计室外地坪标高确定

【解析】　参见教材第334、335页，选项B：不是教材原文，慎选。土方工程的项目名称和工程量计算规则见下表。

项目名称	工程量计算规则
平整场地	按设计图示尺寸以建筑物首层建筑面积"m^2"计算
挖一般土方	按设计图示尺寸以体积"m^3"计算
挖沟槽土方、基坑土方	按设计图示尺寸以基础垫层底面积乘以挖土深度按体积"m^3"计算
	基础土方开挖深度应按基础垫层底表面标高至交付施工场地标高确定，无交付施工场地标高时，应按自然地面标高确定
冻土开挖	按设计图示尺寸开挖面积乘以厚度以体积"m^3"计算
挖淤泥、流砂	按设计图示位置、界限以体积"m^3"计算
管沟土方	以"m"计量，按设计图示以管道中心线长度计算
	以"m^3"计量，按设计图示管底垫层面积乘以挖土深度计算；无管底垫层按管外径的水平投影面积乘以挖土深度计算
	不扣除各类井的长度，井的土方并入
相关说明	（1）建筑物场地厚度≤±300mm的挖、填、运、找平，按平整场地项目编码列项。厚度＞±300mm的竖向布置挖土或山坡切土应按挖一般土方项目编码列项 （2）底宽≤7m且底长＞3倍底宽为沟槽；底长≤3倍底宽且底面积≤150m^2为基坑；超出上述范围则为一般土方 （3）土方体积应按挖掘前的天然密实体积计算。虚方指未经碾压、堆积时间<1年的土壤 （4）桩间挖土不扣除桩的体积，并在项目特征中加以描述 （5）项目特征中涉及弃土运距或取土运距时，弃、取土运距可以不描述，但应注明由投标人根据施工现场实际情况自行考虑，决定报价 （6）项目特征中土壤的分类应按教材中的表5.3.2确定，如土壤类别不能准确划分时，招标人可注明为综合，由投标人根据地勘报告决定报价 （7）挖沟槽、基坑、一般土方因工作面和放坡增加的工程量（管沟工作面增加的工程量），是否并入各土方工程量中，应按各省、自治区、直辖市或行业建设主管部门的规定实施

3.【2015年真题】根据《房屋建筑与装饰工程工程量计算规范》（GB 50854—2013）

规定，关于土方的项目列项或工程量计算正确的为（　　）。

A. 建筑物场地厚度为350mm挖土应按平整场地项目列项

B. 挖一般土方的工程量通常按开挖虚方体积计算

C. 基础土方开挖需区分沟槽、基坑和一般土方项目分别列项

D. 冻土开挖工程量需按虚方体积计算

【解析】　参见第2题解析。

4.【2013年真题】根据《房屋建筑与装饰工程工程量计算规范》(GB 50854—2013)，关于管沟土方工程量计算的说法，正确的有（　　）。

A. 按管沟宽乘以深度再乘以管道中心线长度计算

B. 按设计管道中心线长度计算

C. 按设计管底垫层面积乘以深度计算

D. 按管道外径水平投影面积乘以挖土深度计算

E. 按管沟开挖断面乘以管道中心线长度计算

【解析】　参见第2题解析。

5.【2012年真题】根据《建设工程工程量清单计价规范》(GB 50500—2008[一])附录A，土石方工程中，建筑物场地厚度在±30cm以内的，平整场地工程量应（　　）。

A. 按建筑物自然层面积计算　　　　B. 按建筑物首层面积计算

C. 按建筑有效面积计算　　　　　　D. 按设计图示厚度计算

【解析】　参见第2题解析。

6.【2009年真题】根据《建设工程工程量清单计价规范》(GB 50500—2008)，下列基础土方的工程量计算，正确的为（　　）。

A. 基础设计底面积×基础埋深

B. 基础设计底面积×基础设计高度

C. 基础垫层设计底面积×挖土深度

D. 基础垫层设计底面积×基础设计高度和垫层厚度之和

【解析】　参见第2题解析。

7.【2008年真题】根据《建设工程工程量清单计价规范》(GB 50500—2003[一])，平整场地工程量计算规则是（　　）。

A. 按建筑物外围面积乘以平均挖土厚度计算

B. 按建筑物外边线外加2m以平面面积计算

C. 按建筑物首层面积乘以平均挖土厚度计算

D. 按设计图示尺寸以建筑物首层面积计算

【解析】　参见第2题解析。

8.【2007年真题】根据《建设工程工程量清单计价规范》(GB 50500—2003)，基础土石方的工程量是按（　　）。

A. 建筑物首层建筑面积乘以挖土深度计算

○ GB 50500—2008 于 2013 年 7 月 1 日作废，被 GB 50500—2013 代替，同时原附录中的内容编入 GB 50854—2013。

○ GB 50500—2003 于 2008 年 12 月 1 日作废，被 GB 50500—2008 代替。

B. 建筑物垫层底面积乘以挖土深度计算

C. 建筑物基础底面积乘以挖土深度计算

D. 建筑物基础断面积乘以中心线长度计算

【解析】 参见第2题解析。

9. 【2013年真题】根据《房屋建筑与装饰工程工程量计算规范》(GB 50854—2013)，某建筑物首层建筑面积为2000m² 场地，内有部分150mm 以内的挖土用6.5t 自卸汽车（斗容量4.5m³）运土，弃土共计20车，运距150m，则平整场地的工程量应为（   ）。

A. 69.2m³ B. 83.3m³ C. 90m³ D. 2000m²

【解析】 参见教材第334页。平整场地工程量按设计图示尺寸以建筑物首层建筑面积计算。

10. 【2024年真题】根据《房屋建筑与装饰工程工程量计算规范》(GB 50854—2013)，下列有关建筑物土石方工程量计算规范说法正确的是（   ）。

A. 底宽小于或等于7m，底长大于3倍的底宽为沟槽

B. 底长大于7m 且底面积大于150m² 为一般土石方

C. 底长小于或等于3倍底宽且底面积小于或等于150m² 为基坑

D. 厚度超过±300mm 的竖向布置挖土或山坡切土应按一般土方项目编码列项

E. 基础回填为挖方清单项目工程量减去自然地坪以下埋设的基础体积（不包括基础垫层及其他构筑物的体积）

【解析】 参见教材第334~337页。

选项E：基础回填：按挖方清单项目工程量减去自然地坪以下埋设的基础体积（包括基础垫层及其他构筑物体积）计算。

11. 【2013年真题】根据《房屋建筑与装饰工程工程量计算规范》(GB 50854—2013)，当土方开挖长≤3倍底宽，且底面积≥150m²，开挖深度为0.8m 时，清单项目应列为（   ）。

A. 平整场地   B. 挖一般土方

C. 挖沟槽土方   D. 挖基坑土方

【解析】 参见教材第335页。底宽≤7m 且底长>3倍底宽的为沟槽；底长≤3倍底宽且底面积≤150m² 的为基坑；超出上述范围则为一般土方。

12. 【2020年真题】根据《房屋建筑与装饰工程工程量计算规范》(GB 50854—2013)，土方工程工程量计算正确的为（   ）。

A. 建筑场地厚度≤±300mm 的挖、填、运、找平，均按平整场地计算

B. 设计底宽≤7m，底长>3倍底宽的土方开挖，均按挖沟槽土方计算

C. 设计底宽>7m，底长>3倍底宽的土方开挖，按一般的土方计算

D. 设计底宽>7m，底长<3倍底宽的土方开挖，按挖基坑土方计算

E. 土方工程量均按设计尺寸以体积计算

【解析】 参见第2题解析。选项D，因为未描述150m²，故建议不选。

13. 【2016年真题】根据《房屋建筑与装饰工程工程量计算规范》(GB 50854—2013)，若开挖设计长为20m，宽为6m，深度为0.8m 的土方工程，在清单中列项应为（   ）。

A. 平整场地   B. 挖沟槽   C. 挖基坑   D. 挖一般土方

【解析】 参见第11题解析。

14.【2006年真题】挖土方的工程量按设计图示尺寸以体积计算，此处的体积是指（ ）。

A. 虚方体积
B. 夯实后体积
C. 松填体积
D. 天然密实体积

【解析】 参见教材第335页。土方体积应按挖掘前的天然密实体积计算。

15.【2005年真题】某建筑物设计室内地坪标高±0.00，室外地坪标高-0.45m，基槽挖土方800m³，基础工程量560m³，其中标高-0.45m至±0.00的工程量为10m³。根据《建设工程工程量清单计价规范》（GB 50500—2003）的有关规定，该基础工程的土方回填量为（ ）m³。

A. 250
B. 240
C. 230
D. 200

【解析】 该基础工程的土方回填量为800-560+10=250（m³）。

16.【2017年真题】根据《房屋建筑与装饰工程工程量计算规范》（GB 50854—2013），某建筑物场地土方工程，设计基础长为27m，宽为8m，周边开挖深度均为2m，实际开挖后场内堆土量为570m³，则土方工程量为（ ）。

A. 平整场地216m³
B. 沟槽土方655m³
C. 基坑土方528m³
D. 一般土方438m³

【解析】 参见教材第335页。土方工程量应按挖掘前的天然密实体积计算。天然密实体积的计算公式为

天然密实体积=虚方体积×土方体积折算系数

这里的虚方体积指的是实际开挖后的场内推土量，即570m³；土方体积折算系数为0.77，则土方工程量为570×0.77=438.9m³。

土方体积折算系数见下表。

天然密实度体积	虚方体积	夯实后体积	松填体积
0.77	1.00	0.67	0.83
1.00	1.30	0.87	1.08
1.15	1.50	1.00	1.25
0.92	1.20	0.80	1.00

17.【2022年真题】某土方工量清单编制，按图计算，挖土方量为10000m³，回填土数为6000m³；已知土方天然密实体积：夯实后体积=1:0.87，则回填方及余方弃置的清单工程量分别为（ ）m³。

A. 6000；4000
B. 6896.55；3103.45
C. 6000；3103.45
D. 6896.55；4000

【解析】 参见教材第334、335页。回填方，按设计图示尺寸以体积"m³"计算；余方弃置，按挖方清单项目工程量减利用回填方体积（正数）"m³"计算；挖一般土方，按设计图示尺寸以体积"m³"计算。

挖土方工程量清单数量为10000m³（天然密实体积），回填土工程量清单数量为6000m³（夯实后体积），利用回填方体积为6000÷0.87=6896.55（m³），余方弃置工程量清单数量为10000-6896.55=3103.45（m³）。

18.【2020年真题】挖480mm宽钢筋混凝土直埋管道沟槽，每侧工作面宽度为（　　）。

A. 200mm　　　B. 250mm　　　C. 400mm　　　D. 500mm

【解析】参见教材第336页。管沟施工每侧工作面宽度见下表。

管道结构类型	管道结构宽/mm			
	≤500	≤1000	≤2500	>2500
混凝土及钢筋混凝土管道	400	500	600	700
其他材质管道	300	400	500	600

注：管道结构宽，有管座的按基础外缘，无管座的按管道外径。

19.【2015年真题】某管沟工程，设计管底垫层宽度为2000mm，开挖深度为2.00m，管径为1200mm，工作面宽度为400mm，管道中心线长为180m，管沟土方工程计量计算正确的为（　　）。

A. 432m³　　　B. 576m³　　　C. 720m³　　　D. 1008m³

【解析】管沟土方工程量以"m³"计量，按设计图示管底垫层面积乘以挖土深度计算，即2×2×180=720（m³）。

20.【2016年真题】根据《房屋建筑与装饰工程工程量计算规范》（GB 50854—2013），在三类土中挖基坑不放坡的坑深可达（　　）。

A. 1.2m　　　B. 1.3m　　　C. 1.5m　　　D. 2.0m

【解析】参见教材第336页。放坡系数表（见下表）列出了沟槽、基坑中不同土类别的放坡起点深度。只有当挖土深度超过这个起点深度时，才需要按照表中的放坡系数进行放坡。由下表可知，在三类土中，放坡起点为1.50m，则挖基坑不放坡的坑深可达1.5m。

土类别	放坡起点/m	人工挖土	机械挖土		
			坑内作业	坑上作业	顺沟槽在坑上作业
一、二类土	1.20	1：0.50	1：0.33	1：0.75	1：0.50
三类土	1.50	1：0.33	1：0.25	1：0.67	1：0.33
四类土	2.00	1：0.25	1：0.10	1：0.33	1：0.25

21.【2019年真题】某建筑物砂土场地，设计开挖面积为20m×7m，自然地面标高为-0.2m，设计室外地坪高为-0.3m，设计开挖底面标高为-1.2m。根据《房屋建筑与装饰工程工程量计算规范》（GB 50854—2013），土方工程清单工程量计算应（　　）。

A. 执行挖一般土方项目，工程量为140m　　B. 执行挖一般土方项目，工程量为126m²
C. 执行挖基坑土方项目，工程量为140m³　　D. 执行挖基坑土方项目，工程量为126m³

【解析】首先判断是一般土方还是基坑土方，因设计开挖面积为20m×7m，底长≤3倍底宽且底面积≤150m²，故为挖基坑土方项目；其次计算工程量，土方工程清单工程量为20×7×(1.2-0.2)=140（m³）。

22.【2014年真题】某建筑首层建筑面积为500m²，场地较为平整，其自然地面标高为

+87.5m，设计室外地面标高为+87.15m，则其场地土方清单列项和工程量分别是（　　）。

A. 按平整场地列项：500m²　　　　B. 按一般土方列项：500m²
C. 按平整场地列项：175m³　　　　D. 按一般土方列项：175m³

【解析】　因为厚度=87.5m-87.15m=0.35m>0.3m，所以应按挖一般土方列项。工程量为500×0.35=175（m³）。

23.【2014年真题】某建筑工程挖土方工程量需要通过现场签证核定，已知用斗容量为1.5m³的轮胎式装载机运土500车，则挖土工程量应为（　　）。

A. 501.92m³　　　B. 576.92m³　　　C. 623.15m³　　　D. 750m³

【解析】　挖土工程量为1.5×500/1.3=576.92（m³）或=1.5×500×0.77=577.50（m³）。

24.【2013年真题】根据《房屋建筑与装饰工程工程量计算规范》（GB 50854—2013），若建筑物外墙砖基础垫层底宽为850mm，基槽挖土深度为1600mm，设计中心线长为40000mm，土层为三类土，放坡系数为1：0.33，则此外墙基础人工挖沟槽工程量应为（　　）。

A. 34m²　　　B. 54.4m³　　　C. 88.2m²　　　D. 113.8m²

【解析】　人工挖沟槽工程量为0.85×1.6×40=54.4（m³）。

（2）石方工程（编码：010102）

25.【2015年真题】根据《房屋建筑与装饰工程工程量计算规范》（GB 50854—2013）规定，关于石方的项目列项或工程量计算正确的为（　　）。

A. 山坡凿石按一般石方列项
B. 考虑石方运输，石方体积需折算为虚方体积计算
C. 管沟石方均按一般石方列项
D. 基坑底面积超过120m²的按一般石方列项

【解析】　参见教材第335~337页。石方工程工程量计算规则见下表。

	挖一般石方	按设计图示尺寸以体积"m³"计算
工程量计算规则	挖沟槽（基坑）石方	按设计图示尺寸沟槽（基坑）底面积乘以挖石深度以体积"m³"计算
	挖管沟石方	以"m"计量，按设计图示以管道中心线长度计算
		以"m³"计量，按设计图示截面积乘以长度以体积计算
相关说明	（1）厚度>±300mm的竖向布置挖石或山坡凿石应按挖一般石方项目编码列项 底宽≤7m且底长>3倍底宽的为沟槽；底长≤3倍底宽且底面积≤150m²的为基坑；超出上述范围则为一般石方 （2）挖石应按自然地面测量标高至设计地坪标高的平均厚度确定。基础石方开挖深度应按基础垫层底面标高至交付施工现场地标高确定，无交付施工场地标高时，应按自然地面标高确定 （3）弃渣运距可以不描述 （4）石方体积应按挖掘前的天然密实体积计算。非天然密实石方应按教材中的表5.3.7折算	

26.【2018年真题】根据《房屋建筑与装饰工程工程量计算规范》（GB 50854—2013），石方工程量计算正确的是（　　）。

A. 挖基坑石方按设计图示尺寸基础底面面积乘以埋置深度以体积计算

B. 挖沟槽石方按设计图示以沟槽中心线长度计算

C. 挖一般石方按设计图示开挖范围的水平投影面积计算

D. 挖管沟石方按设计图示以管道中心线长度计算

【解析】 参见第 25 题解析。注意，选项 A 不是埋置深度。

27.【2017年真题】根据《房屋建筑与装饰工程工程量计算规范》(GB 50854—2013)，石方工程量计算正确的有（　　）。

A. 挖一般石方按设计图示尺寸以建筑物首层面积计算

B. 挖沟槽石方按沟槽设计底面积乘以挖石深度以体积计算

C. 挖基坑石方按基坑底面积乘以自然地面测量标高至设计地坪标高的平均厚度以体积计算

D. 挖管沟石方按设计图示以管道中心线长度以米计算

E. 挖管沟石方按设计图示截面积乘以长度以体积计算

【解析】 参见第 25 题解析。

28.【2016年真题】根据《房屋建筑与装饰工程工程量计算规范》(GB 50854—2013)，关于管沟石方工程量计算，说法正确的是（　　）。

A. 按设计图示尺寸以管道中心线长度计算

B. 按设计图示尺寸以截面积计算

C. 有管沟设计时按管底以上部分体积计算

D. 无管沟设计时按延长米计算

【解析】 参见第 25 题解析。

29.【2014年真题】某工程石方清单为暂估项目，施工过程中需要通过现场签证确认实际完成工作量，挖方全部外运。已知开挖范围为底长 25m，底宽 9m，使用斗容量为 10m³ 的汽车平装外运 55 车，则关于石方清单列项和工程量，说法正确的有（　　）。

A. 按挖一般石方列项　　　　　B. 按挖沟槽石方列项

C. 按挖基坑石方列项　　　　　D. 工程量 357.14m³

E. 工程量 550.00m³

【解析】 参见教材第 337 页。沟槽、基坑、一般石方的划分：底宽≤7m 且底长大于 3 倍底宽的为沟槽；底长≤3 倍底宽且底面积≤150m² 的为基坑；超出上述范围则为一般石方。

此题中，底面积=25×9m²=225m²>150m²，应按挖一般石方列项，并且考虑将虚方转换成实方，则工程量=550/1.54=357.14（m³）（1.54 为石方体积折算系数，见下表）。

石方类别	天然密实度体积	虚方体积	松填体积	码方
石方	0.65	1.00	0.85	—
	0.76	1.18	1.00	
	1.00	1.54	1.31	
块石	1.00	1.75	1.43	1.67
砂夹石	1.00	1.07	0.94	—

30.【2019年真题】某较为平整的软岩施工场地,设计长度为30m,宽为10m,开挖深度为0.8m。根据《房屋建筑与装饰工程工程量计算规范》(GB 50854—2013),开挖石方清单工程量为(   )。

A. 沟槽石方工程量 300m²
B. 基坑石方工程量 240m³
C. 管沟石方工程量 30m
D. 一般石方工程量 240m³

【解析】 首先确定项目名称,见第29题解析;其次计算工程量,开挖石方清单工程量为 30×10×0.8=240(m³)。

31.【2015年真题】某坡地建筑基础,设计基底垫层宽为8.0m,基础中心线长为22.0m,开挖深度为1.6m,地基为中等风化软岩。根据《房屋建筑与装饰工程工程量计算规范》(GB 50854—2013)规定,关于基础石方的项目列项或工程量计算正确的为(   )。

A. 按挖沟槽石方列项
B. 按挖基坑石方列项
C. 按挖一般石方列项
D. 工程量为 281.6m³
E. 工程量为 22.0m

【解析】 底面积为176m²(22.0×8.0m²)>150m²,按挖一般石方列项;工程量为 8×22×1.6=281.6(m³)。

(3)回填(编码:010103)

32.【2016年真题】根据《房屋建筑与装饰工程工程量计算规范》(GB 50854—2013),关于土石方回填工程量计算,说法正确的是(   )。

A. 回填方项目特征应包括填方来源及运距
B. 室内回填应扣除间隔墙所占体积
C. 场地回填按设计回填尺寸以面积计算
D. 基础回填不扣除基础垫层所占体积

【解析】 参见教材第337、338页。土石方回填工程量计算规则见下表。

		场地回填	回填面积乘以平均回填厚度
工程量计算规则	回填方,按设计图示尺寸以体积"m³"计算	室内回填	主墙间面积乘以回填厚度,不扣除间隔墙
		基础回填	挖方清单项目工程量减去自然地坪以下埋设的基础体积(包括基础垫层及其他构筑物)
		回填方项目特征描述:密实度要求、填方材料品种、填方粒径要求、填方来源及运距	
	余方弃置	按挖方清单项目工程量减去利用回填方体积(正数)以"m³"计算	
		项目特征描述:废弃料品种、运距(由余方点装料运输至弃置点距离)	
相关说明	(1)填方密实度要求,在无特殊要求的情况下,项目特征可描述为满足设计和规范的要求		
	(2)填方材料品种可以不描述,但应注明由投标人根据设计要求验方后方可填入,并符合相关工程的质量规范要求		
	(3)填方粒径要求,在无特殊要求的情况下,项目特征可以不描述		
	(4)如需买土回填应在项目特征填方来源中描述,并注明买土方数量		

33.【2022年真题】关于土方回填,下列说法正确的是(   )。

A. 室内回填工程量按各类墙体间的净面积乘以回填厚度
B. 基础回填工程量按挖方清单项目工程量减去室外地坪以下埋设的基础体积
C. 对填方密实度要求，必须在项目特征中进行详尽描述
D. 对填方材料的品种和粒径要求，必须在项目特征中进行详尽描述

【解析】 参见第 32 题解析。

34.【2021年真题】根据《房屋建筑与装饰工程工程量计算规范》（GB 50854—2013），关于回填工程量计算方法，正确的是（　　）。

A. 室内回填按主墙间净面积乘以回填厚度，扣除间隔墙所占体积
B. 场地回填按回填面积乘以平均回填厚度计算
C. 基础回填为挖方工程量减去室内地坪以下埋设的基础体积
D. 回填方项目特征描述中应包括密实度和废弃料品种

【解析】 参见第 32 题解析。

（二）**地基处理与边坡支护工程**（编码：0102）
（1）地基处理（编码：010201）

35.【2020年真题】根据《房屋建筑与装饰工程工程量计算规范》（GB 50854—2013），地基处理的换土垫层项目特征中应说明材料种类及配比、压实系数和（　　）。

A. 基坑深度　　　　　　　　　B. 基底土分类
C. 边坡支护形式　　　　　　　D. 掺加剂品种

【解析】 参见教材第 340 页。地基处理工程量计算规则见下表。

工程量计算规则		
	换填垫层	按设计图示尺寸以体积"m^3"计算
		项目特征描述：材料种类及配比、压实系数、掺加剂品种
	铺设土工合成材料	按设计图示尺寸以面积"m^2"计算
		土工合成材料作用：反滤、排水、加筋、隔离
	预压地基、强夯地基、振冲密实（不填料）	按设计图示处理范围以面积"m^2"计算
	水泥粉煤灰碎石桩、夯实水泥土桩、石灰桩、灰土（土）挤密桩	按设计图示尺寸以桩长（包括桩尖）"m"计算
	深层搅拌桩、粉喷桩、柱锤冲扩桩、高压喷射注浆桩	按设计图示尺寸以桩长"m"计算
	振冲桩（填料）	以"m"计量，按设计图示尺寸以桩长计算
		以"m^3"计量，按设计桩截面面积乘以桩长以体积计算
		项目特征应描述：地层情况，空桩长度、桩长，桩径，填充材料种类
	砂石桩	以"m"计量，按设计图示尺寸以桩长（包括桩尖）计算
		以"m^3"计量，按设计桩截面面积乘以桩长（包括桩尖）以体积计算
	注浆地基	以"m"计量，按设计图示尺寸以钻孔深度计算
		以"m^3"计量，按设计图示尺寸以加固体积计算
	褥垫层	以"m^2"计量，按设计图示尺寸以铺设面积计算
		以"m^3"计量，按设计图示尺寸以体积计算

(续)

相关说明	(1) 项目特征中地层情况的描述按教材中表 5.3.2 和表 5.3.6 的规定，并根据岩土工程勘察报告按单位工程各地层所占比例（包括范围值）进行描述或分别列项。对无法准确描述的地层情况，可注明由投标人根据岩土工程勘察报告自行决定报价 (2) 项目特征中的桩长应包括桩尖，空桩长度=孔深-桩长，孔深为自然地面至设计桩底的深度 (3) 高压喷射注浆类型包括旋喷、摆喷、定喷，高压喷射注浆方法包括单管法、双重管法、三重管法 (4) 如采用泥浆护壁成孔，工作内容包括土方、废泥浆外运；如采用沉管灌注成孔，工作内容包括桩尖制作、安装

36. 【2021 年真题】根据《房屋建筑与装饰工程工程量计算规范》（GB 50854—2013），在地基处理项目中可以按 "m^3" 计量的桩为（　　）。

　　A. 砂石桩　　　　B. 石灰桩　　　　C. 粉喷桩　　　　D. 深层搅拌桩

【解析】 参见第 35 题解析。

37. 【2022 年真题】根据《房屋建筑与装饰工程工程量计算规范》（GB 50854—2013），地基处理与边坡支护工程中可用 "m^3" 作为计量单位的有（　　）。

　　A. 砂石桩　　　　　　　　　　　　B. 石灰桩

　　C. 振冲桩（填料）　　　　　　　　D. 深层水泥搅拌桩

　　E. 注浆地基

【解析】 参见第 35 题解析。

38. 【2017 年真题】根据《房屋建筑与装饰工程工程量计算规范》（GB 50854—2013），地基处理工程量计算正确的是（　　）。

　　A. 换填垫层按设计图示尺寸以体积计算

　　B. 强夯地基按设计图示处理范围乘以处理深度以体积计算

　　C. 填料振冲桩以填料体积计算

　　D. 水泥粉煤碎石桩按设计图示尺寸以体积计算

【解析】 参见第 35 题解析。

39. 【2016 年真题】根据《房屋建筑与装饰工程工程量计算规范》（GB 50854—2013），关于地基处理，说法正确的是（　　）。

　　A. 铺设土工合成材料按设计长度计算

　　B. 强夯地基按设计图示处理范围乘以深度以体积计算

　　C. 填料振冲桩按设计图示尺寸以体积计算

　　D. 砂石桩按设计数量以根计算

【解析】 参见第 35 题解析。

40. 【2015 年真题】根据《房屋建筑与装饰工程工程量计算规范》（GB 50854—2013）规定，关于地基处理工程量计算正确的为（　　）。

　　A. 振冲桩（填料）按设计图示处理范围以面积计算

　　B. 砂石桩按设计图示尺寸以桩长（不包括桩尖）计算

　　C. 水泥粉煤灰碎石桩按设计图示尺寸以体积计算

D. 深层搅拌桩按设计图示尺寸以桩长计算

【解析】 参见第35题解析。

41.【2013年真题】根据《房屋建筑与装饰工程工程量计算规范》(GB 50854—2013)，关于地基处理工程量计算的说法，正确的是（   ）。

A. 换填垫层按照图示尺寸以面积计算
B. 铺设土工合成材料按图示尺寸以铺设长度计算
C. 强夯地基按图示处理范围和深度以体积计算
D. 振冲密实（不填料）的按图示处理范围以面积计算

【解析】 参见第35题解析。

42.【2023年真题】根据《房屋建筑与装饰工程工程量计算规范》(GB 50854—2013)规定，下列关于灰土挤密桩地基处理工程量计算，说法正确的是（   ）。

A. 按设计图示尺寸以桩长（不包括桩尖）计算
B. 项目特征中的空桩长度主要用于确定孔深
C. 孔深为桩顶面至设计桩底的深度
D. 按设计图示尺寸以"m³"计算

【解析】 参见第35题解析。

43.【2015年真题】对某建筑地基设计要求强夯处理，处理范围为40.0m×56.0m，需要铺设400mm厚土工合成材料，并进行机械压实。根据《房屋建筑与装饰工程工程量计算规范》(GB 50854—2013)规定，正确的项目列项或工程量计算是（   ）。

A. 铺设土工合成材料的工程量为896m³　　B. 铺设土工合成材料的工程量为2240m³
C. 强夯地基工程量按一般土方项目列项　　D. 强夯地基工程量为896m³

【解析】 参见教材第340、341页。
选项A：铺设土工合成材料的工程量以面积计算。
选项C：强夯地基工程量不能按一般土方项目列项。
选项D：强夯地基工程量单位应为m²。

44.【2022年真题】某深层水泥搅拌桩，设计桩长18m，设计桩底标高-19m，自然地坪标高-0.3m，设计室外地坪标高为-0.1m，则该桩的空桩长度为（   ）m。

A. 0.7　　　　　　B. 0.9　　　　　　C. 1.1　　　　　　D. 1.3

【解析】 参见教材第341页。空桩长度=孔深-桩长，孔深=-0.3-(-19)=18.7(m)；设计桩长为18m，则空桩长度=孔深-桩长=18.7-18=0.7(m)。

(2) 基坑与边坡支护（编码：010202）

45.【2015年真题】根据《房屋建筑与装饰工程工程量计算规范》(GB 50854—2013)规定，关于基坑支护工程量计算正确的为（   ）。

A. 地下连续墙按设计图示墙中心线长度以m计算
B. 预制钢筋混凝土板桩按设计图示数量以根计算
C. 钢板桩按设计图示数量以根计算
D. 喷射混凝土按设计图示面积乘以喷层厚度以体积计算

【解析】 参见教材第341、342页。基坑支护工程量计算规则见下表。

	地下连续墙	按设计图示墙中心线长度×厚度×槽深以体积"m³"计算
	咬合灌注桩	以"m"计量，按设计图示尺寸以桩长计算
		以"根"计量，按设计图示数量计算
	圆木桩、预制钢筋混凝土板桩	以"m"计量，按设计图示尺寸以桩长（包括桩尖）计算
		以"根"计量，按设计图示数量计算
工程量计算规则	型钢桩	以"t"计量，按设计图示尺寸以质量计算
		以"根"计量，按设计图示数量计算
	钢板桩	以"t"计量，按设计图示尺寸以质量计算
		以"m²"计量，按设计图示墙中心线长×桩长以面积计算
	锚杆（锚索）、土钉	以"m"计量，按设计图示尺寸以钻孔深度计算
		以"根"计量，按设计图示数量计算
	喷射混凝土、水泥砂浆	按设计图示尺寸以面积"m²"计算
	钢筋混凝土支撑	按设计图示尺寸以体积"m"计算。

46.【2018年真题】根据《房屋建筑与装饰工程工程量计算规范》（GB 50854—2013），基坑支护的锚杆的工程量应（　　）。

　　A. 按设计图示尺寸以支护体积计算　　B. 按设计图示尺寸以支护面积计算
　　C. 按设计图示尺寸以钻孔深度计算　　D. 按设计图示尺寸以质量计算

【解析】　参见第45题解析。

47.【2013年真题】根据《房屋建筑与装饰工程工程量计算规范》（GB 50854—2013），关于基坑与边坡支护工程量计算的说法，正确的是（　　）。

　　A. 地下连续墙按设计图示尺寸以体积计算
　　B. 咬合灌注桩按设计图示尺寸以体积计算
　　C. 喷射混凝土按设计图示以体积计算
　　D. 预制钢筋混凝土板桩按设计图示尺寸以体积计算

【解析】　参见第45题解析。

48.【2012年真题】根据《建设工程工程量清单计价规范》（GB 50500—2008）附录A，下列工程量计算的说法，正确的是（　　）。

　　A. 混凝土桩只能按根数计算
　　B. 喷粉桩按设计图示尺寸以桩长（包括桩尖）计算
　　C. 地下连续墙按长度计算
　　D. 锚杆支护按支护土体体积计算

【解析】　参见第35、45题解析。

49.【2011年真题】根据《建设工程工程量清单计价规范》（GB 50500—2008），地下连续墙的工程量应（　　）。

　　A. 按设计图示槽横断面面积乘以槽深以体积计算
　　B. 按设计图示尺寸以支护面积计算
　　C. 按设计图示尺寸以墙体中心线长度计算
　　D. 按设计图示墙中心线长乘以厚度乘以槽深以体积计算

【解析】 参见第45题解析。

50.【2020年真题】根据《房屋建筑与装饰工程工程量计算规范》(GB 50854—2013),地下连续墙项目工程量计算,说法正确的为( )。

A. 工程量按设计图示围护结构展开面积计算

B. 工程量按连续墙中心线长度乘以高度以面积计算

C. 钢筋网的制作及安装不另计算

D. 工程量按设计图示墙中心线长乘以厚度乘以槽深以体积计算

【解析】 参见第45题解析。

51.【2009年真题】根据《建设工程工程量清单计价规范》(GB 50500—2008),边坡土钉支护工程量应按( )。

A. 设计图示尺寸以支护面积计算　　B. 设计土钉数量以根数计算

C. 设计土钉数量以质量计算　　D. 设计支护面积×土钉长度以体积计算

【解析】 参见第45题解析。

52.【2004年真题】关于地基与桩基础工程的工程量计算规则,正确的说法是( )。

A. 预制钢筋混凝土桩按设计图示桩长度(包括桩尖)以m为单位计算

B. 钢板桩按设计图示尺寸以面积计算

C. 混凝土灌注桩扩大头体积折算成长度并入桩长计算

D. 地下连续墙按设计图示墙中心线长度乘以槽深的面积计算

【解析】 参见第45题解析。

(三)桩基础工程(编码:0103)

(1)打桩(编码:010301)

53.【2017年真题】根据《房屋建筑与装饰工程工程量计算规范》(GB 50854—2013),打桩工程量计算正确的是( )。

A. 打预制钢筋混凝土方桩,按设计图示尺寸桩长以米计算,送桩工程量另计

B. 打预制钢筋混凝土管桩,按设计图示数量以根计算,截桩头工程量另计

C. 钢管桩按设计图示截面积乘以桩长,以实体积计算

D. 钢板桩按不同板幅以设计长度计算

【解析】 参见教材第342、344页。打桩工程量计算规则见下表。

工程量计算规则	预制钢筋混凝土方桩、预制钢筋混凝土管桩	以"m"计量,按设计图示尺寸以桩长(包括桩尖)计算
		以"m³"计量,按设计图示截面积乘以桩长(包括桩尖)以实体积计算
		以"根"计量,按设计图示数量计算
	钢管桩	以"t"计量,按设计图示以质量计算
		以"根"计量,按设计图示数量计算
	截(凿)桩头	以"m³"计量,按设计桩截面积乘以桩头长度以体积计算
		以"根"计量,按设计图示数量计算
相关说明	(1)试验桩和打斜桩应按相应项目单独列项	
	(2)打桩的工作内容中包括了接桩和送桩,不需要单独列项	
	(3)预制钢筋混凝土管桩桩顶与承台的连接构造按"混凝土及钢筋混凝土工程"相关项目列项	

54.【2019年真题】根据《房屋建筑与装饰工程工程量计算规范》(GB 50854—2013)，打预制钢筋混凝土方桩清单工程量计算正确的是（　　）。

　　A. 打桩按打入实体长度（不包括桩尖）计算，以"m"计量

　　B. 截桩头按设计桩截面积乘以桩头长度以体积计算，以"m³"计量

　　C. 接桩按接头数量计算，以"个"计量

　　D. 送桩按送入长度计算，以"m"计量

【解析】　参见第53题解析。

55.【2020年真题】根据《房屋建筑与装饰工程工程量计算规范》(GB 50854—2013)，打桩项目工作内容应包括（　　）。

　　A. 送桩　　　　　　　　　　　　B. 承载力检测

　　C. 桩身完整性检测　　　　　　　D. 截（凿）桩头

【解析】　参见第53题解析。

56.【2024年真题】根据《房屋建筑与装饰工程工程量计算规范》(GB 50854—2013)，下列属于打钢管桩工程量清单中工作内容的是（　　）。

　　A. 截桩头　　　　　　　　　　　B. 接桩和送桩

　　C. 桩基承载力检测　　　　　　　D. 桩身完整性检测

【解析】　参见教材第344、345页。打桩的工作内容中包括了接桩和送桩，不需要单独列项，应在综合单价中考虑。截（凿）桩头需要单独列项，同时截（凿）桩头项目适用于"地基处理与边坡支护工程、桩基础工程"所列桩的桩头截（凿）。同时，还应注意桩基础项目（打桩和灌注桩）均未包括承载力检测、桩身完整性检测等内容，相关的费用应单独计算。

57.【2024年真题】根据《房屋建筑与装饰工程工程量计算规范》(GB 50854—2013)，下列属于预制钢筋混凝土方桩工程量清单中项目特征的是（　　）。

　　A. 送桩　　　　B. 接桩　　　　C. 沉桩方法　　　　D. 工作平台搭拆

【解析】　参见教材第344、345页。打桩的工作内容中包括了接桩和送桩，不需要单独列项，应在综合单价中考虑。工作平台搭拆也属于工作内容。

（2）灌注桩（编码：010302）

58.【2018年真题】根据《房屋建筑与装饰工程工程量计算规范》(GB 50854—2013)，钻孔压浆桩的工程量应（　　）。

　　A. 按设计图示尺寸以桩长计算　　　　　B. 按设计图示以注浆体积计算

　　C. 以钻孔深度（含空钻长度）计算　　　D. 按设计图示尺寸以体积计算

【解析】　参见教材第345页。灌注桩工程量计算规则见下表。

工程量计算规则	泥浆护壁成孔灌注桩、沉管灌注桩、干作业成孔灌注桩	以"m"计量，按设计图示尺寸以桩长（包括桩尖）计算
		以"m³"计量，按不同截面在上范围内以体积计算
		以"根"计量，按设计图示数量计算
	挖孔桩土（石）方	按设计图示尺寸（含护壁）截面积乘以挖孔深度以体积"m³"计算
	人工挖孔灌注桩	以"m³"计量，按桩芯混凝土体积计算
		以"根"计量，按设计图示数量计算
		工作内容中包括了护壁的制作，护壁不需单独编码列项

(续)

工程量计算规则	钻孔压浆桩	以"m"计量,按设计图示尺寸以桩长计算
		以"根"计量,按设计图示数量计算
	灌注桩后压浆	按设计图示以注浆孔数"孔"计算
相关说明	项目特征中的桩长应包括桩尖,空桩长度=孔深-桩长,孔深为自然地面至设计桩底的深度	

59.【2015年真题】根据《房屋建筑与装饰工程工程量计算规范》(GB 50854—2013)规定,关于桩基础的项目列项或工程量计算正确的为( )。

A. 预制钢筋混凝土管桩试验桩应在工程量清单中单独列项
B. 预制钢筋混凝土方桩试验桩工程量应并入预制钢筋混凝土方桩项目
C. 现场截(凿)桩头工程量不单独列项,并入桩工程量计算
D. 挖孔桩土方按设计桩长(包括桩尖)以米计算

【解析】 参见第53、58题解析。

(四)**砌筑工程**(编码:0104)

(1)**砖砌体**(编码:010401)

60.【2017年真题】根据《房屋建筑与装饰工程工程量计算规范》(GB 50854—2013),砖基础工程量计算正确的是( )。

A. 外墙基础断面积(含大放脚)乘以外墙中心线长度以体积计算
B. 内墙基础断面积(大放脚部分扣除)乘以内墙净长线以体积计算
C. 地圈梁部分体积并入基础计算
D. 靠墙暖气沟挑檐体积并入基础计算

【解析】 参见教材第347页。砖砌体工程量计算规则见下表。

工程量计算规则	砖基础	按设计图示尺寸以体积"m^3"计算。包括附墙垛基础宽出部分体积,扣除地梁(圈梁)、构造柱所占体积,不扣除基础大放脚T形接头处的重叠部分及嵌入基础内的钢筋、铁件、管道、基础砂浆防潮层和单个面积≤$0.3m^2$的孔洞所占体积。防潮层不单独列项
		基础长度:外墙按外墙中心线,内墙按内墙净长线计算
	实心砖墙、多孔砖墙、空心砖墙	按设计图示尺寸以体积"m^3"计算。扣除门窗、洞口、嵌入墙内的钢筋混凝土柱、梁、圈梁、挑梁、过梁及凹进墙内的壁龛、管槽、暖气槽、消火栓箱所占体积,不扣除梁头、板头、檩头、垫木、木楞头、沿缘木、木砖、门窗走头、砖墙内加固钢筋、木筋、铁件、钢管及单个面积≤$0.3m^2$的孔洞所占的体积。凸出墙面的砖垛并入墙体体积内计算
		框架间墙工程量计算不分内外墙按墙体净尺寸以体积计算
		围墙的高度算至压顶上表面(如有混凝土压顶时算至压顶下表面),围墙柱并入围墙体积内计算
		墙长度的确定:外墙按中心线、内墙按净长线计算
	空斗墙	按设计图示尺寸以空斗墙外形体积"m^3"计算。墙角、内外墙交接处、门窗洞口立边、窗台砖、屋檐处的实砌部分体积并入空斗墙体积内
	空花墙	按设计图示尺寸以空花部分外形体积"m^3"计算,不扣除空洞部分体积
	实心砖柱、多孔砖柱	按设计图示尺寸以体积"m^3"计算。扣除混凝土及钢筋混凝土梁垫、梁头、板头所占体积

61.【2017年真题】根据《房屋建筑与装饰工程工程量计算规范》（GB 50854—2013），实心砖墙工程量计算正确的是（   ）。

A. 凸出墙面的砖垛单独列项　　　　　　B. 框架梁间内墙按梁间墙体积计算

C. 围墙扣除柱所占体积　　　　　　　　D. 平屋顶外墙算至钢筋混凝土板顶面

【解析】　参见第60题解析。

62.【2004年真题】计算空斗墙的工程量（   ）。

A. 应按设计图示尺寸以实砌体积计算　　B. 应按设计图示尺寸以外形体积计算

C. 应扣除内外墙交接处部分　　　　　　D. 应扣除门窗洞口立边部分

【解析】　参见第60题解析。

63.【2021年真题】根据《房屋建筑与装饰工程工程量计算规范》（GB 50854—2013），关于实心砖墙工程量计算方法正确的为（   ）。

A. 不扣除沿椽木、木砖及凹进墙内的暖气槽所占的体积

B. 框架间墙工程量区分内外墙，按墙体净尺寸以体积计算

C. 围墙柱体积并入围墙体积内计算

D. 有混凝土压顶围墙的高度算至压顶上表面

【解析】　参见第60题解析。

64.【2016年真题】根据《房屋建筑与装饰工程工程量计算规范》（GB 50854—2013），关于砌墙工程量计算，说法正确的是（   ）。

A. 扣除凹进墙内的管槽、暖气槽所占体积

B. 扣除伸入墙内的梁头、板头所占体积

C. 扣除凸出墙面砌垛体积

D. 扣除檩头、垫木所占体积

【解析】　参见第60题解析。

65.【2013年真题】根据《房屋建筑与装饰工程工程量计算规范》（GB 50854—2013），关于砖砌体工程量计算的说法，正确的是（   ）。

A. 空斗墙按设计图示尺寸以外形体积计算，其中门窗洞口里边的实砌部分不计入

B. 空花墙按设计图示尺寸以外形体积计算，其中空洞部分体积应予以扣除

C. 实心砖柱按设计图示尺寸以体积计算，钢筋混凝土梁垫、梁头所占体积应予以扣除

D. 空心砖围墙中心线长乘以高以面积计算

【解析】　参见第60题解析。

66.【2008年真题】根据《建设工程工程量清单计价规范》，砖基础砌筑工程量按设计图示尺寸以体积计算，但应扣除（   ）。

A. 地梁所占体积　　　　　　　　　　　B. 构造柱所占体积

C. 嵌入基础内的管道所占体积　　　　　D. 砂浆防潮层所占体积

E. 圈梁所占体积

【解析】　参见第60题解析。

67.【2015年真题】根据《房屋建筑与装饰工程工程量计算规范》（GB 50854—2013）规定，关于砖砌体工程量计算说法正确的为（   ）。

A. 砖基础工程量中不含基础砂浆防潮层所占体积

B. 使用同一种材料的基础与墙身以设计室内地面为分界
C. 实心砖墙的工程量中不应计入凸出墙面的砖垛体积
D. 坡屋面有屋架的外墙高由基础顶面算至屋架下弦底面

【解析】 参见教材第 347~349 页。砖砌体工程量计算的相关说明见下表。

相关说明	（1）砖砌体勾缝按墙面抹灰中"墙面勾缝"项目编码列项，实心砖墙、多孔砖墙、空心砖墙等项目工作内容中不包括勾缝，但包括刮缝。砖砌体内钢筋加固、检查井内的爬梯、井内的混凝土构件，应按"混凝土及钢筋混凝土工程"中相关项目编码列项
	（2）标准砖尺寸应为 240mm×115mm×53mm
	（3）基础与墙（柱）身的划分：基础与墙（柱）身使用同一种材料时，以设计室内地面为界（有地下室者，以地下室室内设计地面为界），以下为基础，以上为墙（柱）身。基础与墙身使用不同材料时，位于设计室内地面高度≤±300mm 时，以不同材料为分界线；高度>±300mm 时，以设计室内地面为分界线。砖围墙应以设计室外地坪为界，以下为基础，以上为墙身
	（4）砖围墙以设计室外地坪为界，以下为基础，以上为墙身
	（5）附墙烟囱、通风道、垃圾道应按设计图示尺寸以体积（扣除孔洞所占体积）计算并入所依附的墙体体积内。当设计规定孔洞内需抹灰时，应按"墙、柱面装饰与隔断、幕墙工程"中零星抹灰项目编码列项

选项 A：防潮层不单独列项。

选项 C：凸出墙面的砖垛并入墙体体积内计算。

选项 D：外墙高度计算时，斜（坡）屋面无檐口天棚者算至屋面板底；有屋架且室内外均有天棚者算至屋架下弦底另加 200mm；无天棚者算至屋架下弦底另加 300mm，出檐宽度超过 600mm 时按实砌高度计算；有钢筋混凝土楼板隔层者算至板顶；平屋面算至钢筋混凝土板底。

68.【2024 年真题】根据《房屋建筑与装饰工程工程量计算规范》（GB 50854—2013），下列关于砌体工程量计算规范的说法，正确的是（　　）。
A. 砖基础防潮层应单独列项计算
B. 多孔砖墙工作内容不包括勾缝
C. 实心砖墙扣除梁头、板头、檩头所占的体积
D. 实心砖柱不扣除混凝土及钢筋混凝土梁垫、梁头、板头所占体积

【解析】 参见教材第 347~349 页。

选项 A：防潮层在清单项目综合单价中考虑，不单独列项计算工程量。

选项 C：实心砖墙、多孔砖墙、空心砖墙不扣除梁头、板头、檩头、垫木、木楞头、沿缘木、木砖、门窗走头、砖墙内加固钢筋、木筋、铁件、钢管及单个面积≤0.3m² 的孔洞所占的体积。

选项 D：实心砖柱扣除混凝土及钢筋混凝土梁垫、梁头、板头所占体积。

69.【2006 年真题】基础与墙体使用不同材料时，工程量计算规则规定以不同材料为界分别计算基础和墙体工程量，范围是（　　）。
A. 室内地坪±300mm 以内　　　　　B. 室内地坪±300mm 以外
C. 室外地坪±300mm 以内　　　　　D. 室外地坪±300mm 以外

【解析】 参见第 67 题解析。

70.【2009年真题】根据《建设工程工程量清单计价规范》（GB 50500—2008），下列关于砖基础工程量计算中的基础与墙身的划分正确的是（　　）。

　　A. 以设计室内地坪为界（包括有地下室建筑）

　　B. 基础与墙身使用材料不同时，以材料界面为界

　　C. 基础与墙身使用材料不同时，以材料界面另加300mm为界

　　D. 围墙基础应以设计室外地坪为界

【解析】　参见第67题解析。

71.【2008年真题】根据《建设工程工程量清单计价规范》（GB 50500—2003），计算砖围墙砖基础工程量时，其基础与砖墙的界限划分应为（　　）。

　　A. 以室外地坪为界　　　　　　　　B. 以不同材料界面为界

　　C. 以围墙内地坪为界　　　　　　　D. 以室内地坪以上300mm为界

【解析】　参见第67题解析。

72.【2011年真题】根据《建设工程工程量清单计价规范》（GB 50500—2008），砖基础工程量计算正确的有（　　）。

　　A. 按设计图示尺寸以体积计算

　　B. 扣除大放脚T形接头处的重叠部分

　　C. 内墙基础长度按净长线计算

　　D. 材料相同时，基础与墙身划分通常以设计室内地坪为界

　　E. 基础工程量不扣除构造柱所占面积

【解析】　参见第60、67题解析。

73.【2007年真题】根据《建设工程工程量清单计价规范》（GB 50500—2003），以下建筑工程工程量计算正确的有（　　）。

　　A. 砖围墙如有混凝土压顶时算至压顶上表面

　　B. 砖基础的垫层通常包括在基础工程量中，不另行计算

　　C. 砖墙外凸出墙面的砖垛应按体积并入墙体内计算

　　D. 砖地坪通常按设计图示尺寸以面积计算

　　E. 通风管、垃圾道通常按图示尺寸以长度计算

【解析】　参见教材第347~350页。

选项A：砖围墙高度算至压顶上表面（如有混凝土压顶时算至压顶下表面）。

选项E：附墙烟囱、通风道、垃圾道，应按设计图示尺寸以体积（扣除孔洞所占体积）计算并入所依附的墙体体积内。

74.【2008年真题】根据《建设工程工程量清单计价规范》（GB 50500—2003），零星砌砖项目中的台阶工程量计算正确的是（　　）。

　　A. 按实砌体积并入基础工程量中计算　　B. 按砌筑纵向长度以米计算

　　C. 按水平投影面积以平方米计算　　　　D. 按设计尺寸体积以立方米计算

【解析】　参见教材第348页。台阶应按零星砌砖项目编码列项：对于零星砌砖，以"m^3"计量，按设计图示尺寸截面积乘以长度计算；以"m^2"计量，按设计图示尺寸水平投影面积计算；以"m"计量，按设计图示尺寸长度计算；以"个"计量，按设计图示数量计算。

75.【2021年真题】根据《房屋建筑与装饰工程工程量计算规范》（GB 50854—2013），

下列砖砌体工程量计算正确的有（　　）。

A. 空斗墙中门窗洞口立边、屋檐处的实砌部分一般不增加

B. 填充墙项目特征需要描述填充材料种类及厚度

C. 空花墙按设计图示尺寸以空花部分外形体积计算，扣除空洞部分体积

D. 空斗墙的窗间墙、窗台下、楼板下的实砌部分并入墙体体积

E. 小便槽、地垄墙可按长度计算

【解析】　参见教材348页。

选项A、D：空斗墙，按设计图示尺寸以空斗墙外形体积计算，墙角、内外墙交接处、门窗洞口立边、窗台砖、屋檐处的实砌部分体积并入空斗墙体积内。

选项B：填充墙，按设计图示尺寸以填充墙外形体积计算。项目特征需要描述填充材料种类及厚度。

选项C：空花墙，按设计图示尺寸以空花部分外形体积"m^3"计算，不扣除空洞部分体积。

选项E：小便槽、地垄墙可按长度计算，其他工程以"m^3"计算。

76.【2010年真题】据《建设工程工程量清单计价规范》（GB 50500—2008），有关分项工程工程量的计算正确的有（　　）。

A. 预制混凝土楼梯按设计图示尺寸以体积计算

B. 灰土挤密桩按设计图示尺寸以桩长（包括桩尖）计算

C. 石材勒脚按设计图示尺寸以面积计算

D. 保温隔热墙按设计图示尺寸以面积计算

E. 砖地沟按设计图示尺寸以面积计算

【解析】　参见教材第341、348、350、357、383页。

选项C：石勒脚，按设计图示尺寸以体积"m^3"计算。

选项E：砖地沟按设计图示以中心线长度"m"计算。

77.【2007年真题】根据《建设工程工程量清单计价规范》（GB 50500—2003），以下关于砖砌体工程量计算，正确的说法是（　　）。

A. 砖砌台阶按设计图示尺寸以体积计算

B. 砖散水按设计图示尺寸以体积计算

C. 砖地沟按设计图示尺寸以中心线长度计算

D. 砖明沟按设计图示尺寸以水平面积计算

【解析】　参见教材第348页。砖检查井按设计图示数量以"座"计算；砖散水、地坪按设计图示尺寸以面积"m^2"计算；砖地沟、明沟按设计图示以中心线长度"m"计算；砖砌挖孔桩护壁按设计图示尺寸以体积"m^3"计算。台阶应按零星砌砖项目编码列项，以体积"m^3"计算。

78.【2004年真题】凸出墙面但不能另行计算工程量并入墙体的砌体有（　　）。

A. 腰线　　　　　　　B. 砖过梁　　　　　　　C. 压顶

D. 砖垛　　　　　　　E. 虎头砖

【解析】　参见教材347、348页。砖墙工程量按设计图示尺寸以体积计算。凸出墙面的腰线、挑檐、压顶、窗台线、虎头砖、门窗套体积亦不增加。凸出墙面的砖垛并入墙体内。

79.【2020年真题】根据《房屋建筑与装饰工程工程量计算规范》（GB 50854—2013），

建筑基础与墙体均为砖砌体，且有地下室，则基础与墙体的划分界限为（　　）。
A. 室内地坪设计标高　　　　　　B. 室外地面设计标高
C. 地下室地面设计标高　　　　　D. 自然地面标高

【解析】　参见教材第349页。基础与墙（柱）身使用同一种材料时，以设计室内地面为界（有地下室者，以地下室室内设计地面为界）。

80.【2022年真题】根据《房屋建筑与装饰工程工程量计算规范》（GB 50854—2013），0.5及1.5标准砖墙厚度分别为（　　）。
A. 115、365　　　B. 115、370　　　C. 120、365　　　D. 120、370

【解析】　参见教材第349页。标准墙计算厚度表见下表。

砖数（厚度）	$\frac{1}{4}$	$\frac{1}{2}$	$\frac{3}{4}$	1	$1\frac{1}{2}$	2	$2\frac{1}{2}$	3
计算厚度/mm	53	115	180	240	365	490	615	740

（2）砌块砌体（编码：010402）

81.【2015年真题】根据《房屋建筑与装饰工程工程量计算规范》（GB 50854—2013）规定，关于砌块墙高度计算正确的为（　　）。
A. 外墙从基础顶面算至平屋面板底面　　B. 女儿墙从屋面板顶面算至压顶顶面
C. 围墙从基础顶面算至混凝土压顶上表面　D. 外山墙从基础顶面算至山墙最高点

【解析】　参见教材第349页。砌块砌体包括砌块墙、砌块柱，其工程量计算规则见下表。

工程量计算规则			
砌块墙	同实心砖墙的工程量计算规则		
	墙长度的确定：外墙按中心线、内墙按净长线计算		
	墙高度的确定	外墙	斜（坡）屋面无檐口天棚者算至屋面板底；有屋架且室内外均有天棚者算至屋架下弦底另加200mm，无天棚者算至屋架下弦底另加300mm，出檐宽度超过600mm时按实砌高度计算；有钢筋混凝土楼板隔层者算至板顶。平屋顶算至钢筋混凝土板底
		内墙	位于屋架下弦者，算至屋架下弦底；无屋架者算至天棚底另加100mm；有钢筋混凝土楼板隔层者算至楼板顶；有框架梁时算至梁底
		女儿墙	从屋面板上表面算至女儿墙顶面（如有混凝土压顶时算至压顶下表面）
		内、外山墙	按其平均高度计算
砌块柱	砌块柱，按设计图示尺寸以体积"m³"计算，扣除混凝土及钢筋混凝土梁垫、梁头、板头所占体积		
相关说明	（1）砌体内加筋、墙体拉结的制作、安装，应按"混凝土及钢筋混凝土工程"中相关项目编码列项		
	（2）砌块排列应上、下错缝搭砌，如果错缝长度满足不了规定的压搭要求，应采取压砌钢筋网片的措施。钢筋网片按"混凝土及钢筋混凝土工程"中相应编码列项		
	（3）砌块砌体的工作内容中包括了勾缝		
	（4）砌体垂直灰缝宽大于30mm时，采用C20细石混凝土灌实。灌注的混凝土应按"混凝土及钢筋混凝土工程"相关项目编码列项		

82. 【2024年真题】根据《房屋建筑与装饰工程工程量计算规范》（GB 50854—2013），下列关于砌块砌体工程量计算规范的说法，正确的有（　　）。

A. 压砌钢筋网片不单独计算

B. 砌块砌体的工作内容中不包括勾缝

C. 砌体加筋、墙体拉结的制作、安装，不单独编码列项

D. 砌体垂直缝采用细石混凝土灌实，混凝土应另列项计算

【解析】　参见第81题解析。

83. 【2006年真题】计算砌块墙外墙高度时，正确的方法是（　　）。

A. 屋面无天棚者外墙高度算至屋架下弦底另加200mm

B. 平屋顶外墙高度算至钢筋混凝土板底

C. 平屋顶外墙高度算至钢筋混凝土板顶

D. 女儿墙从屋面板上表面算至混凝土压顶上表面

【解析】　参见第81题解析。

84. 【2012年真题】根据《建设工程工程量清单计价规范》（GB 50500—2008）附录A，关于实心砖墙高度计算的说法，正确的是（　　）。

A. 有屋架且室内外均有天棚者，外墙高度算至屋架下弦底另加100mm

B. 有屋架且无天棚者，外墙高度算至屋架下弦底另加200mm

C. 无屋架者，内墙高度算至天棚底另加300mm

D. 女儿墙高度从屋面板上表面算至混凝土压顶下表面

【解析】　实心砖墙、多孔砖墙、空心砖墙的高度计算规则与砌块墙的相同，参见第81题解析。

85. 【2010年真题】根据《建设工程工程量清单计价规范》（GB 50500—2008），实心砖外墙高度的计算正确的是（　　）。

A. 平屋面算至钢筋混凝土板顶

B. 无天棚者算至屋架下弦底另加200mm

C. 内外山墙按其平均高度计算

D. 有屋架且室内外均有天棚者算至屋架下弦底另加300mm

【解析】　实心砖墙、多孔砖墙、空心砖墙的高度计算规则与砌块墙的相同，参见第81题解析。

86. 【2019年真题】根据《房屋建筑与装饰工程工程量计算规范》（GB 50854—2013），砌块墙清单工程量计算正确的是（　　）。

A. 墙体内拉结筋不另列项计算

B. 压砌钢筋网片不另列项计算

C. 勾缝应列入工作内容

D. 垂直灰缝灌细石混凝土工程量不另列项计算

【解析】　参见第80题解析。

87. 【2020年真题】根据《房屋建筑与装饰工程工程量计算规范》（GB 50854—2013），对于砌块墙砌筑，下列说法正确的是（　　）。

A. 砌块上、下错缝不满足搭砌要求时应加两根Φ8钢筋拉结

B. 错缝搭接拉结钢筋工程量不计
C. 垂直灰缝灌注混凝土工程量不计
D. 垂直灰缝宽大于 30mm 时应采用 C20 细石混凝土灌实

【解析】 参见第 81 题解析。

(3) 石砌体（编码：010403）

88.【2018 年真题】根据《房屋建筑与装饰工程工程量计算规范》（GB 50854—2013），砌筑工程量计算正确的是（ ）。
  A. 砖地沟按设计图示尺寸以水平投影面积计算
  B. 砖地坪按设计图示尺寸以体积计算
  C. 石挡土墙按设计图示尺寸以面积计算
  D. 石坡道按设计图示尺寸以面积计算

【解析】 参见教材第 348、350 页。石砌体工程量计算规则见下表。

工程量计算规则	石基础	按设计图示尺寸以体积"m³"计算，包括附墙垛基础宽出部分体积，不扣除基础砂浆防潮层及单个面积≤0.3m² 的孔洞所占体积，靠墙暖气沟的挑檐不增加
		基础长度：外墙按中心线、内墙按净长线计算
	石勒脚	按设计图示尺寸以体积"m³"计算，扣除单个面积>0.3m² 的孔洞所占体积
	石挡土墙	按设计图示尺寸以体积"m³"计算
	石栏杆	按设计图示以长度"m"计算
	石护坡	按设计图示尺寸以体积"m³"计算
	石台阶	按设计图示尺寸以体积"m³"计算 石台阶项目包括石梯带（垂带），不包括石梯膀
	石坡道	按设计图示尺寸以水平投影面积"m²"计算。
相关说明		(1) 石基础、石勒脚、石墙的划分：基础与勒脚应以设计室外地坪为界。勒脚与墙身应以设计室内地面为界。石围墙内外地坪标高不同时，应以较低地坪标高为界，以下为基础；内外标高之差为挡土墙时，挡土墙以上为墙身
		(2) 石砌体的工作内容中包括了勾缝

89.【2020 年真题】根据《房屋建筑与装饰工程工程量计算规范》（GB 50854—2013），石砌体工程量计算正确的为（ ）。
  A. 石台阶项目包括石梯带和石梯膀
  B. 石坡道按设计图示尺寸以水平投影面积计算
  C. 石护道按设计图示尺寸以垂直投影面积计算
  D. 石挡土墙按设计图示尺寸以挡土面积计算

【解析】 参见第 88 题解析。

90.【2015 年真题】根据《房屋建筑与装饰工程工程量计算规范》（GB 50854—2013）规定，关于石砌体工程量计算正确的为（ ）。

A. 石挡土墙按设计图示中心线长度计算

B. 石勒脚工程量按设计图示尺寸以延长米计算

C. 石围墙内外地坪标高之差为挡土墙墙高时，墙身与基础以较低地坪标高为界

D. 石护坡工程量按设计图示尺寸以体积计算

【解析】 参见第88题解析。

91.【2023年真题】根据《房屋建筑与装饰工程工程量计算规范》（GB 50854—2013）规定，下列关于石砌体工程量计算，说法正确的是（　　）。

A. 石砌体勾缝按设计图示尺寸以长度"m"计算

B. 石勒脚按设计图示尺寸以面积"m^2"计算

C. 石挡土墙按设计图示尺寸以体积"m^3"计算

D. 石台阶按设计图示尺寸以水平投影面积"m^2"计算

【解析】 参见第88题解析。

92.【2021年真题】根据《房屋建筑与装饰工程工程量计算规范》（GB 50854—2013），关于石砌体工程量说法正确的是（　　）。

A. 石台阶按设计图示尺寸以水平投影面积计算

B. 石梯膀按石挡土墙项目编码列项

C. 石砌体工作内容中不包括勾缝，应单独列项计算。

D. 石基础中靠墙暖气沟的挑檐并入基础体积计算

【解析】 参见第88题解析。

93.【2013年真题】根据《房屋建筑与装饰工程工程量计算规范》（GB 50854—2013），关于石砌体工程量计算的说法，正确的是（　　）。

A. 石台阶按设计图示水平投影面积计算

B. 石坡道按水平投影面积乘以平均厚度以体积计算

C. 石地沟、明沟按设计尺寸以水平投影面积计算

D. 一般石栏杆按设计图示尺寸以长度计算

【解析】 参见第88题解析。选项C：石地沟、明沟按设计图示以中心线长度计算。

94.【2007年真题】已知某砖外墙中心线总长60m，设计采用毛石混凝土基础，基础底层标高－1.4m，毛石混凝土与砖砌筑的分界面标高－0.24m，室内地坪0.00m，墙顶面标高3.3m，厚0.37m。按照《建设工程工程量清单计价规范》（GB 50500—2003）计算规则，则砖墙工程量为（　　）。

A. 67.93m^3　　　　B. 73.26m^3　　　　C. 78.59m^3　　　　D. 104.34m^3

【解析】 砖墙工程量为（3.3+0.24）×0.37×60＝78.59（m^3）。

95.【2005年真题】根据《建设工程工程量清单计价规范》（GB 50500—2003）的有关规定，下列项目工程量清单计算时，以m^2为计量单位的有（　　）。

A. 预裂爆破　　　　　　　　　　B. 砖砌散水

C. 砖砌地沟　　　　　　　　　　D. 石坡道

E. 现浇混凝土楼梯

【解析】 参见教材第348、350、356页。砖砌散水、石坡道、现浇混凝土楼梯以m^2计量。

96.【2012年真题】根据《建设工程工程量清单计价规范》(GB 50500—2008) 附录A,建筑工程工程量按长度计算的项目有（　　）。

A. 砖砌地垄墙　　　　　　　　　B. 石栏杆
C. 石地沟、明沟　　　　　　　　D. 现浇混凝土天沟
E. 现浇混凝土地沟

【解析】 参见教材第348、350、355、357页。
选项D：现浇混凝土天沟、挑檐板按设计图示尺寸以体积"m^3"计算。
选项E：现浇混凝土电缆沟、地沟按设计图示以中心线长度计算。

(4) 垫层（编码：010404）

97.【2017年真题】根据《房屋建筑与装饰工程工程量计算规范》(GB 50854—2013)，砌筑工程垫层工程量应（　　）。

A. 按基坑（槽）底设计图示尺寸以面积计算
B. 按垫层设计宽度乘以中心线长度以面积计算
C. 按设计图示尺寸以体积计算
D. 按实际铺设垫层面积计算

【解析】 参见教材第350页。垫层工程量计算规则见下表。

工程量计算规则	垫层工程量按设计图示尺寸以体积"m^3"计算
相关说明	除混凝土垫层，没有包括垫层要求的清单项目应按该垫层项目编码列项，如灰土垫层、碎石垫层、毛石垫层等

（五）混凝土及钢筋混凝土工程（编码：0105）

98.【2011年真题】根据《建设工程工程量清单计价规范》(GB 50500—2008)，现浇混凝土工程量计算正确的有（　　）。

A. 构造柱工程量包括嵌入墙体部分　　B. 梁工程量不包括伸入墙内的梁头体积
C. 墙体工程量包括凸出墙体体积　　　D. 有梁板按梁、板体积之和计算工程量
E. 无梁板伸入墙内的板头和柱帽并入板体积内

【解析】 参见教材第352~355页。现浇混凝土工程工程量计算规则见下表。

现浇混凝土工程	工程量计算规则
现浇混凝土基础	按设计图示尺寸以体积"m^3"计算。不扣除构件内钢筋、预埋铁件和伸入承台基础的桩头所占体积
现浇混凝土柱	按设计图示尺寸以体积"m^3"计算。构造柱嵌接墙体部分并入柱身体积。依附柱上的牛腿和升板的柱帽，并入柱身体积计算
现浇混凝土梁	按设计图示尺寸以体积"m^3"计算。不扣除构件内钢筋、预埋铁件所占体积，伸入墙内的梁头、梁垫并入梁体积内
现浇混凝土墙	按设计图示尺寸以体积"m^3"计算。不扣除构件内钢筋，预埋铁件所占体积，扣除门窗洞口及单个面积>$0.3m^2$的孔洞所占体积，墙垛及凸出墙面部分并入墙体积内计算

(续)

现浇混凝土工程	工程量计算规则
现浇混凝土板	有梁板、无梁板、平板、拱板、薄壳板、栏板，按设计图示尺寸以体积"m³"计算。不扣除构件内钢筋、预埋铁件及单个面积≤0.3m²的柱、垛以及孔洞所占体积 有梁板（包括主、次梁与板）按梁、板体积之和计算 无梁板按板和柱帽体积之和计算 各类板伸入墙内的板头并入板体积内计算 薄壳板的肋、基梁并入薄壳体积内计算
现浇混凝土楼梯	以"m²"计量，按设计图示尺寸以水平投影面积计算。不扣除宽度<500mm的楼梯井，伸入墙内部分不计算 以"m³"计量，按设计图示尺寸以体积计算
后浇带	按设计图示尺寸以体积"m³"计算。后浇带项目适用于梁、墙、板的后浇带

99.【2024年真题】根据《房屋建筑与装饰工程工程量计算规范》（GB 50854—2013），下列关于现浇混凝土墙工程量计算规则，正确的有（　　）。

A. 短肢剪力墙应按柱项目编码
B. 墙垛及凸出墙面部分不并入墙体体积内
C. 按设计图示尺寸以体积"m³"计算
D. 不扣除构件内钢筋、预埋铁件所占体积
E. 扣除门窗洞口及单个面积大于0.3m²的所占体积

【解析】 参见教材第354页。

选项A、B：现浇混凝土墙包括直形墙、弧形墙、短肢剪力墙和挡土墙，其工程量按设计图示尺寸以体积"m³"计算。不扣除构件内钢筋、预埋铁件所占体积，扣除门窗洞口及单个面积>0.3m²的孔洞所占体积，墙垛及凸出墙面部分并入墙体体积内计算。

100.【2017年真题】根据《房屋建筑与装饰工程工程量计算规范》（GB 50854—2013），现浇混凝土构件工程量计算正确的有（　　）。

A. 构造柱按柱断面尺寸乘以全高以体积计算，嵌入墙体部分不计
B. 框架柱工程量按柱基上表面至柱顶以高度计算
C. 梁按设计图示尺寸以体积计算，主梁与次梁交接处按主梁体积计算
D. 混凝土弧形墙按垂直投影面积乘以墙厚以体积计算
E. 挑檐板按设计图示尺寸以体积计算

【解析】 参见教材第352~355页。

选项A：按设计图示尺寸以体积"m³"计算。构造柱嵌接墙体部分并入柱身体积。

选项B：有梁板的柱高，自柱基上表面（或楼板上表面）至上一层楼板上表面之间的高度计算。无梁板的柱高，应自柱基上表面（或楼板上表面）至柱帽下表面之间的高度计算。框架柱的柱高应自柱基上表面至柱顶的高度计算。

构造柱按全高计算。

选项D：现浇混凝土墙按设计图示尺寸以体积"m³"计算。

101.【2014年真题】根据《房屋建筑与装饰工程工程量计算规范》（GB 50854—2013）

规定,关于现浇混凝土柱工程量计算,说法正确的是( )。
A. 有梁板矩形独立柱工程量按设计截面积乘以自柱基底面至板面高度以体积计算
B. 无梁板矩形柱工程量按柱设计截面积乘以自楼板上表面至柱帽上表面高度以体积计算
C. 框架柱工程量按柱设计截面积乘以自柱基底面至柱顶面高度以体积计算
D. 构造柱按设计尺寸自柱底面至顶面全高以体积计算

【解析】 参见第100题解析。

102.【2021年真题】根据《房屋建筑与装饰工程工程量计算规范》(GB 50854—2013),关于现浇钢筋混凝土柱的工程量计算下列说法正确的是( )。
A. 有梁板的柱高为自柱基上表面至柱顶之间的高度
B. 无梁板的柱高为自柱基上表面至柱帽上表面之间的高度
C. 框架柱的柱高为自柱基上表面至柱顶的高度
D. 构造柱嵌接墙体部分并入墙身体积计算

【解析】 参见教材第352、353页。现浇混凝土柱柱高的相关说明见下表。

现浇混凝土柱相关说明	有梁板的柱高	应自柱基上表面(或楼板上表面)至上一层楼板上表面之间的高度计算
	无梁板的柱高	应自柱基上表面(或楼板上表面)至柱帽下表面之间的高度计算
	框架柱的柱高	应自柱基上表面至柱顶的高度计算
	构造柱	按全高计算
	异型柱各方向上截面高度与厚度之比的最小值大于4时,不再按异型柱列项	

103.【2016年真题】根据《房屋建筑与装饰工程工程量计算规范》(GB 50854—2013),关于现浇混凝土柱高计算,说法正确的是( )。
A. 有梁板的柱高自楼板上表面至上一层楼板下表面之间的高度计算
B. 无梁板的柱高自楼板上表面至上一层楼板下表面之间的高度计算
C. 框架柱的柱高自柱基上表面至柱顶高度减去各层板厚的高度计算
D. 构造柱按全高计算

【解析】 参见第102题解析。

104.【2015年真题】根据《房屋建筑与装饰工程工程量计算规范》(GB 50854—2013)规定,关于现浇混凝土柱的工程量计算正确的为( )。
A. 有梁板的柱按设计图示截面积乘以柱基上表面或楼板上表面至上一层楼板底面之间的高度以体积计算
B. 无梁板的柱按设计图示截面积乘以柱基上表面或楼板上表面至柱帽下表面之间的高度以体积计算
C. 框架柱按柱基上表面至柱顶高度以米计算
D. 构造柱按设计柱高以米计算

【解析】 参见第102题解析。现浇混凝土柱的工程量按设计图示尺寸以体积"m^3"计算。

105.【2007年真题】根据《建设工程工程量清单计价规范》(GB 50500—2003),以下关于现浇混凝土工程量计算,正确的说法是( )。

A. 有梁板柱高自柱基上表面至上层楼板上表面
B. 无梁板柱高自柱基上表面至上层接板下表面
C. 框架柱柱高自柱基上表面至上层楼板上表面
D. 构造柱柱高自柱基上表面至顶层楼板下表面

【解析】 参见第 102 题解析。

106.【2006 年真题】计算混凝土工程量时，正确的工程量清单计算规则是（　　）。
A. 现浇混凝土构造柱不扣除预埋铁件体积
B. 无梁板的柱高自楼板上表面算至柱帽下表面
C. 伸入墙内的现浇混凝土梁头的体积不计算
D. 现浇混凝土墙墙垛及凸出部分不计算
E. 现浇混凝土楼梯伸入墙内部分不计算

【解析】 参见教材第 352~354、356 页。

选项 A：现浇混凝土构造柱，按设计图示尺寸以体积计算，不扣除构件内钢筋、预埋铁件所占体积。

选项 B：关于无梁板的柱高，应自柱基上表面（或楼板上表面）至柱帽下表面之间的高度计算。

选项 C：现浇混凝土梁，包括基础梁、矩形梁、异形梁、圈梁、过梁、弧形梁、拱形梁，其工程量按设计图示尺寸以体积计算，不扣除构件内钢筋、预埋铁件所占体积，伸入墙内的梁头、梁垫并入梁体积内。

选项 D：现浇混凝土墙，包括直形墙、弧形墙，其工程量按设计图示尺寸以体积计算。不扣除构件内钢筋、预埋铁件所占体积，扣除门窗洞口及单个面积 0.3m² 以外孔洞所占体积，墙垛及凸出墙面部分并入墙体体积内计算。

选项 E：现浇混凝土楼梯（包括直形楼梯、弧形楼梯）的工程量。按设计图示尺寸以水平投影面积计算，不扣除宽度小于 500mm 的楼梯井，伸入墙内部分不计算。

107.【2012 年真题】根据《建设工程工程量清单计价规范》（GB 50500—2008）附录 A，关于混凝土工程量计算的说法，正确的有（　　）。
A. 框架柱的柱高按自柱基上表面至上一层楼板上表面之间的高度计算
B. 依附柱上的牛腿及升板的柱帽，并入柱身体积内计算
C. 现浇混凝土无梁板按板和柱帽的体积之和计算
D. 预制混凝土楼梯按水平投影面积计算
E. 预制混凝土沟盖板、井盖板、井圈按设计图示尺寸以体积计算

【解析】 参见教材第 352、353、357 页。

选项 A：框架柱的柱高应自柱基上表面至柱顶高度计算。

选项 B：依附柱上的牛腿和升板的柱帽，并入柱身体积计算。

选项 C：无梁板是指将板直接支撑在墙和柱上，不设置梁的板，柱帽包含在板内。工程量按板和柱帽体积之和计算。

选项 D：楼梯工程量以"m³"计量，按设计图示尺寸以体积计算，扣除空心踏步板空洞体积；以段计量的，按设计图示数量计算。

选项 E：沟盖板、井盖板、井圈工程量以"m³"计量时，按设计图示尺寸以体积计算；

以块（套）计量时，按设计图示尺寸以数量计算。

108.【2015 年真题】根据《房屋建筑与装饰工程工程量计算规范》（GB 50854—2013）规定，关于现浇混凝土基础的项目列项或工程量计算正确的为（　　）。
A. 箱式满堂基础中的墙按现浇混凝土墙列项
B. 箱式满堂基础中的梁按满堂基础列项
C. 框架式设备基础的基础部分按现浇混凝土墙列项
D. 框架式设备基础的柱和梁按设备基础列项

【解析】　参见教材第 353 页。
选项 A、B：箱式满堂基础以及框架式设备基础中的柱、梁、墙、板按现浇混凝土柱、梁、墙、板分别编码列项；箱式满堂基础底板按满堂基础项目列项。
选项 C、D：框架式设备基础的基础部分按设备基础列项。

109.【2013 年真题】根据《房屋建筑与装饰工程工程量计算规范》（GB 50854—2013），关于现浇混凝土梁工程量计算的说法，正确的是（　　）。
A. 圈梁区分不同断面按设计中心线长度计算
B. 过梁工程不单独计算，并入墙体工程计算
C. 异形梁按设计图示尺寸以体积计算
D. 拱形梁按设计拱形轴线长度计算

【解析】　参见教材第 353、354 页。现浇混凝土梁包括基础梁、矩形梁、异形梁、圈梁、过梁、弧形梁、拱形梁，其工程量按设计图示尺寸以体积"m^3"计算。不扣除构件内钢筋、预埋铁件所占体积，伸入墙内的梁头、梁垫并入梁体积内。

110.【2020 年真题】根据《房屋建筑与装饰工程工程量计算规范》（GB 50854—2013），现浇混凝土过梁工程量计算正确的是（　　）。
A. 伸入墙内的梁头计入梁体积　　　　B. 墙内部分的梁垫按其他构件项目列项
C. 梁内钢筋所占体积予以扣除　　　　D. 按设计图示中心线计算

【解析】　参见第 109 题解析。

111.【2017 年真题】根据《房屋建筑与装饰工程工程量计算规范》（GB 50854—2013），现浇混凝土墙工程量应（　　）。
A. 扣除凸出墙面部分体积　　　　　　B. 不扣除面积为 0.33m^2 孔洞体积
C. 伸入墙内的梁头计入　　　　　　　D. 扣除预埋铁件体积

【解析】　参见教材第 354 页。现浇混凝土墙按设计图示尺寸以体积"m^3"计算。不扣除构件内钢筋、预埋铁件所占体积，扣除门窗洞口及单个面积>0.3m^2 的孔洞所占体积，墙及凸出墙面部分并入墙体体积内计算。

112.【2019 年真题】根据《房屋建筑与装饰工程工程量计算规范》（GB 50854—2013），现浇混凝土短肢剪力墙工程量计算正确的是（　　）。
A. 短肢剪力墙按现浇混凝土异形墙列项
B. 各肢截面高度与厚度之比大于 5 时按现浇混凝土矩形柱列项
C. 各肢截面高度与厚度之比小于 4 时按现浇混凝土墙列项
D. 各肢截面高度与厚度之比为 4.5 时，按短肢剪力墙列项

【解析】　参见教材第 354 页。现浇混凝土墙包括直形墙、弧形墙、短肢剪力墙、挡土

墙。短肢剪力墙是指截面厚度不大300mm、各肢截面高度与厚度之比的最大值大于4但不等于8的剪力墙；各肢截面高度与厚度之比的最大值不大于4的剪力墙按柱项目编码列项。

113.【2022年真题】根据《房屋建筑与装饰工程工程量计算规范》（GB 50854—2013），关于混凝土墙的工程量，下列说法正确的是（　　）。

　　A. 现浇混凝土墙包括直形墙、异形墙、短肢剪力墙和挡土墙

　　B. 墙垛凸出墙面部分并入墙体体积内

　　C. 短肢剪力墙厚度小于或等于250mm

　　D. 短肢剪力墙截面高度与厚度之比最小值小于4

【解析】　参见第112题解析。

114.【2014年真题】关于现浇混凝土墙工程量计算，说法正确的有（　　）。

　　A. 一般的短肢剪力墙，按设计图示尺寸以体积计算

　　B. 直形墙、挡土墙按设计图示尺寸以体积计算

　　C. 弧形墙按墙厚不同以展开面积计算

　　D. 墙体工程量应扣除预埋铁件所占体积

　　E. 墙垛及凸出墙面部分的体积不计算

【解析】　参见教材第354页。直形墙、弧形墙、挡土墙及短肢剪力墙按设计图示尺寸以体积计算；不扣除预埋铁件所占体积；墙垛及凸出墙面部分的体积并入墙体体积计算。

115.【2019年真题】根据《房屋建筑与装饰工程工程量计算规范》（GB 50854—2013），现浇混凝土板清单工程量计算正确的有（　　）。

　　A. 压型钢板混凝土楼板扣除钢板所占体积

　　B. 空心板不扣除空心部分体积

　　C. 雨篷反挑檐的体积并入雨篷内一并计算

　　D. 悬挑板不包括伸出墙外的牛腿体积

　　E. 挑檐板按设计图尺寸以体积计算

【解析】　参见教材第354、355页。现浇混凝土板工程量计算规则见下表。

有梁板、无梁板、平板、拱板、薄壳板、栏板，按设计图示尺寸以体积"m^3"计算。不扣除构件内钢筋、预埋铁件及单个面积≤0.3m^2的柱、垛及孔洞所占体积	
有梁板（包括主、次梁与板）	按梁、板体积之和计算
无梁板	按板和柱帽体积之和计算
压型钢板混凝土楼板扣除构件内压型钢板所占体积	
各类板伸入墙内的板头并入板体积内计算	
薄壳板的肋、基梁并入薄壳体积内计算	
天沟（檐沟）、挑檐板	按设计图示尺寸以体积"m^3"计算
雨篷、悬挑板、阳台板	按设计图示尺寸以墙外部分体积"m^3"计算，包括伸出墙外的牛腿和雨篷反挑檐的体积
空心板	按设计图示尺寸以体积计算。空心板应扣除空心部分体积

116.【2013年真题】根据《房屋建筑与装饰工程工程量计算规范》(GB 50854—2013)，关于现浇混凝土板工程量计算的说法，正确的是（　　）。

A. 空心板按图示尺寸以体积计算，扣除空心所占体积

B. 雨篷板从外墙内侧算至雨篷板结构外边线按面积计算

C. 阳台板按墙体中心线以外部图示面积计算

D. 天沟板按设计图示尺寸中心线长度计算

【解析】　参见教材第355、357页。

选项B、C：现浇挑檐、天沟板、雨篷、阳台与板（包括屋面板、楼板）连接时，以外墙外边线为分界线。

选项D：天沟（檐沟）、挑檐板按设计图示尺寸以体积"m³"计算。

117.【2009年真题】根据《建设工程工程量清单计价规范》(GB 50500—2008)，下列关于混凝土及钢筋混凝土工程量计算，正确的是（　　）。

A. 天沟、挑檐板按设计厚度以面积计算　　B. 现浇混凝土墙的工程量不包括墙垛体积

C. 散水、坡道按图示尺寸以面积计算　　D. 地沟按设计图示以中心线长度计算

E. 沟盖板、井盖板以个计算

【解析】　参见教材第354、355、357页。

选项A：天沟、挑檐板按设计尺寸以体积"m³"计算。

选项B：墙垛以及凸出墙面部分并入墙体体积内计算。

选项E：沟盖板、井盖板有两种计算方法，第一种为按体积"m³"计算，第二种为按数量"块"计算。

118.【2020年真题】现浇混凝土雨篷工程量计算正确的是（　　）。

A. 并入墙体工程量，不单独列项　　B. 按水平投影面积计算

C. 按设计图纸尺寸以墙外部分体积计算　　D. 扣除伸出墙外的牛腿体积

【解析】　参见教材第355页。现浇混凝土雨篷、悬挑板、阳台板的工程量按设计图示尺寸以墙外部分体积"m³"计算，包括伸出墙外的牛腿和雨篷反挑檐的体积。现浇挑檐、天沟板、雨篷、阳台与板（包括屋面板、楼板）连接时，以外墙外边线为分界线；与圈梁（包括其他梁）连接时，以梁外边线为分界线。外边线以外为挑檐、天沟、雨篷或阳台。

119.【2006年真题】下列现浇混凝土板工程量计算规则中，正确的说法是（　　）。

A. 天沟、挑檐板按设计图示尺寸以面积计算

B. 雨篷、阳台板按设计图示尺寸以墙外部分体积计算

C. 现浇挑檐、天沟板与板连接时，以板的外边线为界

D. 伸出墙外的阳台牛腿和雨篷反挑檐不计算

【解析】　参见第118题解析。

120.【2006年真题】现浇混凝土挑檐、雨篷与圈梁连接时，其工程量计算的分界线应为（　　）。

A. 圈梁外边线　　　　　　　　B. 圈梁内边线

C. 外墙外边线　　　　　　　　D. 板内边线

【解析】　参见教材第355页。现浇挑檐、天沟板、雨篷、阳台与板（包括屋面板、楼板）连接时，以外墙外边线为分界线；与圈梁（包括其他梁）连接时，以梁外边线为分界线。

121.【2017年真题】根据《房屋建筑与装饰工程工程量计算规范》(GB 50854—2013)，现浇混凝土工程量计算正确的是（　　）。

A. 雨篷与圈梁连接时其工程量以梁中心为分界线
B. 阳台梁与圈梁连接部分并入圈梁工程量
C. 挑檐板按设计图示水平投影面积计算
D. 空心板按设计图示尺寸以体积计算，空心部分不予扣除

【解析】 参见教材第355页。天沟（檐沟）、挑檐板按设计图示尺寸以体积计算。

选项A：现浇挑檐、天沟、雨篷、阳台与板（包括屋面板、楼板）连接时，以外墙外边线为分界线；与圈梁（包括其他梁）连接时，以梁外边线为分界线。

选项C：挑檐板按设计图示尺寸以体积计算。

选项D：空心板（GBF高强薄壁蜂巢芯板等）应扣除空心部分体积。

122.【2015年真题】根据《房屋建筑与装饰工程工程量计算规范》(GB 50854—2013)规定，关于现浇混凝土板的工程量计算正确的为（　　）。

A. 栏板按设计图示尺寸以面积计算
B. 雨篷按设计外墙中心线外图示体积计算
C. 阳台板按设计外墙中心线外图示面积计算
D. 散水按设计图示尺寸以面积计算

【解析】 参见教材第355、357页。

选项A：现浇混凝土板有梁板、无梁板、平板、拱板、薄壳板、栏板，以体积"m³"计算。

选项B、C：雨篷、悬挑板、阳台板，按设计图示尺寸以墙外部分体积"m³"计算，包括伸出墙外的牛腿和雨篷反挑檐的体积。现浇挑檐、天沟板、雨篷、阳台与板（包括屋面板、楼板）连接时，以外墙外边线为分界线。

123.【2008年真题】根据《建设工程工程量清单计价规范》(GB 50500—2003)，混凝土及钢筋混凝土工程量的计算，正确的是（　　）。

A. 现浇有梁板主梁、次梁按体积并入楼板工程量中计算
B. 无梁板柱帽按体积并入零星项目工程量中计算
C. 弧形楼梯不扣除宽度小于300mm的楼梯井
D. 整体楼梯按水平投影面积计算，不包括与楼板连接的梯梁所占面积

【解析】 参见教材第355、356页。

选项B：无梁板按板和柱帽体积之和计算。

选项C：弧形楼梯不扣除宽度≤500mm的楼梯井，伸入墙内部分不计算。

选项D：整体楼梯（包括直形楼梯、弧形楼梯）水平投影面积包括休息平台、平台梁、斜梁和楼梯的连接梁。

124.【2006年真题】计算现浇混凝土楼梯工程量时，正确的做法是（　　）。

A. 以斜面积计算　　　　　　　　　　B. 扣除宽度小于500mm的楼梯井
C. 伸入墙内部分不另增加　　　　　　D. 整体楼梯不包括连接梁

【解析】 参见教材第356页。现浇混凝土楼梯包括直形楼梯、弧形楼梯，按设计图示尺寸以水平投影面积（m²）计算，不扣除宽度≤500mm的楼梯井，伸入墙内部分不计算；

或者按设计图示尺寸以体积（m³）计算。

125.【2004 年真题】现浇钢筋混凝土楼梯的工程量应按设计图示尺寸（　　）。
　A. 以体积计算，不扣除宽度小于 500mm 的楼梯井
　B. 以体积计算，扣除宽度小于 500mm 的楼梯井
　C. 以水平投影面积计算，不扣除宽度小于 500mm 的楼梯井
　D. 以水平投影面积计算，扣除宽度小于 500mm 的楼梯井
【解析】　参见第 124 题解析。

126.【2011 年真题】根据《建设工程工程量清单计价规范》（GB 50500—2008），现浇混凝土楼梯的工程量应（　　）。
　A. 按设计图示尺寸以体积计算　　　B. 按设计图示尺寸以水平投影面积计算
　C. 扣除宽度不小于 300mm 的楼梯井　D. 包含伸入墙内部分
【解析】　参见第 124 题解析。

127.【2005 年真题】根据《建设工程工程量清单计价规范》（GB 50500—2003）的有关规定，下列项目工程量清单计算时，以 m³ 为计量单位的有（　　）。
　A. 预制混凝土楼梯　　　　　　　　B. 现浇混凝土楼梯
　C. 现浇混凝土雨篷　　　　　　　　D. 现浇混凝土坡道
　E. 现浇混凝土地沟
【解析】　参见教材第 356、357 页。
选项 A：预制混凝土楼梯按设计图示尺寸以体积计算，以 m³ 为计量单位。
选项 B：现浇混凝土楼梯按设计图示尺寸以水平投影面积计算，以 m² 为计量单位。
选项 C：现浇混凝土雨篷按设计图示尺寸以墙外部分体积计算，以 m³ 为计量单位。
选项 D：现浇混凝土坡道按设计图示尺寸以面积计算，以 m² 为计量单位。
选项 E：现浇混凝土地沟按设计图示以中心线长度计算，以 m 为计量单位。

128.【2007 年真题】根据《建设工程工程量清单计价规范》（GB 50500—2003），以下关于工程量计算，正确的说法是（　　）。
　A. 现浇混凝土整体楼梯按设计图示的水平投影面积计算，包括休息平台、平台梁、斜梁和连接梁
　B. 散水、坡道按设计图示尺寸以面积计算，不扣除单个面积在 0.3m² 以内的孔洞面积
　C. 电缆沟、地沟和后浇带均按设计图示尺寸以长度计算
　D. 混凝土台阶按设计图示尺寸以体积计算
　E. 混凝土压顶按设计图示尺寸以体积计算
【解析】　参见教材第 356、357 页。
选项 C：电缆沟、地沟按设计图示以中心线长度计算；后浇带按设计图示尺寸以体积计算。

129.【2015 年真题】根据《房屋建筑与装饰工程工程量计算规范》（GB 50854—2013）规定，关于现浇混凝土构件工程量计算正确的为（　　）。
　A. 电缆沟、地沟按设计图示尺寸以面积计算
　B. 台阶按设计图示尺寸以水平投影面积或体积计算
　C. 压顶按设计图示尺寸以水平投影面积计算

D. 扶手按设计图示尺寸以体积计算

E. 检查井按设计图示尺寸以体积计算

【解析】 参见教材第356、357页。现浇混凝土其他构件工程量计算规则见下表。

散水、坡道、室外地坪	按设计图示尺寸以水平投影面积"m²"计算。不扣除单个面积≤0.3m²的孔洞所占面积
电缆沟、地沟	按设计图示以中心线长度"m"计算
台阶	以"m²"计量,按设计图示尺寸以水平投影面积计算
	以 m³ 计量,按设计图示尺寸以体积计算
扶手、压顶	以"m"计量,按设计图示的中心线延长米计算
	以 m³ 计量,按设计图示尺寸以体积计算
化粪池、检查井 及其他构件	以 m³ 计量,按设计图示尺寸以体积计算
	以"座"计量,按设计图示数量计算

注:1. 现浇混凝土小型池槽、垫块、门框等,应按该表其他构件项目编码列项。
2. 架空式混凝土台阶,按现浇楼梯计算。

130.【2023年真题】根据《房屋建筑与装饰工程工程量计算规范》(GB 50854—2013)规定,下列关于现浇混凝土工程量计算,说法正确的是(   )。

A. 当整体楼梯与现浇楼板无梯梁连接时,楼梯工程量以最后一个踏步边缘加300mm为界

B. 电缆沟按设计图示尺寸以"m³"计算

C. 楼梯扶手按设计图示尺寸以水平投影面积"m²"计算

D. 墙后浇带工程量按设计图示的中心线长度以延长米计算

【解析】 参见教材第356、357页。

选项A:当整体楼梯与现浇楼板无梯梁连接时,以楼梯的最后一个踏步边缘加300mm为界。

选项B:电缆沟、地沟按设计图示以中心线长度"m"计算。

选项C:对于扶手、压顶,以"m"计量,按设计图示的中心线延长米计算;以"m³"计量,按设计图示尺寸以体积计算。

选项D:后浇带按设计图示尺寸以体积"m³"计算。

131.【2021年真题】根据《房屋建筑与装饰工程工程量计算规范》(GB 50854—2013),下列关于现浇混凝土其他构件工程量的计算规则,正确的是(   )。

A. 架空式混凝土台阶按现浇楼梯计算

B. 围墙压顶按设计图示尺寸的中心线以延长米计算

C. 坡道按设计图示尺寸斜面积计算

D. 台阶按设计图示尺寸的展开面积计算

E. 电缆沟、地沟按设计图示尺寸的中心线长度计算

【解析】 参见第129题解析。

132.【2020年真题】根据《房屋建筑与装饰工程工程量计算规范》(GB 50854—2013),现浇混凝土构件工程量计算正确的为(   )。

A. 坡道按设计图示尺寸以"m³"计算

B. 架空式台阶按现浇楼梯计算

C. 室外地坪按设计图示面积乘以厚度以"m³"计算

D. 地沟按设计图示结构截面积乘以中心线长度以"m³"计算

【解析】 参见第129题解析。

133. 【2019年真题】根据《房屋建筑与装饰工程工程量计算规范》（GB 50854—2013），现浇混凝土构件清单工程量计算正确的是（　　）。

A. 建筑物散水工程量并入地坪不单独计算

B. 室外台阶工程量并入室外楼梯工程量

C. 压顶工程量可按设计图示尺寸以体积计算，以"m³"计量

D. 室外坡道工程量不单独计算

【解析】 参见第129题解析。

134. 【2016年真题】根据《房屋建筑与装饰工程工程量计算规范》（GB 50854—2013），关于预制混凝土构件工程量计算，说法正确的是（　　）。

A. 如以构件数量作为计量单位，特征描述中必须说明单件体积

B. 异形柱应扣除构件内预埋铁件所占体积，铁件另计

C. 大型板应扣除单个尺寸≤300mm×300mm的孔洞所占体积

D. 空心板不扣除空洞体积

【解析】 参见教材第352、357、358页。预制混凝土构件工程量计算规则见下表。

工程量计算规则	预制混凝土柱	以"m³"计量时，按设计图示尺寸以体积计算
		以"根"计量时，按设计图示尺寸以数量计算
	预制混凝土梁	以"m³"计量时，按设计图示尺寸以体积计算
		以"根"计量时，按设计图示尺寸以数量计算
	预制混凝土屋架	以"m³"计量时，按设计图示尺寸以体积计算
		以"榀"计量时，按设计图示尺寸以数量计算
		三角形屋架按折线型屋架项目编码列项
	预制混凝土板	平板、空心板、槽形板、网架板、折线板、带肋板、大型板，以"m³"计量时，按设计图示尺寸以体积计算，不扣除单个面积≤300mm×300mm的孔洞所占体积，但扣除空心板空洞体积
		以"块"计量时，按设计图示尺寸以数量计算
		沟盖板、井盖板、井圈，以"m³"计量时，按设计图示尺寸以体积计算；以"块""套"计量时，按设计图示尺寸以数量计算
	预制混凝土楼梯	以"m³"计量时，按设计图示尺寸以体积计算，扣除空心踏步板空洞体积
		以"段"计量时，按设计图示数量计算
	其他预制构件	预制钢筋混凝土小型池槽、压顶、扶手、垫块、隔热板、花格等，按其他构件项目编码列项

注：以构件数量，如"根""榀""块""套""段"计量时，必须描述单件体积。

135. 【2017年真题】根据《房屋建筑与装饰工程工程量计算规范》（GB 50854—2013），混凝土框架柱工程量应（　　）。

A. 按设计图示尺寸扣除板厚所占部分以体积计算

B. 区别不同截面以长度计算

C. 按设计图示尺寸不扣除梁所占部分以体积计算

D. 按柱基上表面至梁底面部分以体积计算

【解析】 参见第134题解析。在计算混凝土框架柱的工程量时,应严格按照设计图示尺寸进行计算,并注意考虑柱高的不同计算方式,以及依附体积的影响。

136.【2006年真题】计算预制混凝土楼梯工程量时,应扣除( )。

A. 构件内钢筋所占体积　　　　　　　B. 空心踏步板空洞体积

C. 构件内预埋铁件所占体积　　　　　D. 300mm×300mm以内孔洞体积

【解析】 参见第134题解析。

137.【2018年真题】根据《房屋建筑与装饰工程工程量计算规范》(GB 50854—2013),预制混凝土构件工程量计算正确的为( )。

A. 过梁按照设计图示尺寸以中心线长度计算

B. 平板按照设计图示以水平投影面积计算

C. 楼梯按照设计图示尺寸以体积计算

D. 井盖板按照设计图示尺寸以面积计算

【解析】 参见第134题解析。

138.【2004年真题】关于钢筋混凝土工程量计算规则正确的说法是( )。

A. 无梁板体积包括板和柱帽的体积

B. 现浇混凝土楼梯按水平投影面积计算

C. 外挑雨篷上的反挑檐并入雨篷计算

D. 预制钢筋混凝土楼梯按设计图示尺寸以体积计算

E. 预制构件的吊钩应按预埋铁件以质量计算

【解析】 参见教材第355~357页。

选项E:预制混凝土楼梯、其他预制构件,按设计图示尺寸以体积计算。

139.【2024年真题】根据《房屋建筑与装饰工程工程量计算规范》(GB 50854—2013),下列关于预制混凝土构件工程量清单编码列项的说法,正确的是( )。

A. 预制双T形板,按带肋板项目编码列项

B. 预制大型墙板、大型楼板,按平板项目编码列项

C. 预制带反挑檐的雨棚板、挑檐板,按平板项目编码列项

D. 不带肋的预制雨棚板、挑檐板,按其他构件项目编码列项

【解析】 参见教材第357、358页。

选项B:预制大型墙板、大型楼板、大型屋面板等,按中大型板项目编码列项。

选项A、C:预制F形板、双T形板、单肋板和带反挑檐的雨篷板、挑檐板、遮阳板等,应按带肋板项目编码列项。

选项D:不带肋的预制遮阳板、雨篷板、挑檐板、拦板等,应按平板项目编码列项。

140.【2020年真题】根据《房屋建筑与装饰工程工程量计算规范》(GB 50854—2013),预制混凝土三角形屋架应( )。

A. 按组合屋架列项　　　　　　　　　B. 按薄腹屋架列项

C. 按天窗屋架列项　　　　　　　　　D. 按折线型屋架列项

【解析】 参见教材第357、358页。三角形屋架按折线型屋架项目编码列项。

141. 【2014年真题】根据《房屋建筑与装饰工程工程量计算规范》(GB 50854—2013)规定，关于预制混凝土构件工程量计算，说法正确的是（   ）。

  A. 预制组合屋架，按设计图示尺寸以体积计算，不扣除预埋铁件所占体积

  B. 预制网架板，按设计图示尺寸以体积计算，不扣除孔洞占体积

  C. 预制空心板，按设计图示尺寸以体积计算，不扣除空心板孔洞所占体积

  D. 预制混凝土楼梯，按设计图示尺寸以体积计算，不扣除空心踏步板空洞体积

  【解析】 参见教材第357、358页。折线型屋架、组合屋架、薄腹屋架、门式刚架屋架、天窗架屋架，均按设计图示尺寸以体积计算，不扣除构件内钢筋、预埋铁件所占体积。

142. 【2022年真题】根据《房屋建筑与装饰工程工程量计算规范》(GB 50854—2013)，关于钢筋工程量，下列说法正确的是（   ）。

  A. 钢筋网片按钢筋规格不同以 m^2 计算

  B. 混凝土保护层厚度是指结构构件中最外层钢筋外边缘至混凝土外表面的距离

  C. 碳素钢丝用墩头锚具时，钢丝长度按孔道长度增 0.5m 计算

  D. 声测管按设计图示尺寸以 m 计算

  【解析】 参见教材第358、359页。钢筋工程工程量计算规则见下表。

现浇构件钢筋、预制构件钢筋、钢筋网片、钢筋笼		按设计图示钢筋（网）长度（面积）乘以单位理论质量"t"计算。项目特征描述：钢筋种类、规格 钢筋的工作内容中包括了焊接（或绑扎）连接，不需要计量，但机械连接需要单独列项
先张法预应力钢筋		按设计图示钢筋长度乘以单位理论质量"t"计算
后张法预应力钢筋、预应力钢丝、预应力钢绞线		按设计图示钢筋（丝束、绞线）长度乘以单位理论质量"t"计算
	长度计算	低合金钢筋两端均采用螺杆锚具时，钢筋长度按孔道长度减 0.35m 计算，螺杆另行计算
		低合金钢筋一端采用镦头插片，另一端采用螺杆锚具时，钢筋长度按孔道长度计算，螺杆另行计算
		低合金钢筋一端采用镦头插片，另一端采用帮条锚具时，钢筋增加 0.15m 计算；两端均采用帮条锚具时，钢筋长度按孔道长度增加 0.3m 计算
		低合金钢筋采用后张混凝土自锚时，钢筋长度按孔道长度增加 0.35m 计算
		低合金钢筋（钢绞线）采用 JM、XM、QM 型锚具，孔道长度≤20m 时，钢筋长度增加 1m 计算；孔道长度>20m 时，钢长度增加 1.8m 计算
		碳素钢丝采用锥形锚具，孔道长度≤20m 时，钢丝束长度按孔道长度增加 1m 计算；孔道长度>20m 时，钢丝束长度按孔道长度增加 1.8m 计算
		碳素钢丝采用镦头锚具时，钢丝束长度按孔道长度增加 0.35m 计算
支撑钢筋（铁马）		按钢筋长度乘以单位理论质量"t"计算
声测管		按设计图示尺寸以质量"t"计算

143. 【2018年真题】根据《房屋建筑与装饰工程工程量计算规范》(GB 50854—2013)，钢筋工程中钢筋网片工程量（   ）。

A. 不单独计算

B. 按设计图示以数量计算

C. 按设计图示面积乘以单位理论质量计算

D. 按设计图示尺寸以片计算

【解析】 参见第142题解析。

144.【2010年真题】根据《建设工程工程量清单计价规范》（GB 50500—2013），后张法预应力低合金钢筋长度的计算，正确的是（　　）。

A. 两端采用螺杆锚具时，钢筋长度按孔道长度计算

B. 采用后张混凝土自锚时，钢筋长度按孔道长度增加 0.35m 计算

C. 两端采用帮条锚具时，钢筋长度按孔道长度增加 0.15m 计算

D. 采用 JM 型锚具，孔道长度在 20m 以内时，钢筋长度增加 1.80m 计算

【解析】 参见第142题解析。

145.【2016年真题】后张法施工预应力混凝土，孔道长度为 12.00m，采用后张混凝土自锚低合金钢筋。钢筋工程量计算的每孔钢筋长度为（　　）。

A. 12.00m　　　B. 12.15m　　　C. 12.35m　　　D. 13.00m

【解析】 参见教材第358页。低合金钢筋采用后张混凝土自锚时，钢筋长度按孔道长度增加 0.35m 计算。

146.【2019年真题】根据《房屋建筑与装饰工程工程量计算规范》（GB 50854—2013），钢筋工程量计算正确的是（　　）。

A. 钢筋机械连接需单独列项计算工程量

B. 设计未标明连接的均按每 12m 计算 1 个接头

C. 框架梁贯通钢筋长度不含两端锚固长度

D. 框架梁贯通钢筋长度不含搭接长度

【解析】 参见教材第358、367页。

选项A：焊接（或绑扎）连接，不需要计量，但机械连接需要单独列项计算工程量。

选项B：φ10mm 以内的长钢筋按每 12m 计算一个钢筋接头；φ10mm 以上的长钢筋按每 9m 一个接头。

选项C、D：框架梁贯通钢筋长度中包含两端锚固及搭接长度。

147.【2008年真题】根据设计规范，按室内正常环境条件下设计的钢筋混凝土构件，混凝土保护层厚度为 20mm 的是（　　）。

A. 板　　　　　　　　　　　　　　B. 墙

C. 梁　　　　　　　　　　　　　　D. 柱

E. 有垫层的基础

【解析】 参见教材第359页。混凝土保护层最小厚度见下表。

环境类别	混凝土保护层最小厚度/mm	
	板、墙、壳	梁、柱、杆
一	15	20
二a	20	25

(续)

环境类别	混凝土保护层最小厚度/mm	
	板、墙、壳	梁、柱、杆
二 b	25	35
三 a	30	40
三 b	40	50

注：环境类别的一类代表室内正常环境；二类代表室内潮湿环境或非严寒和非寒冷地区的露天环境；三类代表使用除冰盐的环境、严寒及寒冷地区冬季的水位变动环境、滨海地区室外环境。

148.【2017年真题】根据《混凝土结构设计规范》（GB 50010—2010），设计使用年限为50年的二b环境类别条件下，混凝土梁柱最外层钢筋保护层最小厚度应为（　　）。

A. 25mm　　　　B. 35mm　　　　C. 40mm　　　　D. 50mm

【解析】 参见第147题解析。

149.【2019年真题】关于混凝土保护层厚度，下列说法正确的是（　　）。

A. 现浇混凝土柱中钢筋的混凝土保护层厚度指纵向主筋至混凝土外表面的距离

B. 基础中钢筋的混凝土保护层厚度应从垫层顶面算起，且不应小于30mm

C. 混凝土保护层厚度与混凝土结构设计使用年限无关

D. 混凝土构件中受力钢筋的保护层厚度不应小于钢筋的公称直径

【解析】 参见教材第359页。

选项A：混凝土保护层是结构构件中最外层钢筋外边缘至构件表面范围保护钢筋的混凝土。

选项B：基础中钢筋的混凝土保护层厚度应从垫层顶面算起，且不应小于40mm。

选项C：混凝土保护层厚度与混凝土结构设计使用年限有关。

150.【2015年真题】关于钢筋保护或工程量计算正确的是（　　）。

A. ϕ20mm 钢筋一个半圆弯钩的增加长度为125mm

B. ϕ16mm 钢筋一个90°弯钩的增加长度为56mm

C. ϕ20mm 钢筋弯起45°，弯起高度为450mm，一侧弯起增加的长度为186.3mm

D. 通常情况下混凝土板的钢筋保护层厚度不小于15mm

E. 箍筋根数=构件长度/箍筋间距+1

【解析】 参见教材第359、360、364页。

按弯弧内径为钢筋直径d的2.5倍，平直段长度为钢筋直径d的3倍确定弯钩的增加长度：半圆弯钩增加长度为6.25d，直弯钩增加长度为3.5d，斜弯钩增加长度为4.9d。

选项A：半圆弯钩的增加长度为6.25×20=125（mm）。

选项B：直弯钩的增加长度为3.5×16=56（mm）。

选项C：弯起高度增加的长度为0.414×450=186.3（mm）。

选项D：构件中受力钢筋的保护层厚度不应小于20mm。

选项E：箍筋根数=箍筋分布长度/箍筋间距+1。

151.【2013年真题】在计算钢筋工程量时，钢筋的密度（kg/m³）可取（　　）。

A. 7580　　　　B. 7800　　　　C. 7850　　　　D. 8750

【解析】 参见教材第 359 页。钢筋的密度可按 7850kg/m³ 计算。

152.【2010 年真题】根据规定，直径为 d 的 I 级钢筋作受力筋，两端设有弯钩，弯钩增加长为 4.9d，其弯起角度应是（　　）。

A. 90°　　　　　B. 120°　　　　　C. 135°　　　　　D. 180°

【解析】 参见教材第 360 页。采用 I 级钢筋作受力筋时，两端需设弯钩，弯钩形式有 180°、90°、135°三种。三种形式的弯钩增加长度分别为 6.25d、3.5d、4.9d。

153.【2017 年真题】根据《混凝土结构工程施工规范》（GB 50666—2011），一般构件的箍筋加工时，应使（　　）。

A. 弯钩的弯折角度不小于 45°
B. 弯钩的弯折角度不小于 90°
C. 弯折后平直段长度不小于 25d
D. 弯折后平直段长度不小于 3d

【解析】 参见教材第 364 页。对一般结构构件，箍筋弯钩的弯折角度不应小于 90°，弯折后平直段长度不小于箍筋直径的 5 倍。

154.【2016 年真题】根据《房屋建筑与装饰工程工程量计算规范》（GB 50854—2013）。某钢筋混凝土梁长为 12000mm，设计保护层厚为 25mm，钢筋为 A10@300，则该梁所配钢筋数量应为（　　）。

A. 40 根　　　　B. 41 根　　　　C. 42 根　　　　D. 300 根

【解析】 该梁所配钢筋数量应为（12000－25×2）/300＝39.83（根），取整加 1 为 41（根）。

155.【2014 年真题】已知某现浇钢筋混凝土梁长 6400mm，截面为 800mm×1200mm，设计用 φ12mm 箍筋，单位理论质量为 0.888kg/m，单根箍筋两个弯钩增加长度共 160mm，钢筋保护层厚为 25mm，钢筋间距为 200mm，则 10 根梁的箍筋工程量为（　　）。

A. 1.112t　　　B. 1.117t　　　C. 1.160t　　　D. 1.193t

【解析】 参见教材第 364 页。箍筋根数＝6400/200+1＝33 根，每根箍筋的长度＝（1.2+0.8）×2－8×0.025+0.16＝3.96（m），则 10 根梁的箍筋工程量为 33×3.96×0.888×10/1000＝1.160（t）。

156.【2010 年真题】某根 C40 钢筋混凝土单梁长 6m，受压区布置 2 重 12 钢筋（设半圆弯钩），已知 φ12mm 钢筋的理论质量为 0.888kg/m，则 2Φ12 钢筋的工程量是（　　）。

A. 10.72kg　　　B. 10.78kg　　　C. 10.80kg　　　D. 10.83kg

【解析】 2 重 12 钢筋的工程量为（6－0.025×2＋6.25×0.012×2）×2×0.888＝10.83（kg）。

157.【2023 年真题】根据《混凝土结构工程施工规范》（GB 50666—2011）规定，下列关于箍筋计算方法，正确的是（　　）。

A. 箍筋单根长度＝箍筋的外皮尺寸周长＋2×弯钩增加长度
B. 双肢箍筋单根长度＝箍筋的外皮尺寸周长＋2×混凝土保护层厚度
C. 双肢箍筋单根长度＝构件周长－2×混凝土保护层厚度＋2×弯钩增加长度
D. 箍筋根数＝箍筋分布长度/箍筋间距－1

【解析】 参见教材第 364 页。
箍筋单根长度＝箍筋的外皮尺寸周长＋2×弯钩增加长度
双肢箍筋单根长度＝箍筋的外皮尺寸周长＋2×弯钩增加长度
　　　　　　　＝构件周长－8×混凝土保护层厚度＋2×弯钩增加长度

箍筋根数＝箍筋分布长度/箍筋间距+1

（六）金属结构工程（编码：0106）

（1）钢网架（编码：010601）

158.【2022 年真题】 根据《房屋建筑与装饰工程工程量计算规范》（GB 50854—2013），钢网架项目特征必须进行描述的是（　　）。

A. 安装高度　　　　　　　　　　B. 单件质量

C. 螺栓种类　　　　　　　　　　D. 油漆品种

【解析】 参见教材第 370 页。钢网架工程量计算规则、项目特征描述见下表。

工程量计算规则	按设计图示尺寸以质量"t"计算，不扣除孔眼的质量，焊条、铆钉等不另增加质量；螺栓质量要计算
项目特征描述	钢材品种、规格；网架节点形式、连接方式；网架跨度、安装高度；探伤要求；防火要求等。其中，防火要求指耐火极限
相关说明	钢网架项目适用于一般钢网架和不锈钢网架。无论节点形式（球形节点、板式节点等）和节点连接方式（焊接、丝接）等均使用该项目
	注意，焊条、铆钉等不另增加质量，与钢屋架等不同（钢屋架的焊条、铆钉、螺栓等不另增加）

159.【2019 年真题】 根据《房屋建筑与装饰工程工程量计算规范》（GB 50854—2013），关于钢网架清单项，下列说法正确的是（　　）。

A. 钢网架项目特征中应明确探伤和防火要求

B. 钢网架铆钉应按设计图示个数以数量计量

C. 钢网架中螺栓按个数以数量计量

D. 钢网架按设计图示尺寸扣除孔眼部分以质量计量

【解析】 参见第 158 题解析。

160.【2018 年真题】 根据《房屋建筑与装饰工程工程量计算规范》（GB 50854—2013），钢屋架工程量计算应（　　）。

A. 不扣除孔眼的质量　　　　　　B. 按设计用量计算螺栓质量

C. 按设计用量计算铆钉质量　　　D. 按设计用量计算焊条质量

【解析】 钢屋架工程量计算规划见下表。

工程量计算规则	以"榀"计量时，按设计图示数量计算；以"t"计量时，按设计图示尺寸以质量计算。不扣除孔眼的质量，焊条、铆钉、螺栓等不另增加质量
	钢托架、钢桁架、钢架桥，按设计图示尺寸以质量"t"计算。不扣除孔眼的质量，焊条、铆钉、螺栓等不另增加质量
相关说明	钢托架是指在工业厂房中，由于工业或交通需要而在大开间位置设置的承托屋架的钢构件
	以"榀"计量，按标准图设计的应注明标准图代号，按非标准图设计的项目特征必须描述单榀屋架的质量
	项目特征中的"螺栓种类"指普通螺栓或高强螺栓

161.【2017年真题】根据《房屋建筑与装饰工程工程量计算规范》(GB 50854—2013)，球型节点钢网架工程量（　　）。

A. 按设计图示尺寸以质量计算

B. 按设计图示尺寸以榀计算

C. 按设计图示尺寸以铺设水平投影面积计算

D. 按设计图示构件尺寸以总长度计算

【解析】　参见第158题解析。

（2）钢屋架、钢托架、钢桁架、钢架桥（编码：010602）

162.【2016年真题】根据《房屋建筑与装饰工程工程量计算规范》(GB 50854—2013)。关于金属结构工程量计算，说法正确的是（　　）。

A. 钢桁架工程量应增加铆钉质量

B. 钢桁架工程量中应扣除切边部分质量

C. 钢屋架工程量中螺栓质量不另计算

D. 钢屋架工程量中应扣除孔眼质量

【解析】　参见教材第370页。钢屋架、钢托架、钢桁架、钢桥架工程量计算规则见下表。

工程量计算规则	钢屋架	以"榀"计量时，按设计图示数量计算
		以"t"计量时，按设计图示尺寸以质量计算
		不扣除孔眼的质量，焊条、铆钉、螺栓等不另增加质量
	钢托架、钢桁架、钢桥架	按设计图示尺寸以质量"t"计算。不扣除孔眼的质量，焊条、铆钉、螺栓等不另增加质量

163.【2024年真题】根据《房屋建筑与装饰工程工程量计算规范》(GB 50854—2013)，下列关于金属结构工程中钢屋架工程量计算规范的说法，正确的是（　　）。

A. 以t计量时，扣除孔眼的质量

B. 以t计量时，螺栓单独列项计算

C. 以榀计量时，螺栓单独列项计算

D. 以榀计量时，按非标准图设计的项目特征应描述单榀屋架的质量

【解析】　教材第370~373页。

选项A：以"t"计量时，按设计图示尺寸以质量计算，不扣除孔眼的质量。

选项B：不扣除孔眼的质量，焊条、铆钉、螺栓等不另增加质量。

选项C：螺栓等不另增加质量。

164.【2024年真题】根据《房屋建筑与装饰工程工程量计算规范》(GB 50854—2013)，下列关于金属结构工程量计算规范的说法，正确的是（　　）。

A. 钢屋架工程量中，焊条、铆钉、螺栓等另增加质量

B. 球形节点钢网架工程量中，焊条、铆钉等另增加质量

C. 实腹钢柱的牛腿及悬臂梁等零星构件项目单独列项

D. 钢管桩的节点板、加强环、内衬管、牛腿等并入钢管桩工程量内

【解析】　参见教材第370~373页。

选项 A、B：钢屋架、钢网架工程量中，焊条、铆钉、螺栓等不另增加质量。

选项 C：实腹钢柱、空腹钢柱，按设计图示尺寸以质量"t"计算。不扣除孔眼的质量，焊条、铆钉、螺栓等不另增加质量，依附在钢柱上的牛腿及悬臂梁等并入钢柱工程量内。

(3) 钢柱（编码：010603）

165.【2019 年真题】 根据《房屋建筑与装饰工程工程量计算规范》（GB 50854—2013），金属结构钢管柱清单工程量计算时，不予计量的是（　　）。

A. 节点板　　　　　　　　　　B. 螺栓
C. 加强环　　　　　　　　　　D. 牛腿

【解析】 参见教材第 370 页。钢柱工程量计算规则如下：

1) 实腹钢柱、空腹钢柱：按设计图示尺寸以质量"t"计算。不扣除孔眼的质量，焊条、铆钉、螺栓等不另增加质量，依附在钢柱上的牛腿及悬臂梁等并入钢柱工程量内。

2) 钢管柱：按设计图示尺寸以质量"t"计算。不扣除孔眼的质量，焊条、铆钉、螺栓等不另增加质量，钢管柱上的节点板、加强环、内衬管、牛腿等并入钢管柱工程量内。

(4) 钢梁（编码：010604）

166.【2023 年真题】 根据《房屋建筑与装饰工程工程量计算规范》（GB 50854—2013）规定，下列关于金属结构工程量计算，说法正确的是（　　）。

A. 钢屋架工程量中，焊条、铆钉、螺栓等另增加质量
B. 空腹钢柱上的牛腿及悬臂梁等并入钢柱工程量内
C. 钢管柱上的节点板、加强环、内衬管、牛腿按零星构件项目单独列项
D. 制动梁、制动板、制动架、车挡按零星构件项目单独列项

【解析】 参见教材第 370、371 页。

选项 A：钢屋架工程量中，焊条、铆钉、螺栓等不另增加质量。

选项 C：钢管柱上的节点板、加强环、内衬管、牛腿等并入钢管柱工程量内。

选项 D：钢梁、钢吊车梁，按设计图示尺寸以质量"t"计算。不扣除孔眼的质量，焊条、铆钉、螺栓等不另增加质量，制动梁、制动板、制动桁架、车挡并入钢吊车梁工程量内。

(5) 钢板楼板、墙板（编码：010605）

167.【2015 年真题】 根据《房屋建筑与装饰工程工程量计算规范》（GB 50854—2013）规定，关于金属结构工程量计算正确的为（　　）。

A. 钢吊车梁工程量应计入制动板、制动梁、制动桁架和车挡的工程量
B. 钢梁工程量中不计算铆钉、螺栓工程量
C. 压型钢板墙板工程量不计算包角、包边
D. 钢板天沟按设计图示尺寸以长度计算
E. 成品雨篷按设计图示尺寸以质量计算

【解析】 参见教材第 370~372 页，并见第 166 题解析。钢板楼板、钢板墙板工程量计算规则见下表。

工程量计算规则	钢板楼板	按设计图示尺寸以铺设水平投影面积"m^2"计算。不扣除单个面积≤$0.3m^2$的柱、垛及孔洞所占面积
	钢板墙板	按设计图示尺寸以铺挂展开面积"m^2"计算。不扣除单个面积≤$0.3m^2$的梁、孔洞所占面积,包角、包边、窗台泛水等不另加面积
相关说明		钢板楼板上浇筑钢筋混凝土,其混凝土和钢筋应按"混凝土及钢筋混凝土工程"中相关项目编码列项
		压型钢楼板按钢板楼板项目编码列项

选项 D:钢漏斗、钢天沟板,按设计图示尺寸以重量"t"计算。不扣除孔眼的质量,焊条、铆钉、螺栓等不另增加质量,依附漏斗的型钢并入漏斗工程量内。

选项 E:成品雨篷,以"m"计量时,按设计图示接触边以长度计算;以"m^2"计量时,按设计图示尺寸以展开面积计算。

168.【**2019 年真题**】根据《房屋建筑与装饰工程工程量计算规范》(GB 50854—2013),压型钢板楼板清单工程量计算应( )。

A. 按设计图示数量计算,以"t"计量

B. 按设计图示规格计算、以"块"计量

C. 不扣除孔洞部分

D. 按设计图示以铺设水平投影面积计算,以"m^2"计量

【解析】 参见第 167 题解析。

169.【**2018 年真题**】根据《房屋建筑与装饰工程工程量计算规范》(GB 50854—2013),压型钢板楼板工程量应( )。

A. 按设计图示尺寸以体积计算

B. 扣除所有柱、垛及孔洞所占面积

C. 按设计图示尺寸以铺设水平投影面积计算

D. 按设计图示尺寸以质量计算

【解析】 参见第 167 题解析。

170.【**2004 年真题**】压型钢板墙板面积按( )。

A. 垂直投影面积计算 B. 外接规则矩形面积计算
C. 展开面积计算 D. 设计图示尺寸以铺挂面积计算

【解析】 参见第 167 题解析。

171.【**2009 年真题**】根据《建设工程工程量清单计价规范》(GB 50500—2008),下列关于压型钢板墙板工程量计算正确的是( )。

A. 按设计图示尺寸以质量计算

B. 按设计图示尺寸以铺挂面积计算

C. 包角、包边部分按设计尺寸以质量计算

D. 窗台泛水部分按设计尺寸以面积计算

【解析】 参见第 167 题解析。

172.【**2014 年真题**】根据《房屋建筑与装饰工程工程量计算规范》(GB 50854—2013)规定,关于金属结构工程量计算,说法正确的是( )。

A. 钢管柱牛腿工程量列入其他项目中
B. 钢网架按设计图示尺寸以质量计算
C. 金属结构工程量应扣除孔眼、切边质量
D. 金属结构工程量应增加铆钉、螺栓质量

【解析】 参见教材第370、371页。钢网架工程量按设计图示尺寸以质量计算。

173.【2013年真题】根据《房屋建筑与装饰工程工程量计算规范》(GB 50854—2013),关于金属结构工程量计算的说法,正确的是( )。
A. 钢吊车梁工程量包括制动梁、制动桁架工程量
B. 钢管柱按设计图示尺寸以质量计算,扣除加强环、内衬管工程量
C. 空腹钢柱按设计图示尺寸以长度计算
D. 实腹钢柱按设计图示尺寸的长度计算,牛腿和悬臂梁质量另计

【解析】 参见教材第370、371页。

选项B:钢管柱按设计图示尺寸以质量"t"计算工程量。钢管柱上的节点板、加强环、内衬管、牛腿等并入钢管柱工程量内。

选项C、D:实腹钢柱、空腹钢柱:按设计图示尺寸以质量"t"计算工程量。依附在钢柱上的牛腿及悬臂梁等并入钢柱工程量内。

174.【2012年真题】根据《建设工程工程量清单计价规范》(GB 50500—2008)附录A,关于金属结构工程工程量计算的说法,错误的是( )。
A. 不扣除孔眼、切边、切肢的质量,焊条、铆钉、螺栓等质量不另增加
B. 钢管柱上牛腿的质量不增加
C. 压型钢板墙板,按设计图示尺寸以铺挂面积计算
D. 金属网按设计图示尺寸以面积计算

【解析】 参见教材第370~372页。
选项B:钢管柱上的节点板、加强环、内衬管、牛腿等并入钢管柱工程量内。

175.【2005年真题】根据《建设工程工程量清单计价规范》(GB 50500—2003)的有关规定,计算钢管柱的工程量清单时,所列部件均要计算重量并入钢管柱工程量内的是( )。
A. 节点板、焊条
B. 内衬管、牛腿
C. 螺栓、加强环
D. 不规则多边形钢板切边、铆钉

【解析】 参见教材第370页。钢管柱上的节点板、加强环、内衬管、牛腿等并入钢管柱工程量内。

176.【2008年真题】根据《建设工程工程量清单计价规范》(GB 50500—2003),金属结构工程量的计算,正确的是( )。
A. 钢网架连接用铆钉、螺栓按质量并入钢网架工程量中计算
B. 依附于实腹钢柱上的牛腿及悬臂梁不另增加质量
C. 压型钢板楼板按设计图示尺寸以质量计算
D. 钢平台、钢走道按设计图示尺寸以质量计算

【解析】 参见教材第370、371页。
选项A:焊条、铆钉、螺栓等不另增加质量。

选项 B：依附在钢柱上的牛腿及悬臂梁等并入钢柱工程量内。

选项 C：压型钢板楼板，按设计图示尺寸以铺设水平投影面积计算。

177.【2007年真题】根据《建设工程工程量清单计价规范》（GB 50500—2003），关于金属结构工程量计算，正确的说法是（　　）。

　　A. 压型钢板墙板按设计图示尺寸的铺挂面积计算

　　B. 钢屋架按设计图示规格、数量以榀计算

　　C. 钢天窗架按设计图示规格、数量以樘计算

　　D. 钢网架按设计图示尺寸的水平投影面积计算

【解析】 参见教材第370、371页。

选项 B：以"榀"计量时，按设计图示数量计算；以"t"计量时，按设计图示尺寸以质量计算。

选项 C：钢天窗架按设计图示尺寸以质量"t"计算。

选项 D：按设计图示尺寸以质量"t"计算。

178.【2024年真题】根据《房屋建筑与装饰工程工程量计算规范》（GB 50854—2013），下列关于钢板楼板、墙板、钢构件计算，说法正确的是（　　）。

　　A. 钢平台按照设计图片尺寸以铺设面积"m^2"计算

　　B. 钢板天沟按照设计图示尺寸以延长米"m"计算

　　C. 压型钢板楼板按照设计图示尺寸以质量"t"计算

　　D. 压型钢板墙板按照设计图示尺寸以铺挂展开面积"m^2"计算

【解析】 参见教材第370~373页。

选项 A：钢平台、钢走道、钢梯、钢护栏、钢支架、零星钢构件，按设计图示尺寸以质量"t"计算。

选项 B：钢漏斗、钢板天沟按设计图示尺寸以质量"t"计算。

选项 C：压型钢板楼板按设计图示尺寸以铺设水平投影面积"m^2"计算。

179.【2023年真题】根据《房屋建筑与装饰工程工程量计算规范》（GB 50854—2013）规定，下列关于金属结构工程量计算，说法正确的是（　　）。

　　A. 压型钢板楼板按设计图示尺寸以铺设水平投影面积"m^2"计算

　　B. 压型钢板墙板按设计图示尺寸以质量"t"计算

　　C. 钢走道按设计图示尺寸以铺设面积"m^2"计算

　　D. 钢栏杆按设计图示尺寸以延长米"m"计算

【解析】 参见教材第371页。

选项 B：压型钢板墙板按设计图示尺寸以铺挂面积"m^2"计算。

选项 C、D：钢护栏、钢走道按设计图示尺寸以质量"t"计算。

180.【2023年真题】根据《房屋建筑与装饰工程工程量计算规范》（GB 50854—2013）规定，下列关于金属制品工程量计算说法，正确的是（　　）

　　A. 成品空调金属百叶护栏按设计图示尺寸以质量计算

　　B. 成品雨篷以"m"计量时，按设计图示接触边长计算

　　C. 砌块墙钢丝网加固按设计图示尺寸以质量计算

　　D. 抹灰钢丝网加固不另编码列项

【解析】 参见教材第 371、372 页。

选项 A：成品空调金属百叶护栏、成品栅栏、金属网栏，按设计图示尺寸以框外围展开面积"m^2"计算。

选项 B：对于成品雨篷，以"m"计量时，按设计图示接触边以长度计算。

选项 C：砌块墙钢丝网加固、后浇带金属网，按设计图示尺寸以面积"m^2"计算。

选项 D：抹灰钢丝网加固按砌块墙钢丝网加固项目编码列项。

（七）木结构工程（编码：0107）

（1）木屋架（编码：010701）

181.【2019 年真题】 根据《房屋建筑与装饰工程工程量计算规范》（GB 50854—2013），非标准图设计木屋架项目特征中应描述（　　）。

A. 跨度　　　　　　　　　　　　B. 材料品种及规格
C. 运输和吊装要求　　　　　　　D. 刨光要求
E. 防护材料种类

【解析】 参见教材第 373 页。木屋架工程量计算规则见下表。

工程量计算规则	木屋架	以"榀"计量时，按设计图示数量计算
		以"m^3"计量时，按设计图示的规格尺寸以体积计算
	钢木屋架	以"榀"计量，按设计图示数量计算
相关说明	屋架的跨度以上、下弦中心线两交点之间的距离计算	
	带气楼的屋架和马尾、折角以及正交部分的半屋架，按相关屋架项目编码列项	
	以"榀"计量，按标准图设计的应注明标准图代号，按非标准图设计的项目特征需要描述木屋架的跨度、材料品种及规格、刨光要求、拉杆及夹板种类、防护材料种类	
	屋架中钢拉杆、钢夹板等应包括在清单项目的综合单价内	

182.【2018 年真题】 根据《房屋建筑与装饰工程工程量计算规范》（GB 50854—2013），钢木屋架工程应（　　）。

A. 按设计图示数量计算
B. 按设计图示尺寸以体积计算
C. 按设计图示尺寸以下弦中心线的长度计算
D. 按设计图示尺寸以上部屋面斜面面积计算

【解析】 参见第 181 题解析。

（2）木构件（编码：010702）

183.【2014 年真题】 根据《房屋建筑与装饰工程工程量计算规范》（GB 50854—2013）规定，有关木结构工程量计算，说法正确的是（　　）。

A. 木屋架的跨度应以墙或柱的支撑点间的距离计算
B. 木屋架的马尾、折角工程量不予计算
C. 钢木屋架的钢拉杆、连接螺栓不单独列项计算
D. 木柱区分不同规格以高度计算

【解析】 参见教材第 373、374 页。

选项 A：屋架的跨度以上、下弦中心线两交点之间的距离计算。

选项 B：带气楼的屋架和马尾、折角以及正交部分的半屋架，按相关屋架项目编码列项。

选项 D：木柱、木梁，按设计图示尺寸以体积"m^3"计算。

（八）门窗工程（编码：0108）

（1）木门（编码：010801）

184.【2020年真题】根据《房屋建筑与装饰工程工程量计算规范》（GB 50854—2013），木门综合单价计算不包括（　　）。

A. 折页、插销安装　　　　　　　　　B. 门碰珠、弓背拉手安装

C. 弹簧折页安装　　　　　　　　　　D. 门锁安装

【解析】 参见教材第375页。木门工程量计算规则见下表。

工程量 计算规则	木质门、木质门 带套、木质连窗门、 木质防火门	以"樘"计量，按设计图示数量计算
		以"m^2"计量，按设计图示洞口尺寸以面积计算
		项目特征描述：门代号及洞口尺寸，镶嵌玻璃品种、厚度
	木门框	以"樘"计量，按设计图示数量计算
		以"m"计量，按设计图示框的中心线以延长米计算
	门锁安装	按设计图示数量"个（套）"计算
相关说明	五金安装应计算在综合单价中。需要注意的是，木门五金不含门锁、门锁安装	
	以"樘"计量，项目特征必须描述洞口尺寸；以"m^2"计量，项目特征可不描述洞口尺寸	

（2）金属门（编码：010802）

185.【2019年真题】根据《房屋建筑与装饰工程工程量计算规范》（GB 50854—2013），金属门清单工程量计算正确的是（　　）。

A. 门锁、拉手按金属门五金一并计算，不单列项

B. 按设计图示洞口尺寸以质量计算

C. 按设计门框或扇外围图示尺寸以质量计算

D. 钢质防火门和防盗门不按金属门列项

【解析】 参见教材第375页。金属门工程量计算规则见下表。

工程量 计算规则	金属（塑钢） 门、彩板门、钢质 防火门、防盗门	以"樘"计量，按设计图示数量计算
		以"m^2"计量，按设计图示洞口尺寸以面积计算
相关说明	金属门五金包括L形执手插锁（双舌）、执手锁（单舌）、门轨头、地锁、防盗门机、门眼（猫眼）、门碰珠、电子锁（磁卡锁）、闭门器、装饰拉手等 铝合金门五金包括地弹簧、门锁、拉手、门插、门铰、螺钉等	
	五金安装应计算在综合单价中，但应注意，金属门锁已包含在门五金中，不需另行计算	
	以"樘"计量，项目特征必须描述洞口尺寸；没有洞口尺寸的必须描述门框或扇外围尺寸	
	以"m^2"计量，项目特征可不描述洞口尺寸及框、扇的外围尺寸	
	以"m^2"计量，无设计图示洞口尺寸，按门框、扇外围以面积计算	

186. 【2021年真题】根据《房屋建筑与装饰工程工程量计算规范》(GB 50854—2013),下列关于门窗工程计算正确的有( )。

A. 金属门五金应单独列项计算
B. 木门门锁已包含在五金中,不另计算
C. 金属橱窗以"樘"计量,项目特征必须描述框外围展开面积
D. 木质门按门外围尺寸的面积计量
E. 防护铁丝门刷防护涂料应包括在综合单价中

【解析】 参见教材第375、376页。

选项A:金属门五金计算应计算在综合单价中。

选项B:木门门锁不包含在五金中。

选项D:木质门以"樘"或"m²"计算。

187. 【2014年真题】根据《房屋建筑与装饰工程工程量计算规范》(GB 50854—2013)规定,关于厂库房大门工程量计算,说法正确的是( )。

A. 防护铁丝门按设计数量以质量计算
B. 金属格栅门按设计图示门框以面积计算
C. 钢质花饰大门按设计图示数量以质量计算
D. 全钢板大门按设计图示洞口尺寸以面积计算

【解析】 参见教材第376页。全钢板大门按设计图示数量计算,或者按设计图示洞口尺寸以面积计算。

(3) 金属窗（编码:010807）

188. 【2018年真题】根据《房屋建筑与装饰工程工程量计算规范》(GB 50854—2013),门窗工程量计算正确的是( )。

A. 木门框按设计图示洞口尺寸以面积计算
B. 金属纱窗按设计图示洞口尺寸以面积计算
C. 石材窗台板按设计图示以水平投影面积计算
D. 木门的门锁安装按设计图示数量计算

【解析】 参见教材第375~378页。

选项A:木门框以"樘"或"m"计算。

选项B:金属纱窗以"樘"计量;或者以"m²"计量,按框的外围尺寸以面积计算。

选项C:窗台板包括木窗台板、铝塑窗台板、金属窗台板、石材窗台板,工程量按设计图示尺寸以展开面积"m²"计算。

189. 【2009年真题】根据《建设工程工程量清单计价规范》(GB 50500—2008),下列关于装饰装修工程量计算正确的有( )。

A. 天棚抹灰应扣除垛、柱所占面积
B. 天棚灯带按设计图示以长度计算
C. 标准金属门按设计图示数量计算
D. 金属平开窗按设计图示洞口尺寸以面积计算
E. 铝合金窗帘盒按设计图示尺寸以面积计算

【解析】 参见教材第375、377、390、391页。

选项 A：天棚抹灰，按设计图示尺寸以水平投影面积"m²"计算。不扣除间壁墙、垛、柱、附墙烟囱、检查口和管道所占的面积。

选项 B：灯带（槽），按设计图示尺寸以框外围面积"m²"计算。

选项 E：窗帘工程量以"m"计量，按设计图示尺寸以成活后长度计算；以"m²"计量，按图示尺寸以成活后展开面积计算。

木窗帘盒、饰面夹板、塑料窗帘盒、铝合金窗帘盒、窗帘轨，按设计图示尺寸以长度"m"计算。

190.【2007 年真题】根据《建设工程工程量清单计价规范》（GB 50500—2003），以下关于装饰装修工程量计算，正确的说法有（　　）。

A. 门窗套按设计图示尺寸以展开面积计算

B. 木踢脚线油漆按设计图示尺寸以长度计算

C. 金属面油漆按设计图示构件以质量计算

D. 窗帘盒按设计图示尺寸以长度计算

E. 木门、木窗均按设计图示尺寸以面积计算

【解析】 参见教材第 375~378、386、393~395 页。

选项 B：木踢脚线油漆按设计图示尺寸以面积"m²"计算。

选项 E：木门以"樘"或"m²"计算。木质窗以"樘"或"m²"计量。

191.【2016 年真题】根据《房屋建筑与装饰工程工程量计算规范》（GB 50854—2013）。关于门窗工程量计算，说法正确的是（　　）。

A. 木质门带套工程量应按套外围面积计算

B. 门窗工程量计量单位与项目特征描述无关

C. 门窗工程量按图示尺寸以面积为单位时，项目特征必须描述洞口尺寸

D. 门窗工作量以数量"樘"为单位时，项目特征必须描述洞口尺寸

【解析】 参见教材第 375~378 页。

选项 A：木质门带套工程量以"m²"计量，按设计图示洞口尺寸以面积计算。

选项 B、C：门窗项目特征描述时，当工程量是按图示数量"樘"计量的，项目特征必须描述洞口尺寸；以"m²"计量的，项目特征可不描述洞口尺寸。

192.【2019 年真题】根据《房屋建筑与装饰工程工程量计算规范》（GB 50854—2013），以"樘"计量的金属橱窗项目特征中必须描述（　　）。

A. 洞口尺寸　　　　　　　　　B. 玻璃面积

C. 窗设计数量　　　　　　　　D. 框外围展开面积

【解析】 参见教材第 377 页。金属橱窗、金属飘（凸）窗以"樘"计量，项目特征必须描述框外围展开面积。

193.【2014 年真题】根据《房屋建筑与装饰工程工程量计算规范》（GB 50854—2013）规定，关于金属窗工程量计算，说法正确的是（　　）。

A. 彩板钢窗按设计图示尺寸以框外围展开面积计算

B. 金属纱窗按框的外围尺寸以面积计算

C. 金属百叶窗按框外围尺寸以面积计算

D. 金属橱窗按设计图示洞口尺寸以面积计算

【解析】 参见教材第377页。金属窗工程量以"m²"计量,当无设计图示洞口尺寸时,按窗框外围以面积计算。包括以下4种情况:

选项A:彩板窗、复合材料窗工程量按设计图示数量"樘"计算,或者按设计图示洞口尺寸或框外围以面积"m²"计算。

选项B:金属纱窗工程量按设计图示数量"樘"计算,或者按框的外围尺寸以面积"m²"计算。

选项C:金属(塑钢、断桥)窗、金属防火窗、金属百叶窗、金属格栅窗工程量按设计图示数量"樘"计算,或者按设计图示洞口尺寸以面积"m²"计算。

选项D:金属(塑钢、断桥)橱窗、金属(塑钢、断桥)飘(凸)窗工程量按设计图示数量"樘"计算,或者按设计图示尺寸以框外围展开面积"m²"计算。

194.【2011年真题】根据《建设工程工程量清单计价规范》(GB 50500—2008),门窗工程的工程量计算正确的是(   )。

A. 金属推拉窗按设计图示尺寸以窗净面积计算

B. 金属窗套按设计图示尺寸以展开面积计算

C. 铝合金窗帘盒按设计图示尺寸以展开面积计算

D. 金属窗台板按设计图示尺寸数量计算

【解析】 参见第193题解析。木窗帘盒、饰面夹板、塑料窗帘盒、铝合金窗帘盒、窗帘轨按设计图示尺寸以长度"m"计算,窗台板按设计图示尺寸以展开面积"m²"计算。

195.【2008年真题】根据《建设工程工程量清单计价规范》(GB 50500—2003),装饰装修工程中门窗套工程量的计算,正确的是(   )。

A. 按设计图示尺寸以长度计算　　　　B. 按设计图示尺寸以投影面积计算

C. 按设计图示尺寸以展开面积计算　　D. 并入门窗工程量不另计算

【解析】 参见教材第378页。门窗套,以"樘"计量,按设计图示数量计算;以"m²"计量,按设计图示尺寸以展开面积计算;以"m"计量,按设计图示中心以延长米计算。

(九)屋面及防水工程(编码:0109)

(1)瓦屋面、型材屋面及其他屋面(编码:010901)

196.【2021年真题】根据《房屋建筑与装饰工程工程量计算规范》(GB 50854—2013),关于屋面工程量计算方法正确的为(   )。

A. 瓦屋面按设计图示尺寸以水平投影面积计算

B. 膜结构屋面按设计图示尺寸以斜面积计算

C. 瓦屋面若是在木基层上铺瓦,木基层包含在综合单价中

D. 型材屋面的金属檩条工作内容包含了檩条制作、运输和安装

【解析】 参见教材第378、379页。瓦屋面、型材屋面及其他屋面工程量计算规则见下表。

工程量计算规则	瓦屋面、型材屋面	按设计图示尺寸以斜面积"m²"计算。不扣除房上烟囱、风帽底座、风道、小气窗、斜沟等所占面积,小气窗的出檐部分不增加面积
	阳光板、玻璃钢屋面	按设计图示尺寸以斜面积"m²"计算。不扣除屋面面积≤0.3m²的孔洞所占面积
	膜结构屋面	按设计图示尺寸以需要覆盖的水平投影面积"m²"计算

相关说明	(1) 型材屋面的金属檩条应包含在综合单价内计算，其工作内容包含了檩条制作、运输及安装
	(2) 瓦屋面斜面积按屋面水平投影面积乘以屋面延尺系数。延尺系数可根据屋面坡度的大小确定

197.【2011年真题】根据《建设工程工程量清单计价规范》（GB 50500—2008），膜结构屋面的工程量应（   ）。

A. 按设计图示尺寸以斜面面积计算

B. 按设计图示以长度计算

C. 按设计图示尺寸以需要覆盖的水平投影面积计算

D. 按设计图示尺寸以面积计算

【解析】 参见第196题解析。

（2）屋面防水及其他（编码：010902）

198.【2012年真题】根据《建设工程工程量清单计价规范》（GB 50500—2008）附录A，关于屋面及防水工程工程量计算的说法，正确的是（   ）。

A. 瓦屋面、型材屋面按设计图示尺寸以水平投影面积计算

B. 屋面涂膜防水中，女儿墙的弯起部分不增加面积

C. 屋面排水管按设计图示尺寸以长度计算

D. 变形缝防水、防潮按面积计算

【解析】 参见教材第378、380、381页。屋面防水及其他工程量计算规则见下表。

工程量计算规则	屋面卷材防水、屋面涂膜防水	按设计图示尺寸以面积"m^2"计算。斜屋顶（不包括平屋顶找坡）按斜面积计算，平屋顶按水平投影面积计算。不扣除房上烟囱、风帽底座、风道、屋面小气窗和斜沟所占面积。屋面的女儿墙、伸缩缝和天窗等处的弯起部分，并入屋面工程量内
	屋面刚性层	按设计图示尺寸以面积"m^2"计算
	屋面排水管	按设计图示尺寸以长度"m"计算。若设计未标注尺寸，以檐口至设计室外散水上表面垂直距离计算
	屋面排（透）气管	按设计图示尺寸以长度"m"计算
	屋面（廊、阳台）泄（吐）水管	按设计图示数量"根（个）"计算
	屋面天沟、檐沟	按设计图示尺寸以展开面积"m^2"计算
	屋面变形缝	按设计图示尺寸以长度"m"计算

199.【2024年真题】下列关于屋面防水及其他工程量计算的说法，正确的是（   ）。

A. 平屋顶找坡屋面卷材防水层按斜面积以"m"计算

B. 屋面排水管按设计图示尺寸以"m"计算

C. 屋面天沟、檐沟按设计图示尺寸以延长米"m"计算

D. 屋面刚性层按设计图示尺寸面积乘以厚度以"m^3"计算

【解析】 参见第198题解析。

200.【2017年真题】根据《房屋建筑与装饰工程工程量计算规范》（GB 50854—2013），

屋面防水及其他工程量计算正确的是（　　）。

A. 屋面卷材防水按设计图示尺寸以面积计算，防水搭接及附加层用量按设计尺寸计算

B. 屋面排水管设计未标注尺寸，考虑弯折处的增加以长度计算

C. 屋面铁皮天沟按设计图示尺寸以展开面积计算

D. 屋面变形缝按设计尺寸以铺设面积计算

【解析】　参见第198题解析。

201. 【2016年真题】根据《房屋建筑与装饰工程工程量计算规范》（GB 50854—2013），屋面防水工程量计算，说法正确的是（　　）。

A. 斜屋面卷材防水，工程量按水平投影面积计算

B. 平屋面涂膜防水，工程量不扣除烟囱所占面积

C. 平屋面女儿墙弯起部分卷材防水不计工程量

D. 平屋面伸缩缝卷材防水不计工程量

【解析】　参见第198题解析。

202. 【2014年真题】根据《房屋建筑与装饰工程工程量计算规范》（GB 50854—2013）规定，关于屋面防水工程量计算，说法正确的是（　　）。

A. 斜屋面卷材防水按水平投影面积计算

B. 女儿墙、伸缩缝等处卷材防水弯起部分不计

C. 屋面排水管按设计图示数量以根计算

D. 屋面变形缝卷材防水按设计图示尺寸以长度计算

【解析】　参见第198题解析。

203. 【2007年真题】根据《建设工程工程量清单计价规范》（GB 50500—2003），屋面及防水工程量计算，正确的说法是（　　）。

A. 瓦屋面、型材屋面按设计图示尺寸的水平投影面积计算

B. 屋面刚性防水按设计图示尺寸以面积计算

C. 地面砂浆防水按设计图示面积乘以厚度以体积计算

D. 屋面天沟、檐沟按设计图示尺寸以长度计算

【解析】　参见教材第378、380、381页。屋面刚性防水按设计图示尺寸以面积"m^2"计算。

204. 【2006年真题】屋面及防水工程量计算中，正确的工程量清单计算规则是（　　）。

A. 瓦屋面、型材屋面按设计图示尺寸以水平投影面积计算

B. 膜结构屋面按设计尺寸以需要覆盖的水平面积计算

C. 斜屋面卷材防水按设计尺寸以斜面积计算

D. 屋面排水管按设计尺寸以理论质量计算

E. 屋面天沟按设计尺寸以面积计算

【解析】　参见教材第378、380页。

选项A：瓦屋面、型材屋面按设计图示尺寸以斜面积"m^2"计算。

选项B：膜结构屋面按设计图示尺寸以需要覆盖的水平投影面积"m^2"计算。

选项D：屋面排水管按设计图示尺寸以长度"m"计算。

205.【2010年真题】根据《建设工程工程量清单计价规范》（GB 50500—2008），装饰装修工程中可按设计图示数量计算工程量的是（　　）。

A. 镜面玻璃 B. 厨房壁柜
C. 雨篷吊挂饰面 D. 金属窗台板

【解析】 参见教材第378、396页。

选项A：镜面玻璃按设计图示尺寸以边框外围面积计算。

选项C：雨篷吊挂饰面、玻璃雨篷按设计图示尺寸以水平投影面积计算。

选项D：金属窗台板按设计图示尺寸以展开面积"m^2"计算。

206.【2010年真题】根据《建设工程工程量清单计价规范》（GB 50500—2008），有关屋面及防水工程工程量的计算，正确的有（　　）。

A. 瓦屋面按设计尺寸以斜面积计算
B. 屋面刚性防水按设计图示尺寸以面积计算，不扣除房上烟囱、风道所占面积
C. 膜结构屋面按设计图尺寸以需要覆盖的水平面积计算
D. 涂膜防水按设计图示尺寸以面积计算
E. 屋面排水管以檐口至设计室外地坪之间垂直距离计算

【解析】 参见教材第378、380页。

选项E：屋面排水管按设计图示尺寸以长度"m"计算。若设计未标注尺寸，以檐口至设计室外散水上表面垂直距离计算。

207.【2009年真题】根据《建设工程工程量清单计价规范》（GB 50500—2008），以下有关分项工程工程量计算，正确的是（　　）。

A. 瓦屋面按设计图示尺寸以斜面积计算
B. 膜结构屋面按设计图示尺寸以需要覆盖的水平面积计算
C. 屋面排水管按设计室外散水上表面至檐口的垂直距离以长度计算
D. 变形缝防水按设计尺寸以面积计算
E. 保温柱按柱中心线高度计算

【解析】 参见教材第378、380、383页。

选项D：变形缝按设计图示尺寸以长度"m"计算。

选项E：保温柱、梁，按设计图示尺寸以面积"m^2"计算。

208.【2008年真题】根据《建设工程工程量清单计价规范》（GB 50500—2003），屋面防水工程量的计算，正确的是（　　）。

A. 平、斜屋面卷材防水均按设计图示尺寸以水平投影面积计算
B. 屋面女儿墙、伸缩缝等处弯起部分卷材防水不另增加面积
C. 屋面排水管设计未标注尺寸的，以檐口至地面散水上表面垂直距离计算
D. 铁皮、卷材天沟按设计图示尺寸以长度计算

【解析】 参见教材第380页。屋面排水管设计未标注尺寸的，以檐口至设计室外散水上表面垂直距离计算。

209.【2010年真题】根据《建设工程工程量清单计价规范》（GB 50500—2008），屋面防水卷材工程量的计算，正确的是（　　）。

A. 平屋顶按水平投影面积计算　　　　B. 平屋顶找坡按斜面积计算
C. 扣除烟囱、风道所占面积　　　　　D. 女儿墙、伸缩缝的弯起部分不另增加

【解析】 参见教材第380页。

选项A：平屋顶按水平投影面积计算。

选项B：斜屋顶（不包括平屋顶找坡）按斜面积计算。

选项C：不扣除房上烟囱、风帽底座、风道、屋面小气窗和斜沟所占面积。

选项D：屋面的女儿墙、伸缩缝和天窗等处的弯起部分，并入屋面工程量内。

210.【2011年真题】根据《建设工程工程量清单计价规范》（GB 50500—2008），屋面及防水工程中变形缝的工程量应为（　　）。

A. 按设计图示尺寸以面积计算　　　　B. 按设计图示尺寸以体积计算
C. 按设计图示尺寸以长度计算　　　　D. 不计算

【解析】 参见教材第380页。屋面变形缝按设计图示尺寸以长度"m"计算。

211.【2023年真题】根据《房屋建筑与装饰工程工程量计算规范》（GB 50854—2013）规定，下列关于屋面防水及其他工程量计算，说法正确的是（　　）。

A. 平屋顶找坡屋面卷材防水按水平投影面积计算
B. 屋面刚性层按设计图示尺寸面积乘以厚度，以"m^3"计算
C. 屋面变形缝按设计图示尺寸宽度乘以长度，以"m^2"计算
D. 屋面排水管按设计图示尺寸断面面积乘以高度，以"m^3"计算

【解析】 参见教材第380页。

选项B：屋面刚性层按设计图示尺寸以面积"m^2"计算。

选项C：变形缝按设计图示尺寸以长度"m"计算。

选项D：屋面排水管按设计图示尺寸以长度"m"计算。

212.【2022年真题】根据《房屋建筑与装饰工程工程量计算规范》（GB 50854—2013），关于屋面防水层工程量计算，正确的是（　　）。

A. 应扣除屋面小气窗所占面积　　　　B. 不扣除斜沟的面积
C. 屋面卷材空铺层所占面积另行计算　D. 屋面女儿墙泛水的弯起部分不计算

【解析】 参见教材第380页。屋面卷材防水、屋面涂膜防水，按设计图示尺寸以面积计算。斜屋顶（不包括平屋顶找坡）按斜面积计算，平屋顶按水平投影面积计算。不扣除房上烟囱、风帽底座、风道、屋面小气窗和斜沟所占面积。屋面的女儿墙、伸缩缝和天窗等处的弯起部分，并入屋面工程量内。屋面防水搭接及附加层用量不另行计算，在综合单价中考虑。

213.【2020年真题】根据《房屋建筑与装饰工程工程量计算规范》（GB 50854—2013），屋面防水工程量计算正确的为（　　）。

A. 斜屋面按水平投影面积计算　　　　B. 女儿墙处弯起部分应单独列项计算
C. 防水卷材搭接用量不另行计算　　　D. 屋面伸缩缝弯起部分应单独列项计算

【解析】 参见第212题解析。

214.【2018年真题】根据《房屋建筑与装饰工程工程量计算规范》（GB 50854—2013），斜屋面的卷材防水工程量应（　　）。

A. 按设计图示尺寸以水平投影面积计算　B. 按设计图示尺寸以斜面积计算

C. 扣除房上烟囱、风帽底座所占面积　　D. 扣除屋面小气窗、斜沟所占面积

【解析】 参见第 212 题解析。

215.【2019 年真题】根据《房屋建筑与装饰工程工程量计算规范》(GB 50854—2013)，屋面及防水清单工程量计算正确的有（　　）。

A. 屋面排水管按檐口至设计室外散水上表面垂直距离计算

B. 斜屋面卷材防水按屋面水平投影面积计算

C. 屋面排气管按设计图以数量计算

D. 屋面檐沟防水按设计图示尺寸以展开面积计算

E. 屋面变形缝按设计图示以长度计算

【解析】 参见教材第 380 页。

选项 A、C：屋面排水管按设计图示尺寸以长度"m"计算。如设计未标注尺寸，以檐口至设计室外散水上表面垂直距离计算。

选项 B：斜屋顶（不包括平屋顶找坡）按斜面积计算。

216.【2023 年真题】根据《房屋建筑与装饰工程工程量计算规范》(GB 50854—2013) 规定，下列关于楼面防水工程量计量，说法正确的是（　　）。

A. 楼面防水按主墙间净空面积乘以厚度，以"m^3"计算

B. 楼面防水反边高度大于 300mm 按墙面防水计算

C. 楼面变形缝按设计图示尺寸以面积"m^2"计算

D. 楼面防水找平层不另编码列项

【解析】 参见教材第 381 页。楼（地）面防水反边高度≤300mm 算作地面防水，反边高度大于 300mm 算作墙面防水计算。

（3）墙面防水、防潮（编码：010903）

217.【2020 年真题】根据《房屋建筑与装饰工程工程量计算规范》(GB 50854—2013)，关于墙面变形缝防水防潮工程量计算正确的为（　　）。

A. 墙面卷材防水按设计图示尺寸以面积计算

B. 墙面防水搭接及附加层用量应另行计算

C. 墙面砂浆防水项目中，钢丝网不另行计算，在综合单价中考虑

D. 墙面变形缝按设计图示立面投影面积

E. 墙面变形缝若做双面，按设计图示长度尺寸乘以 2 计算

【解析】 参见教材第 381 页。

选项 B：墙面防水搭接及附加层用量不另行计算，在综合单价中考虑。

选项 D：墙面变形缝按设计图示尺寸以长度"m"计算。

218.【2018 年真题】根据《房屋建筑与装饰工程工程量计算规范》(GB 50854—2013)，墙面防水工程量计算正确的有（　　）。

A. 墙面涂膜防水按设计图示尺寸以质量计算

B. 墙面砂浆防水按设计图示尺寸以体积计算

C. 墙面变形缝按设计图示尺寸以长度计算

D. 墙面卷材防水按设计图示尺寸以面积计算

E. 墙面防水搭接用量按设计图示尺寸以面积计算

【解析】 参见教材第 381 页。墙面防水、防潮工程量计算规则见下表。

工程量 计算规则	墙面卷材防水、墙面涂膜防水、墙面砂浆防水（防潮）	按设计图示尺寸以面积"m²"计算
	墙面变形缝	按设计图示尺寸以长度"m"计算
		墙面变形缝，若做双面，工程量乘以系数 2
相关说明	(1) 墙面防水搭接及附加层用量不另行计算，在综合单价中考虑	
	(2) 墙面找平层按墙、柱面装饰与隔断、幕墙工程"立面砂浆找平层"项目编码列项	
	(3) 墙面砂浆防水（防潮）项目特征描述：防水层做法、砂浆厚度及配合比、钢丝网规格。注意，在其工作内容中已包含了挂钢丝网，即钢丝网不另行计算，在综合单价中考虑	

（4）楼（地）面防水、防潮（编码：010904）

219.【2014 年真题】根据《房屋建筑与装饰工程工程量计算规范》(GB 50854—2013) 规定，有关楼地面防水、防潮工程量计算，说法正确的是（   ）。

A. 按设计图示尺寸以面积计算
B. 按主墙间净面积计算，搭接和反边部分不计
C. 反边高度≤300mm 部分不计算
D. 反边高度>300mm 部分计入楼地面防水

【解析】 参见教材第 381 页。楼（地）面防水、防潮工程量计算规则见下表。

工程量 计算规则	楼（地）面卷材防水、楼（地）面涂膜防水、楼（地）面砂浆防水（防潮）	按设计图示尺寸以面积"m²"计算
	楼（地）面防水	按主墙间净空面积计算，扣除凸出地面的构筑物、设备基础等所占面积，不扣除间壁墙及单个面积≤0.3m² 的柱、烟囱和孔洞所占面积
	楼（地）面防水反边高度≤300mm 算作地面防水，反边高度>300mm 算作墙面防水	
	楼（地）面变形缝	按设计图示尺寸以长度"m"计算
相关说明	(1) 楼（地）面防水找平层按楼地面装饰工程"平面砂浆找平层"项目编码列项	
	(2) 楼（地）面防水搭接及附加层用量不另行计算，在综合单价中考虑	

（十）保温、隔热、防腐工程（编码：0110）

（1）保温、隔热（编码：011001）

220.【2023 年真题】根据《房屋建筑与装饰工程工程量计算规范》(GB 50854—2013) 规定，下列关于保温、隔热工程量计算，说法正确的是（   ）。

A. 保温隔热屋面按设计图示尺寸面积乘以厚度，以"m³"计算
B. 保温隔热墙面按设计图示尺寸面积乘以厚度，以"m³"计算
C. 保温梁按设计图示梁断面保温层中心线展开长度乘以保温层长度，以"m²"计算
D. 保温隔热楼地面按设计图示尺寸面积乘以厚度，以"m³"计算

【解析】 参见教材第 383 页。保温、隔热工程量计算规则见下表。

工程量计算规则	保温隔热屋面	按设计图示尺寸以面积"m²"计算。扣除面积>0.3m²的孔洞及占位面积
	保温隔热天棚	按设计图示尺寸以面积"m²"计算。扣除面积>0.3m²的柱、垛、孔洞所占面积,与天棚相连的梁按展开面积计算,并入天棚工程量内。柱帽保温隔热应并入天棚保温隔热工程量内
	保温隔热墙面	按设计图示尺寸以面积"m²"计算。扣除门窗洞口以及面积>0.3m²的梁、孔洞所占面积;门窗洞口侧壁以及与墙相连的柱,并入保温墙体工程量
	保温柱、梁	按设计图示尺寸以面积"m²"计算 柱按设计图示柱断面保温层中心线展开长度乘以保温层高度以面积计算,扣除面积>0.3m²的梁所占面积 梁按设计图示梁断面保温层中心线展开长度乘以保温层长度以面积计算
	保温隔热楼地面	按设计图示尺寸以面积"m²"计算。扣除面积>0.3m²的柱、垛、孔洞所占面积,门洞、空圈、暖气包槽、壁龛的开口部分不增加面积
	其他保温隔热	按设计图示尺寸以展开面积"m²"计算。扣除面积>0.3m²的孔洞及占位面积
相关说明	(1) 池槽保温隔热应按其他保温隔热项目编码列项	
	(2) 保温隔热装饰面层,按装饰工程中相关项目编码列项	
	(3) 仅做找平层,按楼地面装饰工程"平面砂浆找平层"或墙、柱面装饰与隔断、幕墙工程"立面砂浆找平层"项目编码列项	
	(4) 保温柱、梁适用于不与墙、天棚相连的独立柱、梁,与墙、天棚相连的柱、梁并入墙、天棚工程量内	

221.【2024 年真题】根据《房屋建筑与装饰工程工程量计算规范》(GB 50854—2013),下列关于保温、隔热工程量计算的说法正确的是(   )。

A. 保温隔热层屋面按设计尺寸面积(扣除孔洞所占面积)以"m²"计算

B. 与保温隔热层天棚相连的梁应单独列项计算

C. 保温隔热层楼地面按设计图示尺寸面积乘以厚度以"m³"计算

D. 保温柱按设计图示柱断面保温层中心线展开长度乘以保温层局度以"m²"计算

【解析】 参见第 220 题解析。

222.【2021 年真题】根据《房屋建筑与装饰工程工程量计算规范》(GB 50854—2013),关于保温、隔热工程量计算方法正确的为(   )。

A. 柱帽保温隔热包含在柱保温工程量内

B. 池槽保温隔热按其他保温隔热项目编码列项

C. 保温隔热墙面工程量计算时,门窗洞口侧壁不增加面积

D. 梁按设计图示梁断面周长乘以保温层长度以面积计算

【解析】 参见第 220 题解析。

223. 【2020年真题】根据《房屋建筑与装饰工程工程量计算规范》（GB 50854—2013），与墙相连的墙间柱保温隔热工程量计算正确的为（　　）。

　　A. 按设计图示尺寸以面积"m^2"单独计算

　　B. 按设计图示尺寸以柱高"m"单独计算

　　C. 不单独计算，并入保温墙体工程量内

　　D. 按计算图示柱展开面积"m^2"单独计算

【解析】　参见第220题解析。

224. 【2014年真题】根据《房屋建筑与装饰工程工程量计算规范》（GB 50854—2013）规定，有关保温、隔热工程量计算，说法正确的是（　　）。

　　A. 与天棚相连的梁的保温工程量并入天棚工程量

　　B. 与墙相连的柱的保温工程量按柱工程量计算

　　C. 门窗洞口侧壁的保温工程量不计

　　D. 梁保温工程量按设计图示尺寸以梁的中心线长度计算

【解析】　参见第220题解析。

225. 【2011年真题】根据《建设工程工程量清单计价规范》（GB 50500—2008），防腐、隔热、保温工程中保温隔热墙面的工程量应（　　）。

　　A. 按设计图示尺寸以体积计算

　　B. 按设计图示尺寸以墙体中心线长度计算

　　C. 按设计图示尺寸以墙体高度计算

　　D. 按设计图示尺寸以面积计算

【解析】　参见第220题解析。

226. 【2010年真题】根据《建设工程工程量清单计价规范》（GB 50500—2008），保温柱的工程量计算正确的是（　　）。

　　A. 按设计图示尺寸以体积计算

　　B. 按设计图示尺寸以保温层外边线展开长度乘以其高度计算

　　C. 按图示尺寸以柱面积计算

　　D. 按设计图示尺寸以保温层中心线展开长度乘以其高度计算

【解析】　参见第220题解析。

227. 【2005年真题】根据《建设工程工程量清单计价规范》（GB 50500—2003）的有关规定，计算墙体保温隔热工程量清单时，对于有门窗洞口且其侧壁需做保温的，正确的计算方法是（　　）。

　　A. 扣除门窗洞口所占面积，不计算其侧壁保温隔热工程量

　　B. 扣除门窗洞口所占面积，计算其侧壁保温隔热工程量，将其并入保温墙体工程量内

　　C. 不扣除门窗洞口所占面积，不计算其侧壁保温隔热工程量

　　D. 不扣除门窗洞口所占面积，计算其侧壁保温隔热工程量

【解析】　参见第220题解析。

（2）防腐面层（编码：011002）

防腐面层工程量计算规则见下表。

工程量 计算规则	防腐混凝土面层、防腐砂浆面层、防腐胶泥面层、玻璃钢防腐面层、聚氯乙烯板面层、块料防腐面层	按设计图示尺寸以面积"m²"计算	
		平面防腐	扣除凸出地面的构筑物、设备基础等以及面积>0.3m²的孔洞、柱、垛所占面积,门洞、空圈、暖气包槽、壁龛的开口部分不增加面积
		立面防腐	扣除门、窗洞口以及面积>0.3m²的孔洞、梁所占面积,门、窗、洞口侧壁、垛凸出部分按展开面积并入墙面积内
	池、槽块料防腐面层	按设计图示尺寸以展开面积"m²"计算	
相关说明	(1) 防腐踢脚线,应按楼地面装饰工程"踢脚线"项目编码列项 (2) 防腐混凝土面层、防腐砂浆面层、防腐胶泥面层等项目在描述项目特征时候,应描述混凝土、砂浆、胶泥等材料的种类和防腐的部位		

(3) 其他防腐(编码:011003)

228.【2014年真题】根据《房屋建筑与装饰工程工程量计算规范》(GB 50854—2013)规定,有关防腐工程量计算,说法正确的是( )。

A. 隔离层平面防腐,门洞开口部分按图示面积计入

B. 隔离层立面防腐,门洞口侧壁部分不计算

C. 砌筑沥青浸渍砖,按图示水平投影面积计算

D. 立面防腐涂料,门洞侧壁按展开面积并入墙面积内

【解析】 参见教材第383、384页。其他防腐工程量计算规则见下表。

工程量 计算规则	隔离层	按设计图示尺寸以面积"m²"计算	
		平面防腐	扣除凸出地面的构筑物、设备基础等以及面积>0.3m²的孔洞、柱、垛所占面积,门洞、空圈、暖气包槽、壁龛的开口部分不增加面积
		立面防腐	扣除门、窗、洞口以及面积>0.3m²的孔洞、梁所占面积,门、窗、洞口侧壁、垛凸出部分按展开面积并入墙面积内
	砌筑沥青浸渍砖	按设计图示尺寸以体积"m³"计算	
	防腐涂料	按设计图示尺寸以面积"m²"计算。包括平面防腐和立面防腐,见隔离层相应部分	
相关说明	防腐涂料需要刮腻子时,项目特征应描述刮腻子的种类及遍数,并包含在综合单价内,不另计算		

229.【2004年真题】工程量按体积计算的是( )。

A. 防腐混凝土面层   B. 防腐砂浆面层

C. 块料防腐面层   D. 砌筑沥青浸渍砖

【解析】 参见第228题解析。

(十一)楼地面装饰工程(编码:0111)

(1) 整体面层及找平层(编码:011101)

230.【2023年真题】根据《房屋建筑与装饰工程工程量计算规范》(GB 50854—2013)规定,下列关于地面装饰工程量计算,说法正确的是( )。

A. 整体地面工程量扣除墙厚不大于 120mm 的间墙所占面积
B. 整体地面垫层不需要单独列项计算
C. 整体地面找平层单独列项计算
D. 橡塑面层地面中的找平层需要另外计算

【解析】 参见教材第 385、386 页。整体面层及找平层工程量计算规则见下表。

工程量计算规则	水泥砂浆楼地面 现浇水磨石楼地面 细石混凝土楼地面 菱苦土楼地面 自流坪楼地面	按设计图示尺寸以面积"m²"计算。扣除凸出地面的构筑物、设备基础、室内管道、地沟等所占面积，不扣除间壁墙及≤0.3m²的柱、垛、附墙烟囱及孔洞所占面积。门洞、空圈、暖气包槽、壁龛的开口部分不增加面积
	平面砂浆找平层	按设计图示尺寸以面积"m²"计算。平面砂浆找平层适用于仅做找平层的平面抹灰
相关说明	(1) 楼地面混凝土垫层另按现浇混凝土基础中"垫层"项目编码列项，除混凝土外的其他材料垫层按砌筑工程中"垫层"项目编码列项	
	(2) 间壁墙指墙厚≤120mm 的墙	
	(3) 水泥砂浆面层处理是拉毛还是提浆压光，应在面层做法要求中描述	
	(4) 地面做法中，垫层须单独列项计算，而找平层综合在地面清单项目中，在综合单价中考虑，不需另行计算	

231.【2009 年真题】根据《建设工程工程量清单计价规范》(GB 50500—2008)，下列关于有设备基础、地沟、间壁墙的水泥砂浆楼地面整体面层工程量计算，正确的是 ( )。

A. 按设计图示尺寸以面积计算，扣除设备基础、地沟所占面积，门洞开口部分不再增加
B. 按内墙净面积计算，设备基础、间壁墙、地沟所占面积不扣除，门洞开口部分不再增加
C. 按设计净面积计算，扣除设备基础、地沟、间壁墙所占面积，门洞开口部分不再增加
D. 按设计图示尺寸面积乘以设计厚度以体积计算

【解析】 参见第 230 题解析。

(2) 块料面层 (编码：011102)

232.【2021 年真题】根据《房屋建筑与装饰工程工程量计算规范》(GB 50854—2013)，楼地面装饰工程中，门洞、空圈、暖气包槽、壁龛应并入相应工程量的是 ( )。

A. 碎石材楼地面　　　　　　　B. 水磨石楼地面
C. 细石混凝土楼地面　　　　　D. 水泥砂浆楼地面

【解析】 参见教材第 385、386 页。块料面层工程量计算规则见下表。

工程量计算规则	石材楼地面、碎石材楼地面、块料楼地面，按设计图示尺寸以面积计算
	门洞、空圈、暖气包槽、壁龛的开口部分并入相应的工程量内

(续)

相关说明	(1) 在描述碎石材项目的面层材料特征时可不用描述规格、颜色
	(2) 与整体面层工程量计算上的不同之处在于，门洞、空圈、暖气包槽、壁龛的开口部分是否并入相应的工程量
	(3) 找平层计入相应清单项目的综合单价，不单独列项计算工程量

（3）橡塑面层（编码：011103）

233.【2016年真题】根据《房屋建筑与装饰工程工程量计算规范》（GB 50854—2013），关于装饰工程量计算，说法正确的有（   ）。

A. 自流坪地面按图示尺寸以体积计算

B. 整体面层按设计图示尺寸以面积计算

C. 块料踢脚线可按延长米计算

D. 石材台阶面装饰按设计图示以台阶最上踏步外沿以外水平投影面积计算

E. 塑料板楼地面按设计图示尺寸以面积计算

【解析】 参见教材第385~387页。

选项A：按设计图示尺寸以面积"m^2"计算。

选项D：石材台阶面装饰工程量按设计图示尺寸以台阶（包括最上层踏步边沿加300mm）水平投影面积"m^2"计算。

选项E：橡胶板楼地面、橡胶卷材楼地面、塑料板楼地面、塑料卷材楼地面，按设计图示尺寸以面积计算。门洞、空圈、暖气包槽、壁龛的开口部分并入相应的工程量内。

（4）其他材料面层（编码：011104）

234.【2012年真题】根据《建设工程工程量清单计价规范》（GB 50500—2008）附录A，关于楼地面装饰装修工程量计算的说法，正确的有（   ）。

A. 整体面层按面积计算，扣除 $0.3m^2$ 以内的孔洞所占面积

B. 水泥砂浆楼地面门洞开口部分不增加面积

C. 块料面层不扣除凸出地面的设备基础所占面积

D. 橡塑面层门洞开口部分并入相应的工程量内

E. 地毯楼地面的门洞开口部分不增加面积

【解析】 参见教材第385、386页。

选项A：整体面层按设计图示尺寸以面积"m^2"计算。不扣除间壁墙及面积≤$0.3m^2$的柱、垛、附墙烟囱及孔洞所占面积。

选项B：对于楼地面，门洞、空圈、壁龛的开口部分不增加面积。

选项C：对于楼地面，扣除凸出地面构筑物、设备基础、室内管道、地沟等所占面积。

选项D：对于橡塑面层楼地面，门洞、空圈、暖气包槽、壁龛的开口部分并入相应的工程量内。

选项E：对于地毯楼地面、竹及木（复合）地板、金属复合地板、防静电活动地板，按设计图示尺寸以面积"m^2"计算。门洞、空圈、暖气包槽、壁龛的开口部分并入相应的工程量内。

(5) 踢脚线（编码：011105）

235.【2018年真题】根据《房屋建筑与装饰工程工程量计算规范》（GB 50854—2013），踢脚线工程量应（　　）。

A. 不予计算　　　　　　　　　　　B. 并入地面面层工程量
C. 按设计图示尺寸以长度计算　　　D. 按设计图示长度乘以高度以面积计算

【解析】 参见教材第386页。踢脚线工程量以"m^2"计量，按设计图示长度乘以高度以面积计算；以"m"计量，按延长米计算。

236.【2007年真题】根据《建设工程工程量清单计价规范》（GB 50500—2003），楼地面踢脚线工程量应（　　）。

A. 按设计图示尺寸以体积计算
B. 按设计图示净长线长度计算
C. 区分不同材料和规格以净长线计算
D. 按设计图示长度乘以高度以面积计算

【解析】 参见第235题解析。

(6) 楼梯面层（编码：011106）

237.【2012年真题】根据《建设工程工程量清单计价规范》（GB 50500—2008）附录A，关于楼梯梯面装饰工程量计算的说法，正确的是（　　）。

A. 按设计图示尺寸以楼梯（不含楼梯井）水平投影面积计算
B. 按设计图示尺寸以楼梯梯段斜面积计算
C. 楼梯与楼地面连接时，算至梯口梁外侧边沿
D. 无梯口梁者，算至最上一层踏步边沿加300mm

【解析】 参见教材第386页。石材楼梯面层、块料楼梯面层、拼碎块料面层、水泥砂浆楼梯面层、现浇水磨石楼梯面层、地毯楼梯面层、木板楼梯面层、橡胶板楼梯面层、塑料板楼梯面层，按设计图示尺寸以楼梯（包括踏步、休息平台及小于或等于500mm的楼梯井）水平投影面积"m^2"计算。楼梯与楼地面相连时，算至梯口梁内侧边沿；无梯口梁者，算至最上一层踏步边沿加300mm。

(7) 台阶装饰（编码：011107）

238.【2018年真题】根据《房屋建筑与装饰工程工程量计算规范》（GB 50854—2013），楼地面装饰工程量计算正确的有（　　）。

A. 现浇水磨石楼地面按设计图示尺寸以面积计算
B. 细石混凝土地面按设计图示尺寸以体积计算
C. 块料台阶面按设计图示尺寸以展开面积计算
D. 金属踢脚线按延长米计算
E. 石材楼地面按设计图示尺寸以面积计算

【解析】 参见教材第385~387页。

选项B：细石混凝土楼地面按设计图示尺寸以面积"m^2"计算。

选项C：石材台阶面、块料台阶面、拼碎块料台阶面、水泥砂浆台阶面、现浇水磨石台阶面、剁假石台阶面的工程量按设计图示尺寸以台阶（包括最上层踏步边沿加300mm）水平投影面积"m^2"计算。

239.【2011年真题】根据《建设工程工程量清单计价规范》(GB 50500—2008),楼地面装饰装修工程的工程量计算,正确的是( )。

A. 水泥砂浆楼地面整体面层按设计图示尺寸以面积计算,不扣除设备基础和室内管道所占面积

B. 石材楼地面按设计图示尺寸以面积计算,不增加门洞开口部分所占面积

C. 金属复合地板按设计图示尺寸以面积计算,门洞、空圈部分所占面积不另增加

D. 水泥砂浆楼梯面层按设计图示尺寸以楼梯(包括踏步、休息平台及500mm及以内的楼梯井)水平投影面积计算

【解析】 参见教材第385~387页。

选项A:水泥砂浆楼地面按设计图示尺寸以面积计算,扣除凸出地面构筑物、设备基础、室内管道、地沟等所占面积。

选项B:石材楼地面按设计图示尺寸以面积计算,门洞、空圈、暖气包槽、壁龛的开口部分并入相应的工程量内。

选项C:金属复合地板按设计图示尺寸以面积计算。门洞、空圈、暖气包槽、壁龛的开口部分并入相应的工程量内。

240.【2011年真题】根据《建设工程工程量清单计价规范》(GB 50500—2008),装饰装修工程的工程量计算正确的有( )。

A. 金属踢脚线按设计图示尺寸以质量计算

B. 金属扶手带栏杆按设计图示尺寸以扶手中心线长度计算

C. 石材台阶面按设计图示尺寸以台阶水平投影面积计算

D. 楼梯、台阶侧面装饰按设计图示尺寸以面积计算

E. 柱面装饰抹灰按设计图示柱断面周长乘以高度以面积计算

【解析】 参见教材第386~388、396页。

选项A:踢脚线工程量以"m^2"或"m"计量。

241.【2008年真题】根据《建设工程工程量清单计价规范》(GB 50500—2003),计算楼地面工程量时,门洞、空圈、暖气包槽、壁龛开口部分面积不并入相应工程量的项目是( )。

A. 细石混凝土地面 B. 花岗石楼地面
C. 塑料板楼地面 D. 楼地面化纤地毯

【解析】 参见教材第385、386页。细石混凝土楼地面,扣除凸出地面构筑物、设备基础、室内管道、地沟等所占面积,不扣除间壁墙及面积≤$0.3m^2$的柱、垛、附墙烟囱及孔洞所占面积。门洞、空圈、暖气包槽、壁龛的开口部分不增加面积。

(十二) 墙、柱面装饰与隔断、幕墙工程(编码:0112)

(1) 墙面抹灰(编码:011201)

242.【2023年真题】根据《房屋建筑与装饰工程工程量计算规范》(GB 50854—2013)规定,下列关于墙面抹灰工程量计算,说法正确的是( )。

A. 外墙裙抹灰按其延长米长度以"m"计算

B. 内墙抹灰按主墙间的净长乘以高度(墙裙部分不予扣除)以"m^2"计算

C. 内墙裙抹灰按内墙净长线以"m"计算

D. 墙面勾缝按设计图示尺寸以面积"m²"计算

【解析】 参见教材第387页。墙面抹灰工程量计算规则见下表。

工程量计算规则	墙面一般抹灰 墙面装饰抹灰 墙面勾缝 立面砂浆找平层	按设计图示尺寸以面积"m²"计算。扣除墙裙、门窗洞口及单个面积>0.3m²的孔洞，不扣除踢脚线、挂镜线和墙与构件交接处的面积，门窗洞口和孔洞的侧壁及顶面不增加面积。附墙柱、梁、烟囱侧壁并入相应的墙面面积内。飘窗凸出外墙面增加的抹灰并入外墙工程量内
	外墙抹灰面积	按外墙垂直投影面积计算
	外墙裙抹灰面积	按其长度乘以高度计算
	内墙抹灰面积	按主墙间的净长乘以高度计算。无墙裙的内墙高度按室内楼地面至天棚底面计算；有墙裙的内墙高度按墙裙顶至天棚底面计算。有吊顶天棚的内墙面抹灰，抹至吊顶以上部分在综合单价中考虑，不另行计算
	内墙裙抹灰面积	按内墙净长乘以高度计算
相关说明	（1）立面砂浆找平项目适用于仅做找平层的立面抹灰，即墙面抹灰中，找平层在综合单价中考虑，不另计算	
	（2）墙面抹石灰砂浆、水泥砂浆、混合砂浆、聚合物水泥砂浆、麻刀石灰浆、石膏灰浆等按墙面一般抹灰列项；墙面水刷石、斩假石、干粘石、假面砖等按墙面装饰抹灰列项	

243.【2024年真题】根据《房屋建筑与装饰工程工程量计算规范》（GB 50854—2013），下列关于墙面抹灰工程量计算的说法，正确的是（   ）。

A. 墙面一般抹灰按设计图示尺寸以"m²"计算，扣除踢脚线与墙交界处的面积

B. 外墙裙抹灰按其长度延长米以"m"计算

C. 外墙抹灰按外墙垂直投影面积以"m²"计算

D. 有吊顶天棚的内墙抹灰，吊顶以上部分单独计算

【解析】 参见第242题解析。

244.【2016年真题】根据《房屋建筑与装饰工程工程量计算规范》（GB 50854—2013），墙面抹灰工程量的计算，说法正确的是（   ）。

A. 墙面抹灰工程量应扣除墙与构件交接处面积

B. 有墙裙的内墙抹灰按主墙间净长乘以墙裙顶至天棚底高度以面积计算

C. 内墙抹灰不单独计算

D. 外墙抹灰按外墙展开面积计算

【解析】 参见第242题解析。

（2）柱（梁）面抹灰（编码：011202）

245.【2020年真题】根据《房屋建筑与装饰工程工程量计算规范》（GB 50854—2013），关于柱面抹灰工程量计算正确的有（   ）。

A. 柱面勾缝忽略不计

B. 柱面抹石灰砂浆按柱面装饰抹灰编码列项

C. 柱面抹灰按设计断面周长乘以高度以面积计算

D. 柱面勾缝按设计断面周长乘以高度以面积计算

E. 柱面砂浆找平按设计断面周长乘以高度以面积计算

【解析】 参见教材第388页。柱（梁）面抹灰工程量计算规则见下表。

工程量 计算规则	柱面一般抹灰 柱面装饰抹灰 柱面砂浆找平层	按设计图示柱断面周长乘以高度以面积"m^2"计算
	梁面一般抹灰 梁面装饰抹灰 梁面砂浆找平层	按设计图示梁断面周长乘以长度以面积"m^2"计算
	柱面勾缝	按设计图示柱断面周长乘以高度以面积"m^2"计算
相关说明	（1）砂浆找平项目适用于仅做找平层的柱（梁）面抹灰	
	（2）柱（梁）面抹石灰砂浆、水泥砂浆、混合砂浆、聚合物水泥砂浆、麻刀石灰浆、石膏灰浆等按柱（梁）面一般抹灰编码列项；柱（梁）面水刷石、斩假石、干粘石、假面砖等按柱（梁）面装饰抹灰项目编码列项	

246.【2024年真题】根据《房屋建筑与装饰工程工程量计算规范》（GB 50854—2013），下列关于柱子（梁）面抹灰工程量计算规范的说法，正确的是（　　）。

A. 柱面装饰抹灰中找平层应单独列项计算

B. 砂浆找平层项目适用于仅做找平层的柱（梁）面抹灰

C. 柱面勾缝，按设计图示勾缝长度以"m"计算

D. 梁面砂浆找平，按设计图示梁高乘以长度以"m"计算

【解析】 参见教材第388页。

选项A、B：砂浆找平项目适用于仅做找平层的柱（梁）面抹灰。

选项C：柱面勾缝按设计图示柱断面周长乘以高度以面积"m^2"计算。

选项D：梁面一般抹灰、梁面装饰抹灰、梁面砂浆找平层按设计图示梁断面周长乘以长度以面积"m^2"计算。

247.【2012年真题】根据《建设工程工程量清单计价规范》（GB 50500—2008）附录A，关于装饰装修工程量计算的说法正确的是（　　）。

A. 石材墙面按图示尺寸以体积计算

B. 墙面装饰抹灰工程量应扣除踢脚线所占面积

C. 干挂石材钢骨架按设计图示尺寸以质量计算

D. 装饰板墙面按设计图示面积计算，不扣除门窗洞口所占面积

【解析】 参见教材第387~389页。此考点不能只看教材，还要看清单计量规则。

选项A：石材墙面、拼碎石材、块料墙面的工程量按镶贴表面积计算。

选项B：墙面抹灰工程量按设计图示尺寸以面积计算。不扣除踢脚线、挂镜线和墙与构件交接处的面积。

选项D：墙面装饰板工程量按设计图示墙净长乘以净高以面积计算。扣除门窗洞口及单个面积>0.3m^2的孔洞所占面积。

248.【2021年真题】根据《房屋建筑与装饰工程工程量计算规范》（GB 50854—2013），

关于抹灰工程量计算方法正确的是（　　）。

A. 柱面勾缝按图示尺寸以长度计算

B. 柱面抹麻刀石灰砂浆按柱面装饰抹灰列项

C. 飘窗凸出外墙面增加的抹灰在综合单价中考虑，不另计算

D. 有吊顶天棚的内墙面抹灰，抹至吊顶以上部分在综合单价中考虑

【解析】 参见教材第387、388页。

选项A：柱面勾缝按设计图示柱断面周长乘以高度以面积"m²"计算。

选项B：柱（梁）面抹石灰砂浆、水泥砂浆、混合砂浆、聚合物水泥砂浆、麻刀石灰浆石膏灰浆等按柱（梁）面一般抹灰编码列项。

选项C：飘窗凸出外墙面增加的抹灰并入外墙工程量内。

249.【2020年真题】根据《房屋建筑与装饰工程工程量计算规范》（GB 50854—2013），墙面抹灰工程量计算正确的为（　　）。

A. 墙面抹灰中墙面勾缝不单独列项

B. 有吊顶天棚的内墙面抹灰抹至吊顶以上部分应另行计算

C. 墙面水刷石按墙面装饰抹灰编码列项

D. 墙面抹石膏灰浆按墙面装饰抹灰编码列项

【解析】 参见教材第387、388页。

选项A：墙面一般抹灰、墙面装饰抹灰、墙面勾缝、立面砂浆找平层的工程量按设计图示尺寸以面积"m²"计算。

选项B：有吊顶天棚的内墙面抹灰，抹至吊顶以上部分在综合单价中考虑，不另计算。

选项C：墙面水刷石、斩假石、干粘石、假面砖等按墙面装饰抹灰列项。

选项D：墙面抹石灰砂浆、水泥砂浆、混合砂浆、聚合物水泥砂浆、麻刀石灰浆、石膏灰浆等按墙面一般抹灰列项。

250.【2006年真题】计算墙面抹灰工程量时应扣除（　　）。

A. 墙裙　　　　　　　　　　B. 踢脚线

C. 门洞口　　　　　　　　　D. 挂镜线

E. 窗洞口

【解析】 参见教材第387、388页。计算墙面抹灰工程量时，应扣除墙裙、门窗洞口及单个面积>0.3m²的孔洞。

251.【2005年真题】根据《建设工程工程量清单计价规范》（GB 50500—2003）的有关规定，工程量清单计算时，附墙柱侧面抹灰（　　）。

A. 不计算工程量，在综合单价中考虑　　B. 计算工程量后并入柱面抹灰工程量

C. 计算工程量后并入墙面抹灰工程量　　D. 计算工程量后并入零星抹灰工程量

【解析】 参见教材第387、388页。附墙柱、梁、烟囱侧壁并入相应的墙面面积内。

(3) 墙饰面（编码：011207）

(4) 柱（梁）饰面（编码：011208）

(5) 幕墙工程（编码：011209）

252.【2009年真题】根据《建设工程工程量清单计价规范》（GB 50500—2008），下列关于墙、柱装饰工程量计算正确的是（　　）。

A. 柱饰面按柱设计高度以长度计算
B. 柱面抹灰按柱断面周长乘以高度以面积计算
C. 带肋全玻幕墙按外围尺寸以面积计算
D. 墙面装饰板按墙中心线长度乘以墙高以面积计算

【解析】 参见教材第 388~390 页。墙饰面工程量计算规则见下表。

工程量计算规则	墙面装饰板	按设计图示墙净长乘以净高以面积"m^2"计算 扣除门窗洞口及单个面积>0.3m^2 的孔洞所占面积
	墙面装饰浮雕	按设计图示尺寸以面积"m^2"计算
相关说明	(1) 墙面装饰板综合了龙骨制作、运输、安装，应在综合单价中考虑	
	(2) 基层材料是在龙骨上粘贴或铺钉一层加强面层的底板。墙面装饰板中，基层铺钉应在综合单价中考虑	

柱饰面工程量计算规则见下表。

工程量计算规则	柱（梁）面装饰	按设计图示饰面外围尺寸以面积"m^2"计算。柱帽、柱墩并入相应柱饰面工程量内
	成品装饰柱	以"根"计量，按设计数量计算；以"m"计量，按设计长度计算
相关说明	(1) 柱（梁）面装饰综合了龙骨制作、运输、安装，应在综合单价中考虑	
	(2) 饰面外围尺寸即饰面的表面尺寸	

幕墙工程工程量计算规则见下表。

工程量计算规则	带骨架幕墙	按设计图示框外围尺寸以面积"m^2"计算。不扣除与幕墙同种材质的窗所占面积
	全玻（无框玻璃）幕墙	按设计图示尺寸以面积"m^2"计算。带肋全玻幕墙按展开面积计算
相关说明	(1) 与幕墙同种材质的窗并入幕墙工程量内，包含在幕墙综合单价中；不同种材质的窗应另列项算工程量。幕墙上的门应单独计算工程量	
	(2) 幕墙钢骨架按干挂石材钢骨架另列项目	
	(3) 带肋全玻幕墙是指玻璃幕墙带玻璃肋，玻璃肋的工程量并入玻璃幕墙工程量内计算	

选项 B：柱面抹灰，按设计图示柱断面周长乘以高度以面积计算。

253.【2004 年真题】柱面装饰板工程量应按设计图示饰面外围尺寸以面积计算，且（　　）。

A. 扣除柱帽、柱墩面积
B. 扣除柱帽、不扣除柱墩面积
C. 扣除柱墩、不扣除柱帽面积
D. 柱帽、柱墩并入相应柱饰面工程量内

【解析】 参见第 252 题解析。

254.【2020 年真题】根据《房屋建筑与装饰工程工程量计算规范》（GB 50854—2013），幕墙工程工程量计算正确的为（　　）。

A. 应扣除与带骨架幕墙同种材质的窗所占面积

B. 带肋全玻幕墙玻璃肋工程量应单独计算

C. 带骨架幕墙按图示框内围尺寸以面积计算

D. 带肋全玻幕墙按展开面积计算

【解析】 参见第252题解析。

(十三) **天棚工程**（编码：0113）

255. 【2018年真题】根据《房屋建筑与装饰工程工程量计算规范》(GB 50854—2013)，天棚抹灰工程量计算正确的是（　　）。

  A. 扣除检查口和管道所占面积　　　 B. 板式楼梯底面抹灰按水平投影面积计算

  C. 扣除间壁墙、垛和柱所占面积　　　 D. 锯齿形楼梯底板抹灰按展开面积计算

【解析】 参见教材第390、391页。天棚抹灰工程量计算规则见下表。

工程量 计算规则	天棚抹灰按设计图示尺寸以水平投影面积"m^2"计算。不扣除间壁墙、垛、柱、附墙烟囱、检查口和管道所占的面积
	带梁天棚的梁两侧抹灰面积并入天棚面积内
	板式楼梯底面抹灰按斜面积计算
	锯齿形楼梯底板抹灰按展开面积计算
相关说明	天棚抹灰项目特征描述包括基层类型、抹灰厚度及材料种类、砂浆配合比，其中基层类型是指混凝土现浇板、预制混凝土板或木板条等

256. 【2011年真题】根据《建设工程工程量清单计价规范》(GB 50500—2008)，天棚抹灰工程量计算正确的是（　　）。

  A. 带梁天棚的梁两侧抹灰面积不计算　 B. 板式楼梯底面抹灰按水平投影面积计算

  C. 锯齿形楼梯底板抹灰按展开面积计算 D. 间壁墙、附墙柱所占面积应予扣除

【解析】 参见第255题解析。

257. 【2022年真题】根据《房屋建筑与装饰工程工程量计算规范》(GB 50854—2013)，关于天棚抹灰工程量的计算，说法正确的是（　　）。

  A. 天棚抹灰按设计图示水平展开面积计算

  B. 采光天棚骨架并入不单独列项

  C. 锯齿形楼梯底板按斜面积计算

  D. 天棚抹灰不扣除检查口面积

【解析】 参见第255题解析。

选项B：采光天棚工程量计算按框外围展开面积计算。采光天棚骨架应单独按"金属结构"中相关项目编码列项。

258. 【2020年真题】根据《房屋建筑与装饰工程工程量计算规范》(GB 50854—2013)，计算采光天棚工程量正确的是（　　）。

  A. 按设计图示尺寸框外围展开面积计算

  B. 按设计图示尺寸水平投影面积计算

  C. 采光天棚的骨架工程量计入天棚工程量

  D. 吊顶龙骨工程量另行计算。

【解析】 采光天棚工程量按框外圈展开面积计算。

259. 【2021年真题】根据《房屋建筑与装饰工程工程量计算规范》(GB 50854—2013)，关于天棚工程量计算方法，正确的为（　　）。

A. 带梁天棚的梁两侧抹灰面积并入天棚面积内计算

B. 板式楼梯底面抹灰按设计图示尺寸以水平投影面积计算

C. 吊顶天棚中的灯带按照设计图示尺寸以长度计算

D. 吊顶天棚的送风口和回风口，按框外围展开面积计算

【解析】 参见教材第390、391页。

选项A：带梁天棚的梁两侧抹灰面积并入天棚面积内。

选项B：板式楼梯底面抹灰按斜面积计算，锯齿形楼梯底板抹灰按展开面积计算。

选项C：灯带（槽）按设计图示尺寸以框外围面积"m²"计算。

选项D：送风口、回风口按设计图示数量以"个"计算。

260. 【2014年真题】根据《房屋建筑与装饰工程工程量计算规范》(GB 50854—2013)规定，关于天棚装饰工程量计算，说法正确的是（　　）。

A. 灯带（槽）按设计图示尺寸以框外围面积计算

B. 灯带（槽）按设计图示尺寸以延长米计算

C. 送风口按设计图示尺寸以结构内边线面积计算

D. 回风口按设计图示尺寸以面积计算

【解析】 参见第259题解析。

261. 【2005年真题】根据《建设工程工程量清单计价规范》(GB 50500—2003)的有关规定，天棚面层工程量清单计算中，下面说法正确的是（　　）。

A. 天棚面中的灯槽、跌级展开增加的面积另行计算并入天棚

B. 扣除间壁墙所占面积

C. 天棚检查孔、灯槽单独列项

D. 天棚面中的灯槽、跌级展开增加的面积不另计算

【解析】 参见教材第391页。天棚中的灯槽、跌级面积不展开计算，不扣除间壁墙、检查口、附墙烟囱、柱、垛和管道所占面积，天棚其他装饰包括灯带（槽）、送风口及回风口。

（十四）油漆、涂料、裱糊工程（编码：0114）

（1）门油漆（编码：011401）

262. 【2022年真题】根据《房屋建筑与装饰工程工程量计算规范》(GB 50854—2013)，关于油漆工程量，正确的是（　　）。

A. 木门油漆以"樘"计量，项目特征应描述相应的洞口尺寸

B. 木门油漆工作内容中未包含"刮腻子"，应单独计算

C. 壁柜油漆按设计图示尺寸以油漆部分的投影面积计算

D. 金属面油漆应包含在相应钢构件制作的清单内，不单独列项

【解析】 参见教材第393~395页。门油漆工程量计算规则见下表。

工程量计算规则	木门油漆、金属门油漆工程量以"樘"计量，按设计图示数量计量
	以"m²"计量，按设计图示洞口尺寸以面积计算

	（续）
相关说明	（1）木门油漆应区分木大门、单层木门、双层（一玻一纱）木门、双层（单裁口）木门、全玻自由门、半玻自由门、装饰门及有框门或无框门等项目，分别编码列项。金属门油漆应区分平开门、推拉门、钢制防火门等项目，分别编码列项
	（2）以"m²"计量，项目特征可不必描述洞口尺寸
	（3）木门油漆、金属门油漆工作内容中包括"刮腻子"，应在综合单价中考虑，不另计算工程量

选项 C：衣柜及壁柜油漆、梁柱饰面油漆、零星木装修油漆，按设计图示尺寸以油漆部分展开面积"m²"计算。

263.【2021 年真题】根据《房屋建筑与装饰工程工程量计算规范》（GB 50854—2013），下列油漆工程量可以按"m²"计量的是（　　）。

　　A. 木扶手油漆　　　　　　　　B. 挂衣板油漆
　　C. 封檐板油漆　　　　　　　　D. 木栅栏油漆

【解析】　参见教材第 393~395 页。木扶手油漆，窗帘盒油漆，封檐板及顺水板油漆，挂衣板及黑板框油漆，挂镜线、窗帘棍、单独木线油漆，按设计图示尺寸以长度"m"计算。

264.【2013 年真题】根据《房屋建筑与装饰工程工程量计算规范》（GB 50854—2013），关于油漆工程量计算的说法，正确的有（　　）。

　　A. 金属门油漆按设计图示洞口尺寸以面积计算
　　B. 封檐板油漆按设计图示尺寸以面积计算
　　C. 门窗套油漆按设计图示尺寸以面积计算
　　D. 木隔断油漆按设计图示尺寸以单面外围面积计算
　　E. 窗帘盒油漆按设计图示尺寸以面积计算

【解析】　参见教材第 393~395 页。

选项 B、E：木扶手油漆，窗帘盒油漆，封檐板、顺水板油漆，挂衣板、黑板框油漆，挂镜线、窗帘棍、单独木线油漆，按设计图示尺寸以长度"m"计算。

265.【2006 年真题】下列油漆工程量计算规则中，正确的说法是（　　）。

　　A. 门、窗油漆按展开面积计算
　　B. 木扶手油漆按平方米计算
　　C. 金属面油漆按构件质量计算
　　D. 抹灰面油漆按图示尺寸以面积和遍数计算

【解析】　参见教材第 393~395 页。

选项 A：门、窗油漆工程量以樘或按设计图示洞口尺寸以面积计算。

选项 B：木扶手及其他板条（线条）油漆工程量按设计图示尺寸以长度计算。

选项 D：抹灰面油漆工程量按设计图示尺寸以面积计算。

266.【2024 年真题】根据《房屋建筑与装饰工程工程量计算规范》（GB 50854—2013），下列关于油漆工程量计算规则，说法正确的是（　　）。

　　A. 抹灰面油漆中的满刮腻子，不另计算工程量
　　B. 木窗、金属窗油漆中的刮腻子，不另计算工程量

C. 金属门窗油漆中的除锈应单独列项计算工程量

D. 木门、金属门油漆中的满刮腻子，应单独列项计算工程量

【解析】 参见教材第393~395页。

选项A：满刮腻子的工程量按设计图示尺寸以面积"m²"计算。

选项B、D：门、窗油漆工作内容中包括"刮腻子"，应在综合单价中考虑，不另计算工程量。

选项C：金属门窗油漆中的除锈不另计算工程量。

267.【2023年真题】根据《房屋建筑与装饰工程工程量计算规范》（GB 50854—2013）规定，下列关于油漆工程量计算，说法正确的是（　　）。

A. 窗油漆中"刮腻子"单独计算

B. 暖气罩油漆工程量按设计图示尺寸以面积"m²"计算

C. 木栅栏油漆，按设计图示尺寸以双面外围面积"m²"计算

D. 木栏杆扶手油漆单独编码列项计算

【解析】 参见教材第394页。

选项A：窗油漆工作内容中包括"刮腻子"，应在综合单价中考虑，不另计算工程量。

选项B：暖气罩油漆及其他木材面油漆的工程量均按设计图示尺寸以面积计算。

选项C：木栅栏及木栏杆（带扶手）油漆，按设计图示尺寸以单面外围面积计算。

选项D：木栏杆（带扶手）油漆，扶手油漆在综合单价中考虑，不单独列项计算工程量。

268.【2009年真题】根据《建设工程工程量清单计价规范》（GB 50500—2008），按设计图示尺寸以长度计算油漆工程量的是（　　）。

A. 窗帘盒　　　　B. 木墙裙　　　　C. 踢脚线　　　　D. 木栏杆

【解析】 参见教材第394、395页。窗帘盒可以长度计算油漆工程量。

269.【2008年真题】根据《建设工程工程量清单计价规范》（GB 50500—2003），装饰装修工程中的油漆工程，其工程量应按图示尺寸以面积计算的有（　　）。

A. 门、窗

B. 木地板

C. 金属面

D. 水泥地

E. 木扶手及板条

【解析】 参见教材第394、395页。

选项A：门油漆工程量以樘或按设计图示洞口尺寸以面积计算。

选项C：金属面油漆以"t"计量，按设计图示尺寸以质量计算；以"m²"计量，按设计展开面积计算。

选项E：木扶手按设计图示尺寸以长度"m"计算。

（2）喷刷涂料（编码：011407）

270.【2016年真题】根据《房屋建筑与装饰工程工程量计算规范》（GB 50854—2013），关于涂料工程量的计算，说法正确的是（　　）。

A. 木材构件喷刷防火涂料按设计图示以面积计算

B. 金属构件刷防火涂料按构件单面外围面积计算

C. 空花格、栏杆刷涂料按设计图示尺寸以双面面积计算

D. 线条刷涂料按设计展开面积计算

【解析】 参见教材第 395 页。喷刷涂料工程量计算规则见下表。

工程量计算规则	墙面喷刷涂料、天棚喷刷涂料	按设计图示尺寸以面积"m²"计算
	空花格、栏杆刷涂料	按设计图示尺寸以单面外围面积计算
	线条刷涂料	按设计图示尺寸以长度"m"计算
	金属构件刷防火涂料	以"t"计量，按设计图示尺寸以质量计算
		以"m²"计量，按设计展开面积计算
	木材构件喷刷防火涂料	以"m²"计量，按设计图示尺寸以面积计算

（十五）其他装饰工程（编码：0115）

271.【2010 年真题】 根据《建设工程工程量清单计价规范》（GB 50500—2008），装饰装修工程中按设计图尺寸以面积计算工程量的有（　　）。

A. 线条刷涂料　　　　　　　　B. 金属扶手带栏杆、栏板
C. 全玻璃幕墙　　　　　　　　D. 干挂石材钢骨架
E. 织锦缎裱糊

【解析】 参见教材第 395、396、388、390 页。

选项 A：线条刷涂料，按设计图示尺寸以长度"m"计算。

选项 B：金属扶手、栏杆、栏板，按设计图示尺寸以扶手中心线长度（包括弯头长度）"m"计算。

选项 D：干挂石材钢骨架，按设计图示尺寸以质量"t"计算。

272.【2010 年、2007 年真题】 根据《建设工程工程量清单计价规范》（GB 50500—2008、GB 50500—2003），扶手、栏杆装饰工程量计算应按（　　）。

A. 设计图示尺寸以扶手中心线的长度（不包括弯头长度）计算
B. 设计图示尺寸以扶手中心线的长度（包括弯头长度）计算
C. 设计图示尺寸扶手以长度计算，栏杆以垂直投影面积计算
D. 设计图示尺寸扶手以长度计算，栏杆以单面面积计算

【解析】 参见教材第 396 页。金属扶手、栏杆、栏板，按设计图示尺寸以扶手中心线长度（包括弯头长度）"m"计算。

（十六）拆除工程（编码：0116）

273.【2023 年真题】 根据《房屋建筑与装饰工程工程量计算规范》（GB 50854—2013）规定，下列关于钢筋混凝土构件拆除工程量清单项目计算，说法正确的有（　　）

A. 按拆除构件的体积计算
B. 按拆除部位的面积计算
C. 按拆除部位的延长米计算
D. 项目特征描述中说明构件表面的附着物种类
E. 以"m³"作为计量单位时，需要详细描述构件的规格尺寸

【解析】 参见教材第 397 页。混凝土及钢筋混凝土构件拆除工程量计算规则见下表。

工程量 计算规则	混凝土构件拆除、钢筋混凝土 构件拆除	以 "m^3" 计量，按拆除构件的混凝土体积计算
		以 "m^2" 计量，按拆除部位的面积计算
		以 "m" 计量，按拆除部位的延长米计算
相关说明	以 "m^3" 作为计量单位时，可不描述构件的规格尺寸	
	以 "m^2" 作为计量单位时，则应描述构件的厚度	
	以 "m" 作为计量单位时，则必须描述构件的规格尺寸	
	项目特征描述中，构件表面的附着物种类指抹灰层、块料层、龙骨及装饰面层等	

274.【2019年真题】根据《房屋建筑与装饰工程工程量计算规范》（GB 50854—2013），混凝土构件拆除清单工程量计算正确的是（　　）。

A. 可按拆除构件的虚方工程量计算，以 "m^3" 计量

B. 可按拆除部位的面积计算，以 "m^2" 计量

C. 可按拆除构件的运输工程量计算，以 "m^3" 计量

D. 按拆除构件的质量计算，以 "t" 计量

【解析】 参见第273题解析。

（十七）措施项目（编码：0117）

（1）脚手架工程（编码：011701）

275.【2021年真题】根据《房屋建筑与装饰工程工程量计算规范》（GB 50854—2013），以下关于脚手架的说法正确的是（　　）。

A. 综合脚手架按建筑面积计算，适用于房屋加层

B. 外脚手架、里脚手架按搭设的长度乘以搭设层数以延长米计算

C. 整体提升式脚手架按所服务对象的垂直投影面积计算

D. 同一建筑物有不同檐口时，按平均檐高编制清单项目

【解析】 参见教材第400、401页。脚手架工程工程量计算规则见下表。

	综合脚手架	按建筑面积 "m^2" 计算 项目特征描述：建筑结构形式、檐口高度
工程量 计算规则	外脚手架、里脚手架、整体提升架、外装饰吊篮	按所服务对象的垂直投影面积 "m^2" 计算
	悬空脚手架、满堂脚手架	按搭设的水平投影面积 "m^2" 计算
	挑脚手架	按搭设长度乘以搭设层数以延长米 "m" 计算
相关说明	（1）当列出了综合脚手架项目时，不得再列出外脚手架、里脚手架等单项脚手架项目；综合脚手架适用于能够按"建筑面积计算规则"计算建筑面积的建筑工程脚手架，不适用于房屋加层、构筑物及附属工程脚手架	
	（2）同一建筑物有不同的檐高时，按建筑物竖向切面分别以不同檐高列清单项目。建筑物的檐口高度是指设计室外地坪至檐口滴水的高度（平屋顶指屋面板底高度），凸出主体建筑物屋顶的电梯机房、楼梯出间、水箱间、瞭望塔、排烟机房等不计入檐口高度	
	（3）整体提升架包括2m高的防护架体设施	

	(续)
相关说明	(4) 满堂脚手架应按搭设方式、搭设高度、脚手架材质分别列项
	(5) 脚手架材质可以不描述，但应注明由投标人根据工程实际情况按照规范自行确定
	(6) 脚手架按垂直投影面积计算工程时，不应扣除门窗洞口、空圈等所占面积。工作内容中包括上料平台的，在综合单价中考虑，不单独编码列项

276.【2016 年真题】根据《房屋建筑与装饰工程工程量计算规范》（GB 50854—2013），关于综合脚手架，说法正确的有（　　）。

A. 工程量按建筑面积计算
B. 用于屋顶加层时应说明加层高度
C. 项目特征应说明建筑结构形式和檐口高度
D. 同一建筑物有不同的檐高时，分别按不同檐高列项
E. 项目特征必须说明脚手架材料

【解析】 参见第 275 题解析。

277.【2013 年真题】综合脚手架的项目特征必须要描述（　　）。

A. 建筑面积　　　　　　　　　B. 檐口高度
C. 场内外材料搬运　　　　　　D. 脚手架的材质

【解析】 参见第 275 题解析。

278.【2013 年真题】根据《房屋建筑与装饰工程工程量计算规范》（GB 50854—2013），下列脚手架中以 m^2 为计算单位的有（　　）。

A. 整体提升架　　　　　　　　B. 外装饰吊篮
C. 挑脚手架　　　　　　　　　D. 悬空脚手架
E. 满堂脚手架

【解析】 参见第 275 题解析。

（2）混凝土模板及支架（撑）（编码：011702）

279.【2024 年真题】根据《房屋建筑与装饰工程工程量计算规范》（GB 50854—2013），关于混凝土模板和支架措施项目工程量计算规则，正确的是（　　）。

A. 采用清水模板，应在项目特征中注明
B. 有梁板计算模板与支架，不另计算脚手架的工程量
C. 原槽浇灌的混凝土基础、垫层模板工程量单独列项计算
D. 现浇混凝土模板工程量通常以模板与混凝土构件接触面积以"m^2"计算
E. 现浇混凝土梁、板支撑高度大于 3.6m 时，项目特征应描述支撑高度

【解析】 混凝土模板及支架（撑）工程量计算规则见下表。

工程量计算规则	一种是以"m^3"计量的模板及支架（撑），按混凝土及钢筋混凝土实体项目执行，其综合单价应包含模板及支架（撑）；一种是以"m^2"计量的模板及支架（撑），主要按模板与混凝土构件的接触面积计算

(续)

工程量计算规则	现浇混凝土基础、柱、梁、墙、板等主要构件模板及支架	按模板与现浇混凝土构件的接触面积"m²"计算
		现浇钢筋混凝土墙、板单孔面积≤0.3m²的孔洞不予扣除，洞侧壁模板亦不增加；单孔面积>0.3m²时应予扣除，洞侧壁模板面积并入墙、板工程量内计算
		现浇框架分别按梁、板、柱有关规定计算，附墙柱、暗梁、暗柱并入墙内工程量内计算
		柱、梁、墙、板相互连接的重叠部分，均不计算模板面积
		构造柱按图示外露部分计算模板面积
	天沟、檐沟、电缆沟、地沟、散水、扶手、后浇带、化粪池、检查井	按模板与现浇混凝土构件的接触面积"m²"计算
	雨篷、悬挑板、阳台板	按图示外挑部分尺寸的水平投影面积"m²"计算，挑出墙外的悬臂梁及板边不另计算
	楼梯	按楼梯（包括休息平台、平台梁、斜梁和楼层板的连接梁）的水平投影面积"m²"计算，不扣除宽度≤500mm的楼梯井所占面积，楼梯踏步、踏步板、平台梁等侧面模板不另计算，伸入墙内部分亦不增加
相关说明	（1）原槽浇灌的混凝土基础、垫层不计算模板工程量	
	（2）若现浇混凝土梁、板支撑高度超过3.6m时，项目特征应描述支撑高度	
	（3）采用清水模板时，应在特征中注明	
	（4）有梁板计算模板与支架（撑），不另计算脚手架的工程量	

280.【2022年真题】根据《房屋建筑与装饰工程工程量计算规范》（GB 50854—2013），下列措施项目以"项"为单位计量的是（ ）。

A. 超高施工增加   B. 大型机械设备进出场
C. 施工降水   D. 非夜间施工照明

【解析】 参见教材第400、402、403页。

选项A：超高施工增加按建筑物超高部分的建筑面积"m²"计算。

选项B：大型机械设备进出场及安拆，按使用机械设备的数量"台·次"计算。

选项C：施工排水、降水按排、降水日历天数"昼夜"计算；成井按设计图示尺寸以钻孔深度"m"计算。

281.【2022年真题】根据《房屋建筑与装饰工程工程量计算规范》（GB 50854—2013），同一建筑物有不同檐高时，下列项目应按不同檐高分别列项的有（ ）。

A. 垂直运输   B. 超高施工增加
C. 二次搬运费   D. 大型机械安拆
E. 脚手架工程

【解析】 参见教材第400~404页。

选项A：垂直运输，同一建筑物有不同檐高时，按建筑物的不同檐高做纵向分割，分别计算建筑面积，以不同檐高分别编码列项。

选项 B：超高施工增加，建筑物有不同檐高时，可按不同高度的建筑面积分别计算建筑面积，以不同檐高分别编码列项。

选项 E：脚手架工程，同一建筑物有不同的檐高时，按建筑物竖向切面分别按不同檐高编列清单项目。

282.【2018 年真题】根据《房屋建筑与装饰工程工程量计算规范》（GB 50854—2013），措施项目工程量计算有（　　）。
A. 垂直运输按使用机械设备数量计算
B. 悬空脚手架按搭设的水平投影面积计算
C. 排水、降水工程量，按排水、降水日历天数计算
D. 整体提升架按所服务对象的垂直投影面积计算
E. 超高施工增加按建筑物超高部分的建筑面积计算

【解析】 参见教材第 400、403 页。

选项 A：垂直运输可按建筑面积计算，也可以按施工工期日历天数"天"计算。

283.【2017 年真题】根据《房屋建筑与装饰工程工程量计算规范》（GB 50854—2013），措施项目工程量计算正确的是（　　）。
A. 里脚手架按建筑面积计算
B. 满堂脚手架按搭设水平投影面积计算
C. 混凝土墙模板按模板与墙接触面积计算
D. 混凝土构造柱模板按图示外露部分计算模板面积
E. 超高施工增加费包括人工、机械降效，供水加压以及通信联络设备费用

【解析】 参见教材第 400~402 页。

选项 A：里脚手架按所服务对象的垂直投影面积"m^2"计算。

选项 B：满堂脚手架按搭设的水平投影面积"m^2"计算。

选项 C：混凝土模板及支架（撑）的工程量一种是以"m^3"计量的模板及支架（撑）；另一种是以"m^2"计量，主要按模板与混凝土构件的接触面积计算。

选项 D：构造柱按图示外露部分计算模板面积。

选项 E：超高施工增加项目工作内容包括：建筑物超高引起的人工工效降低，以及由于人工工效降低引起的机械降效；高层施工用水加压水泵的安装、拆除及工作台班；通信联络设备的使用及摊销。

284.【2024 年真题】根据《房屋建筑与装饰工程工程量计算规范》（GB 50584—2013）规定，下列关于垂直运输措施项目的计算，正确的是（　　）。
A. 垂直运输设备基础不单独编码列项计算工程量
B. 垂直运输机械的场外运输及安拆不单独编码列项计算工程量
C. 凸出主体建筑物屋顶的电梯机房、楼梯间计入檐口高度
D. 同一建筑有不同的檐高时，按建筑物较高部分的建筑面积计算工程量

【解析】 参见教材第 402 页。

选项 B：垂直运输机械的场外运输及安拆按大型机械设备进出场及安拆编码列项。

选项 C：凸出主体建筑物屋顶的电梯机房、楼梯出口间、水箱间、瞭望塔、排烟机房等

不计入檐口高度。

选项 D：同一建筑物有不同的檐高时，按建筑物的不同檐高做纵向分割，分别计算建筑面积，以不同檐高编列清单项目。

285.【2023年真题】根据《房屋建筑与装饰工程工程量计算规范》（GB 50854—2013）规定，下列关于超高施工增加和垂直运输措施项目工程量计算，说法正确的有（　　）。

A. 单层建筑物檐口高度超过20m，多层建筑物超过6层才计算超高施工增加
B. 垂直运输机械的场外运输及安拆，按大型机械设备进出场及安拆编码列项计算
C. 垂直运输设备基础，应单独编码列项计算
D. 单层建筑物檐口高度超过60m才计算超高施工增加
E. 同一建筑物有不同檐高时，垂直运输按建筑物的不同檐高分别编码列项计算

【解析】　参见教材第402页。

选项 A、D：单层建筑物檐口高度超过20m，多层建筑物超过6层时（计算层数时，地下室不计入层数），可按超高部分的建筑面积计算超高施工增加。

选项 B：垂直运输机械的场外运输及安拆，按大型机械设备进出场及安拆编码列项计算工程量。

选项 C：垂直运输设备基础应计入综合单价，不单独编码列项计算工程量。

选项 E：同一建筑物有不同檐高时，对于垂直运输，可按不同檐高做纵向分割，分别计算建筑面积，以不同檐高分别编码列项。

286.【2021年真题】根据《房屋建筑与装饰工程工程量计算规范》（GB 50854—2013），关于措施项目下列说法正确的为（　　）。

A. 安全文明施工措施中的临时设施项目包括对地下建筑物的临时保护设施
B. 单层建筑物檐高超过20m，可按建筑面积计算超高施工增加
C. 垂直运输项目工作内容包括行走式垂直运输机轨道的铺设、拆除和摊销
D. 施工排水、降水措施项目中包括临时排水沟、排水设施安砌、维修和拆除

【解析】　参见教材第402~404页。

选项 A：地上、地下设施、建筑物的临时保护措施属于其他措施项目。

选项 B：单层建筑物檐口高度超过20m，可按超高部分的建筑面积计算超高施工增加。

选项 D：施工排水、降水包括成井、排水及降水。临时排水沟、排水设施安砌、维修和拆除，已包含在安全文明施工中，不包括在施工排水、降水措施项目中。

287.【2020年真题】根据《房屋建筑与装饰工程工程量计算规范》（GB 50854—2013），安全文明施工措施包括的内容有（　　）。

A. 地上、地下设施保护　　　　　　B. 环境保护
C. 安全施工　　　　　　　　　　　D. 临时设施
E. 文明施工

【解析】　参见教材第403页。安全文明施工包括环境保护、文明施工、安全施工、临时设施。

288.【2014年真题】根据《房屋建筑与装饰工程工程量计算规范》（GB 50854—2013）规定，以下关于措施项目工程量计算，说法正确的有（　　）。

A. 垂直运输费用，按施工工期日历天数计算

B. 大型机械设备进出场及安拆，按使用数量计算

C. 施工降水成井，按设计图示尺寸以钻孔深度计算

D. 超高施工增加，按建筑物总建筑面积计算

E. 雨篷混凝土模板及支架，按外挑部分水平投影面积计算

【解析】 参见教材第 402、403 页。

选项 D：超高施工增加可按超高部分的建筑面积计算。

289. 【2015 年真题】《房屋建筑与装饰工程工程量计算规范》（GB 50854—2013）对以下措施项目详细列明了项目编码、项目特征、计量单位和计算规则的有（　　）。

A. 夜间施工
B. 已完工程及设备保护
C. 超高施工增加
D. 施工排水、降水
E. 混凝土模板及支架

【解析】 参见教材第 403 页。《房屋建筑与装饰工程工程量计算规范》中给出了脚手架、混凝土模板及支架、垂直运输、超高施工增加、大型机械设备进出场及安拆、施工降水及排水、安全文明施工及其他措施项目的工程量计算规则或应包含的范围。除安全文明施工及其他措施项目外，前 6 项都详细列出了项目编码、项目名称、项目特征、工程量计算规则、工作内容，其清单的编制与分部分项工程一致。

290. 【2023 年真题】根据《房屋建筑与装饰工程工程量计算规范》（GB 50854—2013），冬雨期施工项目工作内容的有（　　）。

A. 冬期施工防寒措施及清扫积雪
B. 雨期防雨施工措施及排降雨积水
C. 风期施工措施
D. 临时排水沟
E. 冬雨期施工工人劳保用品及施工降效

【解析】 参见教材第 404 页。冬雨期施工包含的工作内容及范围有：冬雨（风）期施工时增加的临时设施（防寒保温、防雨、防风设施）的搭设、拆除；冬雨（风）期施工时，对砌体、混凝土等采用的特殊加温、保温和养护措施；冬雨（风）期施工时，施工现场的防滑处理、对影响施工的雨雪的清除；包括冬雨（风）期施工时增加的临时设施、施工人员的劳动保护用品、冬雨（风）期施工劳动效率降低等费用。

二、参考答案

题号	1	2	3	4	5	6	7	8	9	10
答案	B	AD	C	BCD	B	C	D	B	D	ABCD
题号	11	12	13	14	15	16	17	18	19	20
答案	B	AB	B	D	A	D	C	C	C	C
题号	21	22	23	24	25	26	27	28	29	30
答案	C	D	B	B	A	D	BDE	A	AD	D
题号	31	32	33	34	35	36	37	38	39	40
答案	CD	A	B	B	D	A	ACE	A	C	D

（续）

题号	41	42	43	44	45	46	47	48	49	50
答案	D	B	B	A	B	C	A	B	D	D
题号	51	52	53	54	55	56	57	58	59	60
答案	B	A	B	B	A	B	C	A	A	A
题号	61	62	63	64	65	66	67	68	69	70
答案	B	B	C	A	C	ABE	B	B	A	D
题号	71	72	73	74	75	76	77	78	79	80
答案	A	ACD	BCD	C	BE	ABD	C	ACE	A	A
题号	81	82	83	84	85	86	87	88	89	90
答案	B	D	B	D	C	C	D	D	B	D
题号	91	92	93	94	95	96	97	98	99	100
答案	C	B	D	C	BDE	ABCE	C	ACDE	CDE	CE
题号	101	102	103	104	105	106	107	108	109	110
答案	D	C	D	B	A	ABE	BCE	A	C	A
题号	111	112	113	114	115	116	117	118	119	120
答案	C	D	B	AB	ACE	A	CD	C	B	A
题号	121	122	123	124	125	126	127	128	129	130
答案	B	D	A	C	C	B	AC	ABDE	BDE	A
题号	131	132	133	134	135	136	137	138	139	140
答案	ABE	B	C	A	C	B	C	ABCD	A	D
题号	141	142	143	144	145	146	147	148	149	150
答案	A	B	C	B	C	A	CD	B	D	ABCD
题号	151	152	153	154	155	156	157	158	159	160
答案	C	C	B	B	C	D	A	A	A	A
题号	161	162	163	164	165	166	167	168	169	170
答案	A	C	D	D	B	B	ABC	D	C	D
题号	171	172	173	174	175	176	177	178	179	180
答案	B	B	A	B	B	D	A	D	A	B
题号	181	182	183	184	185	186	187	188	189	190
答案	ABDE	A	C	D	A	CE	D	D	CD	ACD

(续)

题号	191	192	193	194	195	196	197	198	199	200
答案	D	D	B	B	C	D	C	C	B	C
题号	201	202	203	204	205	206	207	208	209	210
答案	B	D	B	BCE	B	ABCD	ABC	C	A	C
题号	211	212	213	214	215	216	217	218	219	220
答案	A	B	C	B	DE	B	ACE	CD	A	C
题号	221	222	223	224	225	226	227	228	229	230
答案	D	B	C	A	D	D	B	D	D	D
题号	231	232	233	234	235	236	237	238	239	240
答案	A	A	BCE	BD	D	D	D	ADE	D	BCDE
题号	241	242	243	244	245	246	247	248	249	250
答案	A	D	C	B	CDE	B	C	D	C	ACE
题号	251	252	253	254	255	256	257	258	259	260
答案	C	B	D	D	D	C	D	A	A	A
题号	261	262	263	264	265	266	267	268	269	270
答案	D	A	D	ACD	C	B	B	A	BD	A
题号	271	272	273	274	275	276	277	278	279	280
答案	CE	B	ABCD	B	C	ACD	B	ABDE	ABDE	D
题号	281	282	283	284	285	286	287	288	289	290
答案	ABE	BCDE	BCDE	A	ABE	C	BCDE	ABCE	CDE	ABCE

三、2025 年考点预测

考点一：土石方的分类、折算系数计算及计量单位。

考点二：地基处理分类列项及计量单位。

考点三：桩基础项目特征描述及计量单位。

考点四：基础与墙体的分类及工程量扣减关系。

考点五：混凝土构件类别划分、柱高的规定、其他构件计量单位。

考点六：金属结构工程量扣减关系。

考点七：木结构计量单位综合考核。

考点八：门窗工程计量单位综合考核。

考点九：防水工程计量单位综合考核及项目特征描述。

考点十：保温、隔热、防腐工程工程量扣减关系。

考点十一：楼地面装饰工程工程量扣减关系。
考点十二：墙、柱面装饰抹灰工程量计算规则。
考点十三：天棚工程量扣减关系。
考点十四：油漆、涂料、裱糊工程计量单位综合考核。
考点十五：其他装饰工程计量单位综合考核。
考点十六：拆除工程计量单位综合考核。
考点十七：综合脚手架和垂直运输的相关说明及计量单位。

附录 2025年全国一级造价工程师职业资格考试"建设工程技术与计量（土木建筑工程）"预测模拟试卷

附录A 预测模拟试卷（一）

一、**单项选择题**（共60题，每题1分。每题的备选项中，只有1个最符合题意）

1. 对于软弱、破碎围岩中的隧洞，开挖后喷混凝土的主要作用在于（　　）。
   A. 及时填补裂缝，阻止碎块松动　　B. 防止地下水渗入隧洞
   C. 改善开挖面的平整度　　　　　　D. 防止开挖面风化

2. 隧道选线与断层走向平行时，应优先考虑（　　）。
   A. 避免与其破碎带接触　　　　　　B. 横穿其破碎带
   C. 灌浆加固断层破碎带　　　　　　D. 清除断层破碎带

3. 以下关于工程地质对工程建设影响的相关内容表述中正确的是（　　）。
   A. 隧道选线与断层走向平行时，应优先考虑横穿其破碎带
   B. 大型建设工程的选址，对工程地质的影响还要特别注重考虑区域地质构造形成的整体滑坡
   C. 工程地质是建设工程地基以及一定影响区域的地质性质
   D. 工程地质对建设工程选址的影响主要在于对工程造价的影响

4. 关于全预制装配式结构的特点，说法不正确的是（　　）。
   A. 通常采用柔性连接技术　　　　　B. 地震破坏后结构的恢复性能好
   C. 通常采用强连接节点　　　　　　D. 构件质量好

5. 不需要大型起重设备，可以使用简单的设备建造长大桥梁，施工费用低，施工平稳无噪声，可在水深、山谷和高桥墩上采用，也可在曲率相同的弯桥和坡桥上使用的是（　　）。
   A. 顶推法施工　　　　　　　　　　B. 移动模架逐孔法施工
   C. 横移法施工　　　　　　　　　　D. 转体法施工

6. 下列不属于涵洞洞口组成部分的是（　　）。
   A. 端墙　　　　B. 翼墙　　　　C. 基础　　　　D. 护坡

7. 关于岩体的强度性质，以下说法正确的是（　　）。
   A. 在某些情况下，可以用岩石或结构面的强度来代替

B. 在任何情况下，岩体的强度既不等于岩块岩石的强度，也不等于结构面的强度，而是二者共同影响表现出来的强度

C. 当岩体中结构面不发育，呈完整结构时，结构面强度即为岩体强度

D. 当岩体沿某一结构面产生整体滑动时，则岩体强度完全受岩石的强度控制

8. 刚性基础在设计中，应使（　　）。

A. 基础大放脚大于基础材料的刚性角　　B. 基础大放脚小于基础材料的刚性角

C. 确保基础底面不产生压应力　　D. 基础大放脚与基础材料的刚性角相一致

9. 关于砌筑材料的应用，说法不正确的是（　　）。

A. 烧结多孔砖主要用于六层以下建筑物的承重墙体

B. MU10 蒸养砖可用于防潮层以上的建筑部位

C. 掺入电石膏是为改善砂浆和易性

D. 混凝土砌块砌筑前应洒水湿润

10. 根据《房屋建筑与装饰工程工程量计算规范》（GB 50854—2013），关于地基处理工程量计算的说法，正确的是（　　）。

A. 换填垫层按照图示尺寸以面积计算

B. 振冲密实不填料的按图示处理范围以体积计算

C. 强夯地基按图示处理范围和深度以体积计算

D. 铺设土工合成材料按设计图示尺寸以面积计算

11. 以下关于桥梁相关内容表述中正确的是（　　）。

A. 大跨度悬索桥的加劲梁主要用于承受主缆索荷载

B. 斜拉桥是典型的悬索结构

C. 柔性排架桩墩适用于墩台高度为 9m 的桥梁

D. 悬臂梁桥的结构通常是悬臂跨与挂孔跨交替布置

12. 可以提高混凝土抗冻性的外加剂是（　　）。

A. 引气剂　　B. 缓凝剂　　C. 速凝剂　　D. 泵送剂

13. 下列关于建筑玻璃的叙述，正确的是（　　）。

A. 平板玻璃的重要用途是作为钢化、夹层、镀膜、中空等深加工玻璃的原片

B. 冰花玻璃装饰效果不如压花玻璃

C. 中空玻璃光学性能差

D. 单面镀膜玻璃在安装时，应将膜层面向室外

14. 表征钢材塑性变形能力的技术指标是（　　）。

A. 屈服强度　　B. 抗拉强度

C. 伸长率　　D. 疲劳极限

15. 用于同时整体浇筑墙体和楼板的大型工具式模板是（　　）。

A. 大模板　　B. 滑升模板　　C. 台模　　D. 隧道模板

16. 在预制构件柱的吊装中，柱吊升中所受振动较小，但对起重机的机动性要求高的吊装方法是（　　）。

A. 单机起吊法　　B. 旋转法

C. 双机抬吊法　　D. 滑行法

17. 以下关于砌筑材料的表述中正确的是（　　）。

A. 烧结多孔砖的孔洞率不应小于30%

B. 石灰膏在水泥石灰混合砂浆中起增加砂浆稠度的作用

C. M15以上强度等级砌筑砂浆宜选用32.5级的通用硅酸盐水泥

D. MU10蒸压灰砂砖可用于防潮层以上

18. 混凝土高温施工的措施中，正确的是（　　）。

A. 降低水泥用量　　　　　　　　B. 降低水灰比

C. 加引气型减水剂　　　　　　　D. 选用硅酸盐水泥

19. 预应力混凝土施工中，下列说法错误的是（　　）。

A. 先张法多用于现场生产的预应力构件

B. 后张法是混凝土的弹性压缩，不直接影响预应力筋有效预应力值的建立

C. 预应力钢筋的种类主要有冷拉钢筋、高强钢丝、钢绞线、热处理钢筋等

D. 预应力筋采用两端张拉时，宜两端同时张拉，也可一端先张拉，另一端补张拉

20. 先张法预应力的放张，当设计无要求时，混凝土强度不应低于设计的混凝土立方体抗压强度标准值的（　　）%。

A. 50　　　　　B. 25　　　　　C. 75　　　　　D. 80

21. 以下关于建筑饰面材料内容表述中正确的是（　　）。

A. 花岗石板材硬度不及大理石板　　　B. 天然花岗岩耐火性差

C. 釉面砖可以较好替代天然石材　　　D. 釉面砖可应用于室外

22. 关于装配式混凝土施工技术，说法不正确的是（　　）。

A. 预制构件吊环应采用未经冷加工的HPB300钢筋制作

B. 水平运输时，板类构件叠放不宜超过3层

C. 吊索水平夹角不宜小于60°，且不应小于45°

D. 预埋吊件应朝上，标识宜朝向堆垛间的通道

23. 在某按一级抗震等级设计的框架和斜撑构件（含梯段）中，纵向受力钢筋采用HRB335E，关于其强度和最大力下总伸长率的实测值要求，说法正确的是（　　）。

A. 钢筋的抗拉强度实测值与屈服强度实测值的比值不应大于1.25

B. 钢筋的屈服强度实测值与屈服强度标准值的比值不应大于1.30

C. 钢筋最大力下的总伸长率不应小于10%

D. 钢筋的屈服强度实测值与屈服强度标准值的比值不应小于1.30

24. 顶管法施工中，出现地面沉降、管轴弯曲，应采取的解决措施是（　　）。

A. 进行纠偏　　　　　　　　　　B. 中继接力顶进

C. 采用触变泥浆　　　　　　　　D. 调整局部气压

25. 根据《建筑工程建筑面积计算规范》（GB/T 50353—2013），某层高为3.6m的六层建筑，每层建筑面积为2000m²，建筑内有一个7.2m高的中央圆形大厅，直径为10m。环绕大厅有一层半圆走廊，走廊宽2m，层高3.60m，则该建筑的建筑面积为（　　）m²。

A. 12025.13　　　B. 11946.62　　　C. 12031　　　D. 11953

26. 根据《建筑工程建筑面积计算规范》（GB/T 50353—2013），建筑物屋顶无围护结构的水箱建筑面积计算应为（　　）。

A. 结构层高在 2.20m 及以上的应计算全面积

B. 不计算建筑面积

C. 结构层高在 2.20m 以下的，应计算 1/2 面积

D. 结构层高在 2.20m 以下的，不计算建筑面积

27. 导墙是地下连续墙挖槽之前修筑的导向墙，两片导墙之间的距离即为地下连续墙的厚度，其作用不包括（　　）。

A. 导出泥浆　　　　　　　　　　B. 作为重物的支承

C. 防止地面水流入槽内　　　　　D. 作为测量的基准

28. 确定清单项目综合单价前提的是（　　）。

A. 项目编码　　　　　　　　　　B. 项目特征

C. 项目名称　　　　　　　　　　D. 工作内容

29. 《建设工程工程量清单计价规范》中，所列的分部分项清单项目的工程量主要是指（　　）。

A. 施工图纸的净量　　　　　　　B. 施工消耗工程量

C. 考虑施工方法的施工量　　　　D. 考虑合理损耗的施工量

30. 根据《房屋建筑与装饰工程工程量计算规范》（GB 50854—2013），某建筑基础为砖基础，墙体为加气混凝土墙，基础顶面设计标高为 -0.250m，室内地坪为 ±0.000，室外地坪为 -0.100m，则该建筑基础与墙体的分界面为（　　）m 处。

A. 标高 -0.300　　　　　　　　　B. 室外地坪 -0.100

C. 室内地坪 -0.000　　　　　　　D. 基础顶面标高 -0.250

31. 根据《建筑工程建筑面积计算规范》（GB/T 50353—2013），出入口外墙外侧坡道有顶盖部位，其建筑面积应（　　）。

A. 不予计算

B. 按其外墙结构外围水平面积的 1/2 计算

C. 按高度超过 2.20m 计算

D. 按其外墙结构外围水平面积计算

32. 根据《房屋建筑与装饰工程工程量计算规范》（GB 50854—2013），关于现浇混凝土基础的项目列项或工程量计算，正确的为（　　）。

A. 箱式满堂基础中的墙按现浇混凝土墙列项

B. 箱式满堂基础中的梁按满堂基础列项

C. 框架式设备基础的基础部分按现浇混凝土墙列项

D. 框架式设备基础的柱和梁按设备基础列项

33. 根据《房屋建筑与装饰工程工程量计算规范》（GB 50854—2013）规定，下列有关措施费的叙述，错误的是（　　）。

A. 综合脚手架针对整个房屋建筑的土建和装饰装修部分

B. 满堂脚手架应按搭设方式、搭设高度、脚手架材质分别列项

C. 施工排水、降水，相应专项设计不具备时，可按暂估量计算

D. 临时排水沟、排水设施安砌、维修、拆除，已包含在施工排水、降水措施项目中，不包括在安全文明施工中

34. 根据《房屋建筑与装饰工程工程量计算规范》(GB 50854—2013)，当土方开挖底长<3倍底宽且底面积>150m²，开挖深度为2m时，清单项目应列为（ ）。

　　A. 平整场地　　　　　　　　　　B. 挖一般土方

　　C. 挖沟槽土方　　　　　　　　　D. 挖基坑土方

35. 关于钢筋工程工程量计量的说法，错误的是（ ）。

　　A. 支撑钢筋（铁马），按钢筋长度乘单位理论质量计算

　　B. 铁马，如果设计未明确，其工程数量可为暂估量，结算时按现场签证数量计算

　　C. 机械连接，不需要计量，在综合单价中考虑

　　D. 声测管，按设计图示尺寸以质量"t"计算

36. 根据《房屋建筑与装饰工程工程量计算规范》(GB 50854—2013)，以下关于现浇混凝土柱工程量计算规则，说法正确的是（ ）。

　　A. 升板的柱帽，并入板的体积计算　　B. 依附柱上的牛腿，应单独计算体积

　　C. 构造柱嵌接墙体部分并入柱身体积　D. 有梁板的柱高算至梁底

37. 根据《房屋建筑与装饰工程工程量计算规范》(GB 50854—2013)，开挖设计长度为20m、宽度为6m、深度为0.8m的土方工程，在清单中列项应为（ ）。

　　A. 平整场地　　　　　　　　　　B. 挖沟槽

　　C. 挖基坑　　　　　　　　　　　D. 挖一般土方

38. 根据《建筑工程建筑面积计算规范》(GB/T 50353—2013)，高度为2.10m的立体书库结构层，其建筑面积（ ）。

　　A. 不予计算　　　　　　　　　　B. 按1/2面积计算

　　C. 按全面积计算　　　　　　　　D. 只计算一层面积

39. 根据《房屋建筑与装饰工程工程量计算规范》(GB 50854—2013)，关于天棚装饰工程量计算，说法正确的是（ ）。

　　A. 回风口按设计图示数量计算

　　B. 灯带（槽）按设计图示尺寸以延长米计算

　　C. 送风口按设计图示尺寸以结构内边线面积计算

　　D. 灯带（槽）按设计图示尺寸以框中心线面积计算

40. 根据《房屋建筑与装饰工程工程量计算规范》(GB 50854—2013)，以下关于墙柱面装饰工程量计算不正确的是（ ）。

　　A. 内墙抹灰面积按主墙间的净长乘以高度计算

　　B. 墙面装饰板按设计图示装饰板表面积"m²"计算

　　C. 块料柱面按设计图示尺寸以镶贴表面积计算

　　D. 柱面装饰按设计图示饰面外围尺寸以面积计算

41. 某较为平整的软岩施工场地，设计长度为30m，宽度为10m，开挖深度为0.8m。根据《房屋建筑与装饰工程工程量计算规范》(GB 50854—2013)，开挖石方清单工程量为（ ）。

　　A. 沟槽石方工程量300m²　　　　　B. 基坑石方工程量240m³

　　C. 管沟石方工程量30m　　　　　　D. 一般石方工程量240m³

42. 根据《房屋建筑与装饰工程工程量计算规范》(GB 50854—2013)的规定，保温隔

热墙面的工程量应（　　）。

A. 按设计图示尺寸以体积计算　　　　B. 按设计图示尺寸以面积计算

C. 按设计图示以墙体高度计算　　　　D. 按设计图示以墙体中心线长度计算

43. 根据《建筑工程建筑面积计算规范》（GB/T 50353—2013），围护结构不垂直于水平面，结构净高为 2.15m 楼层部位，其建筑面积应（　　）。

A. 按顶板水平投影面积的 1/2 计算　　B. 按顶板水平投影面积计算全面积

C. 按底板外墙外围水平面积的 1/2 计算　D. 按底板外墙外围水平面积计算全面积

44. 根据《房屋建筑与装饰工程工程量计算规范》（GB 50854—2013），以下工程量以个数计算的是（　　）。

A. 暖气罩　　　　　　　　　　　　　B. 金属暖气罩

C. 帘子杆　　　　　　　　　　　　　D. 压条、装饰线

45. 根据《建筑工程建筑面积计算规范》（GB/T 50353—2013），建筑物室外楼梯的建筑面积（　　）。

A. 按水平投影面积计算全面积

B. 按结构外围面积计算全面积

C. 依附于自然层按水平投影面积的 1/2 计算

D. 依附于自然层按结构外围面积的 1/2 计算

46. 柔性基础的主要优点在于（　　）。

A. 取材方便　　　　　　　　　　　　B. 造价较低

C. 挖土深度小　　　　　　　　　　　D. 施工便捷

47. 下列关于民用建筑结构体系的说法不正确的是（　　）。

A. 框筒结构体系适用于高度不超过 300m 的建筑

B. 剪力墙体系不适用于大空间的空间建筑

C. 框架结构侧向刚度较小

D. 框架-剪力墙结构一般不能超过 100m

48. 以下关于路基、路面相关内容表述中正确的是（　　）。

A. 三级公路的面层多采用沥青混凝土路面

B. 填隙碎石基层可用于三级公路的基层

C. 为了保证车轮荷载的向下扩散和传递，基层应比面层的每边宽 0.3m

D. 砌石路基沿线遇到基础地质条件明显变化时应设置伸缩缝

49. 当所用的水泥的品种和强度等级相同时，混凝土强度随水灰比的增大而（　　）。

A. 增大　　　　B. 不变　　　　C. 降低　　　　D. 先增大后降低

50. 关于桥梁工程中的管柱基础，下列说法正确的是（　　）。

A. 可用于深水或海中的大型基础

B. 所需机械设备较少

C. 适用于有严重地质缺陷地区

D. 施工方法和工艺比较简单

51. 在正常的水量条件下，配制泵送混凝土宜掺入适量（　　）。

A. 氯盐早强剂　　　　　　　　　　　B. 硫酸盐早强剂

C. 高效减水剂　　　　　　　　　　D. 硫铝酸钙膨胀剂

52. 混凝土浇筑应符合的要求为（　　）。
A. 梁、板混凝土应分别浇筑，先浇梁、后浇板
B. 有主、次梁的楼板宜顺着主梁方向浇筑
C. 单向板宜沿板的短边方向浇筑
D. 高度大于1.0m的梁可单独浇筑

53. 关于桥梁墩台施工的说法，正确的是（　　）。
A. 简易活动脚手架适宜于25m以下的砌石墩台施工
B. 当墩台高度超过30m时宜采用固定模板施工
C. 墩台混凝土适宜采用强度等级较高的普通水泥
D. 6m以下的墩台可采用悬吊脚手架施工

54. 以下关于地基加固处理相关内容表述中正确的是（　　）。
A. 灰土地基适用于加固深1~4m厚的湿陷性黄土
B. 强夯法不适用于软黏土层处理
C. 深层搅拌法适用于加固松散砂地基
D. 高压喷射注浆桩采用三重管法施工，成桩直径较大，桩身强度较高

55. 关于TBM法施工技术，下列说法正确的是（　　）。
A. 全断面掘进机适宜于打短洞，因为它对通风要求较高
B. 独臂钻是专门用来开挖竖井或斜井的大型钻具
C. 天井钻适宜于开挖软岩
D. 带盾构的TBM掘进法适用于软弱破碎带的围岩

56. 根据《建筑工程建筑面积计算规范》（GB/T 50353—2013），与室内相通的变形缝的建筑面积应（　　）。
A. 按长度计算
B. 不计算
C. 按宽度乘以长度乘以深度以体积计算
D. 按其自然层合并在建筑物建筑面积内计算

57. 挖孔桩土方计量正确的是（　　）。
A. 挖孔桩土方按设计图示尺寸（含护壁）截面积乘以挖孔深度以体积计算
B. 按设计图示尺寸以桩长（不包括桩尖）计算
C. 按设计图示数量计算
D. 按设计图示尺寸以桩长（包括桩尖）计算

58. 根据《房屋建筑与装饰工程工程量计算规范》（GB 50854—2013），钢筋工程量的计算，正确的是（　　）。
A. 碳素钢丝束采用镦头锚具时，其长度按孔道长度增加0.30m计算
B. 直径为d的HPB300级光圆钢筋，端头90°弯钩形式，其弯钩增加长度为3.5d
C. 纵向受压钢筋采用搭接连接时的搭接长度不应小于300mm
D. 钢筋混凝土梁柱的箍筋长度仅按梁柱设计断面外围周长计算

59. 根据《房屋建筑与装饰工程工程量计算规范》（GB 50854—2013），关于保温隔热

工程量计算规则不正确的是（　　）。
A. 保温柱、梁按保温层表面积以面积计算
B. 门窗洞口侧壁并入墙体保温隔热工程量
C. 砌筑沥青浸渍砖按设计图示尺寸以体积计算
D. 保温隔热地面门洞开口部分不增加

60. 根据《建筑工程建筑面积计算规范》（GB/T 50353—2013），外挑宽度为 1.8m 的有柱雨棚的建筑面积应（　　）。
A. 按柱外边线构成的水平投影面积计算
B. 不计算
C. 按结构板水平投影面积计算
D. 按结构板水平投影面积的 1/2 计算

二、多项选择题（共 20 题，每题 2 分，每题的备选项中，有两个或两个以上符合题意，至少有一个错项。错选，本题不得分；少选，所选的每个选项得 0.5 分）

61. 以下关于普通混凝土相关内容表述中正确的有（　　）。
A. 在砂用量相同的情况下，若砂子过细，则拌制的混凝土水泥用量增大
B. 在正常用水量条件下，配制泵送混凝土宜掺入适量减水剂
C. 应用泵送剂温度不宜高于 25℃
D. 混凝土泵送剂宜用于蒸汽养护法
E. 泵送剂包含缓凝剂及减水组分

62. 地基验槽时，轻型动力触探应检查的内容包括（　　）。
A. 地基持力层的强度
B. 地基持力层的均匀性
C. 基槽的尺寸和位置
D. 基槽的边坡稳定情况
E. 浅埋软弱下卧层或浅埋突出硬层

63. 以下关于路基施工内容表述中正确的有（　　）。
A. 高速公路路堤基底的压实度不小于 90%
B. 软土路基施工时，采用土工格栅的主要目的是提高基底防渗性
C. 路堤填筑时应优先选用卵石
D. 软土路基处治的换填法有开挖换填法和抛石挤淤法两种
E. 填石路堤施工的填筑方法有竖向填筑法、分层压实法、冲击压实法三种

64. 屋面落水管的布置量与（　　）等因素有关。
A. 屋面集水面积大小
B. 每小时最大降雨量
C. 排水管管径
D. 每小时平均降雨量
E. 建筑面积大小

65. 关于建筑的承重体系，说法正确的有（　　）。
A. 抵抗水平荷载最好的承重体系为筒体结构
B. 桁架是由杆件组成的结构体系，一般杆件只受轴线压力
C. 平板网架中角锥体系受力更为合理，刚度更大
D. 悬索结构中单曲拉索稳定性差
E. 跨度 28m 的薄壁空间结构宜采用双曲壳结构

66. 关于预制装配式钢筋混凝土楼板叙述正确的有（　　）。
   A. 整体性好　　　　　　　　　　　　B. 节省模板
   C. 促进工业化水平　　　　　　　　　D. 经座浆灌缝而成
   E. 宜在楼板上穿洞

67. 乳化沥青碎石混合料适用于（　　）。
   A. 一级公路沥青路面的联结层　　　　B. 二级公路的罩面层
   C. 三级公路的沥青面层　　　　　　　D. 二级公路沥青路面的面层施工
   E. 各级沥青路面的面层

68. 下列墙体或部位可以设置脚手眼的有（　　）。
   A. 120mm 厚墙　　　　　　　　　　　B. 梁或梁垫下及其左右 600mm 处
   C. 宽度 2m 的窗间墙　　　　　　　　D. 砖砌体门窗洞口两侧 300mm 处
   E. 过梁上与过梁成 60°角的三角形范围

69. 根据《房屋建筑与装饰工程工程量计算规范》（GB 50854—2013）规定，关于钢筋保护或工程量计算正确的是（　　）。
   A. ϕ20mm 钢筋一个半圆弯钩的增加长度为 125mm
   B. ϕ16mm 钢筋一个 90°弯钩的增加长度为 56mm
   C. ϕ20mm 钢筋弯起 45°，弯起高度为 450mm，一侧弯起增加的长度为 186.3mm
   D. 通常情况下，混凝土板的钢筋保护层厚度不小于 15mm
   E. 箍筋根数=构件长度/箍筋间距+1

70. 下列关于采用预制安装法施工桥梁承载结构，叙述正确的是（　　）。
   A. 构件质量好，尺寸精度高
   B. 桥梁整体性好，但施工费用高
   C. 不便于上下平行作业，相对安装工期长
   D. 减少混凝土收缩、徐变变形
   E. 设备相互影响大，劳动力利用率低

71. 根据《建筑工程建筑面积计算规范》（GB/T 50353—2013），某剧场外墙结构外边线所围成的面积为 600m²，有围护结构的舞台灯光控制室为 2m²，舞台为 1m²，台阶为 1m²，露台为 4m²。在计算建筑面积时，可能会包括（　　）。
   A. 外墙结构外边线所围成的面积　　　B. 舞台灯光控制室
   C. 舞台　　　　　　　　　　　　　　D. 台阶
   E. 露台

72. 《房屋建筑与装饰工程工程量计算规范》（GB 50854—2013）对以下措施项目详细列明了项目编码、项目特征、计量单位和计算规则的有（　　）。
   A. 夜间施工　　　　　　　　　　　　B. 已完工程及设备保护
   C. 超高施工增加　　　　　　　　　　D. 施工排水、降水
   E. 混凝土模板及支架

73. 以下关于屋顶相关内容表述中正确的有（　　）。
   A. 高层建筑屋面采用外排水
   B. 为了防止屋面防水层出现龟裂现象，构造上可采取在找平层表面做隔汽层

C. 坡屋顶防水可以采用构件自防水

D. 倒置式保温屋顶是指先做找平层，后做保温层

E. 坡屋面房屋内部需要较大空间时，可把部分横向山墙取消，用屋架作为横向承重构件

74. 以下关于防水材料相关内容表述中正确的有（　　）。

A. SBS 改性沥青防水卷材适用于寒冷地区建筑工程防水

B. 氯化聚乙烯-橡胶共混型防水卷材适用于寒冷地区建筑工程防水

C. APP 改性沥青防水卷材尤其适用于高温或有强烈太阳辐射地区的建筑物防水

D. 丙烯酸类密封膏具有良好的黏结性能，宜用于桥面接缝

E. SBS 橡胶改性沥青防水涂料比聚氨酯防水涂料弹性和耐久性都要好

75. 可用于处理潜蚀的措施有（　　）。

A. 阻止地下水在土层中流动　　　　B. 设置反滤层

C. 人工降低地下水位　　　　　　　D. 沉井加固

E. 减小水力坡度

76. 以下关于混凝土及钢筋混凝土工程内容表述中正确的有（　　）。

A. 压顶工程量可按设计图示尺寸以体积计算，以"m³"计量

B. 室外坡道工程量不单独计算

C. 地沟按设计图示结构截面积乘以中心线长度以"m³"计算

D. 预制混凝土三角形屋架应按天窗屋架列项

E. 一般构件的箍筋加工时，应使弯钩的弯折角度不小于 90°

77. 关于灌注桩施工，下列叙述正确的有（　　）。

A. 冲击成孔灌注桩适用于淤泥质土

B. 干作业成孔灌注桩用于地下水位以上地层

C. 套管成管灌注桩反插法一般适用于较差的软土地基

D. 螺旋钻孔灌注桩属于干作业成孔灌注桩

E. 爆扩成孔灌注桩适于在软土中成桩

78. 单斗挖掘机按其行走装置的不同分为（　　）。

A. 正铲挖掘机　　　　　　　　　　B. 拉铲挖掘机

C. 履带式挖掘机　　　　　　　　　D. 轮胎式挖掘机

E. 机械传动挖掘机

79. 根据《房屋建筑与装饰工程工程量计算规范》（GB 50854—2013），某屋面做法（自下而上）：120mm 厚现浇混凝土板，现浇水泥珍珠岩最薄处 30mm 厚，20 厚 1∶2.5 水泥砂浆找平层，冷底子一遍，热粘满铺 SBS 防水层，隔热层。以下说法正确的有（　　）。

A. "现浇水泥珍珠岩"按保温隔热层列项

B. "20 厚 1∶2.5 水泥砂浆找平层"按平面砂浆找平层列项

C. "冷底子一遍，热粘满铺 SBS 防水层"按屋面卷材防水

D. 屋面卷材防水工程量不包括屋面女儿墙处的弯起部分

E. 屋面防水搭接及附加层用量不另行计算，在综合单价中考虑

80. 根据《房屋建筑与装饰工程工程量计算规范》（GB 50854—2013），内墙面抹灰工

程量按主墙间的净长乘以高度计算，不应扣除（   ）。

A. 门窗洞口面积 B. 0.3m² 以上孔洞所占面积
C. 踢脚线所占面积 D. 墙与构件交接处的面积
E. 挂镜线所占面积

附录 A 答案

题号	1	2	3	4	5	6	7	8	9	10
答案	A	A	B	C	A	C	A	D	D	D
题号	11	12	13	14	15	16	17	18	19	20
答案	D	A	A	C	D	B	D	A	A	C
题号	21	22	23	24	25	26	27	28	29	30
答案	B	B	B	D	B	B	A	B	A	D
题号	31	32	33	34	35	36	37	38	39	40
答案	B	A	D	B	C	C	B	B	A	B
题号	41	42	43	44	45	46	47	48	49	50
答案	D	B	D	C	C	C	D	B	C	A
题号	51	52	53	54	55	56	57	58	59	60
答案	C	D	A	A	D	D	A	B	A	D
题号	61	62	63	64	65	66	67	68	69	70
答案	ABE	ABE	AC	ABC	ACD	BCD	ABC	BCD	ABCD	AD
题号	71	72	73	74	75	76	77	78	79	80
答案	AB	CDE	BCE	ABC	ABE	AE	BCD	CD	ABCE	CDE

附录 B 预测模拟试卷（二）

一、单项选择题（共 60 题，每题 1 分。每题的备选项中，只有 1 个最符合题意）

1. 下列关于断层的叙述，不正确的是（　　）。
   A. 断层线表示断层的延伸方向
   B. 断盘是断层面两侧相对位移的岩体
   C. 断层两盘相对错开的距离是水平断距
   D. 断层可分为正断层、逆断层、平推断层

2. 下列关于岩溶潜水的特征说法，正确的是（　　）。
   A. 广泛分布在大面积出露的厚层灰岩地区
   B. 动态变化不大
   C. 岩溶的发育可以使地质条件变好
   D. 水位变化小

3. 对地下工程围岩出现的拉应力区多采用的加固措施是（　　）。
   A. 混凝土支撑
   B. 锚杆支护
   C. 喷混凝土
   D. 挂网喷混凝土

4. 为了防止滑坡，常用的措施是（　　）。
   A. 在滑坡体上方筑挡土墙
   B. 未经论证可以扰动滑坡体
   C. 经过论证方可以在滑坡体的上部刷方减重
   D. 在滑坡体上部筑抗滑桩

5. 当建筑物基础底面位于地下水位以下时，如果基础位于黏性土地基上，其浮托力（　　）。
   A. 较难确切地确定
   B. 按地下水位的 50% 计算
   C. 按地下水位的 80% 计算
   D. 按地下水位的 100% 计算

6. 地基为松散软弱土层，建筑物基础不宜采用（　　）。
   A. 条形基础
   B. 箱形基础
   C. 柱下十字交叉基础
   D. 片筏基础

7. 建筑遮阳的效果用（　　）来衡量，建筑遮阳设计是建筑节能设计的一项重要内容。
   A. 遮阳百分率
   B. 遮阳比率
   C. 遮阳系数
   D. 遮阳量

8. （　　）具有坚固、耐久、刚性角大，可根据需要任意改变形状的特点。
   A. 灰土基础
   B. 毛石基础
   C. 混凝土基础
   D. 毛石混凝土基础

9. 下列关于门窗构造叙述，正确的是（　　）。
   A. 门框由上冒头、中冒头、下冒头和边框组成
   B. 窗扇由上冒头、中冒头、下冒头和边梃组成
   C. 门扇由上槛、中槛和边框组成

D. 窗扇由上框、中横框、下框及边框组成

10. 抹灰类墙面装修是一种传统的墙面装修做法，它具有的优点是（   ）。
   A. 工效高、劳动强度小　　　　　　B. 操作简便、造价低廉
   C. 易清理、易更新　　　　　　　　D. 美观、耐久

11. 叠合楼板是由预制板和现浇钢筋混凝土层叠合而成的装配整体式楼板，现浇叠合层内设置的钢筋主要是（   ）。
   A. 构造钢筋　　　　　　　　　　　B. 正弯矩钢筋
   C. 负弯矩钢筋　　　　　　　　　　D. 下部受力钢筋

12. 对路面结构中面层的表面特性要求是（   ）。
   A. 高温稳定性、低温抗裂性、抗水损害
   B. 扩散荷载的性能
   C. 良好的抗冻性、耐污染性和水温稳定性
   D. 低温稳定性

13. 实体桥墩墩帽采用C20级以上的混凝土，加配构造钢筋，当桥墩上相邻两孔的支座高度不同时，需（   ）。
   A. 加设混凝土垫石予以调整，并在其内设钢板
   B. 人工剔凿
   C. 加设混凝土垫石予以调整，并在其内设置钢筋网
   D. 机械磨平

14. 在常用的涵洞洞口建筑形式中，泄水能力较强的是（   ）。
   A. 端墙式　　　　　　　　　　　　B. 八字式
   C. 井口式　　　　　　　　　　　　D. 正洞口式

15. 悬臂梁式桥的结构特点是（   ）。
   A. 悬臂跨与挂孔跨交替布置　　　　B. 通常为偶数跨布置
   C. 多跨在中间支座处连接　　　　　D. 悬臂跨与挂孔跨左右布置

16. 市政管线工程的布置，正确的做法是（   ）。
   A. 建筑线与红线之间的地带用于敷设热力管网
   B. 建筑线与红线之间的地带用于敷设电缆
   C. 街道宽度超过60m时，自来水管应设在街道中央
   D. 人行道用于敷设通信电缆

17. 下列关于城市地下贮库工程的布局与要求的说法，错误的是（   ）。
   A. 贮库最好布置在居住用地之外，离车站不远
   B. 一般贮库都布置在城市外围
   C. 一般危险品贮库应布置在离城20km以外的地上与地下
   D. 地下贮库应设置在地质条件较好的地区

18. 按外加剂的主要功能进行分类时，缓凝剂主要是为了实现（   ）。
   A. 改善混凝土拌合物流变性能　　　B. 改善混凝土耐久性
   C. 调节混凝土凝结时间、硬化性能　D. 改善混凝土和易性

19. 钢筋抗拉性能的技术指标主要是（   ）。

A. 疲劳极限、伸长率 B. 屈服强度、伸长率
C. 塑性变形、屈强比 D. 弹性变形、屈强比

20. 耐酸、耐碱、耐热和绝缘的沥青制品应选用（　　）。
A. 滑石粉填充改性沥青 B. 石灰石粉填充改性沥青
C. 硅藻土填充改性沥青 D. 树脂改性沥青

21. 以下关于砖的说法，错误的是（　　）。
A. 烧结普通砖具有较高的抗压强度
B. 砖的标准尺寸为 240mm×115mm×53mm
C. 烧结多孔砖孔多而小，孔洞垂直于大面受力
D. 烧结多孔砖主要用于八层以下建筑物的承重墙体

22. 下列关于粗骨料颗粒级配说法，正确的是（　　）。
A. 混凝土间断级配比连续级配和易性好
B. 混凝土连续级配比间断级配易离析
C. 相比于间断级配，混凝土连续级配适用于机械振捣流动性低的干硬性拌合物
D. 连续级配是现浇混凝土最常用的级配形式

23. 表观密度小、吸声绝热性能好，可作为吸声或绝热材料使用的木板是（　　）。
A. 胶合板 B. 硬质纤维板
C. 软质纤维板 D. 刨花板

24. 应将膜层单面镀膜玻璃在安装时面向（　　）。
A. 室内 B. 室外
C. 室内或室外 D. 室内和室外

25. 下列建筑装饰涂料中，常用于外墙的涂料是（　　）。
A. 醋酸乙烯-丙烯酸酯有光乳液涂料 B. 聚醋酸乙烯乳液涂料
C. 聚乙烯醇水玻璃涂料 D. 苯乙烯-丙烯酸酯乳液涂料

26. 花岗石板材是一种优质的饰面材料，但其不足之处是（　　）。
A. 化学及稳定性差 B. 抗风化性能较差
C. 硬度不及大理石板 D. 耐火性较差

27. 对防水要求高且耐用年限长的建筑防水工程，宜优先选用（　　）。
A. 氯化聚乙烯防水卷材 B. 聚氯乙烯防水卷材
C. APP 改性沥青防水卷材 D. 三元乙丙橡胶防水卷材

28. 下列关于纤维状绝热材料说法，错误的是（　　）。
A. 岩棉及矿渣棉的缺点是吸水性大 B. 石棉广泛用于民用建筑中
C. 玻璃棉广泛用在温度较低的热力设备 D. 陶瓷纤维可用于高温绝热、吸声

29. 基底标高不同时，砌体结构施工应（　　）。
A. 从短边砌起，并从低处向高处搭砌 B. 从低处砌起，并从高处向低处搭砌
C. 从长边砌起，并从低处向高处搭砌 D. 从高处砌起，并从高处向低处搭砌

30. 地下防水混凝土工程施工时，应满足的要求是（　　）。
A. 环境应保持潮湿
B. 混凝土浇筑时的自落高度应控制在 1.5m 以内

C. 自然养护时间应不少于 7 天

D. 施工缝应留在底板表面以下的墙体上

31. 关于涂料防水层施工的规定，说法错误的是（　　）。

A. 涂料防水层的甩槎接缝宽度不应小于 100mm

B. 在施工缝部位应增加胎体增强材料和增涂防水涂料，宽度不应小于 100mm

C. 胎体增强涂料的搭接宽度不应小于 100mm

D. 涂料防水层最小厚度不得低于设计厚度的 90%

32. 某工程需水下挖掘独立基坑，软土，挖土机应选用（　　）。

A. 正铲挖土机　　　　　　　　B. 反铲挖土机

C. 拉铲挖土机　　　　　　　　D. 抓铲挖土机

33. 在砂土地层中施工泥浆护壁成孔灌注桩，桩径 1.8m，桩长 52m，应优先考虑采用（　　）。

A. 正循环钻孔灌注桩　　　　　B. 反循环钻孔灌注桩

C. 钻孔扩底灌注桩　　　　　　D. 冲击成孔灌注桩

34. 某大型基坑，施工场地标高为 ±0.000m，基坑底面标高为 -6.600m，地下水位标高为 -2.500m，土的渗透系数为 60m/d，则应选用的降水方式是（　　）。

A. 一级轻型井点　　　　　　　B. 喷射井点

C. 管井井点　　　　　　　　　D. 深井井点

35. 下列关于钻孔压浆桩说法，错误的是（　　）。

A. 钻孔压浆桩振动小，噪声低

B. 钻孔压浆桩脆性比普通钢筋混凝土桩要大

C. 桩身下部的混凝土密实度比桩身上部差，静载试验时有发生桩底压裂现象

D. 能在地下水位以上干作业成孔成桩

36. 下列关于墙体节能工程外墙外保温系统说法，不正确的是（　　）。

A. 聚苯板薄抹灰外墙外保温系统是以阻燃型聚苯乙烯泡沫塑料板为保温材料

B. 聚苯板薄抹灰外墙外保温系统适用高度在 100m 以下的住宅建筑

C. 聚苯板薄抹灰外墙外保温系统适用高度在 50m 以下的非幕墙建筑

D. 聚苯板现浇混凝土外墙外保温系统，聚苯板与混凝土墙体连接成一体

37. 石材幕墙的石材与幕墙骨架的连接有多种方式，其中使石材面板受力较好的连接方式是（　　）。

A. 钢销式连接　　　　　　　　B. 短槽式连接

C. 通槽式连接　　　　　　　　D. 背栓式连接

38. 在填石路堤施工的填筑方法中，主要用于二级及二级以下公路，施工路基压实、稳定问题较多的方法是（　　）。

A. 竖向填筑法　　　　　　　　B. 分层压实法

C. 冲进压实法　　　　　　　　D. 强力夯实法

39. 关于桥梁墩台施工，下列说法正确的是（　　）。

A. 墩台混凝土宜垂直分层浇筑

B. 实体墩台为大体积混凝土的，水泥应选用硅酸盐水泥

C. 墩台混凝土分块浇筑时，接缝应与墩台截面尺寸较大的一边平行

D. 墩台混凝土分块浇筑时，邻层接缝宜做成企口

40. 涵管的接缝一般采用（　　）。

A. 柔性接口　　　　　　　　　　B. 刚性接口

C. 半刚性接口　　　　　　　　　D. 弹性接口

41. 关于地下连续墙划分单元槽段的说法，错误的是（　　）。

A. 划分单元槽段时，需要考虑接头的位置

B. 单元槽段的划分与接头形式无关

C. 挖槽分段不宜超过3个

D. 成槽时，护壁泥浆液面应高于导墙底面500mm

42. 关于深基坑土方开挖采用型钢水泥土复合搅拌桩支护技术，下列说法正确的是（　　）。

A. 搅拌水泥土凝结后方可加设横向型钢

B. 型钢的作用是增强搅拌桩的抗剪能力

C. 水泥土作为承受弯矩的主要结构

D. 型钢应加设在水泥土墙的内侧

43. 对于岩石地下工程施工，当隧道围岩是软弱破碎带时，下列方法中比较好的是（　　）。

A. 天井钻开挖施工法　　　　　　B. 钻爆法

C. 独臂钻开挖施工法　　　　　　D. 带盾构的TBM法

44. 关于工程量清单的编制，以下说法正确的是（　　）。

A. 项目特征是履行合同义务的基础

B. 项目特征描述时，不允许采用"详见××图号"的方式

C. 以"m"为计量单位时，应保留小数点后三位数字

D. 编制工程量清单时，应准确和全面地描述工作内容

45. 对独立性基础板配筋平法标注图中的"T：7Φ18@100/10Φ@200"，理解正确的是（　　）。

A. "T"表示底板底部配筋

B. "T：7Φ18@100"表示上部7根Φ18钢筋，间距100mm

C. "Φ10@200"表示基础底板顶部受力钢筋下面的垂直分布筋，间距200mm

D. "Φ"表示HRB500钢筋

46. 根据《建筑工程建筑面积计算规范》（GB/T 50353—2013），场馆看台下的建筑空间应计算1/2面积的部位是（　　）。

A. 结构层高在2.10m以下

B. 结构层高在1.20m及以上至2.10m以下

C. 结构净高在2.10m以下

D. 结构净高在1.20m及以上至2.10m以下

47. 根据《建筑工程建筑面积计算规范》（GB/T 50353—2013），下列关于走廊、檐廊、门廊的建筑面积说法，正确的是（　　）。

A. 大厅内设置的走廊应按走廊结构底板水平投影面积的1/2计算建筑面积

B. 架空走廊无顶盖无围护设施的，可计算1/2建筑面积

C. 檐廊结构高度超过2.20m，无围护设施（或柱），不能计算建筑面积

D. 门廊应按其围护结构（设施）外围水平面积计算建筑面积

48. 根据《建筑工程建筑面积计算规范》（GB/T 50353—2013），结构净高2.20m的飘窗能够计算建筑面积的必要条件是，窗台与室内楼地面的（　　）。

　　A. 结构高差小于等于0.45m　　　　B. 建筑高差小于等于0.45m

　　C. 结构高差小于0.45m　　　　　　D. 建筑高差小于0.45m

49. 根据《房屋建筑与装饰工程工程量计算规范》（GB 50854—2013），建筑物场地厚度250m的挖土，项目编码列项应为（　　）。

　　A. 基础土方　　　　　　　　　　　B. 沟槽土方

　　C. 一般土方　　　　　　　　　　　D. 平整场地

50. 某土方工程量清单编制，按设计图纸计算，其挖方图示数量为10000m³，回填方图示数量为6000m³；已知土方的天然密实体积：夯实后体积＝1：0.87，则回填方及余方弃置的清单工程量分别为（　　）m³。

　　A. 6000、4000　　　　　　　　　　B. 6896.55、3103.45

　　C. 6000、3103.45　　　　　　　　 D. 6896.55、4000

51. 根据《房屋建筑与装饰工程工程量计算规范》（GB 50854—2013），打预制钢筋混凝土管桩清单项目的工作内容中未包括需单独列项的是（　　）。

　　A. 送桩　　　　　　　　　　　　　B. 接桩

　　C. 桩尖制作　　　　　　　　　　　D. 凿桩头

52. 根据《房屋建筑与装饰工程工程量计算规范》（GB 50854—2013），下列项目应该按"零星砌砖"列项的是（　　）。

　　A. 窗台线　　　　　　　　　　　　B. 地沟

　　C. 砖砌检查　　　　　　　　　　　D. 砖胎膜

53. 根据《房屋建筑与装饰工程工程量计算规范》（GB 50854—2013），下列现浇混凝土项目工程量计算规则正确的是（　　）。

　　A. 依附于现浇矩形柱上的牛腿部分工程量，应单独列项计算

　　B. 有梁板工程量应区分梁、板，分别列项计算

　　C. 雨篷的工程量应包括伸出墙外的牛腿和雨篷反挑檐的体积

　　D. 空心板体积计算时不扣除空心部分体积，但应在项目特征中进行描述

54. 根据《房屋建筑与装饰工程工程量计算规范》（GB 50854—2013），关于现浇混凝土墙说法正确的是（　　）。

　　A. 现浇混凝土墙分为直形墙、异形墙、短肢剪力墙和挡土墙

　　B. 工程量计算时，墙垛及突凸墙面部分并入墙体体积计算

　　C. 短肢剪力墙的截面厚度不应大于200mm

　　D. 各肢截面高度与厚度之比小于4时，按短肢剪力墙列项

55. 根据《房屋建筑与装饰工程工程量计算规范》（GB 50854—2013），关于防腐工程说法正确的是（　　）。

A. 防腐踢脚线，应按楼地面装饰工程"踢脚线"项目编码列项
B. 平面防腐清单工程量应按实际涂刷面积进行计算
C. 防腐涂料需刮腻子时，应按油漆工程"满刮腻子"项目编码列项
D. 砌筑沥青浸渍砖，应按砌筑工程中"特种砖砌体"项目编码列项

56. 根据相关规定，设计使用年限为100年的混凝土结构，最外层钢筋的保护层厚度不应小于"混凝土保护层最小厚度表"规定取值的（　　）。
A. 1.2　　　　B. 1.3　　　　C. 1.4　　　　D. 1.5

57. 根据《房屋建筑与装饰工程工程量计算规范》（GB 50854—2013），关于木质门及金属门工程量清单项目所包含的五金配件，下列说法正确的是（　　）。
A. 木质门五金安装中未包括地弹簧安装
B. 木质门五金安装中包括了门锁安装
C. 金属门五金安装中未包括电子锁安装
D. 金属门五金安装中包括了装饰拉手安装

58. 根据《房屋建筑与装饰工程工程量计算规范》（GB 50854—2013），下列属于安全文明施工措施项目的是（　　）。
A. 夜间施工　　　　　　　　　　B. 二次搬运
C. 临时设施　　　　　　　　　　D. 已完工程及设备

59. 根据《房屋建筑与装饰工程工程量计算规范》（GB 50854—2013），关于措施项目中脚手架工程说法正确的是（　　）。
A. 综合脚手架仅针对房屋建筑的土建工程，装饰装修部分按单项脚手架列项
B. 综合脚手架的项目特征中应包括施工工期
C. 整体提升架已包括了5m高的防护架设施
D. 综合脚手架工程量中应包括凸出屋面的楼梯间面积

60. 根据《房屋建筑与装饰工程工程量计算规范》（GB 50854—2013），对于混凝土及钢筋混凝土构件拆除，下列不是项目特征必须描述的内容是（　　）。
A. 构件名称　　　　　　　　　　B. 构件规格尺寸
C. 构件混凝土强度　　　　　　　D. 构件表面附着物种类

二、多项选择题（共20题，每题2分，每题的备选项中，有两个或者两个以上符合题意，至少有一个错项。错选，本题不得分；少选，所选的每个选项得0.5分）

61. 下列关于土的饱和度的叙述，正确的有（　　）。
A. 土的饱和度是土中被水充满的孔隙体积与孔隙总体积之比
B. 饱和度 S_r 越小，表明土孔隙中充水越多
C. 饱和度 $S_r<60\%$ 是稍湿状态
D. 饱和度 S_r 在 50%~80% 之间是很湿状态
E. 饱和度 $S_r>80\%$ 是饱水状态

62. 围岩变形与破坏的形式多种多样，主要形式及其状况有（　　）。
A. 脆性破裂，常在存储有很大塑性应变能的岩体开挖后发生

B. 块体滑移，常以结构面交汇切割组合成不同形状的块体滑移形式出现

C. 岩层的弯曲折断，是层状围岩应力重分布的主要形式

D. 碎裂结构岩体在洞顶产生崩落，是由于张力和振动力的作用

E. 一般强烈风化、强烈构造破碎或新近堆积的土体，在重力、围岩应力和地下水作用下常产生冒落及塑性变形

63. 以下关于建筑物变形缝的说法，正确的有（ ）。

A. 变形缝包括伸缩缝、沉降缝和防震缝，其作用在于防止墙体开裂、结构破坏

B. 沉降缝的宽度应根据房屋的层数而定，五层以上时不应小于 100mm

C. 对多层钢筋混凝土结构建筑，高度 15m 及以下时，防震缝宽度为 100mm

D. 伸缩缝一般为 20~30mm，应从基础、屋顶、墙体、楼层等房屋构件处全部断开

E. 防震缝应从基础底面开始沿房屋全高设置

64. 关于单层厂房柱间支撑的说法，正确的有（ ）。

A. 柱间支撑的作用是加强厂房纵向刚度和稳定性

B. 当柱截面高度大于或等于 1.0m 时，各肢与柱翼缘连接，肢间用角钢连接

C. 柱间支撑一般用钢材制作

D. 当柱间需要通行，需设置设备或柱距较大，采用交叉式支撑有困难时，可采用门架式支撑

E. 有桥式吊车时，还应在变形缝区段两端开间上加设上柱支撑

65. 内保温复合外墙在构造中存在一些保温上的薄弱部位，对这些地方必须加强保温措施。常见的部位有（ ）。

A. 内外墙交接处 B. 外墙转角部位

C. 保温结构中龙骨部位 D. 门窗洞口处

E. 穿墙管线处

66. 关于路面基层说法，正确的有（ ）。

A. 水泥稳定细粒土不能用作二级以上公路高级路面的基层

B. 基层可分为无机结合料稳定类和粒料类

C. 石灰稳定土基层不应作高级路面的基层

D. 级配砾石不可用于二级和二级以下公路的基层

E. 填隙碎石基层只能用于二级公路的基层

67. 关于砌筑砂浆的说法，正确的有（ ）。

A. 水泥混合砂浆强度等级分为 5 级

B. M15 以上强度等级砌筑砂浆宜选用 42.5 级的通用硅酸盐水泥

C. 掺合料对砂浆强度无直接影响

D. 湿拌砂浆包括湿拌自流平砂浆

E. 毛石砌体宜选用细沙

68. 关于水泥凝结时间，下列叙述正确的是（ ）。

A. 硅酸盐水泥的终凝时间不得迟于 6.5h

B. 终凝时间自达到初凝时间起计算

C. 超过初凝时间，水泥浆完全失去塑性

D. 硅酸盐水泥的初凝时间不得早于 80min

E. 水泥初凝时间不合要求，视为报废

69. 钢管混凝土结构用钢材的选用，承重结构的圆钢管可采用（　　）。

A. 焊接圆钢管
B. 热轧无缝钢管
C. 螺旋焊管
D. 矩形焊接钢管
E. 冷成形矩形钢管

70. 关于塑料管材及配件的说法，正确的有（　　）。

A. 硬聚氯乙烯管（PVC-U 管）通常直径为 40~100mm
B. 氯化聚氯乙烯管（PVC-C 管）适用于受压场合
C. 无规共聚聚丙烯（PP-R）管抗紫外线能力强
D. 丁烯（PB）管无毒，适用于薄壁小口径压力管道
E. 交联聚乙烯（PEX）管低温抗脆性较差

71. 地下防水施工中，外贴法施工卷材防水层主要特点有（　　）。

A. 施工占地面积较小
B. 底板与墙身接头处卷材易受损
C. 结构不均匀沉降对防水层影响大
D. 可及时进行漏水试验，修补方便
E. 施工工期较长

72. 土石方工程中，下列关于填方压实施工要求的说法中不正确的有（　　）。

A. 填方的边坡坡度越小越好
B. 填方宜采用同类土填筑
C. 基础的结构混凝土达到一定的强度后方可填筑
D. 填方按设计要求预留沉降量
E. 填方由下向上一层完成

73. 多立杆式脚手架，对高度 24m 以上的双排脚手架，说法正确的有（　　）。

A. 宜采用刚性连墙件与建筑物可靠连接
B. 转角及中间不超过 15m 的立面上各设置一道剪刀撑
C. 必须采用刚性连墙件与建筑物可靠连接
D. 外侧全立面连续设置剪刀撑
E. 可采用拉筋连墙件

74. 混凝土拱涵和石砌拱涵施工应符合的要求有（　　）。

A. 涵洞孔径在 3m 以上，宜用 18~32kg 型轻便轨
B. 用混凝土块砌筑拱圈，灰缝宽度宜为 20mm
C. 预制拱圈强度达到设计强度的 70%时方可安装
D. 拱圈浇灌混凝土不能一次完成时可沿水平分段进行
E. 拆除拱圈支架后、拱圈中砂浆强度达到设计强度的 100%时，方可填土

75. 关于道路工程压实机械的应用，下列说法正确的有（　　）。

A. 重型光轮压路机主要用于最终压实路基和其他基础层
B. 轮胎压路机适用于压实砾石碎石路面
C. 新型振动压路机可以压实平、斜面作业面
D. 夯实机械适用于黏性土壤和非黏性土壤的夯实作业

E. 手扶式振动压路机适用于城市主干道的路面压实作业

76. 地下长距离顶管工程施工需解决的关键技术问题是（　　）。

A. 顶力施加技术　　　　　　　　B. 方向控制技术
C. 泥浆排放　　　　　　　　　　D. 制止正面坍方
E. 工期要求

77. 根据《建筑工程建筑面积计算规范》（GB/T 50353—2013），建筑物计算建筑面积时，其范围应包括附属建筑物的有（　　）。

A. 有柱雨棚　　　　　　　　　　B. 无围护设施的架空走廊
C. 无围护结构的观光电梯　　　　D. 室外钢楼梯
E. 有横梁的屋顶花架

78. 根据《房屋建筑与装饰工程工程量计算规范》（GB 50854—2013）规定，关于土石方工程量计算，说法正确的有（　　）。

A. 平整场地按建筑物首层建筑面积计算
B. 基础土方挖土深度按照垫层底表面标高至设计室外地坪标高计算
C. 一般土方因工作面和放坡增加的工程量是否并入各土方工程量内，按各省建设主管部门的规定实施
D. 虚方指未经碾压、堆积时间≤1年的土壤
E. 桩间挖土应扣除桩的体积并在项目中加以描述

79. 根据《房屋建筑与装饰工程工程量计算规范》（GB 50854—2013）规定，关于楼面防水，说法正确的有（　　）。

A. 工程量按主墙间净空面积计算
B. 扣除柱及凸出墙面的垛所占面积
C. 反边高度为350mm，其反边全部算作墙面防水
D. 楼面变形缝不计算，在综合单价中考虑
E. 防水搭接不另计算，但附加层要另行计算

80. 楼地面整体装饰面层有（　　）。

A. 现浇水磨石楼地面　　　　　　B. 细石混凝土楼地面
C. 橡胶楼地面　　　　　　　　　D. 菱苦土整体楼地面
E. 自流平楼地面

附录 B 答案

题号	1	2	3	4	5	6	7	8	9	10
答案	C	A	B	C	A	A	C	C	B	B
题号	11	12	13	14	15	16	17	18	19	20
答案	C	A	C	B	A	B	C	C	B	A
题号	21	22	23	24	25	26	27	28	29	30
答案	D	D	C	A	D	D	D	B	B	B

（续）

题号	31	32	33	34	35	36	37	38	39	40
答案	B	D	B	C	C	C	D	A	D	A
题号	41	42	43	44	45	46	47	48	49	50
答案	B	B	D	A	C	D	C	C	D	C
题号	51	52	53	54	55	56	57	58	59	60
答案	D	D	C	B	A	C	D	C	D	B
题号	61	62	63	64	65	66	67	68	69	70
答案	ADE	BDE	AC	ACDE	ABC	ABC	BC	AE	AB	ABDE
题号	71	72	73	74	75	76	77	78	79	80
答案	BDE	AE	AE	ABCE	ABD	ABD	AD	ACD	AC	ABDE